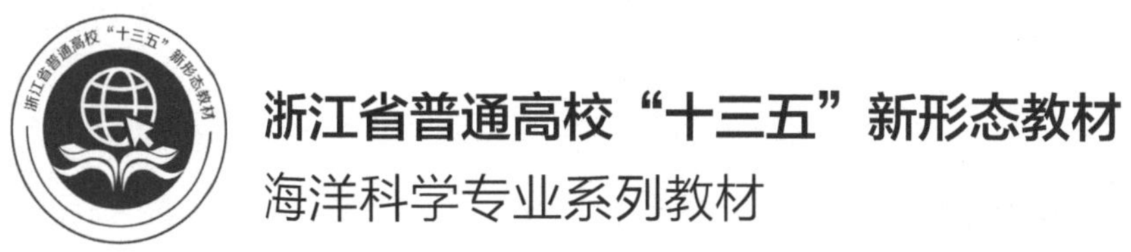

浙江省普通高校“十三五”新形态教材

海洋科学专业系列教材

海藻学

马玉心　崔大练　编著

海洋出版社

2024年·北京

图书在版编目(CIP)数据

海藻学 / 马玉心，崔大练编著. — 北京：海洋出版社，2023.6

浙江省普通高校“十三五”新形态教材. 海洋科学专业系列教材

ISBN 978-7-5210-0298-0

Ⅰ. ①海… Ⅱ. ①马… ②崔… Ⅲ. ①海藻－高等学校－教材 Ⅳ. ①Q949.2

中国国家版本馆CIP数据核字(2023)第079782号

策划编辑：江　波
责任编辑：刘　玥　江　波
数字编辑：孙　巍
责任印制：安　淼

海洋出版社 出版发行
http://www.oceanpress.com.cn
北京市海淀区大慧寺路 8 号　邮编：100081
涿州市般润文化传播有限公司印刷　新华书店经销
2024年3月第1版　2024年3月第1次印刷
开本：787mm × 1092mm　1 / 16　印张：18.75
字数：420千字　定价：98.00元

发行部：010-62100090　总编室：010-62100034

前　言

《海藻学》的研究对象是生活于海洋的藻类。就其研究对象而言，研究内容是藻类世界的一部分。当然，海洋藻类也具有藻类植物的一般特征，结构简单，没有根、茎、叶的分化，也没有胚的出现，称为无胚植物。营养方式大多数为自养，能依靠叶绿素进行光合作用。依靠孢子进行繁殖，所以也被列入孢子植物范畴。当然，海洋藻类也有不同于其他生活环境的藻类特征。首先是其生活环境的特殊性，海洋是高盐度的环境，适应海洋环境的海藻也形成了海洋藻类的特征。研究海洋藻类的形态、特征、生理、生殖、生态、分类、生活史及应用的科学就是海藻学。海洋环境较陆生环境具有其特殊性，如具有明显的海岸带生境梯度差异，生长在不同生境的海藻受海洋深度、潮流、海浪的冲击以及海水的盐度、温度等环境条件的限制，其形态种类有明显差异。相对于陆生藻类及淡水藻类，海洋藻类具有更大的经济价值。我们日常生活食用的海带、紫菜、羊栖菜、裙带菜、浒苔等均是海洋藻类。海洋藻类的研究对国民经济具有重要意义，特别是大型海藻的栽培学研究，对开发我国海洋藻类经济具有重要意义。

中国是利用海藻最早的国家之一，早在2 000多年前的春秋战国时期，就在许多药学著作中记载了药用海藻。除了中国外，日本也是喜欢食用海藻的国家。韩国人食用海藻也有悠久的历史，连过生日、坐月子都要喝海带汤。菲律宾人爱吃麒麟菜、江蓠等。马来西亚人爱吃蕨藻、石莼、马尾藻等。欧洲人主要食用紫菜。我国海藻资源是比较丰富的，除了大型海藻外还有螺旋藻、小球藻、杜氏藻等微藻资源。这些海藻给我国海藻资源的开发提供了原料。

我国海藻学的研究起步较晚，确切研究海藻学是从1930年开始的。第一位研究中国海藻学的学者是著名海藻学家曾呈奎教授。中华人民共和国成立前国内对海藻的研究只有三个方向：研究底栖海藻（厦门大学和山东大学，曾呈奎）；研究海洋硅藻（厦门大学，金德祥）；研究海洋甲藻（中央研究院，倪达书）。中华人民共和国成立后对海藻开展了各个方面的研究，包括：分类区系及资源调查研究，形态学研究，生态学研究，生理学研究，遗传学研究，生物技术研究和海藻化学研究。目前，《中国海藻志》已经出版了14卷。其中各卷的编写者均是中国的海藻学专家：曾呈奎、夏邦美、栾日孝、郑柏林、郑宝福、丁兰平、郭玉洁、林永水、程兆第等。关于海藻的研究著作还有《中国经济海藻志》（曾呈奎，1962）、《中国黄渤海海藻》（曾呈奎，2007）、《中国红藻超微结构研究》（王素娟，2004）、《中国经济藻类超微结构》（王素娟，1991）、《中国海域常见浮游硅藻图谱》（杨世民等，2006）、《中国海域甲藻Ⅰ（原甲藻目·鳍藻目）》（杨世民等，2014）、《中国海域甲藻Ⅲ（多甲藻目）》（杨世民等，2019）及各分类的图谱、图集，以及藻类应用、藻类栽培学等方面的书籍。

《海藻学》的教材目前版本很少。1961年，山东大学的郑柏林教授编写了一本《海藻学》，这是一本经典的海藻学教科书，书中内容丰富，是值得教学参考的一本教科书。然而，由于时间久远，知识更新较快，书中内容难免缺乏新的海藻知识。中国海洋大学钱树本教授分别编撰了两个版本的《海藻学》，特别是其第二版（中国海洋大学出版社）（钱树木，2014），内容极其丰富，全书将海藻分为12个门，依据是光合色素演化理论，全书共822页。这本书是重要的教学参考书，也是海藻分类的参考，但是作为教材，体量有点大。目前，国内《海藻学》的专业性教材只有这两本。另外，专门的藻类学教材有翻译的版本，一本是福迪（1980）的《藻类学》，另一本是李（2012）的《藻类学》，虽然对藻类学研究都比较深入，但是由于侧重点不同，用作《海藻学》教材都不太适合。国人自编的有傅华龙等（1993）的《藻类学教程》，也同样不适于用作《海藻学》教材。现在的问题是，怎样引入最新、最先进的海藻学知识充实《海藻学》教材，怎样编写一本适于大学生学习，以各个藻类学大类知识为主，系统分析藻类学体系的教材，成为当务之急。鉴于此，结合多年的海藻学教学，编写者着手编著一本适于目前本科生应用的《海藻学》教材。

本科生学习《海藻学》主要的目的在于：（1）掌握基本的海藻学分类体系及其各个门类的演化规律；（2）掌握基本的藻类各个门的基本特征；（3）掌握每一门藻类的代表植物的特点，加深对门的特征的理解；（4）通过《海藻学》的学习，学会基本的海藻实验技能；（5）掌握最基本的海藻应用及栽培知识、海藻应用基础。

根据《海藻学》的教学目的，新教材的体系特征为：（1）突出各个门的特征，每一门的特征尽量吸收国内外的最新研究成果，尽量减少分类部分的内容，分类部分以应用广泛的栽培藻类为主，这样便于学生记忆掌握；（2）突出藻类的演化体系，增加一个章节，“藻类的系统演化”，另外，每一种代表藻类的生活史尽量以图解的形式展现给学生，增加教材直观性；（3）分类体系仍然依据传统的分类体系（钱树本，2014）；（4）对于门类特征力求以图助文，使教材增加阅读和理解的直观性；（5）每一章都有复习题，学生通过习题可以融会贯通地掌握本章内容；（6）增加课外阅读的内容，主要以了解海藻学科学家为主；（7）增加实验技能部分；（8）每一章都配有二维码，可以将课件、视频等作为教学参考。

作者在海洋类院校教书，深知好的教材对学生学习的重要性。目前，大学生的学习教材以突出学习重点为特色，编写一部好的立体化多媒体教材成为重中之重。在每一年海洋藻类实习中录制了大量的野外实习视频，拍摄了大量的海洋藻类照片，这些资源被用于新教材多媒体的素材，突出了教材的特色。

教材的编写得到崔大练老师的大力帮助，标本的采集、多媒体的制作、课件的编制，均由崔老师完成，其工作细致，在此表示深深的感谢。

由于本人知识能力有限，许多章节的内容参考了钱树本（2014）的《海藻学》、郑柏林等（1961）的《海藻学》，在此表示深深的感谢。

本教材的阅读对象主要是高校的学生，也可供科研部门参考。书中不足之处恳请读者提出宝贵意见，以便再版时修订。希望本教材的出版对学生的学习有所帮助。

马玉心 于舟山浙江海洋大学

2021 年 6 月

目　录

第一章　海藻学概论

第二章　绿藻门 Chlorophyta

第三章　红藻门 Rhodophyta

第四章　褐藻门 Phaeophyta

第五章　硅藻门 Bacillariophyta

第六章　甲藻门 Pyrrophyta

第七章　金藻门 Chrysophyta

第八章　黄藻门 Xanthophyta

第九章　蓝藻门 Cyanophyta

第十章　藻类植物的系统演化

第十一章　海藻植物的利用与经济价值

第十二章　海藻实验技术

第一章
海藻学概论

第一节　藻类植物概述

一、藻类植物基本特征

（1）藻类（algae）是指一群具有光合作用色素、能独立生活的自养原植体植物。

01 第一章藻类植物的基本特征

（2）大多为水生植物，少数为陆生、湿生或寄生生活。

（3）一般结构简单，没有输导组织，即使高等藻类也只是有类似筛管的喇叭丝。

（4）一般藻类植物的生殖器官为单细胞，高等藻类为多细胞，依靠孢子或配子进行繁殖，合子发育时没有胚组织。

二、藻类植物形态多样性

藻类植物形态差异较大。既有单细胞的，也有多细胞的，甚至有组织分化的，形态多样，常见的为丝状、管状、膜状、假膜状和枝叶状等。

02 第一节 藻类植物多样性

丝状体：组成植物体细胞向一个方向分裂产生的细胞互相连接而成。不分枝或分枝，分枝型又分为假分枝（通过藻丝穿出胶鞘以后再延伸生长）或真分枝（通过不同方向细胞分裂形成）。

管状体：藻体内部中央无细胞，呈中空状，边缘为一层细胞组成的结构。

膜状体：藻体由自原始细胞向四周各个方向分裂产生的细胞互相连接而成，有单层和多层细胞之分。

假膜体：藻体外形如膜状体，但是内部是由多条丝状体组成。

枝叶状体：藻体外形有类似根茎叶的分化，由假根、主干、侧枝或叶片组成，内部结构出现类似组织的分化，由具有一定生理功能的细胞类群。

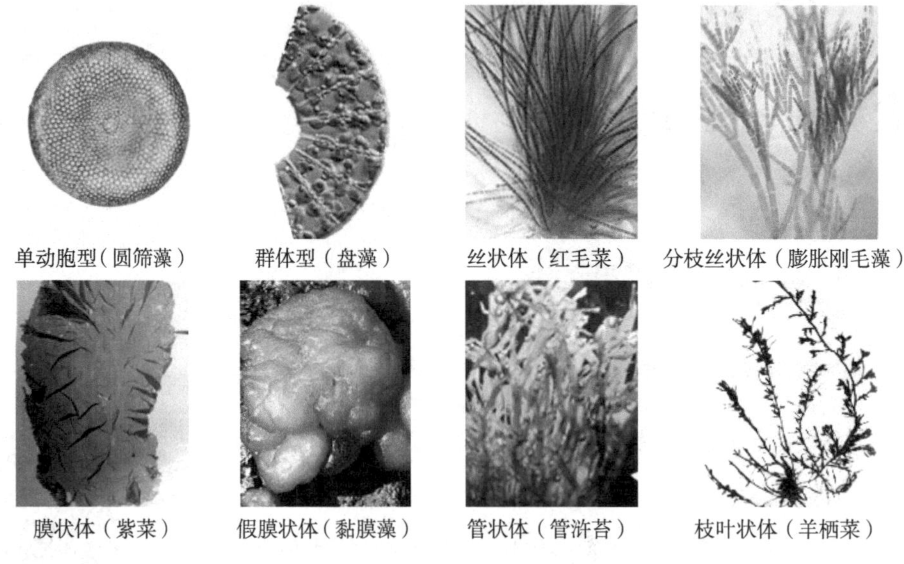

图 1-1　藻类的多样性

三、藻类植物生态适应广泛性

藻类植物生态分布极为广泛，约 90% 生活于淡水中，约 10% 生活于海水中。也有生活在潮湿的岩石、墙壁、土表、树干上，这些种类称为亚气生藻（subaerial algae），如色球藻 *Chroococcus* sp. 等（马炜梁，2009）。生活类型为浮游型、漂浮型、固着型等。藻类植物对环境条件要求较宽，适应能力较强，某些种类可以在营养贫乏、光照强度微弱的环境中生长。有些藻类能耐高温或低温，如某些蓝藻、硅藻可生长在温泉中；而某些藻类又可生长在雪峰、极地等零下几十度的地区，称为冰雪藻，而且因其所含的色素类型不同，常使雪面形成红雪、绿雪、黄雪等景观。有的藻类能与真菌共生，形成共生的复合体，如地衣。有的藻类还能生长在动、植物体内，如鱼腥藻属 *Anabaena*。有些种类生长在满江红属的组织内。有些种类生长在动物水螅体内、珊瑚体内，与之共生。这种方式称为内生。如共生藻居于珊瑚的细胞内，为其供应光合作用的产物，供给珊瑚大部分所需能量；而珊瑚除了为共生藻提供有阳光的居所外，也为其供应二氧化碳及氨等复合物，两者均为藻类进行光合作用及生长的必要元素。有 30 ~ 40 种藻类在腐殖质丰富的黑暗环境中生活，失去叶绿素，行腐生生活。

四、藻类植物种类及数量繁多

目前发现 35 255 种藻类（据科学家推测加上尚未发现的大概有 40 000 种），其中淡水藻类 20 130 种，其余大多为海洋藻类。只就褐藻、红藻和绿藻来看，记录的

种类有6 495种，其中红藻4 100种、绿藻910种、褐藻1 485种。主要门类包括蓝藻门Cyanophyta、红藻门Rhodophyta、隐藻门Cryptophyta、黄藻门Xanthophyta、金藻门Chrysophyta、甲藻门Pyrrophyta、硅藻门Bacillariophyta、褐藻门Phaeophyta、原绿藻门Chloroxybacteriaphyta、裸藻门Euglenophyta、绿藻门Chlorophyta、轮藻门Charophyta（依据《中国海藻志》分类体系）。我国沿海已记录的有835种，分类属于红藻门36科，140属，463种；褐藻门25科，54属，165种；绿藻门15科，45属，207种。约占世界总数的1/8。

第二节　海藻学的定义、研究内容

一、海藻学定义

海藻学（marine phycology）是研究海藻的形态构造、生理机能、繁殖方式、系统发育、生态和分类等方面的科学。其研究内容为生活于海洋中的藻类。海藻适应了海洋环境，一旦生活环境发生剧烈变化，就会导致死亡。它们的生存、分布空间同样受到海洋生态因子的影响，如海洋物理和化学环境、海底地质以及海洋生物物种之间斗争等因素的限制。

03 第一章 海藻学的定义、研究内容

二、海藻学的任务

海藻学主要研究海藻有机体的形态、构造、生活现象、生长规律、生活史以及与环境之间的关系。海藻学是一门基础性学科，是植物学、海洋生物学和生态学研究的一个重要分支，它能涉及的内容是人类了解自然、开发利用海藻资源前所必须掌握的基础知识。学习海藻学可以了解海藻的形态、构造，认识海藻物种，从而进一步了解海藻的生活习性、生活史的全过程及其所要求的环境条件，才有可能做到人工养殖，增殖海藻的资源量，达到开发利用海藻的目的。

三、海藻的生态特殊性

海藻生态分布特殊，主要分布于以下区域。①潮带：包括潮上带和潮间带。②浅海区：指水深200 m以内潮下带海区，一般称为大陆棚。③深海区：大陆棚以下，即200 ~ 4 000 m水深的海区。深海区海藻稀少。

生活型多样。①浮游生活型：单细胞、群体的浮游藻类，如扁藻 *Platymonas* sp.。

②附生生活型：底栖硅藻，如舟形藻。③漂流生活型：不具有鞭毛的单细胞或群体，过漂游生活，如马尾藻断枝、小球藻。④固着生活型：多细胞大型海藻，基部有固着器，如江蓠 *Gracilaria* sp.。⑤共生和寄生型，如共生于珊瑚内的虫黄藻 *Durusdinium trenchii*。

四、海藻的生态作用

海藻光合作用产生的能量不仅启动了海洋生态系统，而且海藻自身的生理活动、新陈代谢和与环境之间的物质交换，对其周围环境也能产生重大影响。其中浮游海藻数量的多少，是水体生产力的主要指标，是生物链的最先环节。海藻光合作用所产生的有机物质，通过食物链（网）直接或间接地被不同大小等级的海洋动物所利用，从而保持了海洋生态系统的正常、持续运转。海藻的光合作用对维持全球 CO_2 及 O_2 的平衡具有重要作用。大型海藻构成了海底森林、海底群落的主体，是其他动物赖以生存的生态环境。与珊瑚共生的虫黄藻，居于珊瑚细胞之中，故被称为内共生体。珊瑚既可以保护虫黄藻，又可以为其提供营养盐，虫黄藻提供给珊瑚光合作用产生的糖等物质，可以说是和谐一体。生态学家一直好奇海洋中彼此相邻的两个珊瑚礁为何会呈现出明显不同的颜色。这是由于珊瑚要保护其共生的海藻。海藻需要一定的阳光生存，而过度的日光则会杀死它们。为了保护那些可以给珊瑚提供足够营养物质的海藻，接触日光最多的珊瑚会把获得的日光用于生产更多色素，因此颜色更加鲜艳；这样会阻止过多日光接触其中的海藻。除了共生外，也有寄生性海藻，它们失去叶绿素，寄生于其他生物体。海藻的另一生态作用就是对海洋环境的生态影响——赤潮。甲藻类、硅藻类中一些生长在海洋里的藻类属种在适宜的环境里暴发性地增殖，使海水变色，叫作“赤潮”。赤潮也称为海水水华。在赤潮的海水中，甲藻类细胞密度之大，可以达到使周围若干千米内的海水变成赤色、红棕色或黄色。它们繁生的地区，一般在风浪较小的场所。在赤潮海中的水面，往往 1 升海水里有 1 ～ 20 兆的甲藻细胞。赤潮发生时，会产生毒素，杀死海里的鱼类和其他生物。如短小裸沟藻赤潮能杀死鱼类和少数无脊椎动物；黄色裸沟藻赤潮可以杀死大量鱼类；膝沟藻赤潮可以杀死周围全部的无脊椎动物；链状膝沟藻赤潮可以杀死少量海洋动物，但它们产生的毒素，感染了一种叫壳菜蛤（*Mytilus*）的贝类后，就在壳菜蛤的体内积聚起来，成为一种溶石毒素，这种毒素对神经系统有害，毒力比医疗上常用的麻痹神经系统的可卡因大十万倍。这种染毒后的壳菜蛤被人吃了，会中毒致死。因此，当海里有这种由膝沟藻大量繁殖形成的赤潮时，养殖场就不得不被迫封锁。赤潮记录中最严重的事件发生在墨西哥湾，就是由短小裸沟藻引起的。当这种裸沟藻大量繁殖时，可把周围海水中任何种类的动

物全部杀死。这时不但无法捕鱼，而且死在海滩上的鱼在腐败后会散发出鱼腥味，影响人们生活。在这个赤潮区域的居民，往往会患皮肤病和呼吸器官疾病。

海洋中的红藻也能形成水华，是营养丰富的深层海水上升到海洋大陆架而形成的，对当地水体生态环境的平衡产生严重影响。澳大利亚悉尼部分海域曾由于藻类的暴发而被染成罕见的血红色，视觉效果震撼、引人注目。

富营养化是近海海域赤潮发生的物质基础，控制海洋水质是修复海洋生态的根本途径。通过栽培大型海藻，从周围环境中大量吸收氮、磷营养元素及铅、金、镉、钴等重金属元素并释放氧气，调节水体 pH 值，并在水生生态系统的碳循环中发挥重要作用。所以大型海藻栽培对富营养化水体具有很好的生态修复作用。

五、藻类在国计民生中的重要性

藻类中的许多属种，在国民经济中占有十分重要的地位，这是由于藻类含有丰富的蛋白质、糖、各种维生素和无机盐，特别是碘、磷和钾等，它们存在于许多藻类中。蓝藻中有近百种能把空气里的游离氮固定为有机氮，促使粮食增产。很多藻类可以食用，或作为食品原料。目前，藻类已被广泛用作各种副食品，并为人们所喜爱。此外，某些藻类可作家畜饲料，间接增加肥料，对农业的发展起到一定的作用。藻类在工业上也有重要应用，可以作为重要工业原料。在食品工业、工业生产、医药卫生、纺织工业、化妆用品、科学研究等方面都具有重要作用。在医学方面也有重要应用，许多藻类本身就是传统中药。有的是重要的保健药品，如螺旋藻。海带可以提碘，用于治疗地方性甲状腺肿。藻胶可以制作成培养基，用于医学研究等。

第三节　海藻学的分类体系及命名

一、分类体系

捷克学者福迪（1971）在《藻类学》中把藻类分为蓝藻门 Cyanophyta、杂色藻门 Chromophyta（包括金藻纲 Chrysophyceae、黄藻纲 Xanthophyceae、硅藻纲 Bacillariophyceae、褐藻纲 Phaeophyceae 和甲藻纲 Dinophyceae）、红藻门 Rhodophyta、绿藻门 Chlorophyta 4 个门。并把裸藻纲 Euglenophyceae、隐藻纲 Cryptophyceae、绿胞藻纲 Chloromonadophyceae 列为分类位置未确定的鞭毛类，把原胞藻目 Protomonadales 列为未确定分类位置的无色鞭毛类。

罗伯特·爱德华·李（R. E. Lee）所著的《藻类学》把藻类分成 2 个门，

12 个科：蓝藻科 Cyanophceae、无色鞭毛藻门 Glaucophyta，裸藻科 Euglenophyceae、甲藻科 Dinophyceae、隐藻科 Cryptophyceae、金藻科 Chrysophyceae、定鞭金藻科 Prynmesiophyceae、硅藻科 Bacillariophyceae、绿胞藻科 Rhaphidophyceae（Chloromonads）、黄藻科 Xanthophyceae、褐藻科 Phaeophyceae、红藻科 Rhodophyceae、绿藻科 Chlorophyceae、轮藻门 Charophyta。

郑柏林和王筱庆（1961）所著的《海藻学》把海藻分为 9 个门，有绿藻门 Chlorophyta、裸藻门（眼虫藻门）Euglenophyta、甲藻门 Pyrrophyta（包含隐藻纲 Cryptophyceae）、硅藻门 Bacillariophyta、金藻门 Chrysophyta、黄藻门 Xanthophyta、褐藻门 Phaeophyta、红藻门 Rhodophyta、蓝藻门 Cyanophyta。

达维斯（1989）所著的《海洋植物学》把海藻分为蓝藻门 Cyanophyta、绿藻门 Chlorophyta、褐藻门 Phaeophyta、红藻门 Rhodophyta、金藻门 Chrysophyta（包括金藻门 Chrysophyceae、硅藻纲 Bacillariophyceae、绿胞藻纲 Rhaphidophyceae or Chloromonads、黄藻纲 Xanthophyceae 和定鞭金藻门 Prymnslophyceae or Haptophyceae）、隐藻门 Cryptophyta、裸藻门 Euglenophyta、甲藻门 Pyrrophyta。

中国藻类学者（《中国海藻志》）认同把藻类分为 12 个门，即蓝藻门 Cyanophyta、红藻门 Rhodophyta、隐藻门 Cryptophyta、黄藻门 Xanthophyta、金藻门 Chrysophyta、甲藻门 Pyrrophyta、硅藻门 Bacillariophyta、褐藻门 Phaeophyta、原绿藻门 Chloroxybacteriaphyta、裸藻门 Euglenophyta、绿藻门 Chlorophyta、轮藻门 Charophyta。

二、藻类植物命名

林奈（Linnaeus）在其巨著《植物种志》中将藻类定为拉丁名“Algae”，目前仍在沿用。不过早在 1754 年林奈就用“藻类”这一术语作为植物中的一个目，他首先把不开花结果的植物归入隐花植物纲 Cryptogamia，在此纲中共分 4 个目，即蕨目 Filices、苔藓目 Musci、藻类目 Algae 和真菌目 Fungi。后来（1789 年），De hissieu 限定这个类群仅仅是现在被公认为藻类的一些植物。而“Phycology”一词是由古希腊字“Phykos”（海草，Seaweed）而来的，现在也被称为藻类或藻类学。

藻类国际通用名称使用林奈创立的双名法命名（图 1-2），即每一个藻类名称都由两个词构成，一个是属名，一个是种加词，而且完整的学名应当加上命名人。属名是拉丁文的名词，种加词是拉丁文的形容词，种加词的词性与属名相同。藻类一般种下级较少（变种、变型等）。目前，藻类命名法规依据是 2018 版《国际藻类、菌物和植物命名法规》，与以前几版法规（2012 年《墨尔本法规》）主要更新之处在于，

藻类分类等级名称，修改藻类分类等级门和亚门的词尾为“-phyta”和“-phytina”，替代先前的“-phycota”和“-phycotina”。纲和亚纲的词尾仍保留为“-phyceae”和“-phycidae”。亚纲以“-phycidae”结尾。自1958年1月1日起，所发表的现代藻类种级或种级之下的新分类单位的名称，除拉丁文特征描述或特征辑要之外，还必须附有显示一些区别性形态特征的图片或插图，或是附有对先前已有效发表过的图片或插图的引注，也就是要想发表新种，要有附图。对于像硅藻这样的微藻来说，要有显示其对鉴定所必需的细节的单个插图，也就是显示其主要特征的解剖图。藻类的新组合名的优先律起始时间是组合前时间，而不是组合后时间，这与高等植物不同，如 *Amphiptota ehrenberar* 1843年曾作为动物的一属名被发表。该属在1944年被转隶至藻类而成为植物的一个分类群。它在植物命名上的优先律是始于1843年，而不是1944年。1954年的《巴黎法规》对藻类命名也放宽了要求，在命名时引用先前有效发表的拉丁文特征辑要也算满足合格发表的条件。2012年《墨尔本法规》规定，非化石的藻类在1958年1月1日—2011年12月31日需要拉丁文描述。但是，2018年《深圳法规》规定，发表藻类新物种可以用英文描述。2018版法规规定，藻类植物新命名可申请注册制，有兴趣的研究机构，尤其具有从事命名索引专家的研究单位，可根据《深圳法规》申请命名注册库，注册库负责管理注册新命名的注册及专门的生物名录或命名行动，有点像专利名称注册，也就是说，新名称发表之前必须是被认可的。信息库进行登记并存储名称的重要信息，这将成为名称合格发表的强制要求。特征辑要中必须显示出其注册号。《墨尔本法规》相比《维也纳法规》的变化之处在于允许藻类新物种用电子版发表。从2012年1月1日起，在具有ISSN或ISBN号的期刊或书籍中以电子版PDF格式发表的新名称均为有效发表。这一改革解决了“植物学家在分类学改革中废除了只能用纸质稿发表新物种的原始模式”。从2012年1月1日起，发表新物种的特征辑要和描述可以用英文描述。对于模式，要求2007年1月1日以后发表的新种，必须制定一份标本作为模式，而不能是一个插图（硅藻等可以用插图）。

下图为海带学名解释：

Laminaria japonica Aresch.

↑ 属名　↑ 种加词　↑ 命名人

Laminaria 为属名，词性为名词，拉丁文意思为薄片、叶、层。*japonica* 为种加词，意思为产于日本的。Aresch. 为命名人，全称为 Johan Erhard Areschoug（1811—1887），是瑞典植物学家。Areschougiaceae 科的红藻属 *Areschougia* 以他的名字命名。注意，Aresch. 词尾的点不能省略。

图 1–2　双名法图解示意

三、藻类分类鉴定的最新方法

人类最早只能通过肉眼观察藻类的大规模活动，显微镜的发明使得微观层面研究分析变成了可能。随着光学仪器的发展，高效液相色谱仪、流式细胞仪已成为藻类多样性分析的主要技术手段。通过分析藻类的细胞色素等一些光学特征，可以得出定性及定量的结果，效率远高于形态学镜检。20 世纪 80 年代，随着分子水平研究的迅猛发展，三域学说的提出，使得 DNA 分子鉴定方法逐渐成为一种新的藻类多样性研究方法，其在准确性、鉴定成本、通量方面都有着较大的优势。

分子鉴定方法，首先需要选取被鉴定物种所含有的标记基因，通过 DNA 测序进行序列的相似度比对，进而分析被检测类群的多样性。结合高通量测序的分子鉴定方法已成为藻类多样性研究的主要技术手段。标记基因主要是用来分析物种之间的相似度和亲缘关系。藻类的分类鉴定通常选取 rDNA 基因和某些功能基因，如光合基因。分类主要根据“三域学说”，根据 SSUrDNA 基因的差异进行划分。

现如今的藻类多样性分析，DNA 测序方法中高通量测序已逐渐取代了 Sanger 测序，其价格成本、测序通量都发生了革命性的变化。王靖淇、毕宏伟等已成功使用高通量测序技术分别对我国辽河及东湖水域进行了藻类多样性的分析和鉴定，并成功探究藻类分布与环境因子的相关性。

流式细胞仪技术中，藻类单细胞排列形成一束液流，液流中的细胞经过一束激光照射而产生散射光。这种散射光与细胞的体积、形态、胞内物质组成和结构具有相关性，分析散射光谱特征便可分析鉴定藻类的多样性。Trask 利用流式细胞仪研究了 8 种分属于 5 纲的不同纯培养藻类，发现了不同类型藻类由于大小和色素含量的差异，其叶绿素等荧光强度呈现多样化，需结合多种色素同时鉴定，才能得出较为精确的结果。

高效液相色谱法能够同时分析藻类的种类与数量，根据检测出的色素丰度可以推测出各个特异性色素所属类群的相对比例。联合国教科文组织所推荐的 Wright 方法是利用 HPLC 分析藻类多样性的典型代表，可进行 40 多种类胡萝卜素和 12 种叶绿素的鉴定。

第四节　藻类学的研究简史

一、世界藻类的研究

人们很早就认识藻类，最早所写的关于藻类的文章发现于中国古代名著。然而，现代关于藻类的科学知识主要由西方科学家获得。希腊人称藻类为海草而用术语“Phykos”，而罗马人称为麦角藻 Fucus，后来 Fucus 成为褐藻的一个属名。直到接近 17 世纪，人们才对 4 种藻认识较深，它们是麦角藻、珊瑚藻、石莼和水绵属植物（Conferva）。事实上，人们对藻类结构和生殖的进一步研究与显微镜的发明、改进和精密直接相关，可以在显微镜下观察到一些微小单细胞藻类。

（1）18 世纪：在 18 世纪末出版的有 J.Stackhouse 所著的《大英的沙蚕》（Nereis Britanica，1795—1801）和 A.G.Roth 所著的《卡塔莱克植物学》（Catalecta Botanica，1797—1806）。

（2）19 世纪：在 19 世纪初，有 E.J.Esper 所著的《海藻图鉴》（Icones fuscorum，1802）；P.J.E.Vaucher 所著的《淡水藻类研究历史》（Histoire des conferves d'eau douce，1803）；D.Turner 所著的《海藻》（Fuci，1808—1809）；Lyngbye（1819）所著的《丹麦水生植物学指南》（Tentamen hydrophytologiae Danicae）；Agardh（1817，1824）所著的《斯堪的纳维亚（半岛）的藻类概要》（Synopsis algarum Scandinaviae）、《藻类的分类系统学》（Systema algarum）；之后 C.A.Agardh 针对斯堪的纳维亚（半岛）的藻类主要是海藻，以此为中心做了长期规划性的研究。他的儿子 J.G.Agardh 也追寻其父的志向在 1848—1901 年著述了《藻类的种、属、目序列》（Spectes genera et ordines algarum），而且做了许多这方面的研究；Postels 和 Ruprecht（1840）合著了《藻类图册》（Illustrationes algarum），这是一本超级大的巨著，作为藻类演化关系的图书，被世界同行所瞩目，也是绝无仅有的；Meneghini（1842）所著的《意大利灰胞藻专著》（Monographi Nostochinearum Italicarum）；Hassall（1852）所著的《英国淡水藻类》（British freshwater algae）等。而且还有德国的 Kützing（1843，1849）所著的《普通藻类学》（Phycologiageneralis）、《藻类物种》（Species algarum）。1845—1869 年，其所著的《藻类图谱》（Tabulae phycologicae）大部分图册，被评为划时代的成就。Nägeli（1849）所著的《单细胞藻类种属》（Gattungen einzelliger Algen）。从 19 世纪前半期到 19 世纪后半期，Harvey（1847）所著的《英国藻类》（Phycologia britanica Ⅰ－Ⅲ，1846—1851），该书有精致的铜版纸图片，可谓美妙绝伦。

到了 19 世纪后半期，在 1850 年出现了诸如 J.E.Areschoug、A.Derbes、A.J.J.Solier、G.Zanardini 及 A.Le Jolis 等关于海藻研究的藻类学家。19 世纪 60 年代，Rabenhorst（1860）所著的《萨克森隐花植物学》（Kryptogamenflora von Sachsen），V.B.Wittrock 做了许多研究工作，出版了著作。19 世纪 70 年代，A.Grunow、F.R.Kjellman、

W.F.R.Suringar 取得了许多成就，特别是在新大陆上关于美利坚合众国的海藻的研究业绩，以 Farlow（1875）为开端。19 世纪 80 年代，以 A.Hansgirg、N.Wille、M.C.Cooke、E.Bornet、G.Thuret、E.Bornet、C.Flahault 和 J.E.Tilden 等许多作者的业绩为开端。特别是从 1889 年开始，De Toni（1905）所著的《迄今为止已知的所有海藻汇总》（Sylloge algarum omnium hucusque cognitarum Ⅰ－Ⅵ，1889—1924），是付出全部精力的巨著，涵盖了那个时代以前的所有藻类种类描述。还有 Saccardo（1911）所著的《真菌总汇（藻类）》（Sylloge Fungorum Ⅰ－XXV，1882—1831)，这部著作也成为那个时代的权威著作。

从 1890 年开始，L.K.Rosenvinge、M.Gomont、A.De Saunders、F.Schmidt、P.Falkenberg、W.A.Setchell、W.West、G.S.West、M.Foslie 和 P.Kuckuck 等许多藻类学家作出了突出贡献。与此同时，日本藻类研究时代也开始了。1890 年，冈村金太郎发表的研究成果成为藻类研究的先河。1890 年，冈村博士在日本《植物学杂志》（第 4 卷）上发表了“裙带菜的繁殖法，昆布属的繁殖”；1936 年出版了《日本海藻志》。这四十几年来，冈村博士发表了众多著作。

关于藻类学研究，在 19 世纪末以前，几乎是广义上的纯分类学内容。进入 20 世纪，组织学研究、发育学研究、细胞学研究等逐渐增加起来，而且进入到现在的更深层次的生理学和遗传学领域。

（3）20 世纪：20 世纪初，有宫部金吾博士与远藤吉三郎博士的关于海藻的研究论文为典型。宫部博士首先于 1902 年在《北海道水产调查报告Ⅲ》中就北海道沿岸产的昆布做了报告。继之，主要以东北、北海道为主，发表了多数海带科的成果。远藤博士 1902 年在《明尼苏达州植物学研究》（Minnesota Botanical studies Ⅱ）发表了关于珊瑚藻的论文。截至 1928 年，其发表了很多相关的成果。

从 1907 年开始，H.Kylin 关于海藻学的组织学、发育学的研究，以及基于这些研究基础上的分类学研究，出现了崭新的成果。

1910 年，出现了 C.Sauvageau 关于昆布生活史的研究，这也是划时代的成果。Kylin 和 Sauvageau 两位藻类学家关于诸多藻类生活史的研究，实际上开创了藻类研究的新领域。而且还有 F.C.E.BΦrgesen、F.S.Collins、N.L.Gardner、E.Lemmermann 和 J.E.Tilden 等许多学者在这一领域作出贡献。山内繁雄博士关于褐藻门的ムチモ属的基于细胞学基础上世代交替的研究成果很有价值，该博士对于真红藻亚纲的世代交替的研究成果也是突出的。

20 世纪 20 年代，主要研究学者有 A.G.Hamel、F.Oltmanns、H.Printz、

E.S.Sinova，以及现在日本藻类研究学者第一人的山田幸男博士，这些学者发表了很多关于海藻的论文。A.Pascher 所著的《德国、奥地利和瑞士的淡水藻类》（Die Susswasser-Flora，Deutschlands，Öesterreichs und der Schweiz Ⅰ　Ⅻ，1920—1927）在这方面的研究，给我们今天的研究打下了基础，提供了便利。Kniep（1928）所著的《低等植物的有性生殖》（Sexualitat der niederen Pflanzen）引起了许多这方面研究者的关注。而且从 1920 年到 1930 年，陆续出版了多卷《拉本霍斯特的隐花植物类群》（Rabenhorst's Kryptogamenflora），完备了关于海藻、轮藻、蓝藻、接合藻、硅藻等专著。在这些研究中，L.Geitler 关于蓝藻的研究，W.Krieger 关于接合藻的研究，F.Hustedt 关于硅藻的研究，特别详细而突出。

20 世纪 30 年代，有 E.Hustedt 的《关于海藻发育及生活史》等许多伟大的贡献，出现了 P.Fremy、A.Huber-Pestalozzi、B.Schussnig、L.Geitler、F.E.Fritsch、J.E.Tilden、G.M.Smith，以及其他众多学者的关于藻类的著作。这当中有已故冈村金太郎博士（1936）所著的《日本海藻志》，记述了日本产的海藻，被称为巨著。根据这些学者的研究成果出版了许多教科书。比如 Newton（1931）所著的《英国海藻手册》（Handbook of the British seaweeds）、Smith 所著的《美国的淡水藻类》（Freshwater algae of the United States，1930）、Tilden 等（1935）所著的《藻类及其生活史关系》（Algae and their life-relations）、Fritsch（1938）所著的《藻类的结构和繁殖第一卷》（The Structure and reproduction of the algae），到 1952 年出版了其第二卷，完成了藻类的形态学著述。Schussnig（1938）所著的《低等植物的比较形态学》（Vergleichende Morphologie der niederen Pflanzen）是从比较形态学观点出发全面论述藻类的教科书。而且 Dangeard（1933）所著的《藻类学特征》（Traité dalgologie）同样也是从比较形态学出发独具特色的教科书。Taylor（1937）所著的《北美北东海岸的海藻》（Marine Algae of the northeastern coast of North America）也是一本内容详实、阅读方便、具较高评价的教科书。1941 年，R.Krausel 从化石上找到关于红藻与子囊菌有共同祖先的证据，设立了一个新纲——菌藻纲 Algomycetes，并对其世代交替做了深入研究。Drew 对于红藻世代交替的新见解及统一理论做了阐述而且非常明确。战后出版业发达，G.M.Smith 和他的合作者们共同执笔的《藻类学提要》（Manual of Phycology，1948）是一本入门级教科书，难度适宜，而且极具趣味，而且 Smith（1944）所著的《加利福尼亚州蒙特利半岛海藻研究》（Marine algae of the Monterey Peninsula，California）成为代表。1930 年后出现了众多的藻类细胞学者，T.Metzner 于 1945 年关于 volvox 研究成为这个领域的开端。之后，Skuja（1948）所著的《瑞典北方浮游植物的分类》（Taxonomie des Phytoplanktons einiger seen in Uppland，schweden）、《缅甸淡水藻类植物区系》（Zur Susswasseralgenflora Burmas）均是备受瞩目的作品。

20 世纪 50 年代，在淡水藻类研究方面，有 Prescott（1951）所著的《西部五大湖附近的藻类》（Algae of the western great lakes area），这也是一部巨著。在海藻研究方面，有 E.Y.Dawson、G.F.Papenfuss 等所著的大部分著作都很令人瞩目。F.Drouet 做了关于蓝藻分类的工作，Gomont、Bornet、Flahault 做了有史以来明确而着实的分类工作。L.H.Tiffany 和 E.N.Transeau 关于绿藻 Oedogoniaceae 科的研究分类方面和其 30 年的生态学研究资料是其追随者望尘莫及的。Feldmann（1952）所著的《藻类的世代交替及其与系统发育的关系》（Les cycles de reproduction des algues et leurs rapports avec la phylogenie）和 Drew（1955）所著的《藻类的世代交替生活史，特别是绿藻、褐藻、红藻》（Life-history in the algae with special reference to the Chlorophyta，Phaeophyta,Rhodophyta）在这方面达到了理论的统一，其成果也备受瞩目。

Schussnig（1953）所著的《原生生物科学手册卷 I》（Handbuch der Protistenkunde Bd 1）；Funk（1955）所著的《对那不勒斯海藻知识的贡献》（Beitrage zur Kenntnis der Meeresalgen von Neapel）；Tiffany 和 Britton（1952）所著的《伊利诺伊州的藻类》（The algae of Illinois）；Transeau（1951）所著的《双星藻科》（The Zygnematophyceae）等专著。

现代的藻类学家包括英国的 Fogg、Lund、Godward、Manton、Leedale、Stewart、Robert、Williams 、Kjellman 、Dodge 和其他学者；美国的 Bold、Starr、Drouet、Papenfuss、Tailor、Silva（1953）、Lang、Holm-Hanson、Burris、Prescott 等；法国的 Bornet、Flahault、Kuckuch、Chaudefaud、Magne 和 Bourrelly 等，在藻类研究方面也作出了重要贡献。苏联的 Hollerbach，捷克斯洛伐克的 Fott，德国的 Geitler、Pringsheim、Von Stosch、Von Witsh、Schwabe、De Toni、Gomont 和日本的 Tamiya、Okomura、Watanabe、Imahori、Segi 等都对藻类学的发展作出了重要贡献。

二、关于中国海藻的研究

1754 年，瑞典学者林奈在其《植物种志》中首次在植物界的隐花植物纲中列出藻类目 5 个属，并且定义了藻类的概念。最早研究中国海藻的是英国人 Turner（1802）和瑞典藻类学家 Agardh（1817，1824），世界上有很多藻类都是由 Agardh 命名的，

著名的马尾藻属 *Sargassum* 就是由这位藻类学家创立的，而且首次区分了红藻与褐藻。还有他的儿子 Agardh（1848，1889）和 Kützing（1849）记载了许多藻类，包括中国的藻类。Marteiis（1866）及 Debeaux（1875）也都在 19 世纪研究了中国藻类。20 世纪，研究中国海藻的学者较多，如日本学者 Noda（1966）、Yamada（1925，1950）、Okamura（1930，1936）、Ariga（1919），美国藻类学家 Setchell 最先定名了羊栖菜。英国著名藻类学家 E.S.Gepp 也命名了许多中国海藻，如硬索藻 *Chordaria firma* 就是由他命名的。藻类学家 Collins 创立了科氏藻科 Collinsiellaceae，科氏藻属 *Collinsiella*，并命名了许多中国海藻物种。1919 年，德国藻类学家 Th.Reinbold 在 Loesener 氏的《青岛植物志》上发表了产于青岛及附近的 10 种海藻。1934 年，Howe 在《山东半岛海藻》一文中，报告了产于青岛的 21 种海藻。

国内学者对海藻学也作出了重大贡献。中华人民共和国成立前，最早调查采集藻类标本的中国人是厦门大学的钟心煊教授，是从 1930 年开始的。最早为我国藻类学作出突出贡献的是曾呈奎教授，他的第一篇文章发表于 1933 年的《岭南科学杂志》上。在 20 世纪 30 年代从事浮游藻类分类研究工作的学者有两位：一位是倪达书（1939），专做甲藻的分类学研究；另一位浮游藻类专家是厦门大学的金德祥教授，专门研究浮游硅藻，对底栖硅藻也有深入的研究，使厦门大学成为硅藻的研究基地。中华人民共和国成立后，分类区系方面的研究基本搞清了马尾藻的分类问题，马尾藻在我国南海，包括海南岛和西沙、南沙一些小岛等区域特别茂盛。曾呈奎教授阐明了马尾藻起源于澳大利亚，然后再分三路发展：一路从菲律宾到越南向太平洋发展；一路向西，向印度洋、大西洋发展；一路向北，向我国的南海、东海及黄海、渤海和北方的日本海发展。其进化系统是从印度洋和中国南海发展起来的，印度西太平洋是真马尾藻亚属的主要发展海区。曾呈奎教授对马尾藻属进行了分类研究，在原来 400 种的基础上增加了 61 种，其中中国海域有 130 种。硅藻的分类研究由朱树屏及郭玉洁开始，他们将角毛藻属划分为 3 个亚属。

海藻形态学研究：主要有曾呈奎关于紫菜生活史的研究。紫菜丝状体的壳孢子（conchospore）的名称全世界至今都在引用，在这一领域全世界领先。真正的减数分裂是在壳孢子萌发时间进行的。海带的形态学研究着重在配子体阶段，研究了配子的排卵和排精现象及精子的形态。

海藻生态学研究：曾呈奎等进行了海带应用生态学的研究，创造了海带夏苗培育法，海带最适合的生长发育温度，配子体和幼孢子体的最适宜温度是 10℃，所以将培养海带的温度定在 10 ~ 13℃。紫菜的人工栽培同样需要了解紫菜特别是壳孢子的形成和放散与水温的关系。郭玉洁（2003）在浮游硅藻方面做了很多工作，对全国海域的浮游硅藻进行了普查。中国科学院南海海洋研究所林永水（2009）对南海浮游甲藻类进行了调查。金德祥教授对浮游硅藻和底栖硅藻进行了研究。

海藻生理学研究：生理学研究主要进行海藻光合作用的研究。中国科学院海洋研究所的海藻光合作用研究着重于比较光合作用和进化的研究。对 30 种红藻做了色素的光谱吸收实验，发现它们的光谱吸收可分为两大类型：一种具有 3 个吸收峰，而另一种则具有 2 个吸收峰。曾呈奎研究了藻类光合作用色素的进化。

海藻遗传学研究：研究海藻遗传学是从方宗熙先生开始的，方宗熙教授及其合作者培育了海带的“海青一号”新品系及其他新品种，还取得了一系列的研究成果。首先，他发现海带的孤雌生殖的孢子体能够完成其生活史而不需要雄配子体的配合；其次，他观察到的染色体自动加倍，尚未在高等植物中看到，可以在海带栽培事业中应用；再次，配子体阶段的单克隆使海带成为突变细胞融合及其他生物研究的良好材料。

海藻生物技术研究：体现在组织和细胞培养方面，完成了海带和紫菜的组织培养。在性细胞方面，利用多代自交，促使性状分离，定向选择，达到稳定；利用杂交将母本的优良性状合在一起，选育新品系；利用射线处理，配子体诱导突变，培养新品种和利用孤雌生殖获得雌性纯系。

海藻化学研究：主要是褐藻胶提取工艺的研究，以海蒿子、马尾藻、海带、江蓠为原料提取褐藻胶。

第五节　海藻植物形态结构、生殖及生活史特征

一、海藻形态构造

绿藻类的单细胞或其群体的种类，每个细胞前端都生有两根鞭毛，能游动。多细胞种类有简单的丝状体，如丝藻、刚毛藻等。进化程度较高的是膜状体，如石莼。最高等的是异丝体，如胶毛藻等。大多数多细胞藻类为底栖藻类。藻体基部延伸成固着器，附着在基质上生长。甲藻、金藻、硅藻、黄藻则多数为浮游生活的单细胞藻类，少数为群体。丝状体类型更少。它们的细胞类型变化很多，有球形、盘状、椭球状、梭形、双锥形等。除硅藻外单细胞种类差不多全部具有鞭毛，能自由运动。眼虫藻 3 条鞭毛，着生于细胞前端，甲藻细胞 2 条鞭毛，着生于前端和腹面。金藻和黄藻鞭毛 1 ~ 2 条，2 条类型鞭毛不等长，生于细胞前端。褐藻类没有单细胞。群体的种类最简单的为异丝体，如水云。进化程度最高的为假膜体，其分为单轴和多轴的，如酸

藻属、黏膜藻属等。最高级种类属于真膜体，小型的如黑顶藻属，大型的且有结构分化的如海带属、马尾藻属。红藻类只有极少数为单细胞或群体，多数为多细胞体，但是无大型种类。简单不分枝的如红毛菜，复杂的有单轴分枝与合轴分枝，如异管藻、石花菜等。红藻类构造复杂，除紫菜纲外细胞间都有孔状联系。蓝藻类为单细胞体或群体，极少数为多细胞，有的具有假分枝，高级的有真分枝，也有极少数具有孔状联系。

二、海藻细胞学特征

（1）细胞核。根据细胞的内部构造，可分为两种基本的类型，即原核细胞和真核细胞。原核细胞为蓝藻和细菌所特有，而其余的藻类类群则具有真核细胞。甲藻门物种的细胞核结构较特殊，核特别大，染色质呈念珠状排列，故称其为甲藻核（dinokaryon）或称中核（mesokaryotic nuclei），甲藻被称为中核生物。

（2）细胞壁（cell wall）。裸藻门、隐藻门、金藻门中能运动的物种没有植物性细胞壁，细胞体表仅为一层周质膜。其他门的藻类都有细胞壁，但是细胞壁结构和成分不同。蓝藻门、原绿藻门和绿藻门的物种都具有完整的细胞壁，所含成分是纤维素（内层）和果胶质（外层）；褐藻门和红藻门的物种也都有完整的细胞壁。但是，褐藻细胞壁外层含有几种藻胶，主要是褐藻糖胶（fucoidin）；红藻的细胞壁外层的胶质成分为琼胶、海萝胶和卡拉胶等；硅藻门物种的细胞壁通常被称为“壳壁”（theca），是由两个半瓣、似培养皿那样套合而成的，主要成分是果胶质和硅酸硅质，并形成复杂的结构，成为硅藻分类的重要依据。金藻门中有细胞壁的物种的细胞壁主要由果胶质组成，其中有些物种还含有由钙质或硅质构成的、具有一定形状的“小片”（coccolith），这种小片是金藻物种分类的重要依据；黄藻门中的很多物种的细胞壁是由两个似“H”形的半瓣紧密合成的，细胞壁的主要成分是果胶化合物，有的物种的细胞壁含有少量的硅质和纤维素，只有少数物种的细胞壁含有大量纤维素；甲藻门物种的细胞壁结构比较复杂，细胞以纵分裂繁殖后代的甲藻物种的细胞壁纵分成两瓣，以横裂繁殖后代的甲藻物种的细胞壁则横分成上、下两部分，通常把甲藻的细胞壁称为“壳壁”，壳壁的主要成分是纤维素，并由其构成具有一定形态的“甲片”，由于不同物种的甲片具有固定的形态、数量和排列顺序，因此，甲片的形态和排列顺序是甲藻分类的主要依据。

（3）色素及色素体、光合产物。蓝藻门含叶绿素 a，类胡萝卜素类的 β- 胡萝卜素，叶黄素类的角黄素（canthaxanthin）、海胆稀酮（echinenone）、番茄红素（lycopene）、蓝藻叶黄素（myxoxanthophyll）、玉米黄素（zeaxanthin）等，藻胆蛋白的藻蓝蛋白

（phycocyanin）、藻红蛋白（phycoerythrin）和别藻蓝蛋白（allophycocyanin ）。红藻门含叶绿素类的叶绿素 a，类胡萝卜素类的 α- 胡萝卜素、β- 胡萝卜素、叶黄素（lutein）、玉米黄素，藻胆蛋白的藻蓝蛋白、藻红蛋白和别藻蓝蛋白。甲藻门含叶绿素类的叶绿素 a、叶绿素 c_2，类胡萝卜素类的 α- 胡萝卜素、β- 胡萝卜素、花药黄素（antheraxanthin）、硅甲藻黄素（diadinoxanthin）、硅藻黄素（diatoxanthin）、甲藻黄素（dinoxanthin）、墨角藻黄素（ucoxanthin）、多甲藻素（peridinin）、紫黄素（violaxanthin）、玉米黄素。黄藻门含叶绿素类的叶绿素 a、叶绿素 c_1、叶绿素 c_2，类胡萝卜素类的 β- 胡萝卜素、花药黄素、硅甲藻黄素、硅藻黄素、多甲藻素、紫黄素、玉米黄素。金藻门含叶绿素类的叶绿素 a、叶绿素 c_1、叶绿素 c_2，类胡萝卜素类的 α- 胡萝卜素、β- 胡萝卜素、ε- 胡萝卜素、花药黄素、硅甲藻黄素、硅藻黄素、墨角藻黄素、紫黄素、玉米黄素。硅藻门含叶绿素类的叶绿素 a、叶绿素 d、叶绿素 c_2，类胡萝卜素类的 β- 胡萝卜素、花药黄素、硅甲藻黄素、硅藻黄素、墨角藻黄素、紫黄素、玉米黄素。褐藻门含叶绿素类的叶绿素 a、叶绿素 c_1、叶绿素 c_2，类胡萝卜素类的 β- 胡萝卜素、花药黄素、墨角藻黄素、紫黄素、玉米黄素。绿藻门含叶绿素类的叶绿素 a、叶绿素 b，类胡萝卜素类的 ε- 胡萝卜素、胡萝卜素、花药黄素、虾青素（astaxanthin）、角黄素（canthaxanthin）、甲藻黄素、叶黄素、新黄素、紫黄素、玉米黄素。不同种类光合色素是分类学依据。裸藻储藏的是裸藻淀粉，红藻的储藏物为红藻淀粉，甲藻储藏的是甲藻淀粉，蓝藻的储藏物为蓝藻淀粉，褐藻储藏的是昆布糖、甘露醇和褐藻淀粉，黄藻、金藻和硅藻储藏的都是金藻昆布糖。

（4）鞭毛。不同藻类所具鞭毛类型、数量和着生的位置也有所不同。这也是藻类分类的重要依据之一。裸藻具有 1 根顶生单茸鞭型鞭毛；绿藻通常具有 2 根、4 根等长顶生的尾鞭型鞭毛；德氏藻属 *Derbesia* 和鞘藻属 *Oedogonium* 的游动孢子的前端生有一圈鞭毛；金藻的游动细胞具有 1 根、2 根或 3 根顶生鞭毛，后两者的鞭毛等长或不等长，其中的 1 根为茸鞭型鞭毛；褐藻的游动细胞具有 2 根侧生不等长鞭毛，长者为茸鞭型鞭毛，短者为尾鞭型鞭毛；黄藻的游动细胞具有 2 根顶生不等长鞭毛，同样是长者为茸鞭型鞭毛，短者为尾鞭型鞭毛；无节藻的游动孢子具有多根等长鞭毛；甲藻门中纵裂甲藻纲的物种具有 2 根顶生不等长鞭毛，横裂甲藻纲的物种由腹区的鞭毛孔伸出 2 根不等长的鞭毛，长者称为横鞭，带状，环绕于横沟内，其一侧与横沟相连，另一侧游离，有鞭毛丝，为单茸鞭型鞭毛，做波状运动，短者称为纵鞭，为尾鞭型鞭毛，自鞭毛孔伸出，游离，通过纵沟伸向体外，做鞭状运动，见图 1-3。

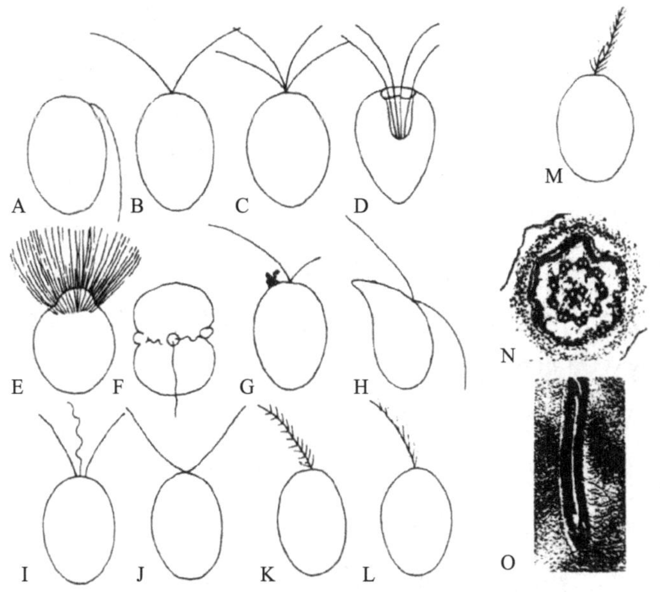

图 1-3　藻类游动细胞及鞭毛结构

A. 雷生衣藻属顶端 1 侧面着生 1 根鞭毛；B. 衣藻属顶生 2 根等长的鞭毛；C. 卡德藻属顶生 4 根鞭毛；D. 塔形藻属由咽喉状加深处生出 4 根鞭毛；E. 鞘藻属藻体前端周生一圈鞭毛；F. 环沟藻属横鞭和纵鞭；G. 黄丝藻属顶生 2 根不等长的鞭毛；H. 水云属侧生 2 根鞭毛；I. 金色藻属中间 1 根定鞭毛；J. 具有鞭丝的鞭毛，即平滑而末端柔软的鞭毛；K. 双茸鞭型鞭毛，具有两列茸毛（鞭丝）；L. 单茸鞭型鞭毛，鞭毛的一侧有茸毛（鞭丝）；M. 周生鞭毛型（鞭毛周围都能生鞭丝）；N. 雷氏衣藻鞭毛横切面，示鞭毛内部“9+2”式构造（电镜照片）；O. 雷氏衣藻鞭毛周生鞭丝（引自：Lee，2018）

三、藻类植物生殖及生活史特征（图 1-4）

（1）营养生殖型。指生活史中不行无性生殖和有性生殖，而只能行营养生殖的藻类。蓝藻门和裸藻门的多数种类和其他各门中的某些单细胞种类属于这一类型，它们只能以细胞分裂的方式进行生殖。属于这一生殖类型的藻类，因为没有有性生殖，所以没有减数分裂和核相交替，植物体的核相也不发生任何变化。

（2）无性生殖型。指生活史中没有有性生殖，只靠无性生殖来进行增殖个体的藻类。小球藻、栅藻和某些蓝藻等属于这种类型。在这一类型的藻类中，因为没有有性生殖，所以也没有减数分裂和核相交替，植物体也无核相变化。

（3）有性生殖型。有性生殖是通过两个生殖细胞雌、雄配子或精子与卵相结合的生殖方式。有性生殖型是指生活史中没有无性生殖，主要以有性生殖来进行生殖的藻类，如轮藻、墨角藻、马尾藻等。凡是生活史中有性生殖的，必然有核相交替现象，即单倍体核相和双倍体核相的交替。合子的核相必然是配子核相的双倍，也必然在生活史的某个阶段中行减数分裂。属于有性生殖型的藻类，其中有的植物体为单相型，如水绵、轮藻；有的植物体为双相型，如褐藻中的墨角藻目、绿藻中的管藻目的一部分和硅藻等。

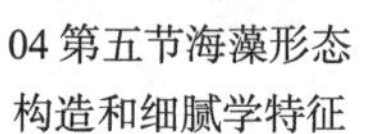

04 第五节海藻形态构造和细腻学特征

第五节 生活史

（4）有性、无性生殖合型。指生活史中既有无性生殖的时期，又有有性生殖的时期。这两个时期可以是随生活环境的改变而出现，也可以是生活史中相互交替的两个阶段。前一种情况如衣藻、团藻、丝藻等，它们常是在生长季节末期才行有性生殖，是对不良环境的适应，属于这一类型的藻类，在它们的生活史中没有世代交替的现象，其植物体为单相型。后一种情况在绿藻、褐藻和红藻中都有典型的例子，属于这一类型的藻类，常有 2 个或 3 个（真红藻纲）植物体在生活史中相互交替出现。相互交替出现的植物体有的为双倍体，有的为单倍体。前者行无性生殖时，进行减数分裂产生孢子，因此，双倍体的植物体又叫孢子体。后者行有性生殖产生雌雄配子或精子与卵，因此，单倍体的植物体又叫配子体。这样由孢子萌发成配子体，配子体产生雌雄配子或精子与卵，这一阶段都是单倍体时期，称为有性世代。由合子萌发为孢子体，一直到孢子体行减数分裂产生孢子之前，这一阶段都是双倍体时期，称为无性世代。这种生活史中有无性世代和有性世代相互交替的现象叫作世代交替，也就是说，只有在生活史中，有一个双倍的产生孢子的孢子体和一个单倍的产生配子的配子体，二者有规律地相互交替出现，才是真正的世代交替。凡是能行有性生殖的藻类，在其生活史中的某一阶段必然会出现减数分裂，因此也就必然有核相交替的现象。有世代交替的藻类虽然有核相交替的现象，但有核相交替现象的藻类不一定有世代交替。核相交替与世代交替是不能等同起来的，在有世代交替的生活史中，如果配子体和孢子体的形态结构基本上相同的，称为同型世代交替，如绿藻中的石莼、刚毛藻，褐藻中的水云、网地藻，红藻中的多管藻、仙菜等；如果配子体和孢子体的形态和结构不相同，称为异型世代交替，如海带、萱藻、鹅肠菜等。在异型世代交替中，配子体占优势的有萱藻属和马鞭藻属等，孢子体占优势的有海带属、裙带菜属等。

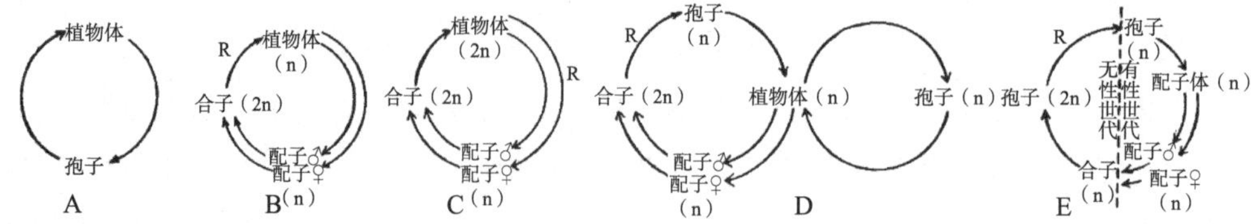

图 1–4　藻类植物生殖及生活史类型

A. 无性生殖型；B. 单相型的有性生殖型；C. 双相型的有性生殖型；D. 没有世代交替的无性、有性生殖合型；E. 有世代交替的无性、有性生殖合型（引自：李益健等，1982）

第六节　海藻学参考书

一、国内教材

钱树本的《海藻学》（2014 年），中国海洋大学出版社出版；

郑柏林、王筱庆的《海藻学》（1961 年），中国海洋大学出版社出版；

傅华龙、陈昭麟的《藻类学教程》（1993 年），四川大学出版社出版；

R.E. 李的《海藻学》（2012 年），科学出版社出版；

B. 福迪（Bohuslav Fott）著、罗迪安译的《海藻学》（1980 年），上海科学技术出版社出版。

二、国外著作

德国 F. 奥尔特曼在 1922—1923 年发表的 3 卷《藻类的形态学与生物学》，总结了藻类形态和生理、生态的研究成果。20 世纪 40 年代中期，英国 F.E. 弗里奇完成《藻类的构造与生殖》的巨著，概括了前人的工作，对以前地位未定的一些藻类群提出了有益的意见，并建立了健全的分类系统，大大推动了藻类学的发展。之后出版了许多藻类学的综合论述，如美国史密斯主编的《藻类学手册》（1951 年），美国 H.C. 博尔德及 M.J. 温著的《藻类学导言》（1978 年）和美国罗本、M.J. 温主编的《海藻生物学》（1981 年）。

三、海藻志

中国科学院中国孢子植物志编辑委员会等的《中国海藻志》（2017 年），共计 14 卷，科学出版社出版；

曾呈奎的《中国经济海藻志》（1961 年），科学出版社出版；

曾呈奎的《中国黄渤海海藻》（2009 年），科学出版社出版。

四、海藻图谱类图书

浙江省水产厅、上海自然博物馆编著的《浙江海藻原色图谱》（1983 年），浙江科技出版社出版；

王素娟的《中国经济海藻超微结构研究》（1991 年），浙江科技出版社出版；

王素娟等的《中国常见红藻超微结构》（2004 年），宁波出版社出版。

第七节　海藻学学习方法

学好海藻学应该注意理论联系实际，既要学好理论，又要注重海藻学实验与实习。其一，在实验与实习中多动脑筋，用学过的理论知识解决实际问题。自己动手采集海洋藻类样品，并制作标本，运用学过的分类知识加以分类。在藻类实验课中，对藻类的生理、结构做深入地了解与掌握。其二，学会文献的检索，为了达到知识的扩展，必须学会文献检索。正确使用文献检索工具，而且会用外文检索，了解海藻学世界发展动态。其三，加强海藻学科研写作训练，学习的目的是为了应用。通过理论知识的学习，锻炼自己的科研能力，学会科研立题、科学构思、科学实验、科学记录数据，最后完成科研写作。其四，参加科研课题、科研竞赛。科研课题及科研竞赛是提高学生科研能力的最好平台。通过参与科研活动，提升学生的科研能力，也增强了学生的科研自信心。其五，发表文章、申请专利是学生创造力的重要体现，能激发学生的灵感，不但要学好海藻学知识，还要具备海洋生物资源开发利用的技能，同时提升海洋生物资源的保护意识。

第二章
绿藻门 Chlorophyta

绿藻门是植物界最大的一个门，约有 430 属，17 000 种，多数物种在淡水中生活。在中国海域分布的绿藻，已有记载的约为 194 种。绿藻门最初根据生殖细胞的形态结构和生殖方式的不同分为 3 个纲，即绿藻纲 Chlorophyceae、接合藻纲 Conjugatophyceae 和轮藻纲 Charophyceae。后由于轮藻纲的特征与其他两个纲的特征相差较大，有些藻类学者把轮藻纲提升为轮藻门 Charophyta，因此，绿藻门就仅包含绿藻纲和接合藻纲。

第一节　绿藻门藻体形态特征

01 第二章 绿藻形态特征和细胞学特征

绿藻门植物形态多样，包括游动的单细胞或群体，如衣藻或团藻。非游动的单细胞或群体，如绿球藻、四胞藻、四角藻等。丝状体，如丝藻、刚毛藻等。膜叶状体，如礁膜、石莼等。异丝体藻体由两部分组成，卧生的匍匐部分，附着于基层；另一部分由卧生部分生出直立部分，如毛枝藻属。多核体，藻体为球形或其他形状，为多核单细胞体，细胞核多次分裂，但是不形成细胞壁。藻体除在生殖期外，只有一个细胞，内有许多细胞核，如松藻、羽藻等。这种类型为单细胞多核体。也有多细胞多核体，其藻体形态多为丝状或囊状。

第二节　绿藻门细胞学特征

（1）细胞壁。细胞壁的内层主要成分是纤维素，外层为果胶。果胶为水溶性。有的细胞壁外有几丁质，可以阻止果胶质的溶解，如刚毛藻属 *Cladophora*、鞘藻属 *Oedogonium* 和鞘毛藻属 *Coleochaete*。少数种类的内壁不是纤维素而是胼胝质（callose），如松藻目细胞。细胞壁无微纤丝，只有四胞藻目的绿球藻含有微纤丝与网状结构。有的绿藻（如刚毛藻属）细胞壁具有与高等植物相似的片层状排列结构，具有微纤丝。

（2）光合色素。绿藻门植物的光合色素类似于高等植物，都含有叶绿素 a、叶绿素 b，主要的类胡萝卜素是叶黄素。杜氏盐藻 *Dunaliella salina* 为常见的盐藻，其类胡萝卜素在氮源不足、高辐射及高盐度时可以大量积累。其中 β– 胡萝卜素是在叶绿体内的类囊体之间积累。在杜氏藻属中血色素的积累达到细胞容量的 8% ~ 12%。食用了杜氏藻的鱼类甲壳素会因血色素而呈缤纷的色彩。

（3）载色体。每个营养细胞都具一个至数个色素体，色素体的形状多样，有杯状、星状、带状、片状、网状、粒状等；绝大多数种类的营养细胞含有一个至多个蛋白核，少数种类没有；叶绿体由双层叶绿体被膜所环绕，没有叶绿体内质网。3 ~ 5 个类囊体聚集在一起形成没有基粒的带状。某些海藻（蕨藻）含有淀粉粒的淀粉体。淀粉的合成聚集于蛋白核周围。淀粉成分为直链淀粉与支链淀粉。光合作用途径与高等植物类似。

（4）运动器官。

①趋光性与眼点。大部分借鞭毛做趋光运动的细胞都含有 1 个眼点。绿藻的眼点通常位于叶绿体内，一般位于鞭毛基部附近靠前的位置，眼点由一层到几层不等的脂滴所构成，通常位于叶绿体被膜和类囊体最外侧条带之间的基质内。脂滴的类胡萝卜素会使眼点呈现橘红色。石莼属 *Ulva* 中的游动孢子具有趋光性，表现出在 4℃时呈现负趋光性，在 16 ~ 18℃时呈现正趋光性，而在 35℃时表现出非常强的趋光性。眼点有 3 种形态：双凸形透镜在前，弯曲色素板在后；双凸形透镜在后，弯曲色素板在前；双凸形透镜在前，弯曲色素板在后，中间尚有一层无色的感光层。双凸形透镜是感光部分，弯曲色素板为选择反射光线的表面。中间无色感光层是反射交集光线于一点的场所，见图 2–1。

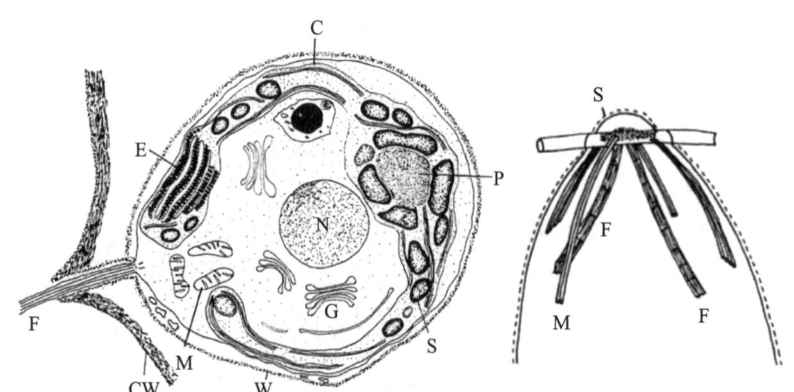

图 2–1　团藻属营养细胞剖面图（左图）和石莼纲游动孢子侧面示意图（右图）

W. 细胞壁；C. 叶绿体；E. 眼点；F. 鞭毛；G. 高尔基体；M. 线粒体；N. 细胞核；P. 蛋白核；S. 淀粉；CW. 藻落壁；S. 鳞片；M. 微管根；F. 纤维根（引自：Lee，2018）

②鞭毛。石莼纲 Ulvophyceae 及绿藻纲 Chlorophyceae 的鞭毛着生于细胞前端。鞭毛的基部通过微管根与纤维根固定于原生质体中。多数鞭毛等长，基部粗而末端细。无鞭丝类型属于尾鞭型，但是少数种类有鞭丝类型生出或有鳞片。微管根由大量直径为 24 nm 的微管组成。从基体发出 4 组十字形排列的微管根。纤维根，呈圆柱状。鞭毛的基本结构为“9+2”结构。单细胞种类多数为 2 条鞭毛，少数属有 4 条鞭毛。鞭毛中央由一条“9+2”的轴丝构成，即中央有 2 条微管，周围有 9 条二联微管围绕，在中央的两条微管之间有间桥联系，外包中央鞘。周围的二联微管由 A 管和 B 管组成，A 管伸出两条臂，向着相邻的二联管 B 管，分别称为外臂和内臂，同时由二连管 A 管向中央鞘伸出突起，称为辐条（cradialspoke）。在 A 管和相邻二联管的 B 管间有细纤维相连，在轴丝外面包被着细胞质鞘。轴丝末端裸露，鞭毛生于鞭毛器上，每一条鞭毛基部具有一个颗粒，称为生毛体或基体。过渡区域的结构对于研究藻类的系统发育和分类具有重要意义。藻类学者一致认为绿藻的鞭毛根系的基本构型是十字形排列，但是微管的数目和位置排列因物种的不同而不同。十字形排列的微管列式有：4-2-4-2 型，3-2-3-2 型，8-2-8-2 型。石莼类特征表现在具有十字形根系，少数种类具有鳞片，见图 2-2。

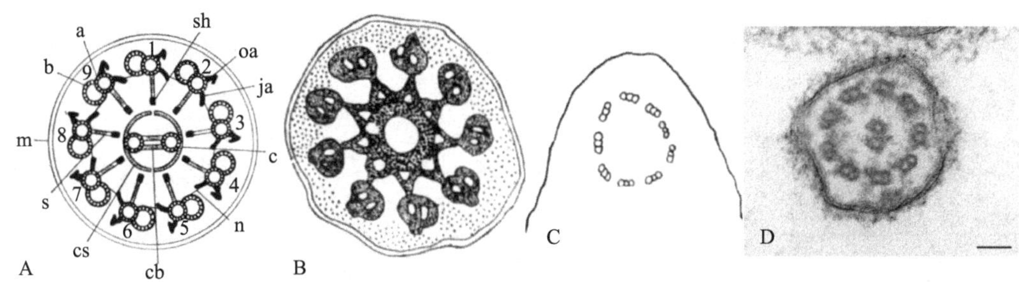

图 2-2　鞭毛模式图

A. a—A 管；b—B 管；c—中心微管对；cb—中心微管间的桥；cs—中心鞘突起；ia—内臂；oa—外臂；m—细胞膜；n—管间联系；s—辐条；sh—辐条头（引自：王素娟，1991）；B. 轴丝与基体间的过渡带，有一星状结构，结构呈星状；C. 基体轴的横断面，可见未有中央微管，外围的微管也不是二联微管，而是三联微管，因此构成“9+0”结构；D. 杜氏藻属的透射电子显微镜图像，鞭毛的横切面显示其膜的均匀模糊涂层（条形：0.10 mm）（引自：Lee，2018）

（5）原生质。细胞核一个至多数，通常位于靠壁的原生质中，单核类型是位于原生质中央，核含有一个至多个核仁。较原始种类的细胞原生质中充满叶绿体，并含有较多的小液泡。结构完善的绿藻结构与高等植物类似，含有中央大液泡。其液泡是周生的。在一些群体的团藻类有明显的胞间连丝。绿藻的高尔基体类似于高等植物的高尔基体。高尔基体囊泡 7 ~ 10 个，有的多至 30 个，各个囊泡均为滑面囊泡。它是各种囊泡的来源。初生壁的果胶及半纤维素是在高尔基体内合成的。次生壁纤维素是在细胞膜周围合成。特别在细胞分裂过程中对细胞板、成膜体形成起着非常重要的作用。内质网存在于细胞质中，功能与高等植物类似，纤维素合成酶是由滑面内质网合成。线粒体与高等植物类似，不过在生殖细胞内，雌雄配子各含有不同数目的线粒体，如羽藻 *Bryopsis plumosa* 的雄配子内只含有一个大的线粒体，而雌配子内却含有多个小的线粒体。

（6）有丝分裂。绿藻门有丝分裂类型如图 2-3 所示，第一列为轮藻纲细胞有丝分裂类型，纺锤体在细胞分裂末期子代细胞核分裂后一直存在。子细胞核的分离通过成膜体形成的细胞板来完成。这种类型称为成膜体持续型（phragmoplast persistent type）。第二列为石莼纲有丝分裂细胞类型。纺锤体在细胞分裂末期一直存在，但是子细胞核的分离是由细胞膜内陷形成卵裂沟，同时形成细胞板，牵引着子细胞的形成，这种类型称为卵裂沟持续型（cleavage furrow persistent type）。第三列为绿藻纲有丝分裂细胞类型，纺锤体的形成发生在细胞核分裂之后，末期纺锤体分解。子细胞核的分离由细胞板的形成而分离。这种类型称为裂解型（collapsing type）。

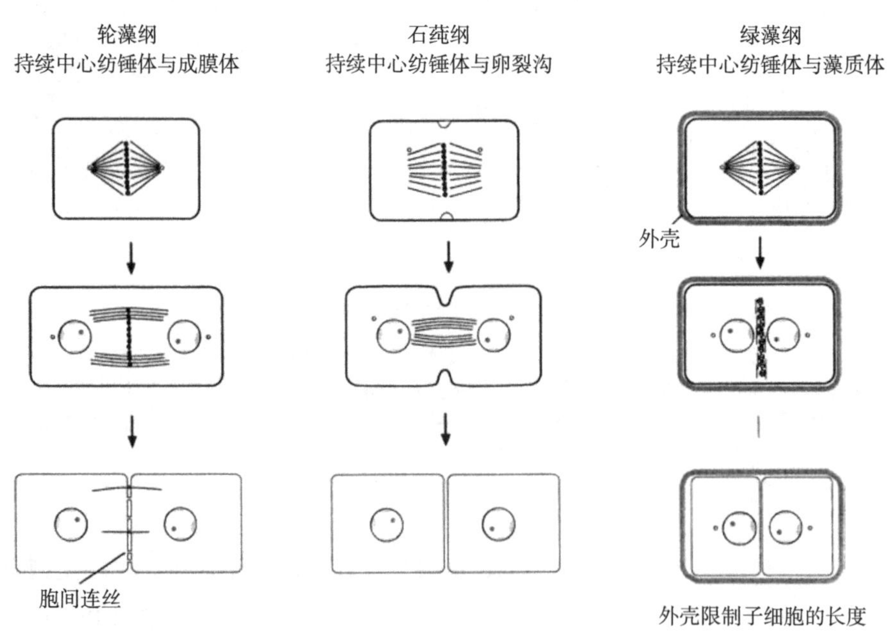

图 2-3　绿藻门有丝分裂类型（引自：Lee，2018）

第三节　绿藻的生殖方式

营养繁殖：群体、丝状体以细胞分裂增加细胞的数目；大的群体和丝状体由于动物的摄食、流水冲击等机械作用，使其断裂，进而形成几个群体；由于丝状体的某些细胞形成孢子或配子，放出孢子或配子，从空细胞处断裂，断裂的每段发育成一个新个体；单细胞藻类在遇到不良环境时，形成不定型群体，环境转好时，每一个细胞均发育成一个个体。

无性生殖：绿藻门藻类进行无性生殖的生殖细胞为游动孢子（zoospore），游动孢子不经过结合直接形成新个体。其产生部位是营养细胞或形成于特殊的孢子囊。一般形成于藻体的幼嫩部分。游动孢子可由原生质体收缩形成，或者由原生质体分裂成几部分并收缩而形成。形成游动孢子后一般由母细胞壁上形成的孔逸出，游动孢子具有趋光性，游动一段时间后，分泌少许黏质，由前端附着并固着于适当基质，失去鞭毛，形成细胞壁，发育成新个体。第二种孢子为静孢子（aplanospore），其形态与母细胞相似，细胞壁不同。静孢子大都不发育。其中似亲孢子是静孢子一种存在形式，是与母细胞完全相同的静孢子。许多定型群体都是由似亲孢子增生而形成，其细胞增殖速度为 2 的倍数，如团藻属 *Volvox*。第三种孢子为休眠孢子（resting spore），休眠孢子多数为厚壁孢子，是对逆境生存的适应形式。

有性生殖：绿藻门的有性生殖分为同配生殖（syngamy）、异配生殖（heterogamy）和卵式生殖（oogamy）。有性生殖的生殖细胞为配子，配子形态与游动孢子形似，只是个体较小且数目较多，多数种类配子单核无壁。三种生殖方式形成部位有所不同，同配生殖、异配生殖的生殖细胞为非特化细胞，而卵式生殖形成于特化配子囊内。配子大都具有鞭毛，只有少数配子无鞭毛，如双星藻目 Zygnematales，配子的核膜无核孔。同配生殖较原始，雌株或雄株不产生吸引异性的趋向物质，性别分化的配子随机相遇，随后通过凝集反应聚集在一起，见图 2–3。而异配生殖和卵式生殖则不同，藻株产生吸引并控制对方的激素物质，如卵子产生吸引游动精子的趋向物质。两性配子的结合称为交配型反应（mating-type reaction），鞭毛尖端黏合使两性配子成簇，有时多达 25 个。随后配对配子的前端开始融合，合子具有多鞭毛，游动一段时间后，分泌厚壁而沉入水中，合子鞭毛的去向在绿藻中各种藻类是不同的，衣藻属合子鞭毛是脱落的，而溪菜属 *Prasiola* 的雄配子的鞭毛被带进合子，石莼属多数种类也是这样，这个特征也应用于分类。吸引两性配子融合的物质称为交配型物质。研究证实，只要有交配型物质存在也可以使同性配子吸引融合（同种凝集，isoagglutination）。目前，关于衣藻属的交配型物质研究的较为广泛。合子细胞光合作用储存大量淀粉，淀粉也可以转化为脂肪进而形成血红素（haematochrom）因而使合子呈现红色。红色的合子抗逆能力最强。合子的去向有二：一是直接发育成新个体，二是经过减数分裂进而形成新个体。合子有厚壁与薄壁之分，薄壁者可以立即萌发，而厚壁者需经过休眠才能萌发。海产绿藻的合子多数为薄壁型，1 ~ 2 天内即可萌发。

有性生殖的进化方向：同配生殖到异配生殖再到卵式生殖，卵式生殖为最进化类型。

配子不经过结合而直接发育成个体的生殖方式为单性生殖（parthenogenesis）。

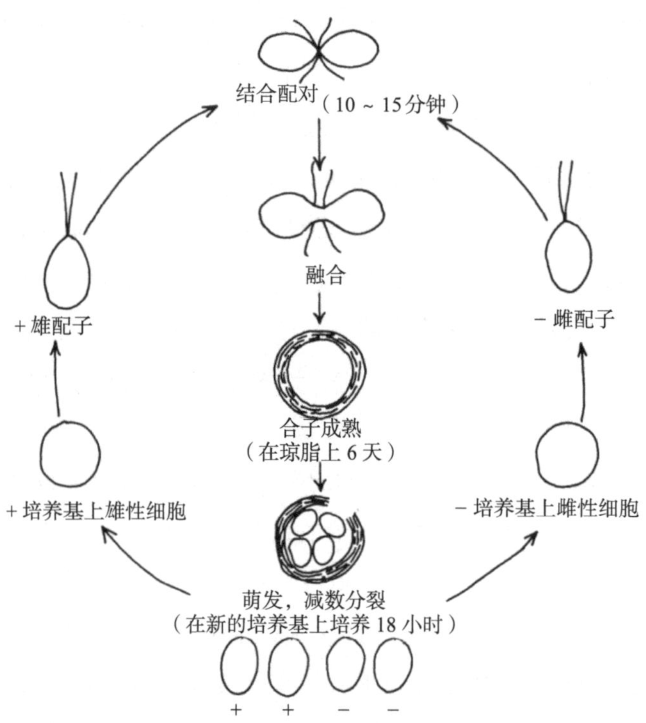

图 2−4　莱茵衣藻 *Chlamydomonas reinhardtii* Dangeard 的生活史，示同配生殖
（引自：Chapman et al., 1973）

第四节　绿藻门的生活史类型

（1）单世代单倍体型（单元单相式 H_h）。生活史中仅合子阶段是二倍体，合子分裂即进行减数分裂，这种减数分裂为“合子减数分裂”，合子分裂形成 4 个游动孢子，再由游动孢子发育成新个体，如盐生杜氏藻 *Dunaliella salina* 就属于这一种类型，见图 2−5A。

02 第二章 绿藻生殖和生活史类型

（2）单世代二倍体型（单元双相式 H_d）。藻体是二倍体，体细胞减数分裂形成配子，配子是唯一单倍体阶段，雌雄配子结合形成合子，合子不减数分裂，直接发育成二倍体植物体，如管藻目 Siphonalcs 种类。减数分裂属于配子减数分裂，只有核相交替而无世代交替，见图 2−5B。

（3）等世代型（双元同型 D^{i}_{h+d}）。具有明显世代交替的生活史，生活史中具有两种独立的植物体，即二倍的孢子体与单倍的配子体。只是孢子体与配子体形态完全相同，在外形上难以区分，如石莼属 *Ulva* 的生活史就属于这种类型。减数分裂发生在游动孢子形成过程，所以称为孢子减数分裂。这种生活史既有核相交替也有世代交替，如石莼属、浒苔属 *Enteromorpha*、刚毛藻属等，见图 2−5C。

（4）不等世代型（双元异型 D^{h}_{h+d}）。这种生活史类型与等世代型相似，只是孢子体与配子体在形态上具有明显的区别。根据其发达程度，可以分为配子体大于孢子体型和孢子体大于配子体型。小礁膜 *Monostroma zostericola* 属于前一种类型，而尾孢藻属 *Urospora* 属于后一种类型，见图 2−5C。

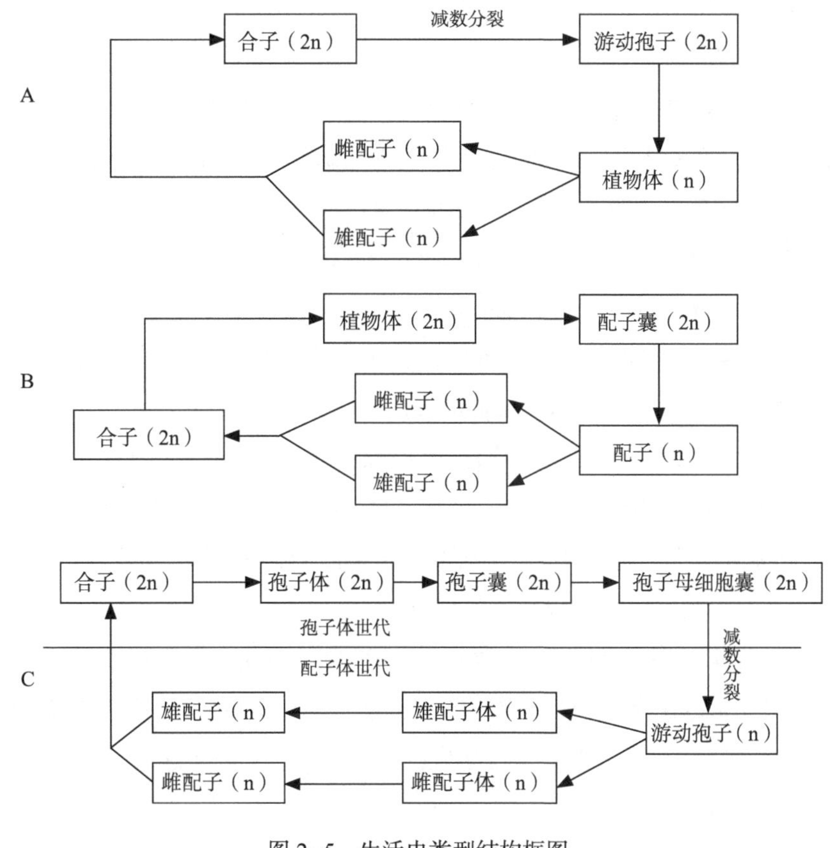

图 2−5　生活史类型结构框图

第五节 绿藻门的分类

一、绿藻门分类概述

绿藻门分类系统至今还没有取得一致的看法。1976年，中国藻类学家饶钦止提出本门应分为2纲13目。

1 营养细胞或生殖细胞具有鞭毛，能运动，有性生殖为非接合生殖…………………………………………绿藻纲 Chlorophyceae

1 营养细胞或生殖细胞不具有鞭毛，不能运动，有性生殖为接合生殖……………………………………接合藻纲 Conjugatophyceae

（1）绿藻纲 Chlorophyceae 生活史中具有鞭毛的游动细胞；有性生殖普遍，但没有接合生殖。包括12目：团藻目 Volvocales、四孢藻目 Tetrasporales、绿球藻目 Chlorococcales、丝藻目 Ulotrichales、胶毛藻目 Chaetophorales、石莼目 Ulvales、溪菜目 Prasiolales、鞘藻目 Oedogoniales、刚毛藻目 Cladophorales、管枝藻目 Siphonocladales、绒枝藻目 Dasycladales 和管藻目 Siphonales。

H. 博尔德和 M. 温于1985年提出把绿藻门分为1纲16目，即绿藻纲 Chlorophyceae：团藻目 Volvocales、四孢藻目 Tetrasporales、绿球藻目 Chlorococcales、绿囊藻目 Chlorosarcinales、丝藻目 Ulotrichales、环藻目 Sphaeropleales、胶毛藻目 Chaetophorales、橘色藻目 Trentepohliales、鞘藻目 Oedogoniales、石莼目 Ulvales、刚毛藻目 Cladophorales、顶管藻目 Acrosiphoniales、双星藻目 Zygnematales、松藻目 Codiales、管枝藻目 Siphonocladales 和绒枝藻目 Dasycladales。

（2）接合藻纲 Conjugatophyceae 生活史中不产生有鞭毛的游动细胞；有性生殖只有接合生殖。此纲只有双星藻目 Zygnematales 一目。

关于海洋大型绿藻的分类大多依据栾日孝的《中国海洋绿藻门新分类系统》，该系统介绍绿藻门包括2纲13目24科56属282种及变种。其中13个目包括：绿球藻目、丝藻目、胶毛藻目、褐友藻目、石莼目、溪菜目、刚毛藻目、顶管藻目、管枝藻目、蕨藻目、松藻目、羽藻目、绒枝藻目。

绿藻门的进化趋势，根据 F.F.布莱克曼1900年的意见，最原始的可能是单细胞种类，由此分出3条进化路线：①自群体的到多细胞的团藻目。②由四孢藻目到丝状体、扁平叶状以至于杯状和管状类群，高等绿色植物被认为起源于这一分支中的鞘毛藻类 Coleochaetes。③绿球藻目这一支失去真正的营养性细胞分裂的种类。已知的绿藻化石不少，尤其是绒枝藻类，最早的记录是前寒武纪的。

中国海域已有记录的海藻物种分别隶属于以下各目，绿藻目的检索表如下：

1 藻体为单细胞，不定型群体或定型群体 ……………………………………………2
1 藻体为简单或分枝的丝状体、叶状体或管状多核体 ………………………………5
2 营养期为运动型，具有鞭毛 ………………………………… 团藻目 Volvocales
2 营养期为非运动型，不具有鞭毛 …………………………………………………3
3 细胞构造似衣藻，具有假鞭毛 ………………………… 四孢藻目 Tetrasporales
3 细胞构造非衣藻型，不具有假鞭毛 ……………………绿球藻目 Chlorococcales
5 营养体细胞为多核 ……………………………………………………………………9
5 营养体细胞为单核 ……………………………………………………………………6
6 藻体为丝状体 …………………………………………………………………………7
6 藻体为叶片状或中空管状 ……………………………………… 石莼目 Ulvales
7 藻体为单列细胞不分枝丝状体 ………………………… 丝藻目 Ulothrichales
7 藻体为单列细胞分枝丝状体 ………………………………………………………8
8 藻体为异丝体结构，叶绿体复带状 ……………………胶毛藻目 Chaetophorales
8 藻体内生或整体匍匐在基质上，叶绿体裂片状 ……………… 褐友藻目 Phaeophila
9 藻体辐射对称，具有轮状分枝 ……………………………… 绒枝藻目 Dasycladales
9 藻体非辐射对称 …………………………………………………………………… 10
10 藻体由多细胞藻丝组成………………………………………………………… 11
10 载体为单细胞多核体………………………………………………………………… 13
11 藻体由分离的单列细胞组成……………………………………………………… 12
11 藻体为单列丝体组成的网状体………………………管枝藻目 Siphonocladales
12 丝体细胞高大于宽……………………………………… 刚毛藻目 Cladophorales
12 丝体大部分细胞宽大于高…………………………管枝藻目 Siphonocladales
13 藻体外形羽状分枝……………………………………………羽藻目 Bryopsidales
13 藻体外形非羽状分枝……………………………………………………………… 14
14 藻体外形有匍匐茎、假根、直立枝之分………………………… 蕨藻目 Caulerhales
14 藻体外形为圆（扁）柱形叉状分枝………………………………… 松藻目 Codiales

二、绿藻门分类各论

03 第二章 绿藻团藻目

1. 团藻目 Volvocales

1）团藻目特征

藻体为单细胞或多细胞的群体，除少数外，营养细胞和生殖细胞均有鞭毛、能游动。群体细胞数目常是2的倍数，排列成盘状、球状等一定的形状。细胞含单核，叶绿体多数为杯形，少数为片状或星形，具有一个至数个淀粉核，有眼点及伸缩泡。无性生殖时，产生游动孢子或子群体。单细胞的种类，靠细胞二分裂或产生2～16个游动孢子，群体的种类，由群体的全部或一部分细胞，经多次分裂形成子群体。有性生殖为同配、异配或卵配。配子具有鞭毛、能游动。

团藻目多数为淡水种类，少数种类产于海水，团藻目的分类系统不一，但大体上都是以其个体是单细胞的、群体的或多细胞的作为分类依据，有的将其分4亚目，有的分2亚目。目下一般分成6科：多鞭藻科 Polyblepharidaceae、衣藻科 Chlamydomonadaceae、壳衣藻科 Phacotaceae、血球藻科 Haematococcaceae、椎椹藻科 Spondylomoraceae 和团藻科 Volvocaceae。我国海水水域产3个科，分别为：衣藻科、多鞭藻科（盐藻科）、团藻科。三科检索表如下。

1 多细胞群体 …………………………………………………… 团藻科 Volvocaceae

1 单细胞

2 细胞裸露无壁 ………………………………………… 多鞭藻科 Polyblepharidaceae

2 细胞具有细胞壁 …………………………………………… 衣藻科 Chlamydomoraceae

2）多鞭藻科 Polyblepharidaceae 代表植物

多鞭藻科只有一个属——盐藻属 *Dunaliella*，属特征同科。细胞为单细胞，无细胞壁，细胞形体变化较大。载色体杯状，淀粉核较大。眼点一个位于上部。鞭毛为藻体长的1/3。无性生殖为细胞纵裂，有性生殖为同配生殖。

代表种类：盐生杜氏藻 *Dunaliella salina*（Dunal）Teodoresco，属团藻目 Volvocales，盐藻科 Polyblepharidaceae，盐藻属 *Dunaliella*，又称杜氏盐藻。特征：两条顶生长鞭毛，细胞纺锤形或梨形。运动时呈梨形或椭圆形，变化不一。叶绿体杯形，细胞核位于细胞前端。无性生殖为纵裂，有性生殖为同配。可耐盐20‰～300‰。在盐胁迫条件下可大量合成β-胡萝卜素，最高可达干重的14%。杜氏盐藻含有丰富的优质蛋白质、天然维生素、矿物质、不饱和脂肪酸以及藻多糖等，其中β-胡萝卜素、多糖等营养成分具有超强的生物活性，可应用于功能食品。动物实验表明，盐藻粉软胶囊具有抗辐射、抑制肿瘤和免疫调节的保健功能。含甘油量大，可生产甘油。生活于潮间带高盐度的石沼中、盐田之卤水中，为一些经济动物幼体饵料。

杜氏盐藻的抗盐生理机制有三方面因素。①处于高盐环境形成“质膜离子泵”，处于高盐环境时，质膜能合成大量质膜蛋白，可以将质膜离子泵从原生质中排出钠离子，以控制细胞中的钠离子水平。②产生甘油，高盐度时合成甘油量增加，使细胞内

外盐浓度达到平衡。超微结构显示高盐度时高尔基体体积明显增大，合成甘油量增加。③黄色虾青素浓度增加，是适应高盐度环境的机制。由于虾青素存在并且加上细胞壁折射，使藻体呈现红色，见图 2-6。

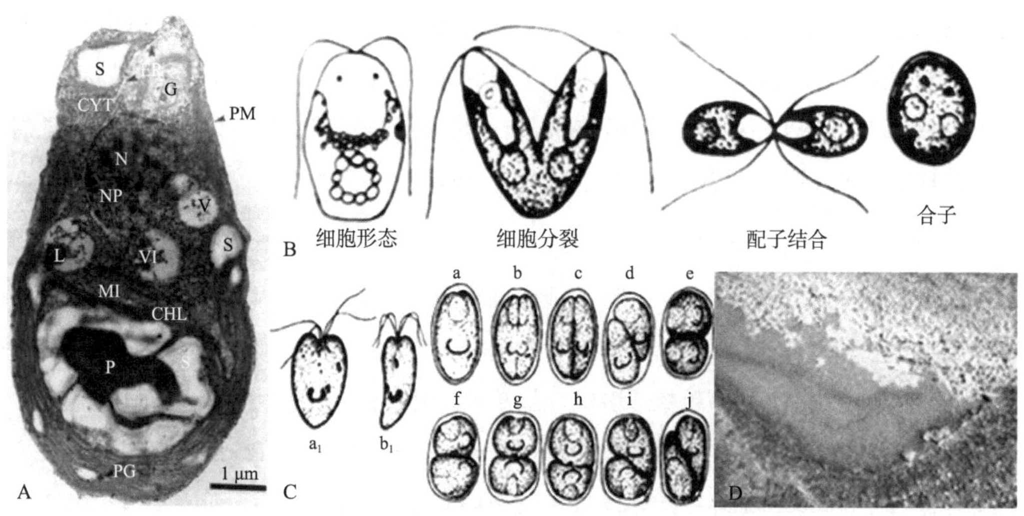

图 2-6　杜氏盐藻 *Dunaliella salina*（Dunal）Teodoresco 及大扁藻 *Platymonas helgolandica* Kylin

A. 杜氏盐藻的细胞分裂及有性生殖（杜氏藻细胞纵切面的透射电镜照片）：CHL. 叶绿体；CYT. 原生质；ER. 内质网；G. 高尔基体；L. 油脂球；MT. 线粒体；N. 细胞核；NP. 核孔；P. 蛋白核；PG. 质体小球；PM. 质膜；S. 淀粉；V. 液泡；VI. 细胞液（引自：郑秀洁，2015）；B. 杜氏盐藻的有性生殖；C. 大扁藻的分裂生殖：a_1. 细胞正面观；b_1. 细胞侧面观；a ~ j 细胞分裂过程（引自：钱树本，2014）；D. 杜氏盐藻的生长环境

3）衣藻科 Chlamydomoraceae

细胞为单细胞，具有细胞壁，叶绿体呈杯状。有的为星形、H 形或网形等。有一个至多个蛋白核。有伸缩泡和眼点。无性生殖形成两个至多个游动孢子。有性生殖为同配生殖，少数为异配生殖或卵式生殖。

衣藻科只有扁藻属一种，大扁藻 *Platymonas helgolandica* Kylin，属团藻目 Volvocales，衣藻科 Chlamydomoraceae，扁藻属 *Platymonas*。细胞背腹扁，腹面有一条腹沟。前端有 4 根鞭毛，分为两组，鞭毛比细胞体短。叶绿体为杯状，细胞分裂时细胞失去鞭毛，叶绿体与淀粉核分裂为 2，然后原生质体纵裂为 2，其中一个细胞的眼点始终可见，而另一个眼点只有分裂后期才可见到，新生细胞的鞭毛产生于散放前，未发现有性生殖。在海水中浮游生活，含有丰富的蛋白质，是海洋动物的饵料，生长速度快，广温、广盐环境均能生长，可以大面积人工生产，年产干品量达 2 000 ~ 2 500 kg，也可用于食品。青岛产青岛大扁藻 *Platymonas helgolandica var. tsingtaoensis* 为变种，产于山东青岛等近海，常生长在高潮带的石沼中。

2. 四孢藻目 Tetrasporales

多数为胶质群体，具有公共胶质鞘。细胞散生于胶质鞘内。营养细胞不能运动，虽然有的具有假鞭毛。单个细胞为球形或卵形。载色体周生，杯状、星状，一个淀粉核。有性生殖为同配生殖。无性生殖产生游动孢子、不动孢子、厚壁孢子等。我国黄海海域产科氏藻 *Collinsiella tuberculata* Setch. et Gardn. 和凹陷科氏藻 *Collinsiella cava*（Yendo）Prinz. 两种。生于中潮带岩石或贝壳及岩沼中。二者的区别在于，前者成体表面有实心小瘤，后者无小瘤只是凹凸不平。

3. 绿球藻目 Chlorococcales

细胞为单细胞（内球藻科，寄生）或多细胞的定型群体（栅藻科，浮游生活，细胞间以细胞壁相连），细胞形态多样：球形、纺锤形、多角形等。载色体单个或多个，杯状、片状、盘状、网状等。细胞单核或多核。营养细胞无鞭毛。有性生殖常为同配生殖。

内球藻科我国海域只有 1 种，孢根藻 *Gomontia polyrhiza*（Lagorh.）Born. et Flah.，属绿球藻目 Chlorococcales，内球藻科 Endosphaeraceae，孢根藻属 *Gomontia*（图 2-7）。生于软体动物，如文蛤、牡蛎、藤壶等贝壳上。

栅藻科 Scenedesmaceae 为定型群体，细胞数量为 2 的倍数。细胞排列成栅栏状，细胞形状多样。繁殖孢子仅为似亲孢子。海水种类甚少，如四尾栅藻 *Scenedesmus quadricauda* Berb 等。

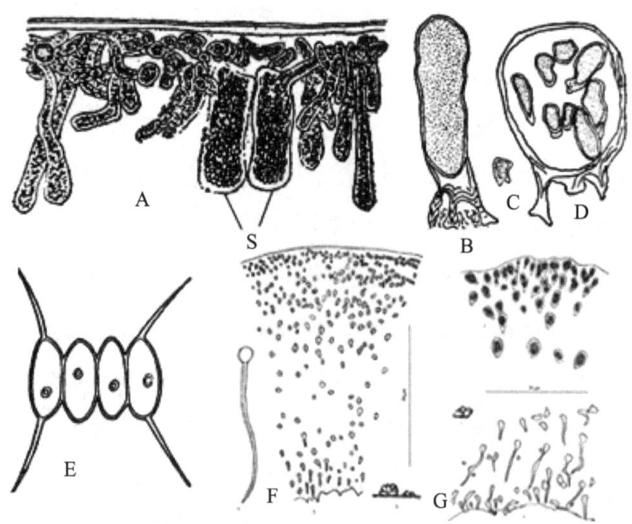

图 2-7　孢根藻 *Gomontia polyrhiza*（Lagorh.）Born. et Flah.

A. 在贝壳内的藻丝体（S—幼孢子囊）；B. 幼期不动孢子囊；C. 不动孢子囊发育成新孢子囊；D. 孢子囊内不动孢子；E. 四尾栅藻（引自：钱树本，2014）；F. 科氏藻 *Collinsiella tuberculata* Setch. et Gardn.；G. 凹陷科氏藻 *Collinsiella cava*（Yendo）Prinz. 横切电镜照片（引自：钱树本，2014）

4. *石莼目* Ulvales

04 第二章 绿藻石莼目

藻体管形，膜状，由1或2层细胞组成，或为2列细胞的丝状体。固着器假根丝状或盘状，多数固着于基质上，少数漂浮生活。细胞单核，叶绿体片状、杯状，环壁，充满或不充满细胞内。配子体与孢子体为同型世代交替或异型世代交替。无性生殖产生游动孢子，有性生殖同配或异配。分科检索表如下：

1 藻体叶状，为同型世代交替 ………………………………………………… 石莼科 Ulvaceae

1 藻体丝状、管状或叶状，异型世代交替 ……………………………………………………2

2 配子体为丝状或管状 ………………………………… 盒管藻科 Capsosiphonaceae

2 配子体或孢子体为叶状单层细胞 ………………………………………………………3

3 孢子体叶状，大型，配子体为小型的盘状体 ………… 科恩藻科 Kornmanniaceae

3 配子体大型叶状，孢子体小型，或孢子体大型、小型兼之 ………………………… …………………………………………………………… 礁膜科 Monostromatacea

1）石莼科 Ulvaceae

为肉眼可见的大型藻类，其藻体由1或2层细胞组成的管状体、膜状体或2列细胞组成的丝状体，固着或漂浮生长。藻体不分枝或分枝。细胞单核，具有单一的杯形或片状的叶绿体，内含有一个至多个淀粉核。藻体基部延伸成固着器。无性繁殖产生4条鞭毛游动孢子，有性繁殖产生2条鞭毛配子，为同型世代交替。

1 藻体为2层细胞，膜状 ……………………………………………………… 石莼属 *Ulva*

1 藻体为单层细胞，呈管状或基部呈管状 ……………………………………………………2

2 藻体较小，下部有盘状匍匐部附着于基质上 …………………… 盘苔属 *Blidingia*

2 藻体较大，下部无盘状匍匐部，为假根丝附着于基质上 ……………………………… …………………………………………………………………… 浒苔属 *Enteromorpha*

（1）石莼属 *Ulva*。

藻体为多细胞膜状体，由2层细胞组成。基部细胞延伸成的假根丝形成固着器。细胞内有1个细胞核和1个杯形叶绿体，并含有一个至数个淀粉核。同型世代交替。无性生殖时孢子体可产生4条鞭毛的游动孢子，并萌发成配子体；有性繁殖，配子体可产生2条鞭毛的配子，多为异配生殖。合子发育成孢子体，也可进行孤性生殖。常见种：石莼 *Ulva lactuca* Linnaeus，孔石莼 *Ulva pertusa* Kjellman，蛎菜 *Ulva conglobata* Kjellman 等。

石莼 *Ulva lactuca* Linnaeus，属于绿藻纲、石莼目、石莼科、石莼属。俗名为海白菜、海青菜，藻体淡绿色至黄绿色的膜状体，近似卵形、椭圆形或长卵形，固着器盘状，由下部营养细胞长出的假根状丝体组成。高 10 ～ 30 cm，有的可达 40 cm，宽 8 ～ 25 cm。体厚 45 μm 左右，由两层细胞组成，切面观细胞呈亚方形。为同型世代交替，孢子体与配子体不易区别。暖海种类。多生于内湾的中、低潮带的岩礁上或石沼中。石莼有“下水，利小便”功能，也具有食疗效用，为沿海居民喜食藻类之一，也可作饲料，见图 2-8。

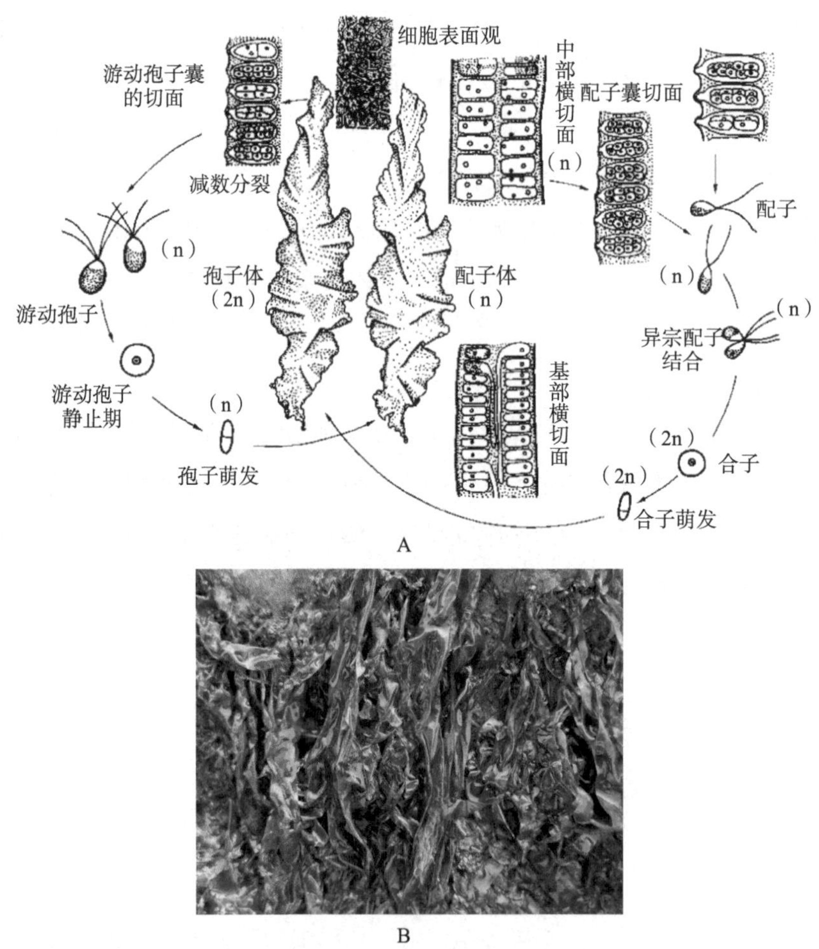

图 2-8　A. 石莼 *Ulva lactuca* L. 的生活史图解；B. 石莼生态图

石莼的生活史中有两种植物体，即孢子体（sporophyte）与配子体（gametocyte），具有孢子体与配子体的生活史是具有世代交替的生活史。孢子体为 2 倍体，配子体为单倍体。所谓世代交替（alternation of generation）即生活史中孢子体与配子体交替循环。具有孢子体的生活阶段为孢子体世代，具有配子体的阶段为配子体世代。由于石

莼生活史中二倍的孢子体与单倍的配子体形态相似，故称为同型世代交替。石莼的孢子体除基部外全部细胞都可以产生孢子囊，孢子母细胞减数分裂形成单倍的游动孢子，具有4根鞭毛，游动孢子游动一段时间后，固着于岩石上，2 ~ 3天即发育成配子体。由游动孢子形成新植物体的生殖方式为无性生殖。配子体上有配子囊，形成配子过程与形成孢子相似。配子体产生许多同型配子，配子具有两根鞭毛，配子结合为异宗同配。合子不经过减数分裂2 ~ 3天即可发育成孢子体。这种由雌雄配子结合形成合子，再由合子发育成新植物体的生殖方式为有性生殖。可见在石莼的生活史中，既有无性生殖，又有有性生殖，见图2-8。

孔石莼 *Ulva pertusa* Kjellman与石莼的区别：孔石莼有孔，色碧绿，细胞切面观长方形；石莼无孔，色浅绿，细胞切面观亚方形，见图2-9。

蛎菜 *Ulva conglobata* Kjellman的形态与前两种相似，但是藻体呈现花瓣状。

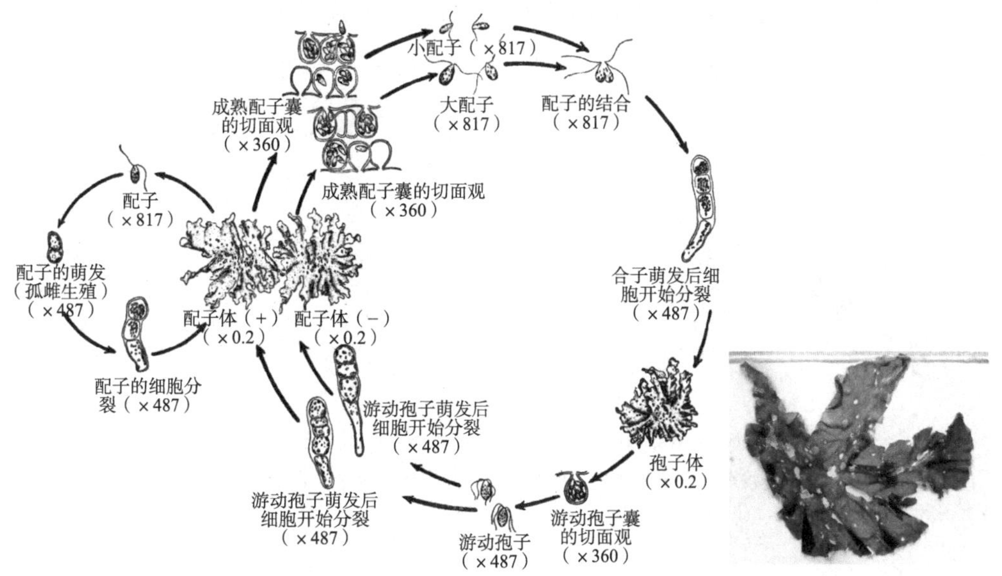

图2-9　孔石莼 *Ulva pertusa* Kjellman的生活史图解及藻体形态图（引自：曾呈奎，1962）

（2）盘苔属 *Blidingia*。

藻体呈管状，丛生于固着器上，藻体由不超过10 μm的小细胞构成，叶绿体侧生。代表植物盘苔 *Blidingia minima*（Nägeli）Kylin。产于辽宁（大连、兴城）、山东（青岛）、浙江、福建等海域，习见种。

（3）浒苔属 *Enteromorpha*。

藻体直立，管状中空或者至少在藻体的柄部和藻体边缘部分呈中空，管状部分由单层细胞组成。藻体单条或者有分枝，圆柱形，有时部分扁压。藻体基部细胞生出假根丝，向下形成固着器。每个细胞有1个细胞核，1个片状叶绿体，常有一个或多个蛋白核。世界约有40种，中国约有11种。多数种类海产，广泛分布在全世界各海洋中，有的种类在半咸水或江河中也可见到。中国常见种类有缘管浒苔、浒苔、扁浒苔、条浒苔。秋季暴发的绿潮中浒苔 *Enteromorpha prolifera*（Muell）J. Ag 占优势。新鲜苔条晒干后可以吃，把它切碎磨细后，放于糕饼点心中有一股特殊香味。有性生殖，由配子体产生两根鞭毛的配子，配子放散如同游动孢子。同配或异配接合成合子，合子立即萌发，直接发育成新个体。配子有时进行单性生殖。生活史为双元同型，见图2-10。浙江省常见浒苔种类还有：肠浒苔 *E. intestinalis*（L.）Link；扁浒苔 *E. compressa*（L.）Grev；管浒苔 *Enteromorpha tubulosa* Klitz；缘管浒苔 *E.linza*（L.）J.Ag；条浒苔 *E.clathrata*（Roth）Grev。其中缘管浒苔的叶片边缘中空，其余为藻体中空。肠浒苔藻体不分枝，其余几个分枝，以此区分。浒苔淀粉核1个，而条浒苔淀粉核多个，以此相区别。

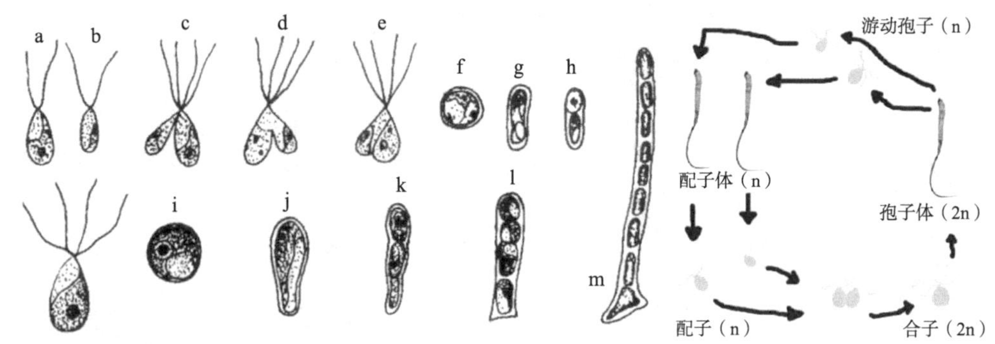

图2-10　浒苔属 *Enteromorpha* 生活史

左图：a～h. 示雌雄配子接合成合子并萌发；中图：i～m. 示游动孢子、不动孢子及其萌发过程；右图：生活史图解（引自：钱树本，2014）

2）礁膜科 Monostromatacea

肉眼所能见到的藻体为配子体。配子体的幼期为筒状或不呈筒状，筒状的藻体渐长，裂成为一个至数个裂片。藻体为一层细胞所成的膜状。固着器为基部细胞的假根丝向下延伸所组成。细胞单核，有一片状边缘位的色素体，胞壁薄。藻体一般多少黏滑。有性生殖借同型或异型配子的结合进行；合子膨大为1单核、单胞的孢子体。配子有时也能进行孤雌生殖。孢子体成熟时进行无性繁殖，产生游动孢子；游动孢子萌发，形成配子体。渔民多采此菜晒干储存。食法很多，一般为和玉米面贴饼子或和肉蒸包子，也可做汤。

代表种类：袋礁膜 *Manostroma angicava* Kjellman（图 2-11），别名囊礁膜、开锅烂、绿菜，属石莼目 Ulvales，礁膜科 Monostromataceae，礁膜属 *Monostroma*。藻体深绿色或黄绿色，从生或单生。体为囊球形或长囊形，表面多皱褶，在生长中后期顶端开始破裂，渐形成裂片，裂片少而宽，顶端多破腐。囊期长短、囊的形状和大小，常与生长环境相关。配子囊较大，由营养细胞形成。孢子体微小，单细胞。

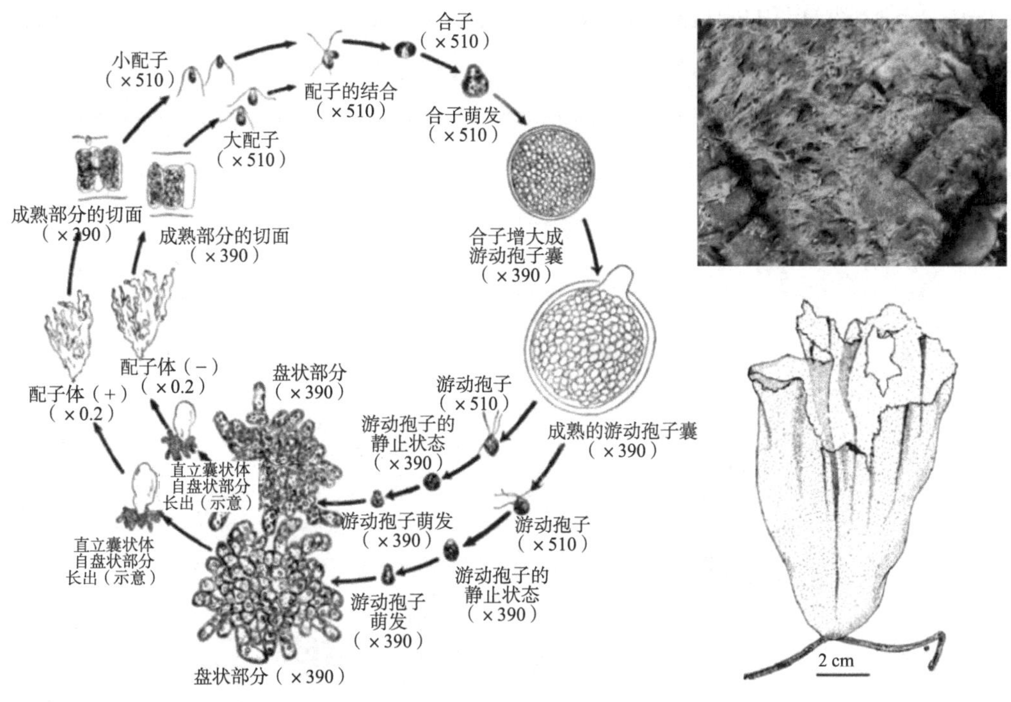

图 2-11　袋礁膜 *Manostroma angicava* Kjellman 生活史及个体形态（引自：曾呈奎，1962）

5. 丝藻目 Ulothrichales

代表属为丝藻属 *Ulothrix*，目及科的特征同属。藻体由长度不一的无分枝的丝状体组成，并通过一个特殊的基细胞固着在基质上。除基细胞以外，所有细胞都能进行细胞分裂并形成游动孢子或配子。对于细胞狭窄的丝藻种类，每个细胞能形成 1、2 或 4 个四鞭毛的游动孢子；对于细胞较宽的种类，每个细胞能形成 2、4、8、16 或 32 个游动孢子。游动孢子具有一个突出的眼点，游动孢子通过母细胞壁一侧的微孔释放。丝状体狭窄的丝藻种类释放相同大小的游动孢子，而宽细胞的种类释放巨大或微型游动孢子，它们在尺寸大小、眼点的位置及游动时期的长短方面都有差别。没有从母体释放的游动孢子则分泌一层细胞壁变成薄壁的静孢子，然后萌发成新的藻体。丝藻属的配子形成方式与游动孢子相同，配子为双鞭毛。配子大小相同，只有来自不同丝状体的配子才发生融合，而没有发生融合的配子不进行孤雌生殖（parthenogenetic），期以积聚大量的储备物质（development）。合子维持一段时间后下沉并分泌一层厚壁。合子经历一个休眠阶段，首次分裂为减数分裂，形成 4 或 16 个游动孢子或静孢子。

代表种类：软丝藻 *Ulothrix flacca*（Dillwyn）Thuret，又名海青苔，属于丝藻目 Ulothrichales，丝藻科 Ulotrichaceae，丝藻属 *Ulothrix*。藻体鲜绿色或暗绿色，具有光泽，从生，为不分枝单列细胞的丝状体，质细软。基部细胞向下延长形成固着器附着于基质上。无性繁殖，除去固着部分外所有营养细胞都能形成游动孢子囊，孢子囊区丝体明显比营养区丝体粗，多生于中潮带石块、贝壳或其他大型藻体上，见图 2–12。

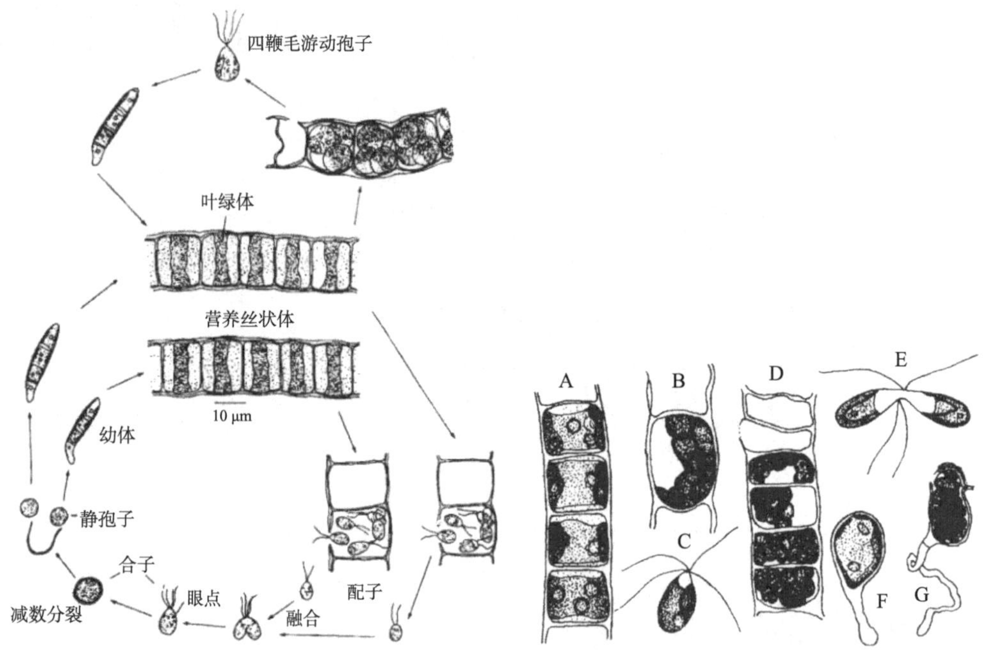

图 2–12　软丝藻 *Ulothrix flacca*（Dillwyn）Thuret 的生活史

右图（丝藻属繁殖及生活史图解）：A. 藻体细胞结构；B ~ C. 游动孢子的形成；D ~ G. 配子的形成，接合和合子萌发（引自：钱树本，2014）

6. 松藻目 Codiales

藻体为一个多分枝、管状、多核细胞体，深绿色，海绵质，平卧或直立，圆球形或分枝。枝圆柱状或扁平，单条或叉状分枝，有的属和种含有石灰质。藻体具游离或缠绕的分枝，周围小枝形成栅状的外层。无隔膜，但生殖器官形成时则以横隔膜与藻体其他部分

05 松藻目

隔开。有性生殖为异配生殖，配子具两条鞭毛，产生于具有特殊形态的配子囊内。合子直接萌发为一新藻体。代表属为松藻属，外形变异很大。藻体均为海绵质，为多方错综分枝的管状丝所组成，髓丝较松弛，皮层为排列紧密的棒状胞。管状丝中无真正的隔膜，故藻体实际上是由一个很长而分枝甚多的多核细胞所构成。藻没有无性世代。因此，不产生无性孢子。藻体成熟时在棒状胞上长出大小配子囊，这两种配子囊数的比例常因季节和产地的不同而异，它们分别产生大小不同的双鞭毛配子，两者结合后形成合子，合子萌发为藻体。

代表种类：刺松藻 *Codium fragile*（Suringar）Hariot，属松藻目 Codiales，松藻科 Codiaceae，刺松藻属 *Codium*。藻体深绿色、海绵质，细胞多核。高 10 ~ 30 cm，薄体圆柱状具复叉状分枝，体内髓部周围生有囊胞，排列成光合作用的栅状皮层。固着器盘状或皮壳状。仅具有性生殖。刺松藻能与附生在其表面的固氮细菌共生，整个植体都能固定营养。每克干藻体每小时能分泌 0.7 ~ 1.3 mg 葡萄糖，或释放出 16% ~ 31% 的与藻体外部类似的碳。细菌能消耗分泌的葡萄糖，进而反过来固定营养。营养固定只在营养缺乏时发生，而且它很可能是松藻在营养缺乏的浅海湾中得以生长的重要因素。刺松藻对生境显示出广泛的适应性。在冬季，当水体中溶解的无机营养盐达顶峰时，刺松藻能积攒储存营养以在营养相对缺乏时进行利用。在早冬，当来自其他藻类的竞争最小、潮汐幅度的差异降低时，刺松藻具有最大的碳固定量、最大的色素含量及最大的叶绿体尺寸。在夏季，由于潮间带地区变得更加干燥，来自其他藻类的竞争也越来越多，刺松藻的栖息环境变得更加极端。刺松藻通过在夏季进行繁殖有效地避开许多竞争。在夏季进行藻体绒毛的发育也能提高营养摄入。许多软体动物和扁形虫与松藻目的叶绿体之间存在着共生关系。有些软体动物以管状绿藻纲种类（如松藻）为食，它们刺穿细胞并吸光细胞的内容物，但叶绿体通常不能被消化。许多叶绿体潜藏于动物体内，它们能积极地进行光合作用。当动物海蜗牛在光照下处于饥饿状态时，它的叶绿体至少能保持活性达两个月。生长在中、低潮带岩石上或石沼中。中国沿海有分布，黄海、渤海沿岸习见种类。可食用和药用。见图 2-13。

7. 刚毛藻目 Cladophorales

刚毛藻目藻体为单列或分枝的丝状体，细胞内含两个或数个细胞核。基部由一个或数个细胞延长成假根，固着于基质上。细胞壁较厚，有纹层，共 3 层结构，外层为几丁质，中层为果胶质，内层是纤维素层。细胞质中央含一大液泡。色素体多数呈网形，交叉处常含 1 个淀粉核。无性生殖，在孢子囊内形成游动孢子。有性生殖为同配、异配生殖或卵式生殖。生活史双元同型或异型。

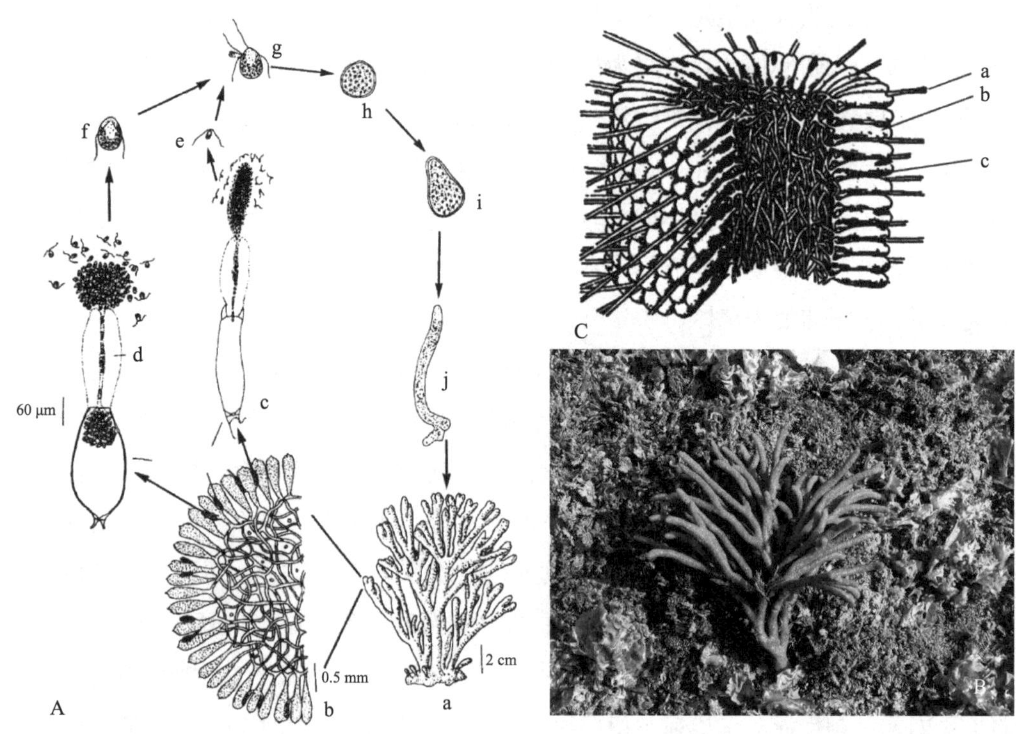

图 2-13　刺松藻 *Codium fragile*（Suringar）Hariot 生活史图解、藻体外形及有性生殖

A. 有性生殖：b. 囊体横切面（部分）示配子囊及其着生位置；c. 雄配子囊释放成熟的雄配子；d. 雌配子囊释放成熟的雌配子；e. 雄配子；f. 雌配子；g. 雌、雄配子接合；h. 合子形成；i. 合子萌发；j. 松藻幼体；B. 生活状态植物体；C. 藻体结构：a. 毛状结构；b. 囊状外栅状层；c. 无色丝状体交织的织髓部（引自：钱树本，2014）

代表种属为刚毛藻属，具有同型世代交替。藻体丛生，为分枝的丝状体，基部以分枝的假根固着在基质上。藻体一年生或多年生。多年生的种类，藻体自上部分枝向下逐渐死亡，靠匍匐的假根细胞里储藏的丰富的养料继续生活，到了第二年生长季节时，这些细胞中的一定的细胞产生新的直立枝。无性繁殖时，孢子体产生 4 条鞭毛的游动孢子，游动孢子经生长发育形成雌、雄配子体；有性生殖为同配，雌、雄配子体成熟产生 2 条鞭毛的游配子，结合成合子，由合子再发育成孢子体。

代表种类：束生刚毛藻 *Cladophora fascicularis*（Mertens ex C. Agardh）Kützing，属刚毛藻目 Cladophorales，刚毛藻科 Cladophoraceae，刚毛藻属 *Cladophora*。藻体绿色或黄绿色，直立，丛生，往往纠缠在一起，高 10 ~ 20 cm，固着器假根状，不规则叉状分枝。直立部分叉状或多不规则叉状分枝，上部枝多密集成束，偏生于一侧，末位小枝粗壮，侧生，多向内侧弯曲，略呈齿形，枝端钝尖，见图 2−14、图 2−15。

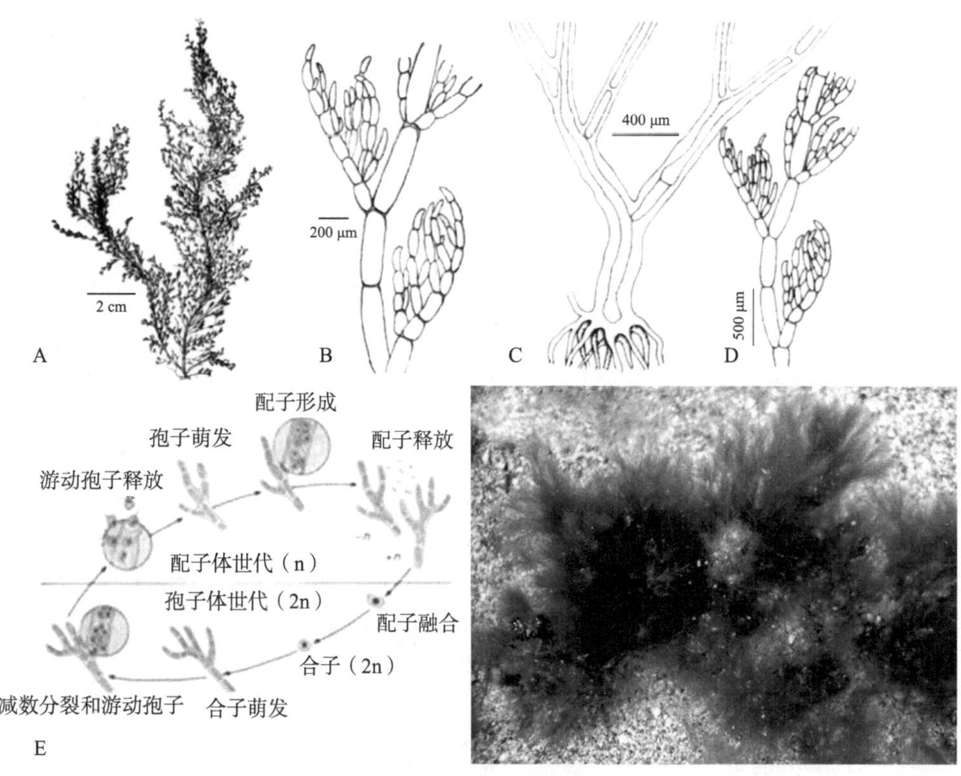

图 2-14　束生刚毛藻 *Cladophora fascicularis*（Mertens ex C. Agardh）Kützing 形态及生活史图解

A. 藻体外形；B，D. 小枝；C. 假根及主丝体；E. 生活史；F. 生活状态植物体（引自：栾日孝，1989；钱树本，2014）

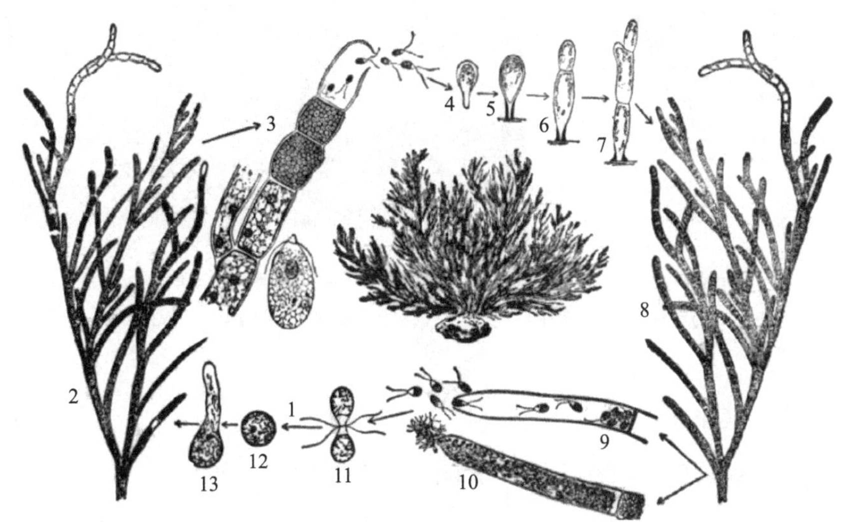

图 2-15　苏氏刚毛藻 *Cladophora sauteri*（Nees ex Kütz.）Kütz. 生活史图解

1. 自然生长情况；2. 孢子体分枝的一部分；3. 分枝顶端数个细胞，其中有 3 个细胞形成游动孢子囊，顶端放出一个游动孢子，下端示一个游动孢子；4 ～ 7. 游动孢子萌发成幼苗的经过；8. 配子体植物的一部分；9. 雌配子囊；10. 雄配子囊；11. 配子的结合；12. 合子；13. 合子萌发

8. 羽藻目 Bryopsidales

06 绿藻门羽藻目

第二章绿藻门羽藻目松藻目

藻体不分隔，分化成一个匍匐的假根状部分和一个直立羽状分枝部分。细胞腔内含有许多细胞核和叶绿体。藻体生活史为异型世代交替，孢子体通常多分枝；配子体很小，孢子体的细胞壁含有甘露聚糖，配子体细胞壁则含木聚糖。卵形或囊状。有性生殖为异配，配子囊直接由小羽枝的基部产生横隔壁转变成，羽藻属在藻体成熟时，小羽枝的基部产生壁与管状体分开，小羽枝就变成配子囊。孢子体产生多鞭毛的动孢子；配子体产生两根鞭毛的异型配子。其中羽藻属的分枝表现为直立分枝有明显的中轴，上生许多分枝，每一个分枝通常是羽状排列的小枝。

代表种类：羽藻 *Bryopsis plumosa*（Huds.）C.Ag.，属羽藻目 Bryopsidales，羽藻科 Bryopsidaceae，羽藻属 *Bryopsis*。假根羽藻 *Bryopsis coriiculans* Setch。前者具有明显羽状分枝，后者不具有明显羽状分枝并且分枝基部具有下伸的假根，见图 2–16。

图 2–16　羽藻 *Bryopsis plumosa*（Huds.）C.Ag.

左图：A. 配子囊基部的横隔壁；B. 羽藻隔壁放大（引自：钱树本，2014）；右图：羽藻生活状态植物体

9. 蕨藻目 Caulerhales

本目包含多核细胞或管状绿藻。无隔膜的藻体就像花园的软水管，除生殖期外，没有横壁将较大的藻体分开。叶绿体呈镜头状或梭形，某些种类有造粉体（蕨藻科）。管藻黄素（siphonoxanthin）和管藻素（siphonein）这两种类胡萝卜素只存在于绿藻门的蕨藻目中，除此之外，绿藻门只含有管藻素。细胞壁的组分为 β–1，3 木聚糖或 β–1，4 甘露聚糖，而不是纤维素的形式出现。蕨藻的叶片和地下茎中分布有大量的叶绿体，但

假根、生长中的地下茎最顶端及生长中的叶片完全没有叶绿体。造粉体的分布情况与叶绿体相反，大量的造粉体存在于假根和叶尖，而在地下茎和叶片中几乎没有。细胞中有一个大的中央液泡，但生长中的茎尖端除外。

蕨藻目分为蕨藻科和钙扇藻科。蕨藻科代表种类为杉叶蕨藻 *Caulerpa taxifolia* Extract，属蕨藻目 Caulerhales，蕨藻科 Caulerpaceae，蕨藻属 *Caulerpa*。藻体都有匍匐茎，由茎向下生出假根，向上生出直立枝。整个藻体为不分隔的管状体，但内部具有横隔片。藻体深绿色，匍匐茎圆柱状，平滑，向下长须状假根，向上长直立枝，直立枝对生羽状小枝，羽枝镰刀状，上方稍弯曲，基部明显缢缩。有性生殖为异配生殖；有性生殖时，多由末枝特别突起产生配子囊，配子梨形，有两根顶生鞭毛，含 1 个无核的色素体，眼点长而明显。雌、雄配子囊在胞质从地下茎流到叶状体时形成于同一藻体上，随后配子囊裂开产生配子，大的雌配子和稍小的雄配子被释放，几分钟后配子以群体的方式进行聚合，其数目高达 50 个，然后配对分开形成合子。合子形成后即蕨藻的发育结束。蕨藻是地中海地区的入侵海藻。繁殖速度极快，短时间内覆盖本土藻类，见图 2-17。

图 2-17 杉叶蕨藻 *Caulerpa taxifolia* Extract

A，B. 杉叶蕨藻植物体（引自：钱树本，2014）；a. 不育的叶状体；b. 可育的叶状体（引自：Lee，2018）

10. 管枝藻目 Siphonocladales

本目藻类为多细胞藻体，为藻丝体，分枝，枝端细胞彼此黏连而形成单列丝体组成的网状体。细胞多核，具有隔膜。具有网状的叶绿体，细胞进行分离式细胞分裂

(segragative cell division)，即在细胞分裂中细胞质分裂成若干个大小不等的原生质团，后分泌出细胞壁，形成许多细胞，这种有丝分裂的方式也称为多核分离分裂。大部分藻体除了具有绿藻门的常见色素外，还具有管藻黄素（siphonoxanthin），大部分藻类的有性生殖方式为同配生殖。无性生殖产生游动孢子。全部为海生，通常分布在热带海区。分为 3 个科，即布多藻科 Boodleaceae、管枝藻科 Siphonocladaceae、法囊藻科 Valoniaceae。

代表种类：扩展拟刚毛藻 *Cladophoropsis herpestica*（Montagne）Howe，属管枝藻目 Siphonocladales，管枝藻科 Siphonocladaceae，拟刚毛藻属 *Cladophoropsis*。藻体由一团疏松的藻丝组成，绿色略带棕色，体长不超过 1 cm。分枝稀少，多为偏生，体上部形成的侧枝多数尚未产生隔膜。新生侧枝的生长有超过主枝之势，体下部常有向下生长的藻丝。细胞内多核，具网状色素体及多个淀粉核。产于东海各个岛屿，见图 2-18。

图 2-18 热带管枝藻 *Siphonocladus tropicus* J. Agardh

左图（不同发育时期）：a. 幼殖体；b. 球状物中的细胞质；c. 细胞质内含物的膨胀；d. 侧枝的形成；e. 成熟藻体；右图：生活状态藻体（引自：钱树本，2014）

11. 绒枝藻目 Dasycladales

全部为热带和亚热带的海产植物，大多数钙化。辐射对称，直立轴两侧长有分枝。单核的营养藻体，只有在生殖前才进行多核发育。配子在特化的配子囊的盖囊中形成。多核细胞藻类能快速形成胶状伤口栓塞以应对来自外界的伤害，进而防止细胞质的流失。伤口栓塞由挤出的细胞质形成，后者通过碳水化合物与凝集素的交互作用形成栓塞，在凝胶状栓塞存在的情况下，新的细胞壁得以重新形成。藻体幼时为单核囊状体，成长后有一个直立的主轴，在这主轴上从基部到顶部或只在顶端部位着生轮状排列的分枝。繁殖时，分枝全为生育枝或部分为生育枝，生育枝的原生质体直接分裂形成一个或数个胞囊，经减数分裂产生配子。合子直接生长成新藻体。绒枝藻是一

个古老类群，最早可追溯到寒武纪，现存种类是名副其实的“活化石”。分为绒枝藻科 Dasycladaceae，多枝藻科 Polyphyaceae 两个科。

代表种类：伞藻 *Acetabularia caliculus* Lamx.，属绒枝藻目 Dasycladales，多枝藻科 Polyphyaceae，伞藻属 *Acetabularia*。生于珊瑚礁上，成熟的藻体外形如伞状，经 3 ~ 4 年才具有生殖能力。第一年合子萌发，向上生单条圆柱体，向下生具有分枝的固着器附着于岩石上。固着器向外延伸成裂片，组成基部囊胞，夏季储存食物，到秋季在枝与固着器之间产生离层，枝则死亡。第二年春季再向上生出新的圆柱形主轴，顶端生 1 轮或数轮不育枝，是年秋季枝又死亡，假根膨大。第三年春季再向上产生新枝，并生 1 轮或数轮不育枝和生殖枝，枝侧面连接排成伞形。每一个生殖枝的基部表面都会产生裂片，裂片侧面连合组成上、下位冠。生殖枝成熟时，不育枝顶端退化，柄部的外壁与伞形生殖枝钙化，因而藻体死亡时呈白色。配子囊是具厚壁的多核囊胞，囊胞初期为单核。后来经减数分裂再均分成多核，到秋季配子囊分解，放出囊胞。次年春季囊胞顶裂开，配子逸出。配子形态呈棒形，有两根鞭毛，由同一藻体不同囊胞所产生的配子才能结合。配子结合成合子，合子核称为初生核，存留于轴的基部，膨大，约为原始核的 20 倍。直到生育枝形成核的时候，才经原生质的流动输送到生育枝里，见图 2–19。

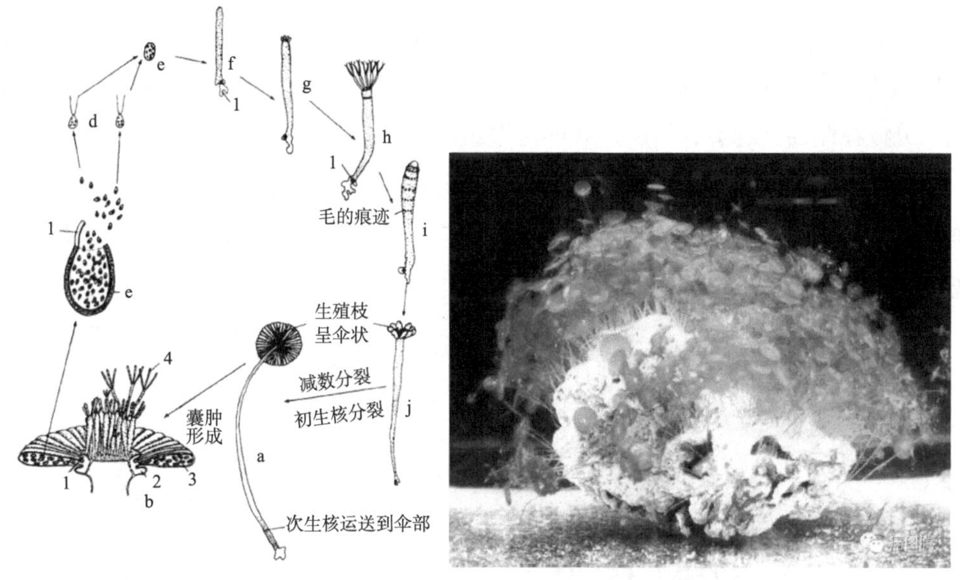

图 2–19　伞藻 *Acetabularia caliculus* Lamx. 生活史及植物体

左图：a. 伞藻藻体外形；b. 生育盘（伞状排列的配子囊体）的垂直切面（1. 上位冠；2. 下位冠；3. 胞囊；4. 不育枝上的毛）；c. 胞囊放散配子（1. 胞囊盖）；d. 配子；e. 合子；f. 幼体（1. 假根及细胞核）；g. 幼体（顶部生出不育毛，细胞核仍然停留在假根附近）；h. 藻体顶部不育枝毛成冠状，初生细胞核仍然停留在假根附近；i. 藻体上不育枝毛脱落后的痕迹，此时细胞核仍然停留在假根附近；j. 细胞核移向藻体顶部，形成伞状排列的配子囊体（引自：Lee，2018）；右图：伞藻生活状态

12. 褐友藻目 Phaeophila

藻体微小，多细胞，营养细胞单核。游动孢子囊多核，分裂的同时产生 4 根鞭毛的鳞片状的游动孢子。褐友藻属藻体由单列细胞组成，丝状体，具重复多回不规则分枝。整个藻体匍匐于基质上。营养细胞较大，多边形至形状不一，一般为圆柱形，但两侧凸凹不平，细胞壁较厚。在每个不定型细胞的侧边上，往往有 13 条长而基部无分隔的无色毛。毛基部与细胞的交界处不膨大。色素体裂片状，淀粉核数个，侧生。无性生殖时，一般由小枝的顶端细胞发育成游动孢子囊。每个孢子囊产生许多个具有 4 条鞭毛的游动孢子。

代表种类：树状褐友藻 *Phaeophila dendroides*（P.L.Crouan et H.M.Crouan）Batters，属褐友藻目 Phaeophilales，褐友藻科 Phaeophilaceae，褐友藻属 *Phaeophila*。附生于各种大型海藻体表面或组织内，在多管藻属的藻体上尤为常见，产于黄海沿岸的青岛，见图 2-20。

13. 胶毛藻目 Chaetophorales

藻体为分枝的丝状体。具有基部匍匐分枝及直立分枝之分，为异丝体结构。某些属的匍匐部分或直立部分明显退化。含有单细胞至多细胞的无色毛。细胞小型，单核。叶绿体 1 个，侧生，带状，含有一个至数个淀粉核。有性生殖为同配、异配及卵式生殖。无性生殖产生 2 根鞭毛及 4 根鞭毛的游动孢子。胶毛藻科主轴和分枝都由单列细胞组成。分枝在侧面互相愈合形成盘状的薄壁组织。游动孢子通常由营养细胞转变而来。

代表种类：内枝藻 *Entocladia viridis* Reinke，产于黄海海区的烟台、青岛等地。本种为世界性分布的内附生藻类，分布甚广，寄主不固定，但以红藻类为最普遍，见图 2-20。

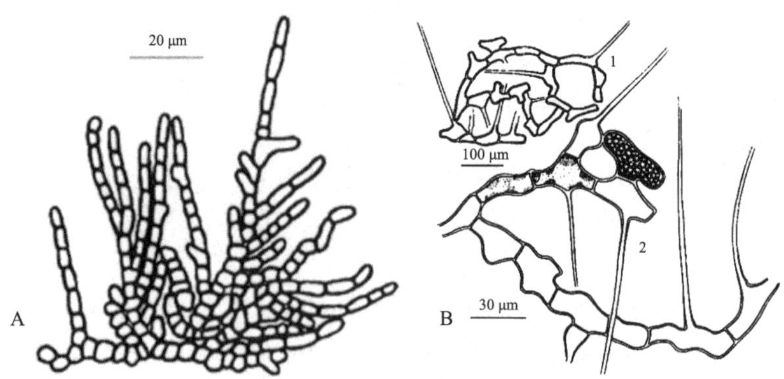

图 2-20 内枝藻 *Entocladia viridis* Reinke 与树状褐友藻 *Phaeophila dendroides*（P.L.Crouan et H.M.Crouan）Batters

A. 内枝藻（引自：栾日孝，1989）；B. 褐友藻（引自：丁兰平，2013）

第六节　绿藻门的生态分布

绿藻是藻类植物中最大的一门，有 350 属 5 000 ~ 8 000 种。90% 分布于淡水中，有些分布于陆地阴湿处，约 10% 生于海水中，有的与真菌共生成地衣。生于海水中的种类往往附着于海面 10 m 以上的岩石上。石莼目 Ulvales 与管藻目 Siphonales 是典型的海生绿藻，而接合藻纲 Conjugatophyceae 的所有种类与鞘藻目 Oedogoniales 的种类存在于淡水中。

海产绿藻一般阳生喜光，所以多分布于潮间带。依靠固着器固着于岩石、石砾、沙砾或贝壳上。有一些蕨藻可以分布到很深的海域，甚至达到 70 ~ 80 m 深。有的绿藻大量繁殖时形成"绿潮"，危害海面环境，见图 2-21。一般礁膜属生长在高潮带，浒苔属、石莼属生长在潮间带的中、低潮区，石莼、孔石莼、蛎菜往往大片生长，覆盖岩石，很像一片绿色草地。

绿藻的水平分布主要受水温的影响，根据其来源及温度特性分为热带或亚热带性种类、寒带性种类、温带性种类和世界广布种类。如粗枝藻目、管枝藻目 Siphonocladiales 和管藻目是热带或亚热带性种类，分布于热带或亚热带海洋中，而尾孢藻属 *Urospora* 的多数种类为寒带性种类，分布于寒带或亚寒带海区，如岸生根枝藻 *Rhizoclonium riparium*（Roth）Harvey、盘苔 *Blidingia minima*（Nag. ex Kütz.）Kylin，脆弱刚毛藻 *Cladophora fracta*（Dillw.）Kütz. 等温带性种类，分布于世界温带的各海区。

图 2-21　青岛浒苔所形成的"绿潮"

第七节　绿藻的经济价值

绿藻能帮助人类碱化酸性环境，据研究癌细胞可以在酸性环境中茁壮成长，但却无法在碱性环境中生存。选择能够碱化酸性体质的海藻食品，对于提高健康非常重要。绿藻还能黏结和清除体内的重金属，能清除重金属有害污染物质。绿藻具有三层结构的细胞壁，中间的也是最厚的细胞壁会结合毒素，它是由含纤维素的微细纤维组成，这些微纤维形成一个微细的架构，重金属分子就如攀附在网上。此外，中间的这层细胞壁含有孢粉素，能将毒素牢牢地抓住，排出体外。绿藻被誉为“营养宝库”，因为它蕴藏各种天然和有机维生素、矿物质、微量矿物质、植物营养素和活酵素，迎合细胞所需的营养，使我们达到最佳健康状态并具有充沛活力。核酸（RNA 和 DNA）及绿藻生长因子（CGF）能帮助加速细胞的修复和更生过程，使老化的细胞还原成为年轻的细胞。

绿藻中如礁膜、浒苔和石莼等，历来是沿海人民广为采捞食用的海藻，可鲜食、晒干储存，也可腌成咸菜食用，食法很多。江浙一带常有“苔条花生”，风味独特。也有些藻类可以药用。

第八节　绿藻门的主要特征

绿藻门植物细胞壁含有纤维素和果胶；藻体为绿色，色素体所含色素主要为叶绿素 a、叶绿素 b、叶黄素及胡萝卜素；此外，色素体内还含有淀粉核，光合作用的产物为淀粉。这些细胞学特征都与高等维管束植物相似。绿藻门物种的游动细胞具有 2 根或 4 根等长鞭毛。普遍存在有性繁殖方式。多数物种在淡水中生活，海产种类较少。

第九节　绿藻门的系统演化关系

绿藻的化石很多，比较早的化石距今 12 亿 ~ 14 亿年前。由于团藻目具有简单的藻体结构及生殖方式而被普遍认为是绿藻门中最原始的一目。生理学家一致认为，单细胞、具鞭毛、能运动的光合结构，在进化树中是其他所有单细胞、多细胞以及进化上更复杂的绿藻的起点。一般认为简单的、具衣藻型细胞的运动藻类很可能产生非运动的单细胞种类如小球藻、多细胞种类如四胞藻（营养细胞是非运动的，而产生的生殖细胞却是运动的），以及比较进化的共生群体如团藻。另一种可能是多细胞非运动的定型群体（如水网藻属 *Hydrodictyon*、盘星藻属 *Pediastrum* 等）种类，起源于原来具鞭毛后失去鞭毛的群体。也有人坚持多细胞共生群体（如团藻）代表了相同类群中的一个进化盲枝。关于丝藻目的起源有不同的观点。Fritsch（1935）认为，丝藻目是

由衣藻型的运动单细胞在同一个面上进行多次分裂，并且在两个细胞连接处形成隔膜而产生的。而 Smith（1955）则认为丝状藻起源于衣藻属，但很显然是简单的不分枝的丝状藻产生分枝的丝状藻（如胶毛藻目）。另一方面，不分枝的丝状藻也可产生出接合藻目（Chapman，1973）和鞘藻目（Klein and Cronquist，1967）。然而 Pascher（1914）提出，在接合藻中仅仅显示一种变形虫运动的非运动配子来源于单细胞运动藻类。Pascher（1914）和 Fritsch（1935）指出，鞘藻目可能由胶毛藻目进化而来，因为它们都具有环状叶绿体，且分枝的藻丝体外被毛。至于刚毛藻目，Fritsch（1935）提出是由丝藻目进化而来的，但其他学者则认为刚毛藻目与绿球藻目有着必然的联系。具有薄壁组织状原植体的石莼目，Fritsch（1935）认为它是由单列丝状藻在两个面上进行垂直分裂进化而来，但其他人却坚持认为石莼目起源于单细胞种类。轮藻（轮藻纲或轮藻门）的起源有两种完全不同的观点，一种观点认为轮藻直接起源于丝状藻，而另一种观点则认为轮藻是胶毛藻目的变种。管状藻的起源有两种观点，一些学者，包括 Papenfuss 坚持认为它起源于多核体的绿球藻目类群，并且由它产生出管藻目、管枝藻目、刚毛藻目和绒枝藻目。但 Fritsch（1935）则认为复杂的管状藻目来自丝藻目。考虑绿藻在其他藻类群中的地位，可以认为绿藻与其他藻类并没有真正的联系，但绿藻中色素和细胞代谢的存在却与裸藻有相似之处，不过裸藻的分类强调的是具动物性营养方式及缺乏高级藻体类型。如果将绿藻门同褐藻门以及红藻门进行比较的话，会发现绿藻门在很大程度上缺乏海洋褐藻尤其是海带目所具有的精巧复杂的藻体结构。但是，在胶毛藻目、管藻目和轮藻目中也存在产生精巧复杂藻体的潜力。胶毛藻目中的一些种类，如拟竹枝藻属 *Draparnaldiopsis* 和费氏藻属 *Fritschiella*，已被许多学者广泛深入地研究过。他们提出一种很大胆的观点，认为绿藻门非常接近于陆生植物中的 *Progenitors*（傅华龙等，1993）。

第十节 课外阅读

郑柏林教授（1912—2004 年），1937 年毕业于国立山东大学生物系，后辗转到了马来西亚，在星洲南洋女中教书。1941 年 12 月，太平洋战争爆发后，郑柏林取道印度回到了昆明，先后在昆明建设厅农场任总务主任，在昆明高级农校任生物教员，在昆明清华大学农研所任研究助教。1946 年 10 月，郑柏林回到了国立山东大学，参与筹备成立植物系并留在了植物系任教。从 1959 年 4 月起，郑柏林历任山东海洋学院副教授、教授、生物系副主任。郑柏林长期致力于植物学、海藻学和海藻加工利用等课程的教学科研工作。主持编写了《海藻学》教材，参加了《中国动物志》和《中国植物志》的编写；积累了我国沿海底栖藻类比较完整的标本，并发现了一个新属——华管藻属和一个新种——中华华管藻，参编了《中国海藻志》，主要承担仙菜科和绒线藻科的编写工作。1953 年，经曾呈奎、叶毓芬介绍，郑柏林加入中国民主同盟（简称“民盟”）。1963 年起连续当选为民盟山东省第一届、第二届、第三届省委委员。郑柏林教授是中国藻类学会第一届、第二届常务理事，第三届全国人大代表，第四届、第五届山东省政协常委。

在几十年的教学工作中，郑柏林主要进行植物学、海藻学和海藻加工利用等课程的教学科研工作。我国海域辽阔，海洋资源丰富，海藻资源类群繁多，其中很多种类具有很高的经济价值。但当时我国研究海藻的人很少，可以参考的资料和资源也十分缺乏。为了给国家培养开发利用海藻资源的人才，郑柏林对教学工作一直严肃认真、一丝不苟。没有教材，郑柏林就与其他教师一起结合我国沿海生长的海藻编写了《海藻学》。在课堂讲授上，郑柏林努力做到讲解清楚，深入浅出；对学生在学习中遇到的疑难问题，她总是耐心解答，直到学生明白为止。为使教学紧密结合我国实际，使学生在实验时能看到我国的海藻标本，不断提高学生的学习兴趣和水平，郑柏林坚持到我国沿海各地采集海藻标本，不断进行科学研究并及时把科研成果充实到教材中去。在几十年的教学生涯中，她先后跑遍了渤海、黄海、东海、南海的主要海岛，采集到各种底栖海藻标本 20 000 多件。对采集到的海藻标本，郑柏林和她的同事都及时进行鉴定、分类和整理，并建立起一个包括我国亚寒带、温带、亚热带和热带在内的比较完整的海藻标本室。由于特殊原因，标本室里的大量标本、教具和教学挂图遭到破坏。看到标本室被破坏，郑柏林心里非常难过，也很着急，因为进行《海藻学》的教学，没有标本是不行的。于是，郑柏林又动员教研组的其他同志，一起加班加点，用了几个月的时间，将近万件海藻标本重新做了鉴定、整理，使海藻标本室得以恢复。为充分开发利用这些海藻资源提供科学依据，及早完成编写任务，郑柏林在广泛搜集国内外有关资料的基础上，还与中国科学院海洋研究所的同志一起到西沙群岛对海藻资源进行了历时半年的考察和标本采集。在西沙群岛的永兴岛，面对大大小小的珊瑚礁，面对大浪急流，不会游泳的郑柏林没有退缩，她穿上塑料服，戴上潜水镜，系上救生圈，拿着采集桶走进齐腰深的水中，仔细观察海藻的生长情况并采集标本。当时，郑柏林已经 63 岁了，驻岛的巡防区战士看到一个年逾花甲的女同志每天坚持下海采集标本都很惊奇，惊奇之后便是由衷的敬佩。就这样，郑柏林和她的同事们每天顶着星辰出海采集，踏着暮色归营，晚上还在帐篷里借着微弱的烛光，拿着放大镜仔细挑选采得的标本。“功夫不负有心人”，经过几个月的艰苦劳动，郑柏林不仅获得了许多西沙群岛海藻资源、生态、地理分布知识，还采集了1 000多件海藻标本，其中不少标本在我国是首次采到的。1980年，郑柏林第一次去西沙群岛考察并采集标本，回到学校后，发表了《西沙群岛仙菜科的分类研究》《西沙群岛仙菜属分类研究》等论文，并在海藻学会成立大会上作了相关报告。

第十一节　课后习题

（1）绿藻门的主要特征是什么？举例说明绿藻门不同生活史类型：单世代单倍体型、单世代二倍体型、等世代型、不等世代型。

（2）绘图说明松藻目、石莼目、团藻目生活史的不同点。绘图说明刚毛藻生活史。

（3）绘图说明绿藻门鞭毛的“9+2”结构；从细胞壁、光合色素、光合产物说明绿藻门的特征。

（4）概念解释

核相交替；世代交替；同型世代交替；异型世代交替；无性生殖；有性生殖；孢子体；配子体；同配生殖；异配生殖；卵式生殖；异丝体；似亲孢子；游动孢子。

（5）判断改错

①绿藻门营养细胞均无鞭毛。

②绿藻门植物的游动孢子有鞭毛和细胞壁，而静孢子无鞭毛和细胞壁。

③绿藻细胞中的载色体和高等植物的叶绿体结构相似。

④衣藻的减数分裂为合子减数分裂。

⑤衣藻的生活史中仅产生一种二倍体的植物体。

⑥团藻的生活史中，既有无性生殖，又有有性生殖，所以它具有世代交替。

⑦丝藻属植物生活史中具同型世代交替。

⑧石莼的生活史中只有核相交替无世代交替。

（6）填空

①绿藻门植物以产生（　　）孢子、（　　）孢子、（　　）孢子和（　　）孢子进行无性生殖。有性生殖有（　　）生殖、（　　）生殖、（　　）生殖和（　　）生殖4种类型。

②石莼的生活史中出现（　　）和（　　）2种植物体，其中（　　）是二倍体，（　）是单倍体，为（　　）减数分裂，具（　　）交替。

③松藻的生活史中仅一种植物体，其染色体为(　　)，减数分裂在(　　)时进行。

（7）绿藻有哪几个目？常见的绿藻——浒苔、石莼、蕨藻等属于哪个目？石莼、礁膜、浒苔有何异同点？

（8）绿藻门有哪些经济价值？说明绿藻门的生态特征？说明绿潮的成因？

（9）识别拉丁学名：*Bryopsis plumosa*；*Cladophora fascicularis*；*Codium fragile*；*Ulothrix flacca*；*Manostfoma angicava*；*Enteromorpha prolifera*；*Ulva lactuca*；*Platymonas helgolandica*；*Platymonas helgolandica var. tsingtaoensis*。

（10）石莼、蛎菜、孔石莼三者有何区别？写出石莼、浒苔、礁膜、羽藻、刚毛藻、软丝藻几个物种的分类检索表。

第三章

红藻门 Rhodophyta

红藻门植物全世界有 558 属，4 000 多种，其中 200 种生于淡水中，其余均为海产，是海洋藻类的主体部分。据《中国海洋生物名录》（2008 年）记载，中国海域已有的红藻为 166 属，569 种。分布极为广泛，从潮间带到海面下 1 000 英尺的距离均有分布。红藻是一个非常古老的类群，10 亿年的进化导致了巨大的生物多样性。

第一节　红藻门藻体形态特征

1 红藻形态特征和细胞结构特征

红藻大多数为多细胞藻体，仅少数为单细胞或群体。多细胞体有两种：一种是由简单的单列细胞或多列细胞组成的丝状体，这一种类型称为群体型，如仙菜属 *Ceramium*；另一种为由许多藻丝组成的圆柱形或膜状植物体，构成多细胞藻体。由藻丝组成的植物体可分为单轴型（monopodial type）和多轴型（foutain type）两类。单轴型是指组成植物体中的藻体只有一条中轴，由中轴向四周生出分枝的侧丝组成皮层，如石花菜目 *Gelidium* 和仙菜目。多轴型的植物体是由许多中轴丝组成髓部，然后由髓部向各方分出侧丝所组成的，如海索面目 Nemalionales 的丝辐藻属 *Cumagloia* 及红皮藻目种类。红藻外形分为膜状体、丝状体及圆柱体，其中丝状体有分枝与不分枝之分，见图 3-1。

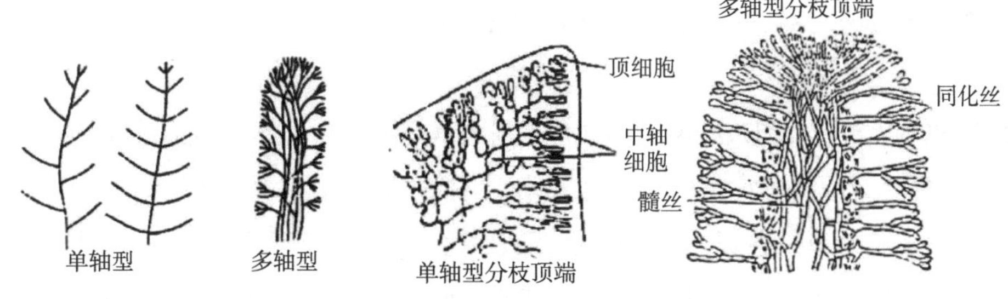

图 3-1　红藻由藻丝组成的植物体分枝及结构类型

第二节　红藻门细胞学特征

（1）细胞壁。红藻细胞壁由内外两层组成，外层为藻胶（phycocolloid），藻胶的成分因种而异，主要有琼胶（agar）、海萝胶（funoran）和卡拉胶（carrageenan）3 种。内层为纤维素，有些红藻（如珊瑚藻）的细胞壁含有大量的碳酸钙所形成的石灰质，使整个藻体类似珊瑚。不过在红毛菜目（红毛菜属和紫菜属）的单倍体阶段，以 β-1，3 糖苷键相连的木聚糖（由木糖残基组成的多糖）取代纤维素行使此种功能。单细胞红藻细胞壁是不含有纤维素的，只含有硫酸多糖。一般藻胶含量占细胞壁的 70%。有的藻类细胞壁外还含有蛋白质组成的角质层。在红毛菜、紫菜的细胞壁成分中还有蛋白质存在，果胶层的染色与蛋白质染色相同，另外，从细胞膜释放出的许多小滴使细胞壁不断增厚，也说明蛋白质是细胞壁的成分之一。至于含量的多少则因种类而异。细胞壁上的孔状联系在真红藻纲中普遍存在，在紫菜的丝状体阶段也普遍存在，见图 3-2。

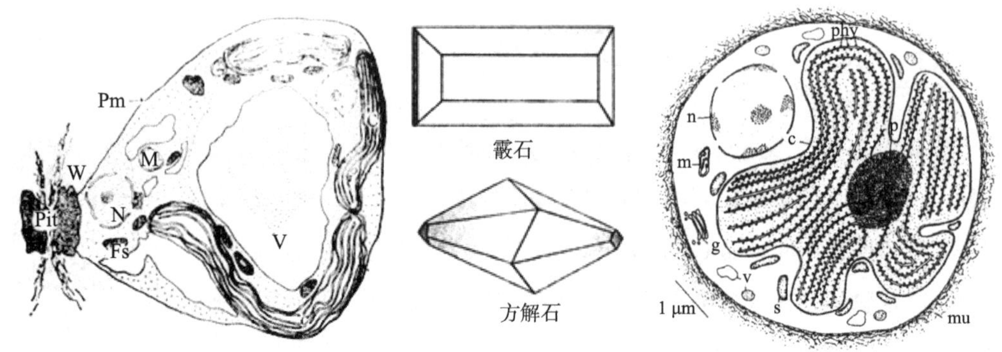

图 3-2　红藻细胞壁的孔状联系、珊瑚藻目碳酸钙的沉积方式及紫球藻 *Porphyridium cruentum* Naegeli 细胞的半截模式图

左图：N. 核；M. 线粒体；C. 色素体；V. 液泡；W. 细胞壁；Pm. 质膜；Fs. 红藻淀粉；Pit. 孔状联系；中图：霰石与方解石；右图：c. 叶绿体；g. 高尔基体；m. 线粒体；mu. 黏液；n. 细胞核；p. 淀粉核；phy. 藻胆体；s. 淀粉；v. 液泡（引自：李，2012）

细胞壁的钙化特点：珊瑚藻目 Corallinales 的所有成员和海索面目 Nemaliales 的某些种类，包括粉枝藻属 *Liagora*，乳节藻属 *Galaxaura*，在细胞壁外沉积有碳酸钙。无水碳酸钙以方解石和霰石两种晶体形式存在（图 3-2）。珊瑚藻目主要以方解石形式沉积碳酸钙，而海索面目中可钙化的种类主要以霰石形式沉积碳酸钙。

（2）光合色素。色素体含有叶绿素 a、叶黄素、β- 胡萝卜素及 α- 胡萝卜素、大量的辅助色素藻胆蛋白。藻胆蛋白包括 R- 藻蓝蛋白、别藻蓝蛋白及三种类型的藻红蛋白（B- 藻红蛋白、R- 藻红蛋白、C- 藻红蛋白），其中藻红蛋白的含量最高，这也使得红藻呈现粉红色。B- 藻红蛋白存在于较为原始的红藻中，R- 藻红蛋白存在于大多数高等红藻中，而 C- 藻红蛋白存在于紫球藻属 *Porphyridium*、紫菜属 *Porphyra* 和多管藻属 *Polysiphonia* 中。藻胆蛋白存在于类囊体表面的藻胆体中。含有藻红蛋白

和藻蓝蛋白的藻胆体呈球形，而只含有藻蓝蛋白的藻胆体呈圆盘状。在不同季节及不同的栖息深度，两种辅助色素的含量也有差异。一般生长在深海区的红藻为鲜红色或粉红色，是因其含有大量的藻红蛋白，而不含藻蓝蛋白的原因。而生长在潮间带的红藻为紫红色、紫色或暗紫红色等，是由于含有不等量的藻蓝蛋白所致。淡水的红藻类的色素体中所含的藻蓝蛋白的量比藻红蛋白多，呈深绿色和蓝绿色，但它们在死亡以后就出现红色，见图 3-2。有报道说叶绿素 d 存在于红藻叶绿体中，现在的研究证明叶绿素 d 是存在于红藻附生的蓝细菌 *Acaryochloris marina* 上，即吞噬蓝藻后形成的光合色素（李，2012）。

（3）载色体。原始的红藻细胞内只有一个轴生的星形色素体（即原红藻纲 Protoflorideae），且有一个位于中央的淀粉核（蛋白核），在高等的真红藻亚纲 Florideae 物种中具有大的单一侧生色素体，叶绿体通常为盘状，而老细胞的侧生色素体往往呈片状或分裂，有的老细胞的色素体断裂呈带状。色素体的形状，往往随物种的不同而有差别，甚至在同一个藻体内，不同部位的细胞，色素体的形状也不同。因此，载色体形状可作为鉴别物种的依据。叶绿体被两层膜所包裹。

类囊体以单层形式出现在叶绿体内（图 3-3），这是红藻门最主要特征，以区别于褐藻门。类囊体上面分布着藻胆体（phycobilisome）。藻胆素存在于藻胆体中，这与蓝藻中的情况类似。从载色体看，一般认为红藻是真核藻类中原始的一类，其细胞的超微结构特点是不具有叶绿体内质网（chloroplast E.R.）。

类型Ⅰ：无周位类囊体，多数或一些类囊体终端靠近叶绿体被膜，见于低等红藻类的紫球藻属 *Porphyridimn* 和红毛菜属 *Bangia*。

类型Ⅱ：有周位类囊体，这种排列类型通常见于星形和深裂状叶绿体，完全或几乎完全包围内部的类囊体。见于高等红藻类的串珠藻属 *Batrachospermum*、凹顶藻属 *Laurencia*、节荚藻属 *Lomentaria* 等。这种排列方式一般见于圆盘状叶绿体，通常有淀粉核（pyrenoid），但缺少淀粉，见图 3-3。

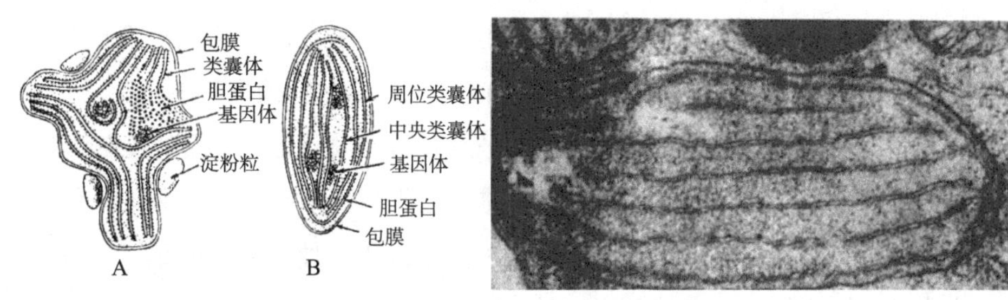

图 3-3　红藻叶绿体内类囊体排列

左图：A. 裂片状叶绿体；B. 盘状叶绿体（引自：李，2012）；右图：叶绿体电镜照片

（4）光合产物。红藻淀粉是长期的储存产物（图 3-4），以颗粒形式存在于叶绿体外的胞质中，形状呈碗状或不规则形，红藻淀粉具有双折射性质，当光射入各向异性晶体后，观察到有两束折射光的现象，说明它们的结晶排列类似种子植物的淀粉粒。红藻淀粉类似于高等植物的支链淀粉，红藻淀粉本质上和高等植物的支链淀粉相同，在旋光性、蒽酮反应、对淀粉酶的敏感性、热力学分析方面都与高等植物的支链淀粉相同。它可被碘染成紫罗兰色。在较原始的红藻中，淀粉粒围绕着叶绿体排列，淀粉核（蛋白核）聚集成一个鞘形式（图 3-4），而在较高等的红藻中无蛋白核，淀粉粒散布在胞质中，通常为小颗粒，直径为 3 ~ 4 μm，也有的附着于色素体上，或者存在于细胞核周围。

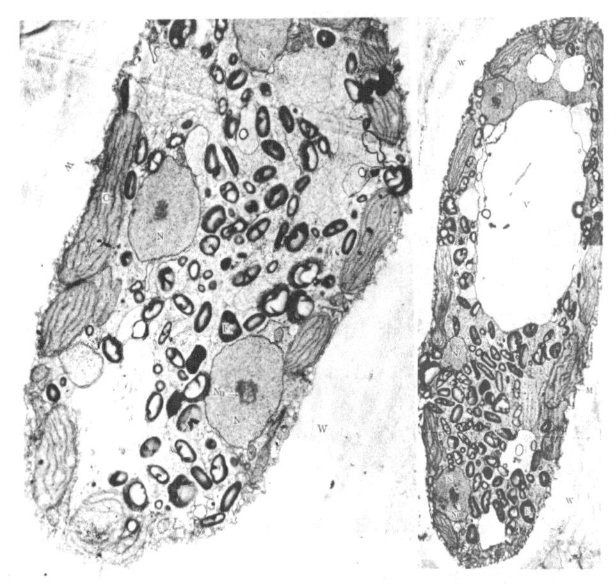

图 3-4　真江蓠 *Gracilaria vermiculophylla*（Ohmi）Papenfuss 皮层细胞

左图：示色素体，多核，线粒体，红藻淀粉，质体小球；右图：示大液泡及小液泡（N. 细胞核；Nu. 核仁；V. 液泡；C. 叶绿体；M. 线粒体；Fs. 红藻淀粉）（引自：王素娟，1991）

检验红藻淀粉方法：如用碘液直接处理红藻淀粉颗粒，颜色由黄色变成黄褐色，再转成红色，最后出现紫红色或蓝色。如先用沸水或水合氯醛处理，使其膨胀，再用碘液处理则现紫色或蓝色。有的红藻以水合氯醛处理，立刻出现蓝色，说明其中已含有碘。

（5）原生质体。真红藻亚纲物种所含的细胞质黏度很高，因此原生质体紧贴于细胞的内壁，但是对强质壁分离是敏感的。一般情况下，原生质体收缩后，发生质壁分离，会引起细胞的死亡。有些种类在幼小时只一个核，成熟后则变为多核。较原始的真红藻亚纲物种细胞中不含明显的液泡，但大多数的真红藻亚纲物种细胞内具有一

个中央液泡。液泡的内容物有碱性、中性或酸性反应，用中性红、甲酚或美蓝染色，极易着色，往往有结晶体的沉淀物形成。红藻的渗透压一般比海生的褐藻和绿藻低。

（6）细胞间连接。纹孔连接（pit connection）（图 3-5），是由一个位于两个藻体细胞间的类似于蛋白质的塞芯（plug core）组成，与高等植物的纹孔不同。纹孔连接有两种类型：初级纹孔连接（primary pit connection）在细胞分裂时于两个细胞之间形成；次生纹孔连接（secondary pit connection）在两个细胞融合时形成。盖膜（cap membrane）将塞芯与相邻的胞质分开。盖膜与质膜相连，反过来，细胞间的质膜也借此相连续。盖膜的内侧为内盖层，外侧为外盖层。这两种类型的纹孔连接具有相同的结构。

初级纹孔连接形成过程如图 3-5 所示：核分裂后不久，细胞壁从侧壁向里生长，当横壁形成时在横壁的中央保留有一个孔（缝隙），通过这个孔，两个细胞的胞质得

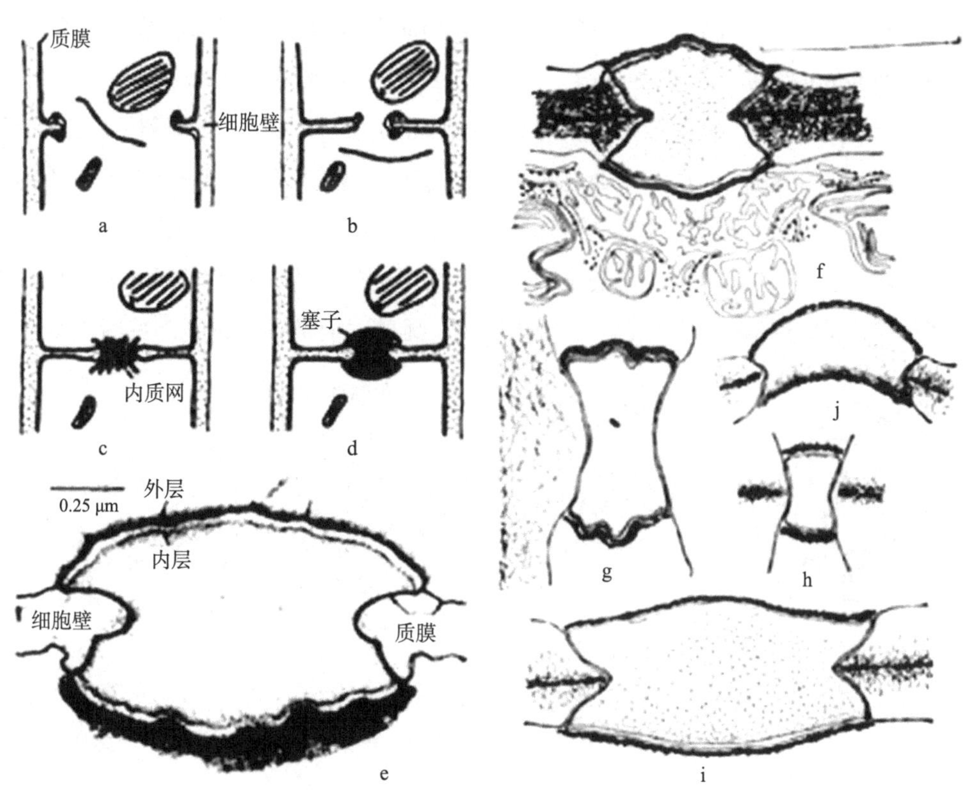

图 3-5　红藻中纹孔连接形成的半截图示

a. 细胞横壁开始向内皱缩，在由细胞质衍生的液泡中出现细胞壁前体；b. 横壁隔膜形成，但在中央留一开口（空隙）；c. 内质网横亘在横壁的小孔上，并且电子致密物在此处集聚；d. 纹孔连接形成，它具有一个塞，细胞间的胞质借此得以相连；e. 示塞芯（plug core），掌形藻 *Palmaria mollis* 细胞间的纹孔连接，细胞间的质膜相互连接，盖膜与质膜相连，内外盖层分别位于盖膜的两侧；f. 海索面皮层细胞的纹孔连接；g. 海索面髓部细胞的纹孔连接；h. 精子和精母细胞的纹孔连接；i. 愈合胞和雌配子间的纹孔连接；j. 毛基隔膜的纹孔连接（引自：李，2012）

以连通；大量平行的囊泡横跨小孔，而电子致密物浓缩在囊泡周围。最终，这些囊泡消失，电子致密物填堵住小孔。围绕这些电子致密物形成一层膜，同时在孔内产生一个栓塞。有报道称，纹孔连接含有蛋白质和多糖。关于孔状联系的形成，比较一致的意见是它来自内质网的囊泡，其分泌的成分向中心聚合于隔膜孔（septal pore），并垂直于隔膜平面。纹孔连接的化学成分为酸性多糖蛋白（acid polysaccharide-protein）的复合物。纹孔连接可作为叶状藻体上一个结构加强物而发挥作用。由于纹孔连接结构差异较大，常用于分类。海水红藻有的有 3 层塞帽（plug cap），淡水红藻有 2 层塞帽；淡水红藻细胞壁孔状联系中央有孔洞，如串珠藻属 *Batrachospermum* 等，而海水红藻细胞壁孔状联系中央没有孔洞。

（7）无鞭毛的生殖细胞及其运动性。

①不动精子。红藻的不动精子（spermatium）呈球形或椭球形，由精子囊（spermatangia）产生。精子囊由精子囊母细胞产生。随着精子囊日趋成熟，液泡逐渐在基区形成，它们含有纤维物质，并且占据着精子囊一半的体积。随后，这些液泡融合成一个大的液泡。不动精子通过靠近顶端的精子囊壁释放出来，同时基部液泡中的纤维物质也被释放出来。纤维物质可能会膨胀，从而把不动精子推出精子囊，每个精子囊内形成单个不动精子，不动精子释放后留下空的囊泡。纤维物质具有黏性，有利于精子与受精丝结合。成熟的不动精子单核、无壁，但被黏液包裹，见图 3–6。

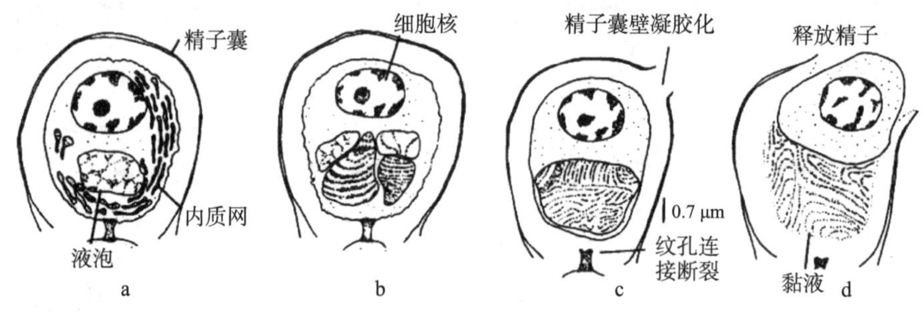

图 3–6　红藻中精子形成的半截图示

a. 未成熟的精子；b. 含有纤丝物质的液泡的形成；c. 液泡融合，纹孔连接断裂，并且精子囊壁胶化；d. 排出黏液，释放精子（引自：李，2012）

②果胞。果胞是红藻的雌性生殖器官。果胞相当于未受精的卵，由一个膨大的基部和一个位于顶端通常呈狭窄状的细长受精丝（trichogyne）组成，低等红藻的受精丝较短，系果胞一端或两端的稍微隆起或延伸。其中，受精丝可以接受精子细胞。用电子显微镜观察，果胞内色素体大，类囊体致密而多，红藻淀粉与线粒体数量很多，位于色素体周围；果胞内原生质浓厚，液泡不明显，这些结构为果胞受精后进行果孢子

的分裂提供了物质基础。果胞中通常有两个核：一个位于受精丝中，在果胞成熟后很快退化；另一个位于果胞的基部，作为雌配子的细胞核。在大多数红藻中，果胞的基部为短的，通常呈分枝状，由 3 ~ 4 个侧生细胞组成的果胞枝。在产生果胞枝处下端的细胞为支持细胞（supporting cell）。果胞和果胞枝通常为无色，但在海索面目中有所例外，见图 3–7。

③运动性。所有红藻的孢子，不管是单孢子、四分孢子还是果孢子，都能通过滑行进行运动。有些孢子能进行平稳的、有方向性的持续滑行。串珠藻的滑行速度为 2.2 μm/s。在其他红藻中，孢子的运动既不持续，也没有方向性。多糖的分泌可能与孢子的滑行有关。

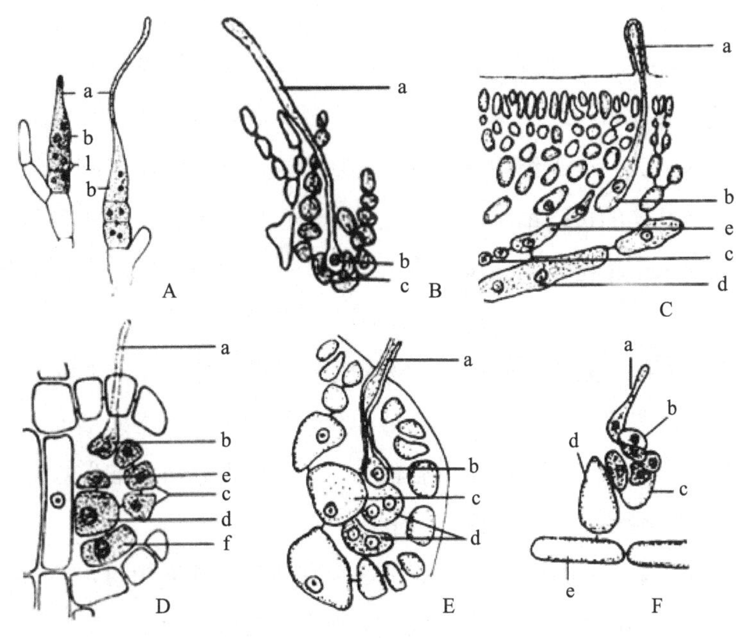

图 3–7　果胞类型

A. 多枝海索面；B. 蜈蚣藻；C. 石花菜；D. 弯茎多管藻；E. 海头红；F. 红皮藻；a. 受精丝；b. 果胞；c. 滋养细胞；d. 中轴细胞；e. 围轴细胞；f. 产孢丝（引自：李，2012）

第三节　红藻的生殖方式

2 红藻生殖和生活史

（1）营养繁殖（vegetative reproduction）。营养繁殖是指不通过任何生殖细胞来进行繁殖的一种方式，仅在红毛菜亚纲的某些单细胞藻中，以细胞直接分裂的方式进行繁殖，如紫球藻 *Porphyridium cruentum* Naegeli。

（2）无性繁殖（asexual reproduction）。孢子是无性生殖的生殖细胞。红藻的孢子形成于孢子体的孢子母细胞的减数分裂，孢子储藏于四分孢子囊（tetrasporangium）内（十字形、四面锥形、带形）。孢子虽然外形相同，但是性别是有差异的，雌性的孢子发育成为雌配子体（female gametophyte），雄性的孢子发育成雄配子体（male gametophyte），见图 3-8。

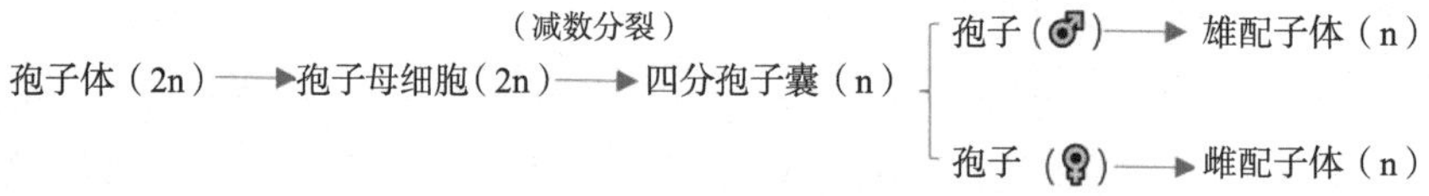

（减数分裂）
孢子体（2n）→孢子母细胞（2n）→四分孢子囊（n）
→ 孢子（♂）→雄配子体（n）
→ 孢子（♀）→雌配子体（n）

图 3-8 红藻无性生殖图解

单孢子（monospore，又称中性孢子）生殖。一般由营养细胞直接产生形成，即在一定的时期，藻体本身（单细胞）或藻体上的某些细胞，可以变成单孢子。单孢子产生于孢子囊内，为一个无细胞壁、用于无性生殖或休眠的小细胞。单孢子由营养细胞转化而来，叶状体的边缘细胞内容物充实，经过质的变化，转化为单孢子囊，每个单孢子囊内仅含一个单孢子。条斑紫菜的单孢子是紫菜栽培中的重要苗源，在栽培中有重要意义。

（3）有性生殖。以配子为生殖细胞的生殖方式。对于红藻来说，有性生殖以卵式生殖为主。也就是说，通过生殖细胞精子和卵细胞结合，进而形成合子，发育成新个体的生殖方式。虽然红藻的精子没有鞭毛，但是可以以滑动的形式，靠近卵细胞并与之结合。红藻的雌性生殖细胞称为果胞。

坛紫菜的精子囊母细胞在没有分裂以前与营养细胞基本相同，第一次分裂与叶片表面平行成 2 层，然后垂直分裂成 2 层 4 个细胞，此后的分裂为平行与垂直分裂交互进行，直至分裂成 128 个、256 个精子囊，切面观为 8 层或 16 层。电子显微镜观察较成熟，已分裂成 16 层的精子囊器，一半为 8 层，每个精子囊横分裂或斜分裂，个别为纵分裂，有的尚未分裂，可见精子囊的分裂不是同步的，有快有慢。细胞越分裂个体越小。精子囊器的细胞初形成时，细胞内的色素逐渐淡化，呈现白色或略带白绿色，见图 3-9。

果胞形如烧瓶，其上有一条细长的受精丝，内部有一个卵核。刚放出的果孢子稍做变形运动，逐渐变为球形，并形成新的细胞壁，果孢子色素体形状不规则，细胞质内布满脂质颗粒，尤其在红藻淀粉周围更多，由于果孢子内的小泡囊和大泡囊数量增多，导致果孢子膨润肥大。

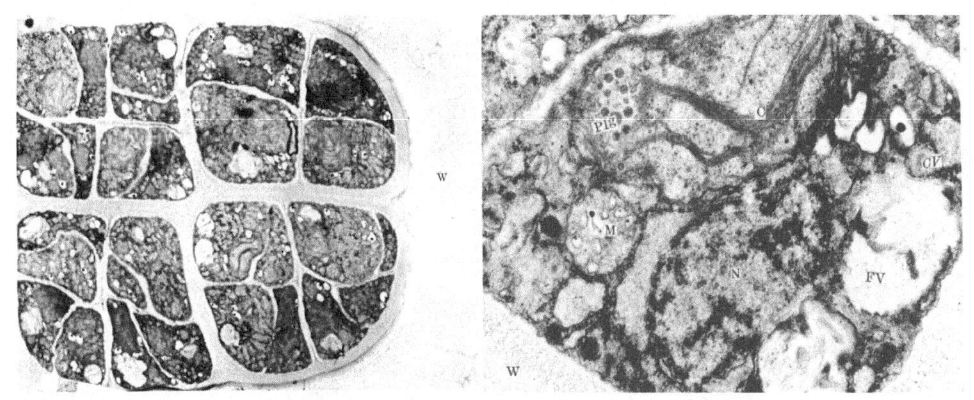

图 3-9　坛紫菜 *Porphyra haitanensis* Chang et Zheng 的精子囊器、示细胞分裂的方式及精子囊的超微结构示色素体、大小囊泡、线粒体（引自：王素娟，1991）

受精。有些不动精子能以滑动形式靠近果胞，多数不动精子通常是被动地随水流漂移到果胞的受精丝上。不动精子和果胞中的肌动蛋白丝参与受精过程。不动精子和果胞的细胞壁溶解后，不动精子的核分裂并且移动到果胞中。在果胞的基部，不动精子的单个核与果胞的核发生融合。受精作用刺激多胺类精胺的产生，其控制果胞枝产生果孢子。受精丝通常会持续生长，直至接触到不动精子。受精作用完成后，通过果胞细胞壁的逐步增厚，受精丝在其基部与果胞分离开来，见图 3-10。

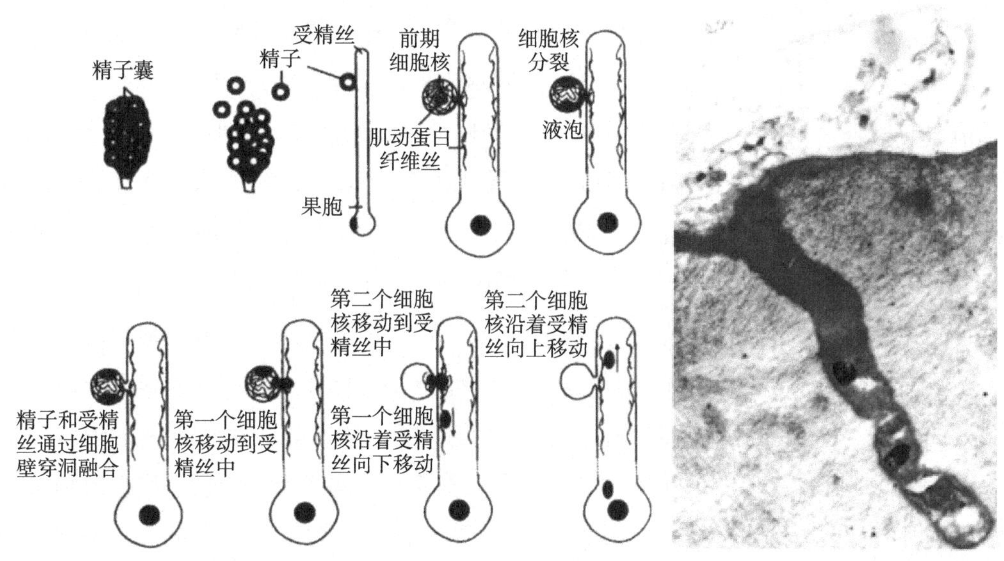

图 3-10　典型红藻在受精过程中的精子行为和内含物的变化过程及坛紫菜精子囊内容物进入受精管过程（引自：李，2012）

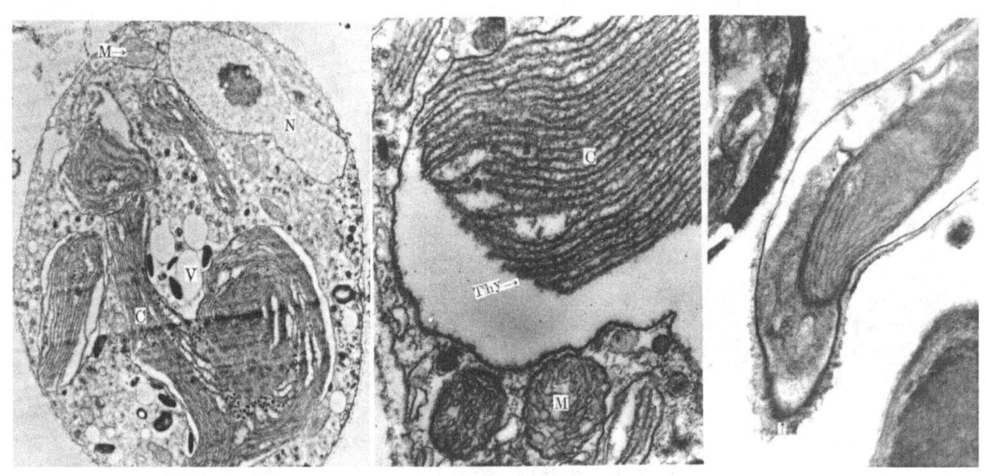

图 3-11　坛紫菜的果孢子（左图）、果孢子内质网（中图）及果孢子萌发（右图）示意
（引自：王素娟，1991）

（4）生殖器官。

①果孢子体。果孢子体又称囊果，果胞系的发育在各目间是不同的，因此作为分类学的研究很有意义。果胞在发育前后与支持细胞和辅助细胞的关系、产孢丝的来源、发育成果孢子的方式及果被细胞参与囊果的情况都是有差别的。多管藻属 *Polysiphonia* 的果孢子体形成如下：分生区域位于藻体表面，它由分裂旺盛的产孢丝细胞和果孢子组成，以后产孢丝细胞停止分裂，一些单倍的体细胞也呈现退化状，共同联合到融合胞，融合胞向外发育突出伸延成果孢子体（图 3-12）。有的学者认为，受精后的果胞由分生组织连续出芽后形成果孢子。海索面属 *Nemalion* 果孢子囊的形成是果孢子体表面的分生细胞受精后发育而成（图 3-12）。也有人认为，融合胞自己就是分生组织。产孢丝往往是给果孢子体发育提供营养的。可能是通过配子体细胞传递营养物质。对寄生红藻 *Plocamiocolax pulvinate* Setch. 的研究表明，该种红藻由合子核转移到辅助细胞中，再由辅助细胞产生产孢丝细胞。产孢丝细胞可以分为储藏物质的细胞（SGC）和产生果孢子的细胞（GGC）两种，两类细胞在形态上有明显的区别。前类细胞大而多核，并含有大量红藻淀粉，位于最接近辅助细胞的地方；后一类细胞含有单一的小细胞核，缺少红藻淀粉。这些细胞的顶端产生果孢子，细胞内存在紧密压缩的膜状体，果孢子体成熟时，SGC 内淀粉数量减少，和辅助细胞一样退化，而 GGC 细胞反复分裂，形成果孢子，果孢子之间有小的孔状联系。

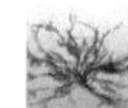

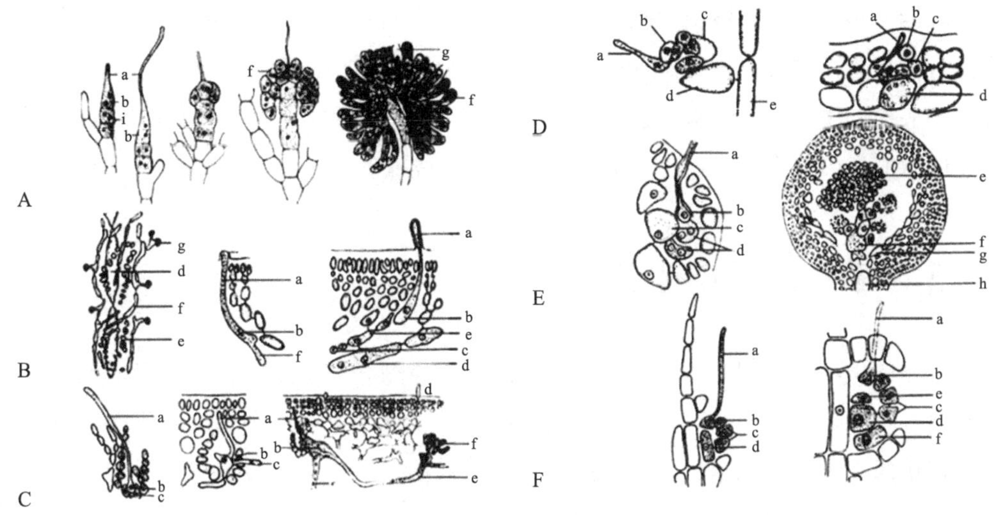

图 3-12　红藻果孢子体形成图解

A. 多枝海索面果孢子体的形成（a. 果胞枝受精丝；b. 果胞及卵的细胞核；i. 果胞枝细胞；f. 产孢丝；g. 已放散果孢子的果孢子囊）；B. 石花菜（a. 受精丝；b. 果胞；c. 滋养细胞；d. 中轴细胞；e. 围轴细胞；f. 产孢丝；g. 果孢子囊）；C. 蜈蚣藻（a. 受精丝；b. 果胞；c. 支持细胞；d. 产孢丝；e. 连接管；f. 果孢子）；D. 海头红（a. 受精丝；b. 果胞；c. 辅助细胞；d. 果胞枝；e. 果孢子囊；f. 产孢丝；g. 滋养细胞；h. 中轴细胞）；E. 红皮藻目果胞系（a. 受精丝；b. 辅助细胞；c. 辅助母细胞；d. 支持细胞；e. 纵丝）；F. 弯茎多管藻（a. 受精丝；b. 果胞；c. 果胞枝细胞；d. 支持细胞；e. 辅助细胞；f. 基部不育丝体原始体）（A，F 引自：Smith，1955；B ~ E，引自：郑柏林等，1961）

②果孢子。果孢子是红藻果孢子体上产生的一种不动孢子。果孢子形成分三个阶段：第一阶段主要特征是细胞内通过内质网膜包围原生质物质形成黏液泡，这些黏液泡向外排放内容物，有助于果孢子壁的形成。此时高尔基体增加，成平直排列，它的活性先是表现在扁平泡膨大而分泌泡形成并且扩散，然后由它们向外释放纤维素物质，用于形成果孢子壁。伴随着这些变化，果孢子壁加厚。这一阶段在江蓠的果孢子内还出现多泡体结构，向外释放内含物。随着黏液泡的形成，红藻淀粉开始出现，多数种类的红藻淀粉出现于细胞核周围。载色体体积及类囊体数量均有所增加。第二阶段红藻淀粉与色素体数量增加，类囊体数目也增加；高尔基体仍然活动。在第二阶段，不同红藻种类的果孢子内细胞器的组成和发育差别较大。第三阶段为近于成熟期和成熟期的果孢子阶段。主要特征是由高尔基体产生大量带有核心的囊泡；红藻淀粉数量很多，且布满于整个孢子内；高尔基体数量明显减少，形状由膨大平直逐渐弯曲成半圆形，此时期的高尔基体不活跃；色素体数量增多，同时类囊体也增多。成熟的果孢子含有大量的红藻淀粉和大量的成熟色素体和带芯的小囊泡，而高尔基体处于不活动状态，见图 3-10。

③四分孢子体。一般由果孢子发育而成，是红藻独立的二倍体植物体。其上可形成四分孢子囊，减数分裂形成四分孢子，由四分孢子进而发育成配子体。四分孢子起源于四分孢子体表皮层细胞，如龙须菜等，在四分孢子囊内，四分孢子 4 个聚在一起，为四面体形，但是在藻体外，四分孢子释放变形成球形。

第四节　红藻的生活史

红藻的生活史可归纳为两个类型，即无孢子体型和有孢子体型。如果果孢子是经过减数分裂产生的，由它萌发后只能成为配子体，红毛菜亚纲和真红藻亚纲的海索面目生活史属于无孢子体型；其他真红藻亚纲的果孢子形成时，没有经过减数分裂，萌发后则生成了二倍体的孢子体，减数分裂一直延至四分孢子的第一次分裂时才进行，因此，这类红藻的生活史，除了独立自养的配子体和寄生在配子体上的果孢子体外，还有一个独立自养的孢子体阶段，这类生活史属于有孢子体型。有孢子体型生活史也被认为是三元生活史类型，见图 3-13、图 3-14。

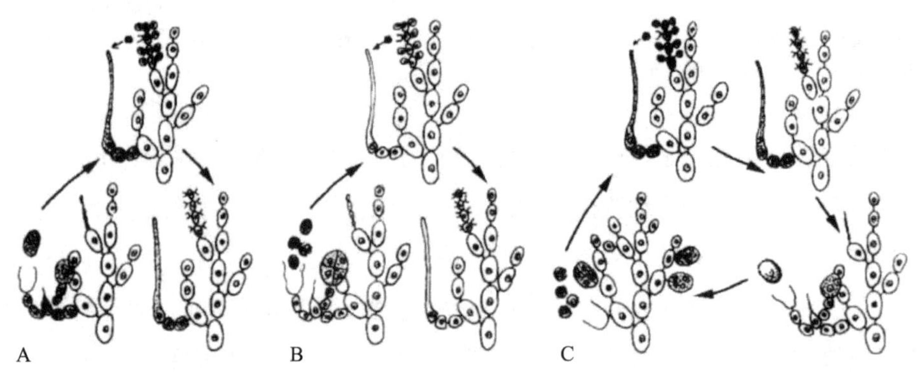

图 3-13　红藻的生活史类型

A. 单倍体的果孢子体与配子体交替的生活史类型；B. 二倍体的果孢子体与配子体交替的生活史类型；C. 二倍体孢子体、二倍体果孢子体与配子体组成的生活史类型（引自：Smith，1955）

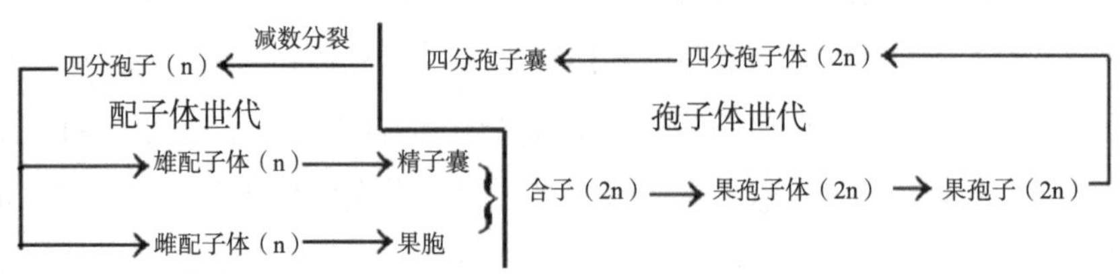

图 3-14　真红藻纲的生活史图解

第五节 红藻门的分类

一、红藻门分类概述

红藻门是一大的类群，有 650 ~ 700 个属和 4 000 个以上的种。红藻门只有一个纲——红藻纲 Rhodophyceae。红藻纲下分为红毛菜亚纲 Bangiophycidae 和真红藻亚纲 Florideophycidae。检索表如下：

1. 无纹孔连接（除壳状期外），细胞分裂为间生，很少顶生；大多数种类不确定是否为有性生殖，如有合子直接形成少量的果孢子，没有明显的果孢子体 ……………………………………………………………………………红毛菜亚纲 Bangiophycidae

1. 有纹孔连接，通常显著，细胞分裂为顶端分裂，有性生殖通常存在，并具有明显的果胞和精子，有果孢子体，通常有四分孢子囊 ………………………………………………………………………………………… 真红藻亚纲 Florideophycidae

二、红藻门分类各论

（一）红毛菜亚纲 Bangiophycidae

藻体生长一般为无定点的散生长。细胞间一般无胞间联系。多数细胞含一轴生星形色素体，色素体中央具有无淀粉鞘的淀粉核。果胞具有原始受精丝，是由普通营养细胞变化而成，精子囊母细胞也由普通营养细胞变化而成。无性生殖形成单孢子。红毛菜亚纲包括紫球藻目、角毛藻目、红盾藻目、红毛菜目 4 个目。

3 红藻分类红毛菜亚纲

红毛菜亚纲分目检索表

1. 单细胞，包在胶质膜内的群体 ……………………………紫球藻目 Porphyridiales
1. 多细胞，丝状、盘状、管状的叶状体 ……………………………………………2
2. 藻体有分枝，无性生殖是单孢子，孢子形成无特殊的分裂 ……………………………………………………………………………角毛藻目 Goniotrichales
2. 藻体丝状、膜状、管状，无性生殖是单孢子 ………………………………………3
3. 单孢子是由营养细胞的弯壁分离成的，固着器小、盘状，没有根丝细胞 ………………………………………………………………………………红盾藻目 Erythropeltidales
3. 单孢子是由营养细胞演变成的，用根丝细胞固着 ………… 红毛菜目 Bangiales

1. 紫球藻目 Porphyridiales

藻体为单细胞，游离生存，群体包埋于胶质膜内，有时呈不定型或假丝体，无孔状联系，属间的细胞结构变化很大。有的属种细胞含星状色素体，中央有淀粉核；有的属种含侧壁色素体，没有淀粉核。生殖方式为无性生殖，通过细胞分裂在共同的胶质膜内形成孢子，有性生殖无或不详。

代表种类：小红球藻 *Rhodella purpureum*（Bory）Drew et Rose 及蔷薇藻 *Rhodella reticulata* Deason（图 3-15），均属紫球藻目 Porphyridiales，紫球藻科 Porphyridiaceae，小红藻属 *Rhodella*。

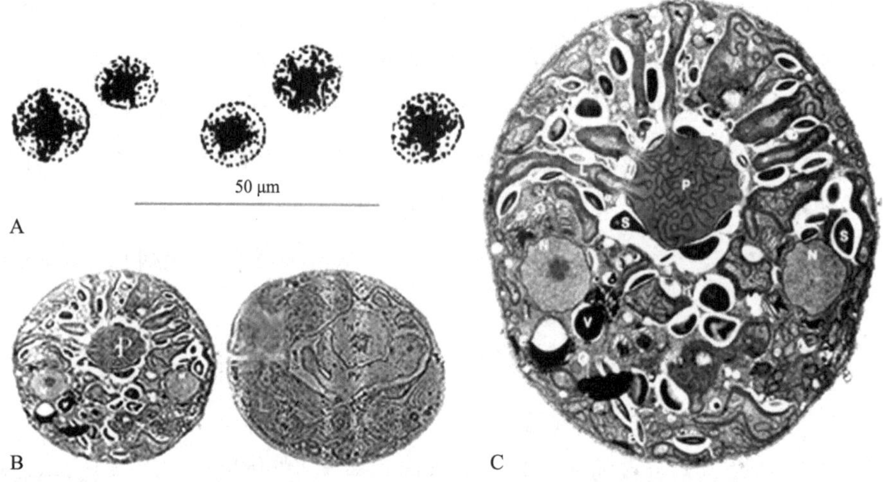

图 3−15　小红球藻 *Rhodella purpureum*（Bory）Drew et Rose 及蔷薇藻 *Rhodella reticulata* Deason
A，B. 小红球藻（引自：钱树本，2014）；C. 蔷薇藻（引自：Tewd et al., 1983）；P. 蛋白核；N. 细胞核；S. 淀粉粒；V. 小液泡

藻体是单细胞的聚集，具有一个星状色素体及中央蛋白核，而且其蛋白核有柄，这类蛋白核没有类囊体伸入，但有分散的淀粉粒分散于周围，偶尔也能见到细胞核被膜突起伸入到蛋白核中，在一个细胞中只有一个蛋白核。通过细胞分裂的方式进行无性繁殖。主要生长在潮间带岩石及其他海藻藻体上。广泛分布于黄海的山东青岛沿海。蔷薇藻细胞内富含多种活性物质，如藻胆蛋白、多糖和脂肪酸。这些化合物选择性地抑制人类免疫缺陷病毒（HIV）的逆转录酶（RT）及其体外复制，见图 3−15。

2. 角毛藻目 Goniotrichales

藻体为多细胞丝体，大多数是由单列细胞组成，偶尔是由少数多列细胞组成的简单或具有反复分枝的丝体，细胞相互被胶质的、似鞘的物质分开，基部的细胞形态与营养细胞无明显区别，细胞球形或圆柱形，每个细胞具有星形色素体及淀粉核。无性繁殖，由营养细胞形成单孢子；有性繁殖不详。

代表种类：茎丝藻 *Stylonema alsidii*（Zanardini）Drew，属角毛藻目 Goniotrichales，

 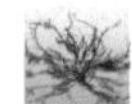

角毛藻科 Goniotrichaceae，茎丝藻属 *Stylonema*。藻体附生，丛生，丝状，呈紫红色。藻体高为 14 cm，在基细胞的上方，为一垂直单细胞列，细胞数在 10 个以上，在此藻丝上方发生多回双叉式的分枝，藻丝浓密。藻体最初是单列细胞，以后会出现不规则的双列细胞。许多分枝的上部细胞排列松散。藻体的基部胶质较厚。细胞圆球形或圆桶形。每个细胞内有一个中央位的星形色素体，其中有 1 个淀粉核。是一种世界分布的藻类。茎丝藻 *S.alsidii* 是一种广盐性物种，在盐度为 5 ~ 60 的宽盐度范围内生长，并在全海洋盐度 33 下表现出最大生长，最大光系统Ⅱ（PS Ⅱ）效率（F_v/F_m）、光合作用光饱和系数（E_k）和 NPQ 机制在全海洋盐度下（33）最大，但在低盐度和高盐度暴露后降低压力。因此表明其具有成功定殖于新沿海栖息地的生理能力。主要分布于渤海北戴河，黄海烟台、青岛及大连等海域，见图 3-16。

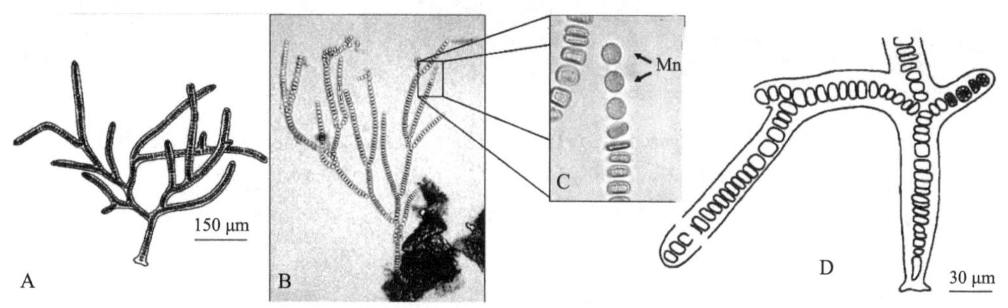

图 3-16　茎丝藻 *Stylonema alsidii*（Zanardini）Drew

A，B. 藻体，藻体外形；C. 单孢子释放；D. 藻体分枝一部分。A，D（引自：钱树本，2014）；B，C（引自：Raúl et al., 2006）

3. 红盾藻目 Erythropeltidales

藻体附生在大型藻体上，多细胞，呈盘状、丝状、叶状，具有胶质的或同心加厚的壁，细胞含星状或侧壁状色素体，淀粉核有或无，基部细胞有分化，但不产生假根。生长方式为丝状的或叶状的藻体是间生长，盘状的藻体是顶端生长。无性生殖：单孢子，营养细胞形成弯壁，分离成单孢子。有性生殖：在有些属内存在，生活史中包含一个微观的丝状体时期。只有一个科——中国红质藻科 Erythropeltidaceae，其特征与目特征相同。包含 4 个属：沙哈林藻属 *Sahlingia*，为盘状体；拟紫菜属 *Porphyropsis*，为叶状体；星丝藻属 *Erythrotrichia*，为丝状体；红枝藻属 *Erythrocladia*，为丝状体，但是丝状体基部愈合。

代表种类：

（1）全缘沙哈林藻 *Sahlingia subintegra*（Rosenvinge）Kornmann，属红盾藻目

Erythropeltidales，红盾藻科 Erythropeltidaceae，沙哈林藻属 *Sahlingiu*。藻体为盘状体，呈紫红色，附生在大型海藻藻体上，细胞由中央向外呈辐射状排列，有的藻体从基部呈放射状排列；中部细胞通常圆形或方形，外围细胞长棒形，顶端细胞出现叉状分枝，藻体顶端有“V”形、“Y”形细胞，藻体直径大，在 40 μm 以上。藻体外围细胞柱形，无愈合细胞。色素体侧壁状，无淀粉核。单孢子是普通营养细胞的一个斜弯的壁分离而成，见图 3–17。

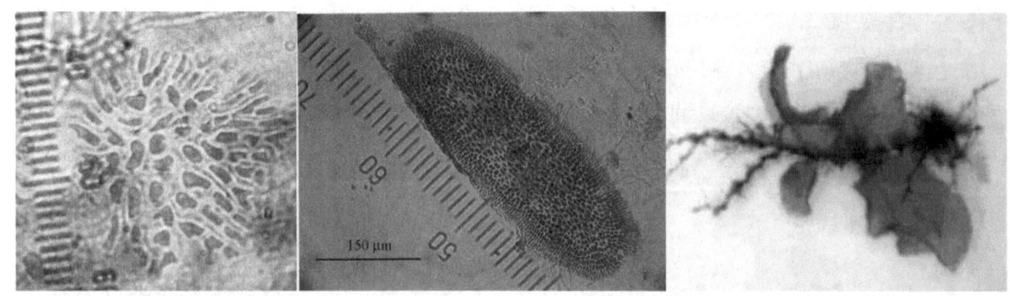

图 3–17　全缘沙哈林藻 *Sahlingia subintegra*（Rosenvinge）Kornmann、全缘沙哈林藻矩圆变型及拟紫菜 *Porphyropsis coccinea*（J.Ag.ex Areschoug Rosenvinge.）

左图：全缘沙哈林藻；中图：全缘沙哈林藻矩圆变型；右图：拟紫菜（引自：郑宝福，2009）

（2）拟紫菜 *Porphyropsis coccinea*（J.Ag.ex Areschoug Rosenvinge.），属红盾藻目 Erythropeltidales，红盾藻科 Erythropeltidaceae，拟紫菜属 *Porphyropsis*。藻体附生，细小，紫红色，由圆盘状或稍凸的基部长成直立的囊状体，最后破裂形成膜状的叶片。藻体单层细胞，圆球形或卵形，色素体侧壁状，无淀粉核。用单孢子进行生殖。藻体与紫菜的幼体很相像，但是藻体薄，细胞小，色素体形状不同。藻体附生在高、低潮位的大型海藻藻体上，见图 3–17。

4. 红毛菜目 Bangiales

细胞单核，通常有一单独的星状色素体，含有一个淀粉核，藻体稀少有单细胞，通常是多细胞，丝状或非丝状（叶片状、圆柱状），细胞呈间分裂，非丝状的藻体呈圆柱状或是一平坦的片，在任何一种情况下都具有同样的表面的和深层的细胞，藻体在微观的丝状体阶段具有纹孔连接，在宏观阶段没有纹孔连接。无性生殖或是由营养细胞直接变化或是由一个营养细胞分裂产生孢子。有性生殖的精子由一个营养细胞分裂、再分裂形成。果胞具有很短的受精丝，是由一个营养细胞直接变化而成，受精卵反复分裂形成果孢子。红毛菜具有与紫菜类似的生活史。生活史属异型世代交替，具有微观的孢子体世代及宏观的配子体世代，无纹孔连接的单倍体叶状体阶段和有纹孔

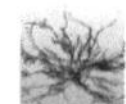

连接的二倍体丝状壳孢子体阶段交替出现。仅有红毛菜科一个科。

代表种类：

（1）红毛菜 *Bangia fuscopurpurea*（Dillwyn）Lyngbye，属红毛菜目 Bangiales，红毛菜科 Bangiaceae，红毛菜属 *Bangia*。直立，线型，不分枝。高度几厘米到十几厘米。最初单列细胞，到后来多列细胞。辐射排列为薄壁组织状，在配子体阶段无纹孔连接，也无顶端生长。有性生殖，营养细胞直接分裂成精子囊和果胞，精子囊淡黄色，果孢子囊暗紫红色。果孢子发育成壳斑藻，壳孢子囊减数分裂，形成壳孢子，进而发育成植物体。红毛菜是中国东南沿海的特产品，味鲜美，营养丰富，有补血降压，滋阴祛火和预防血管疾病的保健作用，深受中国南方人民的喜爱，市场上一直是畅销的高档佳品。红毛菜类脂中含有大量高度不饱和脂肪酸，红毛菜的二十碳五烯酸（EPA）量是首屈一指的，无腥味，具有独特的芳香口味，还富含海产红藻所具有的食物纤维和硫酸酯等酸性多糖物质，可使血液中的脂蛋白值下降，是极有潜力的天然安全的 EPA 资源。生于高潮带的岩石上。生长季节比紫菜早，福建有栽培，见图 3-18。

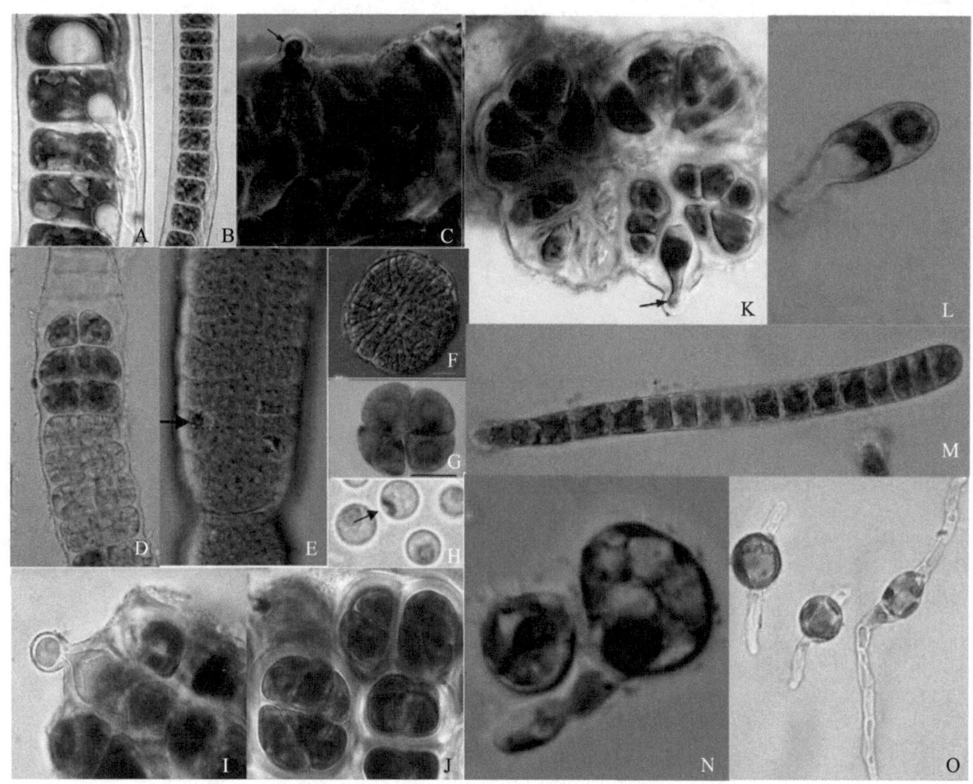

图 3-18　红毛菜 *Bangia fuscopurpurea*（Dillwyn）Lyngbye 生活史图解

A. 藻体基部；B. 丝状藻体；C，K. 果胞；D. 精母细胞；E，F. 精子囊；G，H. 精子；I. 受精；J. 受精果胞；N，O. 果孢子萌发；M. 壳斑藻；L. 壳孢子萌发（引自：汪文俊，2008）

（2）紫菜属 *Porphyra* C.Ag. 是一种呈世界性分布的冷水性潮间带海藻。叶状体从固着器上长出，并且由 1 或 2 层细胞组成。藻体薄膜状，营养部分由单层（真紫菜亚属 *Roson.*）或二层（双皮层亚属 *Deplodoma Rosen.*）细胞所组成。细胞各具有 1 个（少数种类有 2 个）星状色素体，色素体中部为淀粉核。藻体以其基部细胞延伸出来的假根丝组成的盘状固着器而固着在各种基质上。紫菜为雌雄同体或异体，果胞及精子囊器均由营养细胞演变而成。中国有 19 种，5 变种。

生活史。

（1）果孢子萌发阶段。果孢子附着于各种贝壳后萌发钻入，向垂直和水平方向蔓延生长成丝状藻丝。果孢子萌发时，先长出萌发管，原生质体等内含物逐步地移入管内，原来的果孢子成为一个空囊，在培养的过程中空囊又再次充满原生质体的内含物，果孢子上又能萌发出新的分枝，这些萌发的丝状体反复分枝，形成丝状藻丝。

（2）丝状藻体阶段。果孢子钻孔进入贝壳内部蔓延生长，形成很长的藻丝，随着藻丝的不断生长，在贝壳上每个果孢子可长成一个藻落，藻落之间相互重叠，布满整个贝壳，呈现紫黑色或紫红色。藻丝细胞具有带状或片状色素体，色素较淡。

（3）壳孢子囊枝阶段。丝状藻丝生长到一定程度，形成另一种形状的分枝，其特征为细胞长圆柱形，宽度明显增大，未成熟的壳孢子囊枝细胞长度可为宽度的 2 ~ 3 倍，丝状藻丝阶段的带状或块状色素体转为星状色素体，色泽深紫红色，具有明亮的折光性。壳孢子囊枝细胞生长的后期，细胞趋于成熟，此时，细胞长宽趋于相等，或宽大于长，在壳孢子囊枝细胞大量形成后，细胞数往往达数个乃至百余个以上，壳孢子囊枝阶段是丝状体阶段的重要而关键的一环。

（4）壳孢子形成阶段。在初秋开始降温后，壳孢子囊枝细胞开始出现双分细胞，

表 2-1　紫菜各个时期细胞内部结构的比较

	细胞壁	孔状联系	色素体	围周类囊体	大小囊泡	液泡	红藻淀粉	细胞核	蛋白核
丝状体	平滑	有	星状	有	无	中位	少，中位	中位	有
叶状体	平滑	无	星状	无	无	侧位	分散	侧位	有
果孢子	无	无	星状	无	有	分散	分散	侧位	有
单孢子	无	无	星状	无	有	分散	分散	侧位	有
壳孢子囊枝	脊突状	有	星状	无	有	侧位	分散	侧位	有
壳孢子	无	无	星状	无	有	分散	分散	侧位	有
精子	无	无	不定型	无	有	分散	分散	侧位	不明显

宽明显大于长，星状色素体尤为明亮的细胞率先大量出现双分细胞，这些细胞无壁，具细胞膜，且两两成对；成熟的孢子其细胞壁融合，壳孢子囊枝细胞的分枝呈现管状，壳孢子依次排列于分枝的开口处。

（5）壳孢子放散阶段。壳孢子形成后，在降温或水流等因素的刺激下，大量集中地放散出来，见图 3-19。

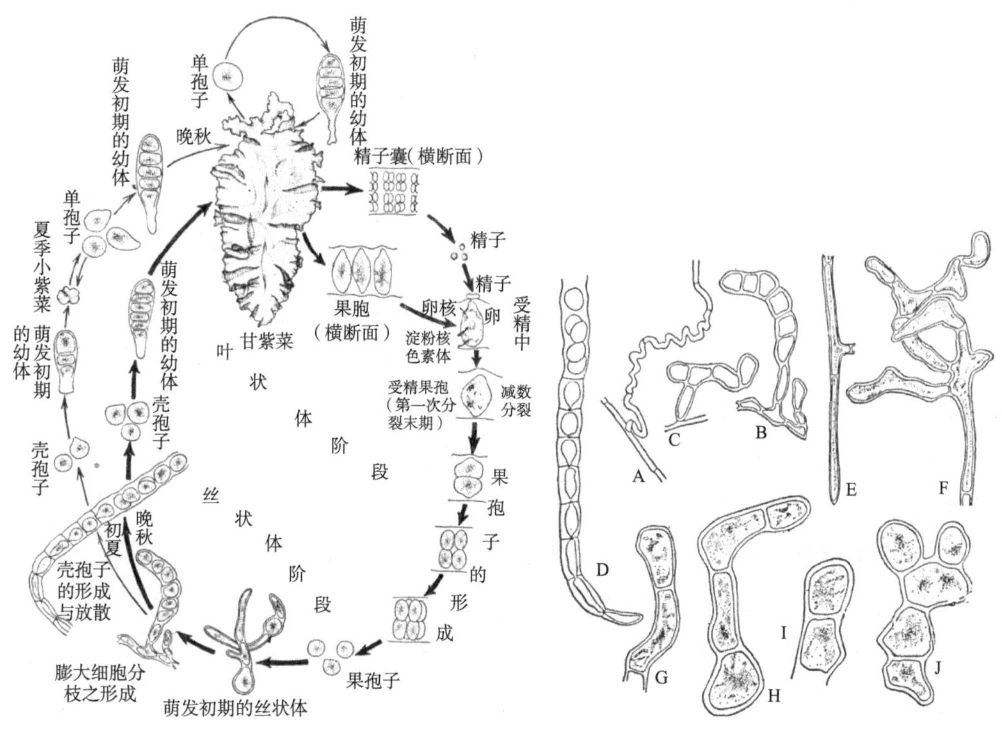

图 3-19　甘紫菜 *Porphyra tenera* Kjellm. 生活史图解（左图）；甘紫菜壳斑藻阶段各种细胞分枝的形态和色素体的变化情况（右图）

A. 曲折不定的丝状分枝，多发现于文蛤壳的内部；B. 由纺锤形的丝状细胞分出的膨大细胞分枝；C. 由细长的丝状细胞分出的膨大细胞分枝；D. 成熟中的膨大细胞分枝，具有显著的细胞间孔状联系，基部第二、第三个细胞间还有显著的细胞质联系；E. 最细的丝状细胞，其色素体为靠边不甚显著而前枝粗细不一致的条状；F. 比较短缩粗大丝状细胞，其色素体在做不同幅度与不同形态的浓缩与集中；G，H（上面的三个细胞）没有完全长成的膨大细胞，其星状色素体还不显著；I，J（底下的细胞）. 比较长成的膨大细胞，具显著的盘状色素体，图 J 的一个细胞其色素体再分裂为二（引自：郑柏林等，1961）

在我国，紫菜的叶状体都是一年生，生长在冬、春低温期间，而丝状体为多年生，是度夏的主要机体。紫菜是我国人民最喜爱的食用海藻之一，在北方各地主要用来煲汤或做饺子馅。在福建、广东等南方地区食用更为普遍，吃法也更为多样化，不但用来做汤或一般的炒、蒸、煮，而且可用油在锅里煎成干脆到几乎有些半焦的程度，而后加上佐料食用。

曾呈奎根据紫菜藻体边缘的形态特征将紫菜属分为3个组。①全缘紫菜组。叶片全缘，如条斑紫菜、甘紫菜、少精紫菜、半叶紫菜等。②刺缘紫菜组。叶缘具有明显的齿状突起，由一个或几个细胞组成，如坛紫菜、圆紫菜、皱紫菜等。③边缘紫菜组：叶片边缘由若干个退化细胞组成，如边紫菜、刺边紫菜、越南紫菜等。条斑紫菜和坛紫菜是重要的栽培种。

有经济价值种类如下。

①边紫菜 *Porphyra marginata* Tseng et T. J. Chang 产于我国山东省青岛、荣成和辽宁省大连。本种是我国黄海沿岸特有的冷温带性藻类。

②圆紫菜 *P. suborbiculata* Kjellm. 产于青岛以南的黄海南部以及东海和南海沿岸，南方产量多，北方较少。是暖温带性海藻。

③长紫菜 *P. dentata* Kjellm. 产于我国从嵊泗群岛以南到珠江口附近沿岸；在福建省平潭等地区常和坛紫菜长在一起，但在数量上远不及坛紫菜那么集中和生长得那么茂密。

④坛紫菜 *P. haitanensis* Chang et Zheng 产于我国福建省平潭、惠安、东山和浙江省嵊泗群岛等地，是福建省最主要的紫菜种类和养殖对象。

⑤甘紫菜 *P. tenera* Kjellm. 产于江苏省连云港以北的黄海和渤海海岸，是我国北部海区主要的紫菜生产和养殖对象。

⑥条斑紫菜 *P. yezoensis* Ueda 产于我国辽宁省大连、复县和山东省的烟台、威海、荣成和青岛，是复县的主要紫菜种类。

⑦皱紫菜 *P. crispata* Kjellm. 产于我国福建和广东省沿岸，闽南东山岛以南更为普遍。是暖温带性海藻。

紫菜属有雌雄同株的种类，如条斑紫菜、圆紫菜；也有雌雄异株的种类，如长紫菜；雌雄异株为主兼有雌雄同株的如坛紫菜；有的则是雌雄同株为主兼有雌雄异体的种类，如半叶紫菜，见图3-20。分种检索表如下：

1. 藻体边缘细胞呈锯齿状 ……………………………………………………………2
1. 藻体边缘为全缘 ……………………………………………………………………5
1. 藻体边缘由数排退化细胞所组成 ……………………边紫菜 *Porphyra marginata*
2. 藻体多呈圆形，较小，一般高度在10 cm以下，为雌雄同株……………………3
2. 藻体多呈披针形，一般高度在10 cm以上，主要为雌雄异株……………………4
3. 藻体一般不呈裂片或簇状，果孢子囊表面观为8个 …… 圆紫菜 *P.suborbiculata*
3. 藻体多呈裂片或簇状，果孢子囊表面观为4个或5个 ……… 皱紫菜 *P.crispata*
4. 藻体为雌雄异株，厚不及60 μm ………………………………… 长紫菜 *P.dentata*

4. 藻体主要为雌雄异株，少数为雌雄同株，厚在 60 μm 以上 ……………………………………………………………………………………………………… 坛紫菜 *P.haitanensis*

5. 切面观精子囊为 4 层，果孢子囊为 2 层 ………………………… 甘紫菜 *P.tenera*

5. 切面观精子囊为 8 层，果孢子囊为 4 层，精子囊脱落呈长条或片块状，与果孢子囊混杂而生……………………………………………………………条斑紫菜 *P.yezoensis*

图 3-20　紫菜属 *Porphyra* 常见种类

A. 圆紫菜 *Porphyra suborbiculata* Kjellm.；B. 坛紫菜 *Porphyra haitanensis* Chang et Zheng（从左至右依次为雌体、雄体、雌雄同体）；C. 甘紫菜 *Porphyra tenera* Kjellm.；D. 条斑紫菜 *Porphyra yezoensis* Ueda；E. 长紫菜 *Porphyra dentata* Kjellm.（从左至右依次为长紫菜雌体、长紫菜雄体）；F. 皱紫菜 *Porphyra crispata* Kjellm.；G. 边紫菜 *Porphyra marginata* Tseng et T. J. Chang（引自：郑宝福，2009）

紫菜的养殖：目前紫菜养殖种类为坛紫菜与条斑紫菜。长江以南为坛紫菜。长江以北特别是山东、江苏一带为条斑紫菜。两种紫菜的区别为：坛紫菜较厚，主要做干品紫菜饼，食用以做汤为主。条斑紫菜较薄，主要做食用海苔，而且价格较高。条斑紫菜养殖方式为“全浮动筏式养殖”（图 3-21）。对水质要求较高，一是水质要清，保证足够的光合作用。二是要有风浪，海水流速 40 cm/s。保证紫菜不被硅藻覆盖。11 月底，水温 10℃就可以挂帘。紫菜帘一般购买时已经挂好苗，苗长 0.5 cm。紫菜帘在水下 10 cm 左右。养殖的第一个关键时期是出苗期，一般是挂帘 7 天左右，一个是安全检查，二是保证水质清澈。之后进入紫菜养殖的快速生长期，这时容易被硅藻和浒苔覆盖，可以适当晾晒紫菜帘子。从 11 月下旬到 12 月下旬，紫菜长到 20 cm 时进行采收，称这时的紫菜为“头水菜”，之后每一个月采收一次，分别称为“二水菜”“三水菜”等，最后一次称为“尾水菜”。头水菜质量最好，尾水菜质量最差。采摘紫菜时，可以在海上采，也可以拿到岸上采，一般每次留 2 ～ 3 cm 作为下次生长用，每亩紫菜可生产 1 200 kg。

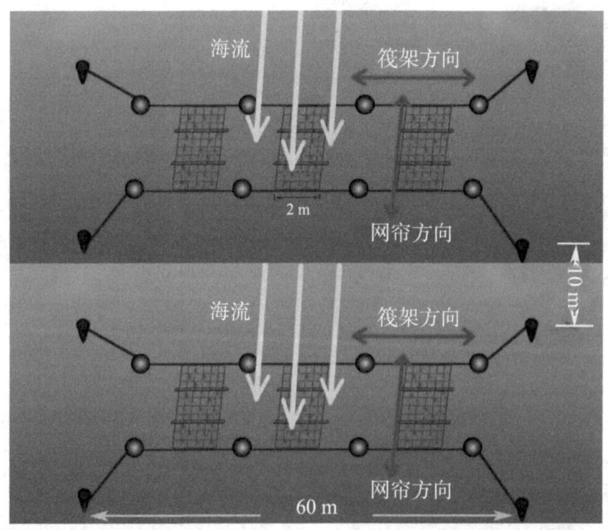

图 3-21　紫菜的养殖

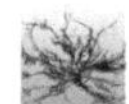

（二）真红藻亚纲 Florideophycidae

藻体多数大型，外部形态多样，有丝状、圆柱状、亚圆柱状分枝、叶状或壳状，也有钙化类似于珊瑚的藻体。生长方式多为顶端生长，大多数物种的分枝是单轴分枝，多数真红藻具有孔状联系，也称为纹孔。大多数真红藻亚纲具有明显的中央大液泡。大多数真红藻细胞具有侧生色素体，而且是单一的。有性生殖多数雌雄异体，少数雌雄同体，生活史中有两种核相三个植物体的世代交替。具有四分孢子。多管藻生活史中，四分孢子分别发育成雌雄配子体。雌配子体具果孢丝与受精丝，雄配子体生殖器官为精子囊穗。雌配子受精后产生果孢子，萌发成四分孢子体。进行减数分裂后产生四分孢子完成世代交替。无性生殖形成四分孢子。珊瑚藻科及仙菜科产生二分孢子囊。仙菜目其他科可见到八分孢子囊。真红藻亚纲分为 11 个目，分目检索表如下：

1. 藻体通常很强的钙化，细胞壁有钙质沉积 ………………… 珊瑚藻目 Corallinales
1. 藻体通常不钙化或轻微的钙化 ……………………………………………………2
2. 藻体通常壳状，四分孢子囊位于生殖窝内 ………… 胭脂藻目 Hilclenhrandialcs
2. 藻体通常直立，四分孢子囊不生长在生殖窝内 ……………………………………3
3. 纹孔塞有 1 个帽层 ……………………………………………………………4
3. 纹孔塞没有或有两个帽层 ………………………………………………………5
4. 藻体单轴型，羽状分枝 ……………………………………… 石花菜目 Gelidiales
4. 藻体常有分枝，非羽状分枝 ………………………………… 江蓠目 Gracilariales
5. 纹孔塞有两个帽层 ……………………………………………………………6
5. 纹孔塞没有帽层 ………………………………………………………………7
6. 藻体小，直立部由单列细胞组成 ……………………… 顶丝藻目 Acrochactiales
6. 藻体宏观，多轴 ………………………………………………… 海索面目 Nemaliales
7. 果孢子体直接自受精果孢发育，不包括辅助细胞 … 柏桉藻目 Bonnemaisoniales
7. 果孢子体自一个辅助细胞发育 …………………………………………………8
8. 辅助细胞在受精后从支持细胞中分离出来 …………………… 仙菜目 Ceramiales
8. 辅助细胞在受精前就存在，作为藻体营养细胞或特殊丝体细胞 ………………9
9. 囊果具有囊果被，并有囊孔 ………………………… 红皮藻目 Rhodymeniales
9. 囊果没有囊果被和囊孔 ………………………………………………………… 10
10. 产孢丝自辅助细胞向藻体表面或中心生长 …………………… 杉藻目 Gigartinales
10. 产孢丝自辅助细胞向外辐射并顶生在果孢子囊中 ……… 伊谷藻目 Ahnfeltiales

1. 顶丝藻目 Acrochaetiales

藻体可分为基部和直立丝体两部分。基部有的为 1 个附着细胞，也有的为匍匐丝体或多细胞的基盘。直立丝体由单列细胞组成，细胞呈圆柱状或稍呈念珠状，单核，多有透明毛。每个细胞含有 1 个或数个板状至带状、星状、盘状色素体，位于细胞侧壁或中央。淀粉核有或无。纹孔塞有两层帽层，胞间无次生原生质联系。固着在岩石上或附着或内生于其他生物种上。有性生殖只发现于少数种类。果胞 1 个细胞，顶生于营养细胞上，或具有 1 ~ 2 个细胞的柄，很少有间生的。果孢子体是由受精的果胞直接纵向、横向分裂发育而成，细胞数量很少。四分孢子体与配子体有的同型，有的异型，四分孢子囊十字形分裂。孢子体和配子体有的可产生单孢子囊。

顶丝藻目具有顶丝藻科一个科，分为寄丝藻属 *Colacofiema*、内丝藻属 *Liagorophila*、红线藻属 *Rhodochorton*、旋体藻属 *Audouinella*、顶丝藻属 *Acrochaetium*5 个属。后 3 个属是国内常见属。

代表种类：红线藻属 *Rhodochorton* Nägeli 藻体由匍匐和直立丝体组成。固着于岩石上，有时附着于其他海藻或动物体上，也有生于海藻或动物体内。色素体形态多样。不形成单孢子囊。受精的果胞产生由多细胞组成的细胞丝体，并在上面产生四分孢子囊，四分孢子萌发后可发育成配子体。

隐丝红线藻 *Rhodochorton subimmersum* Setchell et Gardner 藻体微小，深红色。其藻体可分为上、下两部分，下部为不规则分枝假根状的匍匐丝体，内生于宿主的同化丝下部和髓部。上部为直立丝体，着生于匍匐丝体上，密布于宿主同化丝之间，顶端突出宿主体表，在宿主的体表面形成大小不等的圆形或不规则的深红色斑晕。四分孢子囊生于直立丝体顶端或匍匐丝体上。生长在低潮带的石沼中，内生于海膜科 Halymeniaceae 的物种蜈蚣藻属 *Grateloupia* sp. 体内。

红藻草 *Rhodochorton investiens*（Lenorm.）Sirodot 可看作具有三相生活史的范例。配子体和四分孢子体的单室孢子囊刚好形成于丝状体横壁的下方，在囊内两者产生类似的倒卵球形单孢子。单孢子从孢子囊壁的顶端释放出来，而后者仍然固着在丝状体上。单孢子在释放后，不经休眠即萌发成与亲本一样的藻体。红草藻的配子体为雌雄同体，丝状体的末端是成群的精子囊，而果胞则位于精子囊的支持细胞下端的细胞上。精子丝以 4 ~ 6 个成群的方式出现，它由端细胞扩大的平扁的顶部产生。果胞呈固着状，出现在分枝细胞所处的位置。果胞的顶端有一狭窄的受精丝。受精后果胞分裂并形成 3 个横壁，最终形成呈一排的 4 个细胞。首个横向横壁在受精丝下开始发育，上方的细胞拉长并分裂成 3 个细胞。这导致受精丝出现在这排细胞中第二个细

胞的位置上。两细胞的产孢丝可由这排细胞中的每个细胞发育而来，而每个产孢丝可产生 2 个或 3 个果孢子。果孢子萌发形成四分孢子体，后者具有比配子体大很多的深色细胞。四分孢子囊呈固着状或单细胞分枝的末端。四分孢子萌发产生配子体，从而完成整个生活史（李，2012），见图 3–22。

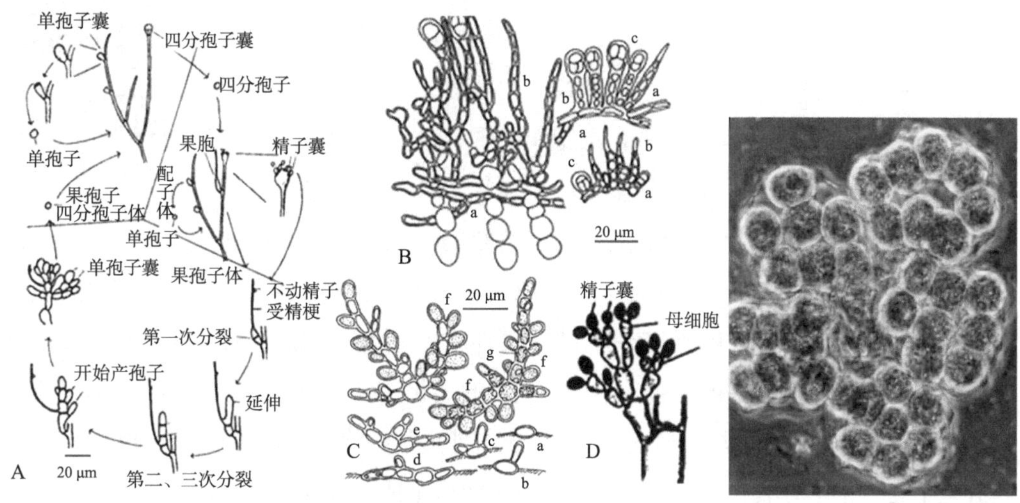

图 3–22 红线藻属两种植物

A. 红藻草 *Rhodochorton investtens*（Lenorm.）Sirodot 的生活史（引自：李，2012）；B. 隐丝红线藻 *Rhodochorton subimmersum* Setchell et Gardner 植物体；a. 匍匐状丝体；b. 直立丝体；C. 四分孢子体（引自：钱树本，2014）；C. 弓形顶丝藻 *Acrochaetium arcuatum*（Drew）Tseng；a. 原孢子；b ~ e. 幼体；f. 单孢子囊；g. 色素体（引自：钱树本，2014）；D. 精子囊及其母细胞（引自：曾呈奎等，2009）

顶丝藻属 *Acrochaetium*，藻体单列细胞，丝状，直立，分枝，顶端生长，枝端有的冠有顶毛。配子体固着器为单细胞，有的种除了单细胞固着器外，还有附属这个细胞外的另一些起固着作用的细胞，四分孢子体固着器为多细胞。细胞内含有星形色素体，有 1 个淀粉核。配子体、四分孢子体均能产生单孢子，进行无性繁殖。果孢子体由少数细胞组成，果孢子囊顶生。

代表种类：弓形顶丝藻 *Acrochaetium arcuatum*（Drew）Tseng，属顶丝藻目 Acrochaetiales，顶丝藻科 Acrochaetiaceae，顶丝藻属 *Acrochaetium*。藻体红色，微小，基部为一个大的椭球形细胞附着于基质上，多数稍扁压，半埋于宿主表皮中。色素体星形，淀粉核不明。单孢子囊卵形，无柄。本种生长在低潮带，附着于多管藻属 *Polysiphonia* sp. 藻体上。

这两个属通过改变光周期可以控制四分孢子的形成，在红线藻和顶丝藻中，四分孢子体在短的日照条件下产生四分孢子囊。对于红线藻和顶丝藻在喜暗阶段光间歇可抑制四分孢子的形成，反之，在喜光阶段暗间歇可促进四分孢子的形成。因此，在这些藻类中四分孢子的形成是一个短日照现象。

2. 海索面目 Nemaliales

4 红藻分类 海索面目珊瑚藻目

藻体直立，通常很多不规则的或亚叉状的分枝；枝圆柱形到扁压，多轴构造，具有丝状的髓部以及垂周的丝状的或假薄壁组织的皮层；某些种类钙化；孢子体小，分离的丝状体，或壳状，或相同于配子体，但二形的乳节藻例外，细胞单核的，藻红体周缘的，浅裂的至星形，有或无淀粉核。分枝和丝体顶端生长。生活史为三相世代，粉枝藻科为异形的，而乳节藻属有些是间形的，但有二形的配子体构造。果胞枝 3 ~ 4 个细胞，侧生或顶生在皮层丝上，具有下位的或基部的支持细胞，通常产生不育丝，形成疏松的或紧密的包被，受精的果胞发育产生孢丝，直接或再次分裂后产生顶生的果孢子囊，单个或呈短的链状；果孢子体位于皮层中或髓层外，有或无不育的包被，囊果具开口或无。精子囊由外皮层细胞分割而成或形成在生殖窝内。四分孢子囊十字形分裂，生长在丝状体上或壳状孢子体上或在直立的孢子体上。

代表种类：海索面 *Nemalion helminthoides*（Valley）Batt.var.*vermicular*（sur.）Tseng，属海索面目 Nemaliales，海索面科 Nemaliaceae，海索面属 *Nemalion*。藻体圆柱状，直立，不分枝或仅基部稍有分枝。为雌雄同株。果胞枝由侧面的 4 ~ 7 个普通细胞组成，拉长的受精丝从藻体表面稍微突起。精子囊枝由侧丝的末端细胞发育而来，在 2 ~ 4 个细胞的精子囊枝的顶端形成 3 个或 4 个精子囊，见图 3-23。

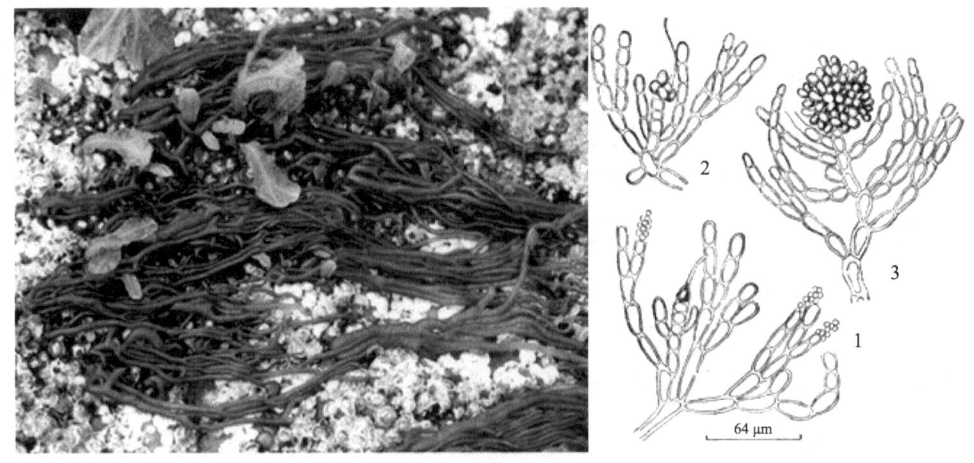

图 3-23　海索面 *Nemalion helminthoides*（Valley）Batt.var.*vermicular*（sur.）Tseng 的植物体

左图：海索面的植物体；右图：1. 果胞枝及精子囊丝；2. 受精后开始分裂的果孢子囊；3. 成熟的囊果（引自：曾呈奎，2005）

精子囊可产生精子，精子释放后被输送到果胞的受精丝，并在此完成受精作用。精子与卵子的核融合后形成一个大的合子核，然后合子核和叶绿体一分为二。而果胞横裂成两个细胞，其中上端的细胞形成产孢丝，下端的细胞同下位细胞（hypogynouscdl，即在果胞下面的细胞）逐渐融合。最终，果胞中已经产生产孢丝的上端细胞也与这些细胞相融合。这些细胞的融合可能具有营养学功能，可为产孢丝和果孢子囊的发育储存营养。产孢丝垂下后，产孢丝的每个细胞形成一个向上弯曲的、由 2 个或 3 个细胞组成的小枝，小枝的末端细胞膨大形成果孢子囊。在短日照条件下，果孢子可形成能够产生四分孢子的丝状体。这些四分孢子产生丝状配子体，在长日照条件下可形成直立藻体，见图 3-23、图 3-24。

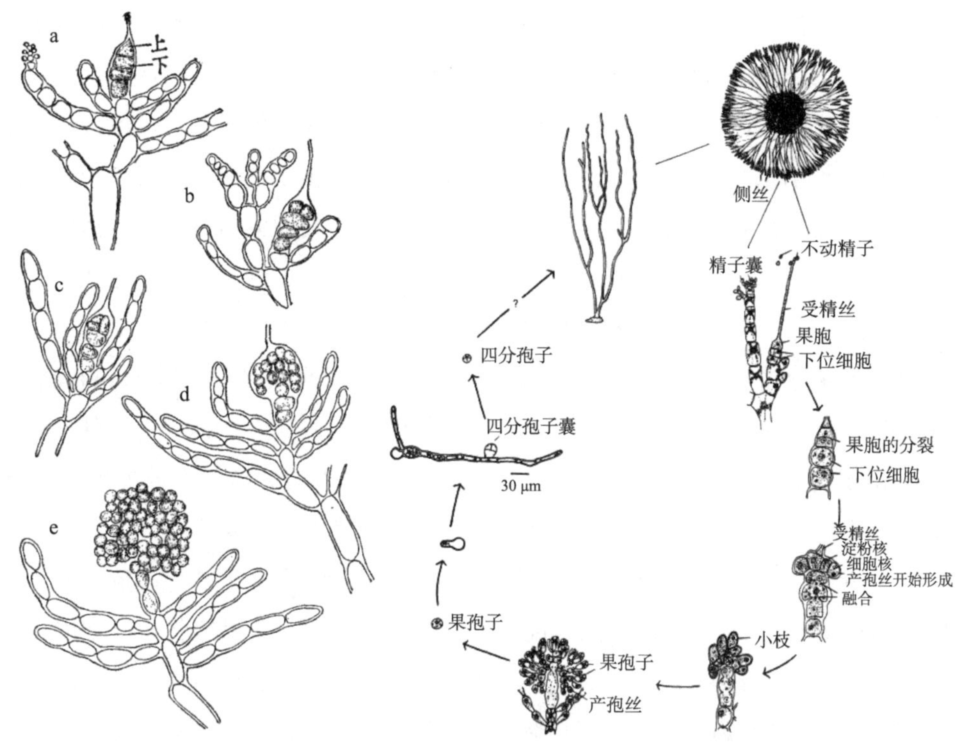

图 3-24　海索面 *Nemalion helminthoides*（Valley）Batt.var.*vermicular*（sur.）Tseng 生殖枝与生活史图解

左图（海索面生殖枝）：a. 受精后果胞分裂为上、下两个细胞；b，c. 上面的子细胞继续分裂为原始产孢丝细胞；d. 初期的产孢丝细胞继续分裂为产孢丝；e. 成熟的囊果呈球状（引自：李伟新等，1983）；右图：海索面生活史图解（引自：李，2012）

海索面的生活史：果孢子萌发的匍匐枝（四分孢子体）除了产生单孢子外，也可形成四分孢子囊，产生四分孢子并直接萌发为直立藻体。它是属于有孢子体型，在它的整个生活史中有三个世代，即配子体世代、果孢子体世代和孢子体世代。

3. 珊瑚藻目 Corallinales

珊瑚藻目是一大类高度钙化的红藻，在细胞学上，纹孔连接的外侧保护层很大，呈圆穹状。该目的特征为生殖窝（窝孔开口至藻体表面）内含有繁殖器官，生殖窝通过 1 个或多个小孔与外界相通。在某些属中，四分孢子体的生殖窝有别于有性生殖窝，前者在顶部含有大量的小孔，而后者在顶部只有一个小孔。配子体雌雄同体或异体，但是有性繁殖的藻体通常为雌雄异体，且雌雄生殖窝具有明显差异。雌雄藻体的繁殖器官都生长于生殖瘤（nemathecia）内，这些生殖瘤生长在生殖窝的内腔壁上。生殖窝内腔壁上的短丝形成大量的精子囊。雌枝果胞是由两细胞的果胞丝组成，果胞丝由一个起辅助细胞作用的基细胞形成，果胞上长的受精丝通过生殖窝小孔突出到藻体表面。受精后，来自果胞的一个短的成卵细胞与辅助细胞结合。生殖窝中所有的辅助细胞愈合成一个大的融合胞（placental cell），具有果孢子囊的产孢丝从其边缘生长出来。生活史有三相：同型的配子体及孢子体世代，以及一个异型的果孢子体世代。生殖细胞发育在生殖窝内，果胞和精子囊产生在单生的单孔的生殖窝内，或很少产生在同一生殖窝内。果胞枝大多由 1 ~ 4 个细胞组成，成熟时受精丝伸出体外，受精后合子核转运到支持细胞内，它们立即融合成为一个或几个融合胞，这些融合胞能产生短的分枝的产孢丝，其上产生果孢子囊，形成果孢子体。

珊瑚藻目分为两个科，即珊瑚藻科 Corallinaceae 和孢石藻科 Sporolithaceae，两者区别在于前者四分孢子囊为层形分裂，而后者四分孢子囊为十字形分裂。从形态上看，珊瑚藻分为有节珊瑚藻（Non-crustose coralline algae）和无节珊瑚藻（Crustose coralline algae，CCA）。有节珊瑚藻藻体分节，无节珊瑚藻藻体不分节。

代表种类：珊瑚藻 *Corallina officinalis* Linnaeus，属珊湖藻目 Corallinales，珊瑚藻科 Corallinaceae，珊瑚藻属 *Corallina*。藻体直立，红色，常呈簇状，以其皮壳状基部固着于中、低潮带的岩石上或石沼中。藻体二叉或三叉羽状分枝，近基部节间圆柱形，在较上部的节间扁压，近楔形，紫红色。钙化，易碎，小枝节片条裂状，节部为多轴丝组成，其外周围细胞含色素。生殖窝产生在侧枝（轴）节间顶端，偶尔也在节间的表面形成（假侧枝）；在大多数的配子体内，在生殖窝底缺乏分枝，具有中央孔。四分孢子囊生殖窝偶而产生小枝，顶端有几个开口。精子囊生殖窝具喙，在喙的顶端有孔，从不长分枝。雌性生殖窝有时长有分枝，包含的果孢子体具有扁平的融合胞，在其周围（有时在它的上面）形成产孢丝，果胞枝由两个细胞组成，由窝内基部细胞（辅助细胞）生出，每一辅助细胞上生 1 个、2 个或 3 个果胞枝。孢子囊及生殖窝轴生在单条小枝的顶部，通常无角。生长在中、低潮带岩石上或石沼中。多年生，夏季生长，

冬季体上部死亡，见图 3-25、图 3-26。

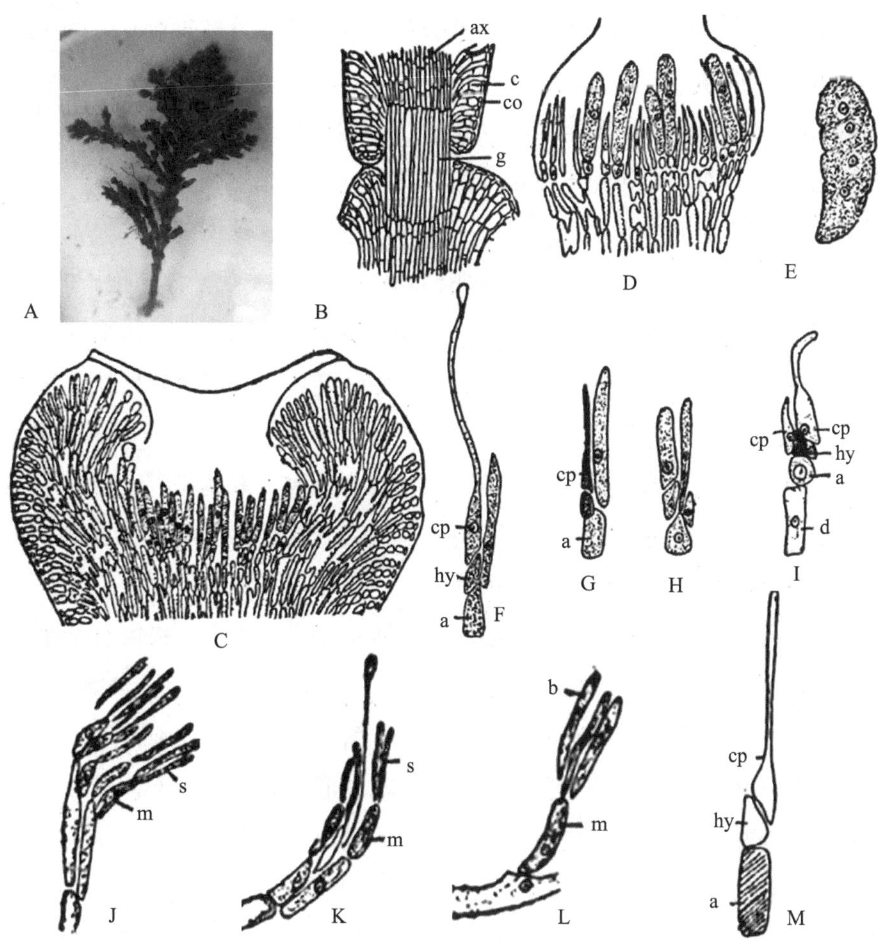

图 3-25　珊瑚藻 *Corallina officinalis* Linnaeus

A. 外形；B. 相邻节部纵切面；C. 生殖窝早期发育；D. 四分孢子囊纵切面；E. 四分孢子囊放大；F ~ I. 果孢子体的发育；J ~ L. 精子囊的发育；M. 最简单的果孢子体模式；a. 辅助细胞；ax. 部分节间部髓层细胞纵切面；co. 盖细胞；c. 皮层；cp. 果胞；d. 盘细胞；hy. 果胞下细胞；m. 精子母细胞；s. 精子囊；g. 连接处（引自：郑柏林等，1961）

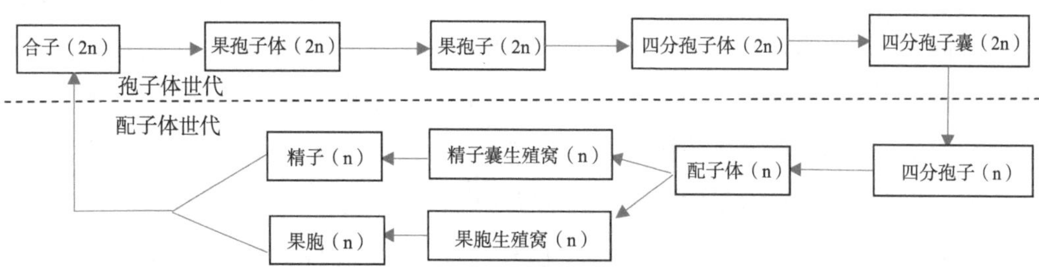

图 3-26　珊瑚藻 *Corallina officinalis* Linnaeus 的生活史图解

4. *石花菜目* Gelidiales

5 红藻分类 - 石花菜目

石花菜目藻体纤细，软骨质，基部具有盘状固着器。分枝复杂为单轴型红藻，顶端生长，由一个细胞横分裂形成单轴藻体。在该目内果胞枝由单个细胞即果胞组成。受精后，果胞可与支持细胞和营养丝融合。四分孢子体和配子体都为宏观藻体，但形态不相似。从野外采集的藻体中可推测，它们具有三相生活史（多管藻型），即配子体世代、四分孢子体世代和果孢子体世代。其中雌雄配子体与孢子体形态相同，雌雄异株，为同型世代交替。石花菜 *Gelidium* 的配子体和四分孢子体都具有一个圆拱形的顶细胞（图 3-28），它由上向下与子代细胞分开。子代细胞分裂并形成藻体，后者很快在其成熟部位失去单轴的特性。果胞通常形成于顶端具有一个深凹槽的特异小枝（ramulus）上，在凹槽后面的藻体两侧表面具有凹陷，果胞即产生于这些凹陷内间生于内皮层，无柄。果胞与藻体表面下的一个细胞分隔开，它具有一个长的受精丝可到达藻体体外。因此，果胞枝由单个细胞组成。营养丝与繁殖区内位于每个侧丝基部的细胞隔开。受精后，果胞可与支持细胞和营养丝融合，产孢丝和果孢子囊即由该融合细胞发育而来。囊果突起，单室具有一个囊孔。雄性藻体在形态上与雌性藻体类似，但精子囊区在藻体上形成不规则的斑块。藻体上繁殖区的皮层细胞拉长，颜色褪去，进而转化成精子囊母细胞，精子囊母细胞通过横裂形成无色的精子囊。四分孢子囊母细胞由侧枝末端的皮层细胞形成，埋于内皮层或髓部。十字形分裂，分裂后产生 4 个十字形或四面体形排列的四分孢子。

石花菜目通常包含两个科，即石花菜科 Gelidiaceae 和凝花菜科 Gelidiellaceae。前者四分孢子囊十字形分裂或不规则四面锥形分裂，后者四分孢子为层形分裂。其中石花菜科突出特点表现在，细胞含有一个大的周边的色素体，没有淀粉核。髓部细胞较大，不含色素体；绝大多数种类的髓层或皮层中含有厚壁的根丝细胞。未成熟的孢子体与配子体不易区分。

代表种类：石花菜 *Gelidium amansii*（Lamouroux）Lamouroux，属石花菜目 Gelidiales，石花菜科 Gelidiaceae，石花菜属 *Gelidium*。紫红色，藻体有许多根丝，存在于髓层及内皮层细胞中，囊果双室，具有中央胎座，向囊果的上、下面产生果孢子囊，每面有囊孔。从固着器上多分枝，高 10 ~ 20 cm，羽状分枝，藻幼体锥形，多年生。果胞枝为石花菜型，具有单轴结构，无辅助细胞，果胞枝由 3 个细胞构成，由围轴细胞生成小细胞作为滋养细胞，果胞的卵受精以后，由果胞基部生出产孢丝，产孢丝延长至这些小细胞，吸收其中的养料作为生长果孢子之用。由果胞基部产生的产孢丝，

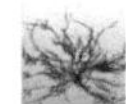

形成果孢子囊。成熟的囊果半球形，有一开孔，见图 3-26 ~ 图 3-28。

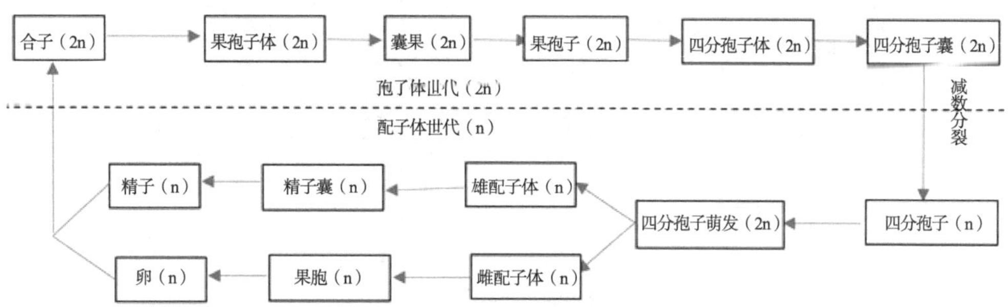

图 3-27　石花菜生活史图解

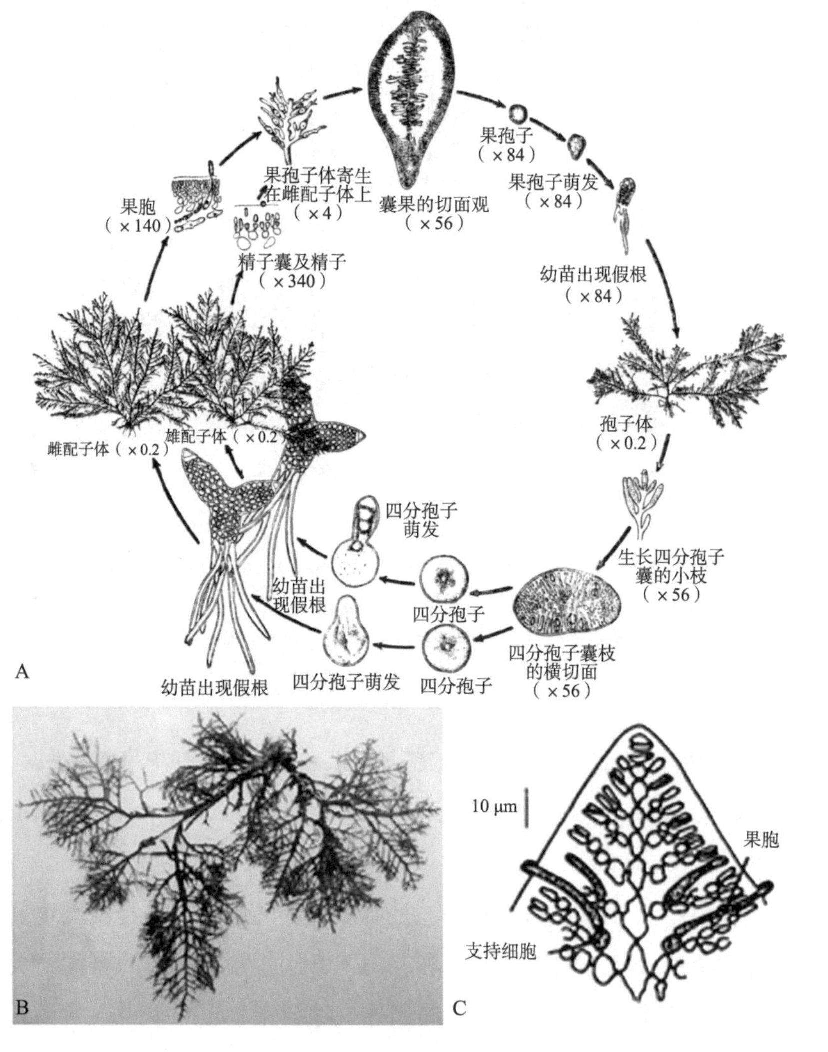

图 3-28　石花菜 *Gelidium amansii*（Lamouroux）Lamouroux 生活史及植物体

A. 石花菜生活史；B. 石花菜植物体；C. 生长点（引自：张英格等，2021）

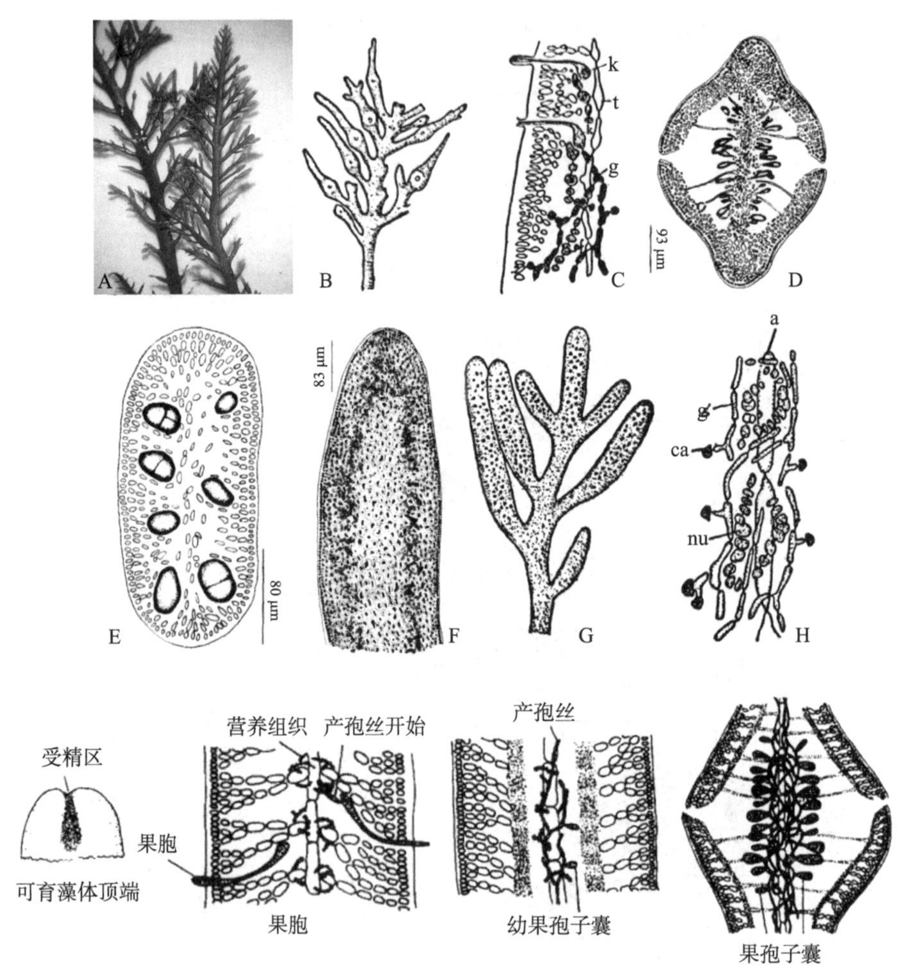

图 3-29　石花菜 *Gelidium amansii*（Lamouroux）Lamouroux 结构

上图：A. 藻体；B. 石花菜囊果枝；C. 石花菜型果胞；D. 囊果横切；E. 四分孢子囊横切；F. 藻枝横切；G. 四分孢子果枝；H. 产孢丝产生幼果孢子（引自：郑柏林等，1961）；下图：胶石花菜 *Gelidiutn cartilagineum* Gaill 果孢子囊形成图解（引自：Lee，2018）

石花菜属主要经济价值种类：石花菜 *Gelidium amansii*；小石花菜 *Gelidium divaricatum* Martens；大石花菜 *Gelidium pacificum* Okam；日本石花菜 *Gelidium japonicum* Okamura；细毛石花菜 *Gelidium crinale*（Turn.）Lamx。

石花菜属藻类广泛分布于我国沿海，是制取琼胶的原料，也是我国重要的经济海藻之一。石花菜全草入药，能清热解毒和缓泻，常用于治疗肠炎、肾盂肾炎。同时石花菜也可供食疗，腌渍制作成酱菜，洗净制作成凉拌菜，也可熬煮成羹汤，或与小菜共炒，加热溶化熬制果胶，冷却形成果冻，还可去腥后加入蔗糖制成保健饮品。石花菜中富含粗纤维，因此，人们常用石花菜来制备纸浆和纸张。石花菜还可以作为生物

能源发酵生产生物乙醇，可通过酸催化法生产葡萄糖、半乳糖、羟甲基糠醛和乙酰丙酸，以期更经济、更有效地从海洋生物质开发糖类和化学产品。

图 3-30　石花菜属 *Gelidium* 代表植物

A, B. 大石花菜；C. 石花菜；D. 匍匐石花菜；E, F. 细毛石花菜；G. 中肋石花菜；H. 小石花菜（引自：夏邦美，2004）

附：浙江省石花菜属 *Gedidium* 分种检索表

1. 藻体高不超过 5 cm ……………………………………………………………………2
1 . 藻体高 5 cm 以上………………………………………………………………………3
2. 藻体高不超过 2 cm，匍匐，小枝对生 ……………………小石花菜 *G.divaricatum*
2. 藻体直立，高 2 ～ 5 cm，小枝稀疏 ……………………………细毛石花菜 *G.crinale*

2. 藻体高 1 cm，小枝上部扁平叶状 ························· 匍匐石花菜 *G. pusillum*

3. 主枝或分枝上无复羽状短枝 ··· 石花菜 *G.amansii*

3. 主枝或分枝上密生 1 ~ 2 次复羽状短枝 ·············· 大石花菜 *Gelidium pacificum*

5. 胭脂藻目 Hildenbrandiales

藻体壳状，有或无直立枝，软骨质，表面光滑或具瘤状突起。构造为分枝丝状体，侧面连接形成基层，每个细胞产生一个似立方体的（似骰子形的）细胞，组成直立侧面连接的丝体，并且在直立部位产生一个网结丝体组成的髓部和一个紧贴的背斜排列的丝体组成的皮层；没有假根丝。初生的和次生的纹孔连接的纹孔栓有一单帽层。有性生殖不详。四分孢子囊（不完全减数分裂，至少在某些分类单位）形成在亚球形至坛状，具孔的生殖窝内（它的增大与年龄有关），发育自某些壁细胞，为层形或不规则分裂，具有或不具有侧丝。

本目具有一科、一属，即胭脂藻科 Hildenbrandiaceae、胭脂藻属 *Hildenbrandia* Nardo，藻体非钙质，壳状，紧密地附着在基质上，没有假根，从基层产生的直立丝侧面紧密连接而成，匍匐藻体有时水平地层化。四分孢子囊形成于孔状的生殖窝内，层形或不规则分裂，具有或不具有侧丝，有性生殖不详。本属记载有 9 种，所有种类都是牢固地附着的壳状藻类，在潮间带或潮下带，通常很薄，但某些种类可以达到 1mm 厚。

代表种类：胭脂藻 *Hildenbrandia rubra*（Sommerfelt）Meneghini，属胭脂藻目 Hildenbrandiales，胭脂藻科 Hildenbrandiaceae，胭脂藻属 *Hildenbrandia*。藻体为一薄的壳状，蔓延于石块上，表面光滑，紧密附着，呈紫红色、赤褐色或橘红色片斑。其生殖窝散生于藻体上，四分孢子囊为长卵形，生长在潮间带的岩石上，大、小石块上。产于辽宁、山东、福建等地，见图 3-31。

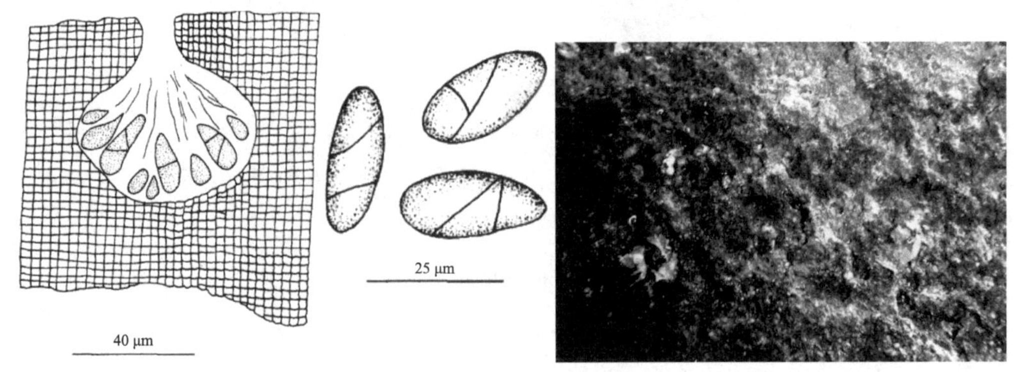

图 3-31 胭脂藻 *Hildenbrandia rubra*（Sommerfelt）Meneghini

左图：生殖窝切面观；中图：四分孢子囊；右图：藻体形态（引自：夏邦美，2004）

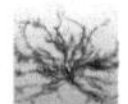

6. 柏桉藻目 Bonnemaisoniales

藻体石灰质，圆柱体或压扁，具有异型世代交替生活史，由单轴的、直立的、肉质的配子体和小型的丝状的四分孢子体交替。每个细胞质体很多，盘形，无淀粉核。配子体为雌雄同体或雌雄异体；果孢子由 3 个细胞组成。受精后发育不包括辅助细胞。囊果突出，被厚的具囊孔的果被包围。具有柏桉藻科 Bonnemaisoniaceae 一科，配子体直立，轴圆柱形，放射分枝，或扁平的，双侧分枝。四分孢子囊十字形分裂或四面体分裂。分为 3 个属：即栉齿藻属 *Demised*、海门冬属 *Asparagopsis*、柏桉藻属 *Bonnemaisonia*。栉齿藻属藻体圆柱状或部分扁压。后二属藻体扁平。柏桉藻属二列分枝而海门冬属放射分枝。

代表种类：柏桉藻属 *Bonnemaisonia*，对生和二列分枝 3 ～ 5 次，每对对生枝其中一个较短，单条，刺状，其余一枝则较长；这两类枝很规则地交互排列。精子囊群生长在单条的短枝表面，果胞枝位于单条的短枝顶端。成熟的囊果着生在一单条枝上。四分孢子体小型、丝状。四分孢子囊位于丝状体的细胞内。

柏桉藻 *Bonnemaisonia hamifera* Hariotf，属柏桉藻目 Bonnemaisoniales，柏桉藻科 Bonnemaisoniaceae，柏桉藻属 *Bonnemaisonia*。藻体深玫瑰色或紫红色。常缠结在其他藻体上。藻体长短枝交互而有金字塔形的轮廓，分枝不规则或折断其上不再分枝。分枝顶端呈钩形。缠绕在低潮带和大干潮线下生长的大型藻体上；孢子体和配子体同时出现于 4—6 月间，孢子体也见于 10 月份。见于我国山东，无人工栽培，见图 3–32。

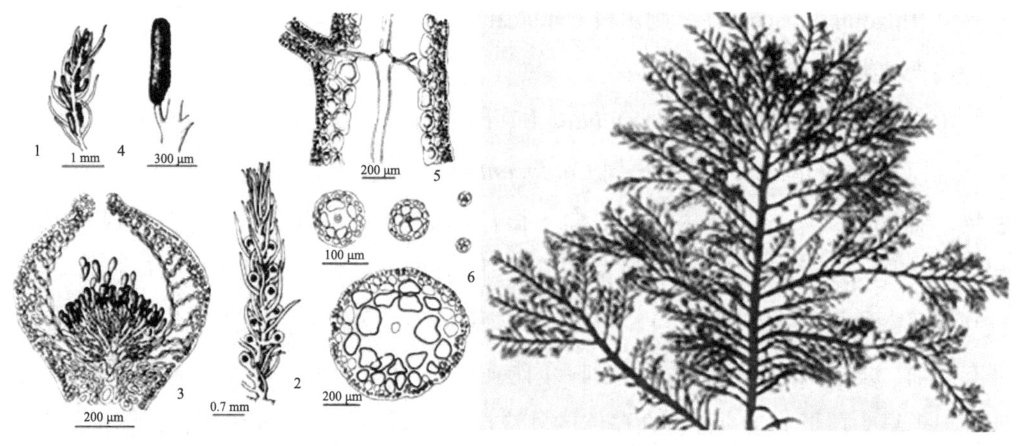

图 3–32 柏桉藻 *Bonnemaisonia hamifera* Hariotf 藻体形态及生殖器图解

左图（生殖器图解）：1. 精子囊小枝；2. 囊果枝 ；3. 囊果纵切面；4. 精子囊；5. 藻体纵切面观；6. 藻体横切面观；右图：柏桉藻藻体形态（引自：曾呈奎，2004）

7. 杉藻目 Gigartinales

6 红藻分类 - 杉藻目 -1

6 红藻分类 - 杉藻目 -2

该目藻类藻体直立丛生或匍匐平卧。呈圆柱状、扁压或叶片状，大部分藻体肥厚多肉，有的藻体分枝上具乳头状或疣状突起。内部构造有单轴式和多轴式。细胞一般偏小，排列紧密，内含几个小盘状色素体，无蛋白核。髓部细胞大且相互密接，或由平行的纵列藻丝组成。大部分种类具外形相似的孢子体和配子体，在未成熟时很难区别。四分孢子囊散生藻体各处，或埋卧在藻体表面下，或形成于小枝或末枝，略隆起，或在藻体较深处群集，也有的呈链状或形成特殊的小分枝（孢囊枝）。埋在髓部附近或髓部的孢子囊是由皮层最内面细胞发育而成，或由生长在髓部边缘上的特殊细胞而成。十字形分裂，四面锥形分裂或层形分裂。精子囊自表面细胞向外生成，生于深浅不等的、下陷于藻体表面的生殖窝内。囊果球形或半球形，生于体内或略微隆起。大部分有果被组织。除个别种类外，所有种类的辅助细胞为一普通营养丝的一个间生细胞，并形成产孢丝，其中的部分或全部细胞形成果孢子囊。果胞枝由 2 ~ 4 个细胞组成。中国常见 14 科，育叶藻科 Phyllophoraceae，江蓠科 Gracilariaceae，裂膜藻科 Schizymeniaceae，海头红科 Plocamiaceae，多遗子藻科 Polyideaceae，层孢藻科 Wurdemanniaceae，滑线藻科 Nemastomaceae，海木耳科 Sarcodiaceae，黏滑藻科 Sebdeniaceae，红翎菜科 Solieriaceae，杉藻科 Gigartinaceae，沙菜科 Hypneaceae，根叶藻科 Rhizophyllidaceae，茎刺藻科 Caulacanthaceae。

代表种类：

（1）茎刺藻 *Caulacanthus ustulatus*（Turner）Kützing，属杉藻目 Gigartinales，茎刺藻科 Caulacanthaceae，茎刺藻属 *Caulacanthus*。藻体直立，丛生，矮小。形成广阔、密集、细弱的团块，基部具根状丝，向上长有圆柱形或稍扁压的上部；分枝极不规则，互生，偏生，羽状或叉状，生有或长或短的刺状小枝，这些小枝常向外弯；枝端尖锐；枝与枝间常用附着物互相粘连；暗紫红色，膜质，小枝刺状；髓部丝状体，疏松，内部有中轴，皮层细胞紧密，放射排列，内层较大，外层较小，并含有丰富的色素体；四分孢子囊为层形分裂，散生在藻体的外皮层中；果胞枝 2 ~ 5 个细胞；辅助细胞受精后发育；囊果埋在藻体内，果孢子囊产于一个大的浅裂的融合胞，隆起的皮层作用为一囊果被，囊果有开孔，囊果小球形，见图 3-33。

图 3-33 茎刺藻 *Caulacanthus ustulatus*（Turner）Kützing 藻体形态及结构

a. 四分孢子囊枝横切面；b. 四分孢子囊枝；c. 枝与枝间粘连；d. 小枝横切面（引自：钱树本，2014）

（2）角叉菜 *Chondrus ocellatus* Holmes.，属杉藻目 Gigartinales，杉藻科 Gigartinaceae，角叉菜属 *Chondrus*。角叉菜藻体紫红色，顶端常变绿色，厚革质或软骨质，藻体直立，岩生，固着器呈壳状。数次二叉状分枝或叶状；扁压呈叶片状，整体近似扇形。藻体光滑或边缘或表面长有育枝；内部构造为多轴型，髓部由平行的纵丝组成（短粗的圆柱状细胞），其外为假薄壁组织，皮层细胞小，背斜排列，最外层含有色素体；四分孢子囊散布于藻体上部，椭圆状或不规则，埋在内皮层细胞中或埋在髓层附近或髓层中，系由皮层的最内面细胞发育而成，或由生长在髓丝上的特殊细胞发育而成，十字形分裂，囊果椭圆形，在藻体的一面突出，另一面下陷。以标本对着阳光观察时，中央部分暗，四周有半透明的环，状似眼球，拉丁学名由此而来，见图 3-34。

角叉菜属 *Chondrus* 是由 Stackhouse 于 1797 年建立的。目前，本属在世界范围内有 9 种，角叉菜属由于受到气候、环境和自身遗传变异的影响，在形态上产生了较大差异，主要分布在温带、寒温带海域。角叉菜主要栖生于高潮带至低潮带的礁石上，背阴处或风浪较小的堤坝上，产于黄海辽宁、山东，东海浙江、福建及台湾东北部海域。

代表种类：角叉菜 *Chondrus ocellatus* Holmes.。

图 3-34　角叉菜 *Chondrus ocellatus* Holmes. 成熟藻体的形态特征

a. 雌配子体；b. 四分孢子体（引自：李晓，2009）；角叉菜植物体［关于分类问题，苏乔等（2002）采用 rbcL 序列分析和形态学观察相结合的方法对福建、山东、辽宁沿海角叉菜进行了研究，认为中国存在着 *Chondrus ocellatus*、*C.nipponicus* 和 *C.armatus* 三种角叉菜；原报道产于东南沿海的角叉菜 *C.ocellatus* 应为 *Grateloupia imbricata*；原报道产于大连的角叉菜 *C. yendoi* 应为 *Mazzaella japonica*］

生活史具有同型世代交替现象，即孢子体和配子体形态相同，为多管藻类型。生活史由四分孢子体世代、配子体世代和寄生在雌配子体上的果孢子体世代 3 个世代组成。角叉菜孢子体世代与配子体世代的早期发育过程基本一致。角叉菜配子体雌雄异体，精子囊及果胞枝均由皮层细胞生成。果胞枝为 3 个细胞，最初由皮层细胞膨大转化为支持细胞，支持细胞较大，也是辅助细胞，由其分裂而成，同时在果胞枝侧面支持细胞又产

生一列营养丝囊果，椭圆形。受精后，果胞会产生一条联络丝与辅助细胞相接，果胞受精后与支持细胞融合成辅助细胞，再由辅助细胞产生分枝状的产孢丝，并由其顶端细胞形成许多椭圆形的果孢子囊，成为团块状的囊群。精子囊囊群形成扩张的盘于表皮层或生殖瘤内，精子囊母细胞来自表皮层细胞，见图 3-35、图 3-36。

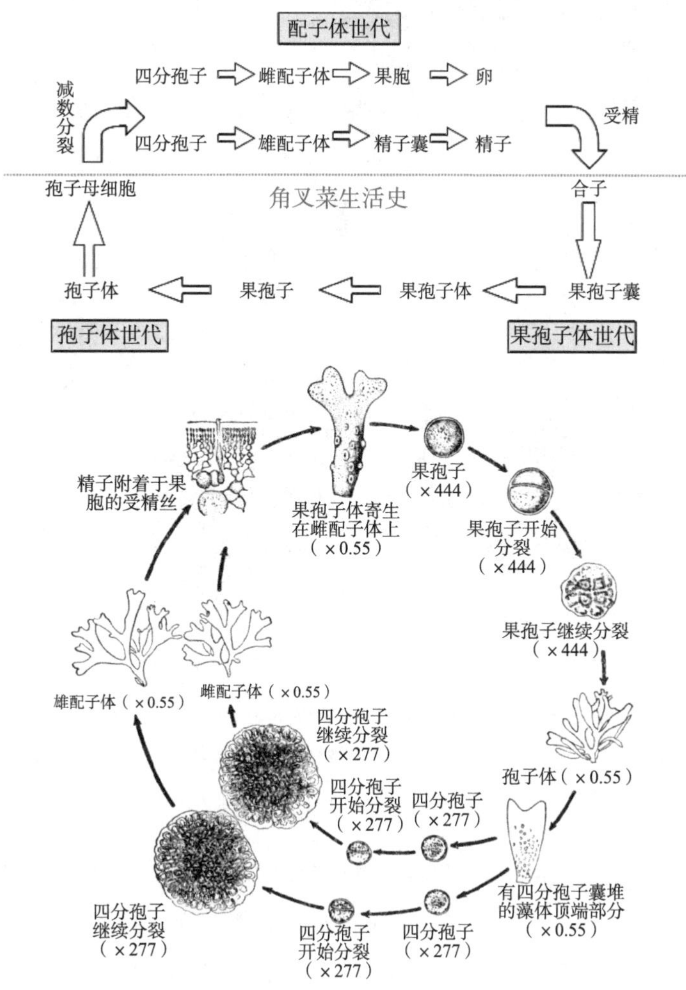

图 3-35　角叉菜 *Chondrus ocellatus* Holmes. 生活史图解（引自：曾呈奎，2004）

角叉菜是重要的经济海藻，藻体中卡拉胶（carrageenin）含量达干重的 80%，是制备卡拉胶的主要原料之一，有很高的食用、化学及药用价值，历来被人们研究较多。角叉菜总糖含量高达 63.5%，蛋白质和粗纤维含量较高，分别为 9.7% 和 1.7%，各种氨基酸含量也较高，而脂肪含量只有 0.1%，所以角叉菜属于低热量高蛋白的健康食品。角叉菜还富含铁、碘、硒等多种人体必需的矿物质和微量元素，其含量远远高于已报道的陆地可食性植物的含量。

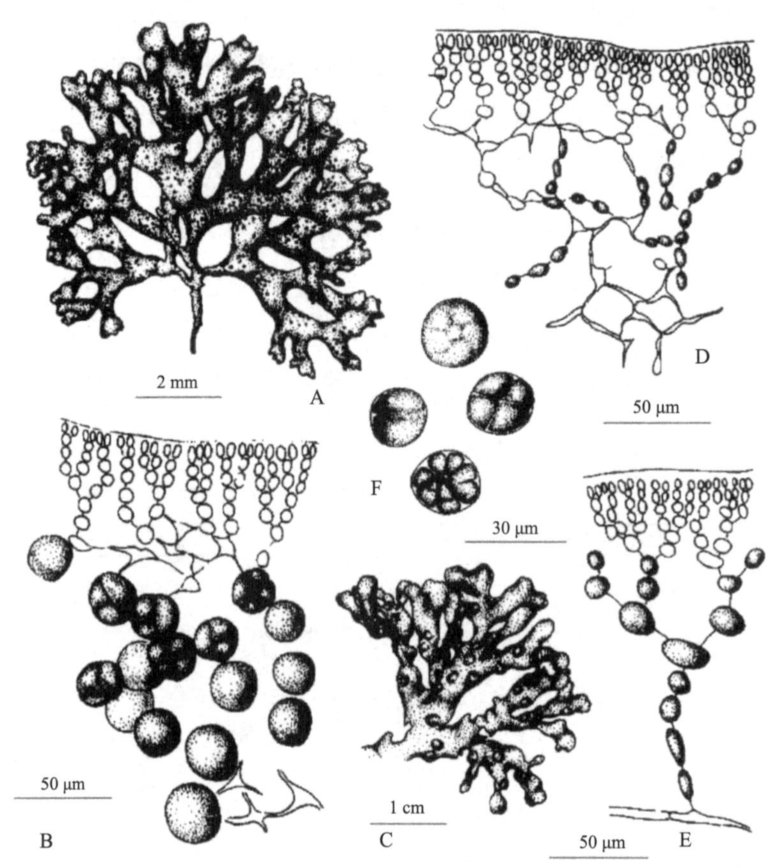

图 3-36　角叉菜 *Chondrus ocellatus* Holmes. 藻体结构

A. 四分孢子体外形；B. 四分孢子囊切面观；C. 囊果体外形；D. 未成熟的四分孢子囊；E，F. 四分孢子的分裂（引自：曾呈奎，2009）

（3）海萝 *Gloiopeltis furcata*（Fostels et Ruprecht）J.Agardh，属杉藻目 Gigartinales，内枝藻科 Endocladoaceae，海萝属 *Gloiopeltis*。藻体直立，4 ~ 6 cm，紫红色、黄褐色至褐色，软革质，干燥后韧性强，扁压，圆柱状，具不规则的叉状分枝，内部组织疏松或中空，具一条自基部至顶端的中轴丝，顶细胞斜裂产生中轴，中轴由长圆柱状细胞组成；中轴产生侧分枝，枝末的小细胞念珠状，组成皮层。外皮层细胞小而紧密，很像薄壁组织，内皮层生有假根丝。

生活史由 3 个世代组成：四分孢子体世代、配子体世代和寄生在雌配子体上的果孢子体世代。生长前期，孢子体和配子体大小、形态相似。孢子体生长较快，生长中后期孢子体明显高于配子体，两者外部特征的差异逐渐明显。四分孢子体呈中空管状，藻壁较薄，藻体两端尖细，中间膨大；雌、雄配子体藻壁较厚，在自然海

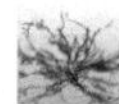

区中同时出现。海萝属于雌雄异体，无性生殖是指孢子体的皮层细胞形成成熟的四分孢子囊放散出四分孢子，四分孢子经过一系列的分裂先形成盘状体，再长成雌配子体或雄配子体。有性生殖是指雌配子体受精后形成果孢子体，成熟的果孢子体释放果孢子，经过多次分裂形成盘状体后长成直立体。雌配子体表皮细胞将来发育成果胞，雄配子体皮层细胞发育成精子囊，四分孢子囊由四分孢子体内皮层细胞发育而成。果胞受精后在藻体表面形成囊果称为果孢子体；成熟后的囊果表面没有果皮出现。藻体成熟后进入繁殖期，释放出果孢子和四分孢子后死亡，结束一年的生活周期，见图 3-37。

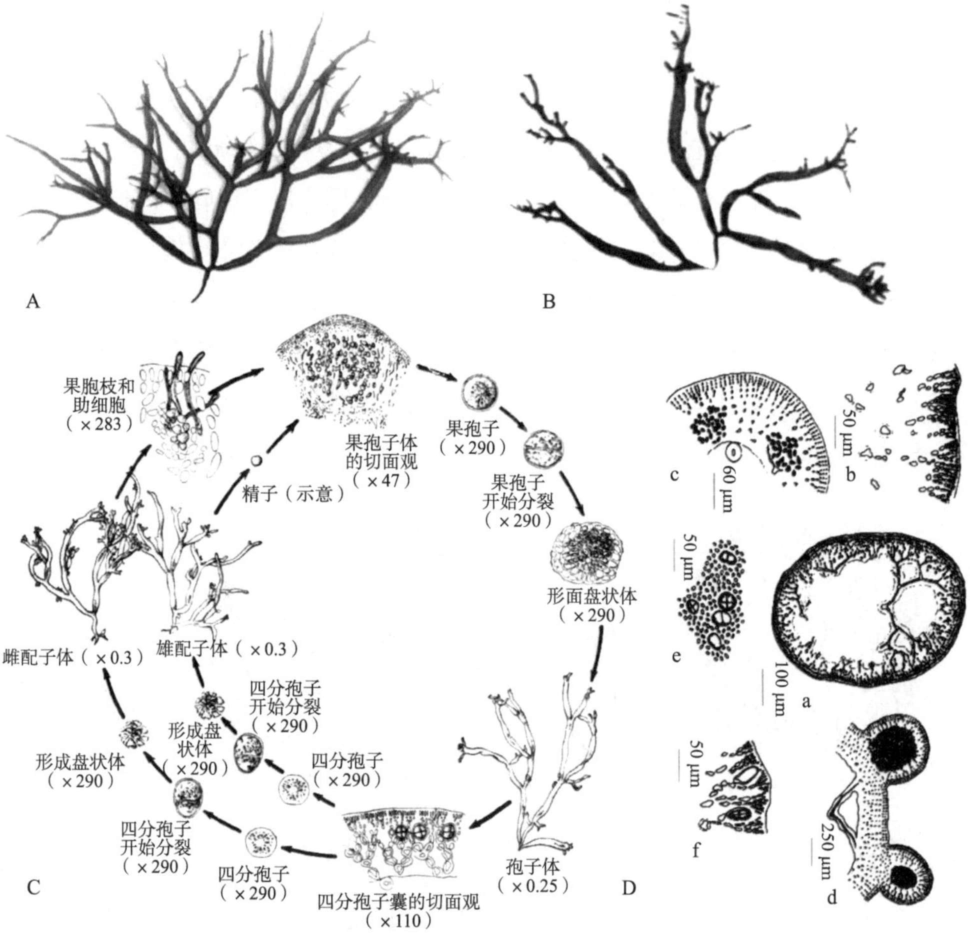

图 3-37　海萝 *Gloiopeltis furcata*（Fostels et Ruprecht）J.Agardh

A，B. 海萝藻体（引自：钱树本，2014）；C. 海萝生活史（引自：曾呈奎，1952）；D. 海萝结构图；a. 藻体横切面；b. 藻体部分横切面；c. 部分囊果纵切面；d. 囊果纵切面观；e. 四分孢子囊表面观；f. 四分孢子囊切面观（引自：曾呈奎，2009）

海萝一般分布于小潮平均高潮线至小潮平均低潮线之间的中潮带，如果波浪冲击度较大，则海萝垂直分布可能会上移至高潮线附近。我国东部沿海如辽宁、山东、江苏、浙江、广东及台湾等地区均有海萝分布。海萝一直以来被广东、福建、山东等沿海地区居民作为食物食用，口感清脆可口，因此又被俗称赤菜、红菜、胶菜等。海萝具有重要的药用价值，有食疗的功效，对肠炎、痔疮和干咳等有一定疗效。该类均富含海萝胶，为琼胶类型。海萝胶在纺织、印染和食品等行业应用广泛，广东著名的香云纱就是用海萝胶浆丝制作而成的。

（4）亮管藻 *Hyalosiphonia caespitosa* Okamura，属杉藻目 Gigartinales，胶黏藻科 Dumontiaceae，亮管藻属 *Hyalosiphonia*，是日本学者冈村于 1909 年描述的物种。藻体直立，丛生。基部具盘状固着器；藻体线形圆柱状。具有及顶的主轴或分成几个主枝。分枝延长，柔弱，上面长有密的或长或短的细的小枝，小枝两端渐狭，顶端尖。藻体红色到紫红色，四分孢子囊散生在枝上，切面观长圆形，埋于皮层细胞中，十字形分裂。有性藻体，雌雄异株。囊果明显突出，长在小枝上，散生或常常集中在一起，球形，无柄。囊果纵切面观，近球形，无喙，基部略缩，囊果中央下部有一大的融合胞，其上形成产孢丝，果孢子囊不规则球形或长圆球形或长卵形，外围有较厚的囊果被包围。精子囊发育在整个藻体上。生长在中、低潮带石沼中。常见于我国辽宁、山东、浙江沿海，见图 3-38。

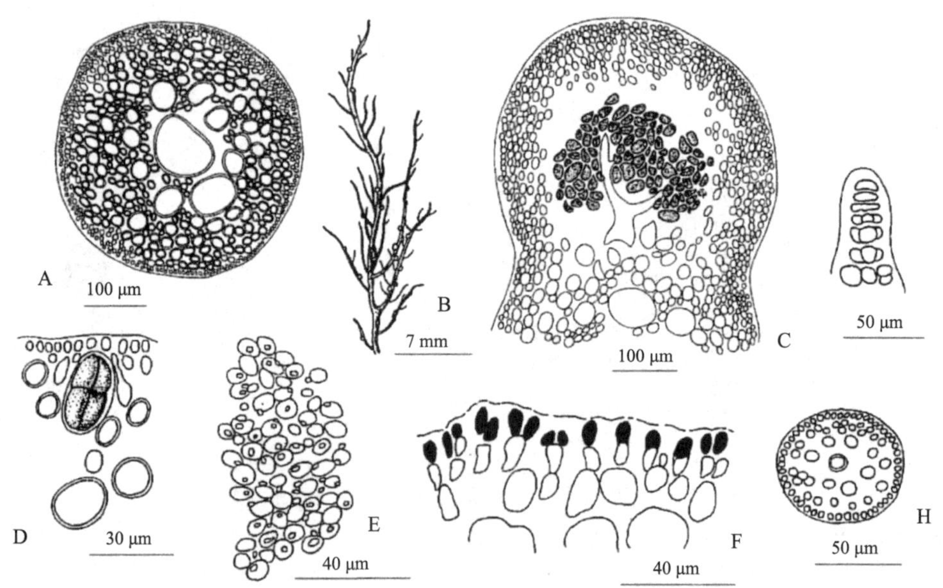

图 3-38　亮管藻 *Hyalosiphonia caespitosa* Okamura

A. 藻体横切面；B. 囊果小枝；C. 囊果切面观；D. 四分孢子囊切面观；E. 精子囊表面观；F. 精子囊切面观；G. 小枝顶端纵切面；H. 小枝顶端横切面（引自：钱树本，2014）

（5）蜈蚣藻 *Grateloupia filicina*（Wulf.）C.Ag.，属杉藻目 Gigartinales，海膜科 Halymeniaceae，蜈蚣藻属 *Grateloupia*。藻体直立，紫红色，高 7 ~ 25 cm，黏滑，丛生。固着器圆盘状，常具短柄，具一至数个叶片，叶片扁平、扁压或亚圆柱形，单条或羽状，自两缘规则或不规则地羽状分枝 1 ~ 3 次，互生，或互生和对生交杂。叶片的表面和边缘常有短育枝。内部构造可区分为皮层和髓部。皮层由排列紧密的小细胞组成，小细胞常成行地与体表面垂直。髓部由无色的星状细胞和皮层内部生出的假根丝所组成。四分孢子囊十字形分裂，散布于藻体各处，埋藏于藻体的皮层内。精子囊生于叶片的表面，形成白色的精子囊群。囊果埋卧于体内，稍稍突出于藻体表面。固着器小盘状。藻体的外形变异甚大。蜈蚣藻生长于海滨波浪比较大的潮间带岩石上。夏季生长繁盛。中国沿海均有分布，见图 3-39。

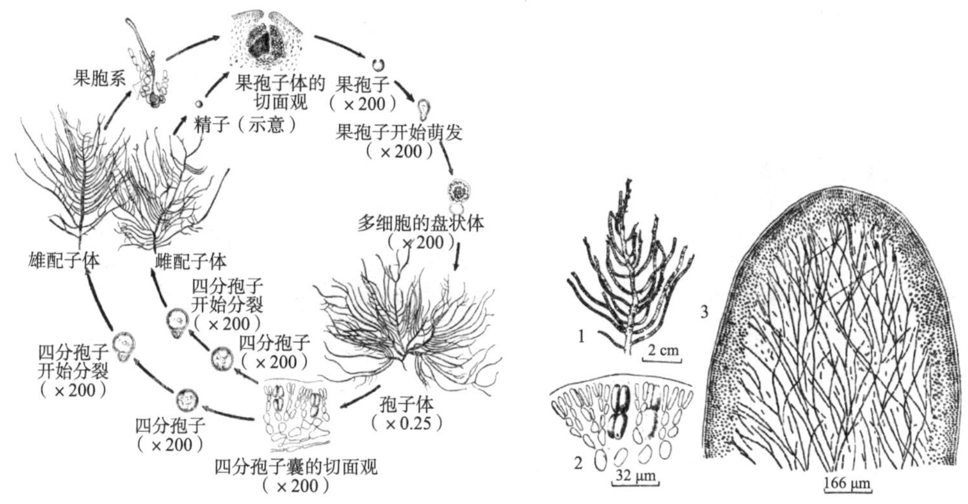

图 3-39　蜈蚣藻 *Grateloupia filicina*（Wulf.）C.Ag. 生活史（左图）及藻体结构（右图）

1. 藻体的一部分，示囊果可遍生于藻体各处；2. 四分孢子囊；3. 藻体下部分枝的横切面（引自：郑柏林等，1961）

8. 江蓠目 Gracilariales

此目只有 1 科，即江蓠科 Gracilarceae。藻体为枝叶状体，直立，少数匍匐或寄生，有分枝，枝圆柱形，扁压或叶片状，枝内部为单轴型或多轴型，髓部为大的薄壁细胞，互相密接，自内向外逐渐变小；皮层细胞较小，内含色素体。四分孢子体上的四分孢子囊分布于藻体各处，埋卧于藻体的皮层细胞中，多为十字形分裂；囊果突出于体表面，内部中央有一不育的胎座，周围为果孢子囊，外围有厚的囊果被包围；精子囊生于深浅不等的生殖窠状的体表面下陷皮层细胞内。

7 红藻分类 - 江蓠目

代表种类：真江蓠 *Gracilaria vermiculophylla*（Ohmi）Papenfuss，属江蓠目 Gracilariales，江蓠科 Gracilariaceae，江蓠属 *Gracilaria*。藻体直立，丛生，一般高 10 ~ 50 cm，可达 1 m 以上，紫褐色，有时略带绿色或黄色，干后变褐，近软骨质，线形，圆柱状，基部具有一盘状固着器。一般都具有及顶的主干，径 1 ~ 2 mm，分枝 1 ~ 2 次。枝多伸长，裸露成鞭状或密被有短的或长的小枝，向各个方向互生或偏生，一般没有叉分现象。分枝的基部稍微有点缢缩，枝径 0.5 ~ 1 mm。标本制成后不完全黏着于纸上。藻体的内部为大的薄壁细胞组成的髓，外围 2 ~ 5 层逐渐变小的皮层细胞。最外层细胞常含有色素体。细胞自皮层向内逐渐增大，见图 3-40。

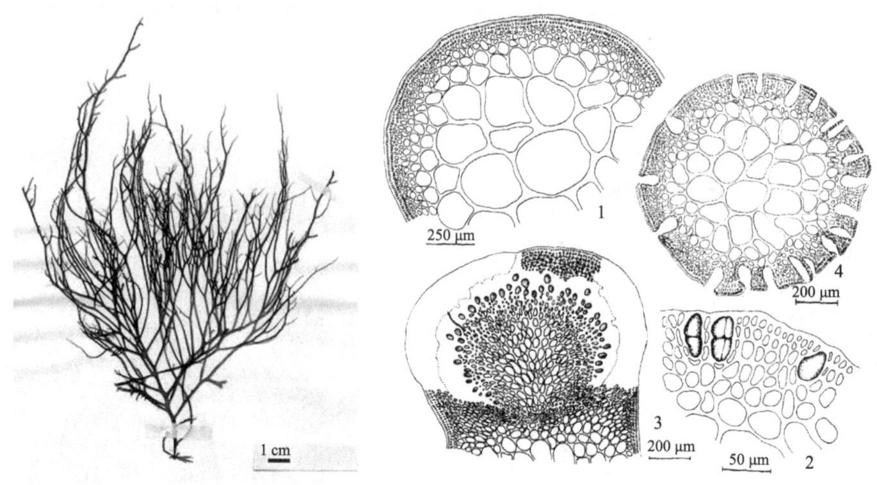

图 3-40　真江蓠 *Gracilaria vermiculophylla*（Ohmi）Papenfuss 的植物体（左图）及结构图解（右图）
1. 藻体部分横切面观；2. 四分孢子囊切面观；3. 囊果切面；4. 精子囊窝横切面（引自：曾呈奎，2009）

四分孢子囊紫红色，散生在藻体的表面，埋于皮层细胞中，十字形分裂，表面观近圆形或卵圆形，切面观为卵圆形或长圆形，被不变态的皮层细胞所包围。果胞枝由两个细胞组成。

囊果球形或半球形。囊果近球形且明显地突出体表面，一般无喙或略具喙，基部不缩或微缩，内部中央有一个融合胞，上面产生很多薄壁细胞组成的产孢丝；果孢子囊产自产孢丝，形状近于球形或卵形，囊果的顶端有一囊孔，成熟的果孢子就从此孔放散出去，在产孢丝与果被之间有明显的滋养丝。

精子囊巢散生在藻体皮层中，深袋状，“V”形。表面观呈圆形或长圆形。切面观呈卵形至长椭圆形腔状。周围的皮层细胞变态或不变态，顶端有一开口。色淡黄，见图 3-41。

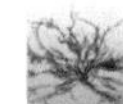

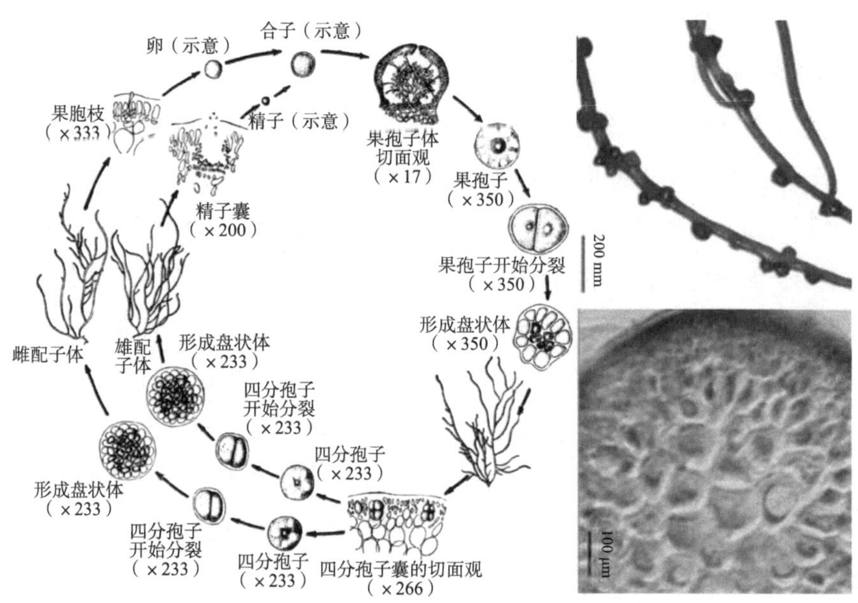

图 3-41　真江蓠 *Gracilaria vermiculophylla*（Ohmi）Papenfuss 生活史图解（左图）、江蓠囊果外形（右上图）及囊果横切面（右下图）（引自：曾呈奎，2009）

多生长在潮间带至潮下带上部的岩礁、石砾、贝壳以及木料和竹材上，而生长在肥沃、平静的浅水内湾中的真江蓠藻体更长、更为繁盛。国内分布：北起辽东半岛，南至广东南澳岛，向西至广西的防城港市沿岸。国外分布：日本、越南。

江蓠体内充满藻胶，含胶达 30% 以上，是制造琼胶的重要原料之一，作为细菌、微生物的培养基，广泛应用于工、农、医药业。沿海人民用其胶煮凉粉食用，也可以直接炒食。煮水加糖服用，具有清凉、解肠热、养胃滋阴的功效，见图 3-42。江蓠属龙须菜 *Gracilaria lemaneiformis*，与真江蓠 *Gracilaria vermiculophylla* 易混淆，区别在于前者藻体暗紫红色，精子囊窝在体表层形成连续的囊群，后者藻体褐色，精子囊窝在皮层中形成深的下陷生殖窝状。江蓠属于温带或亚热带性藻类，垂直分布于中高潮区及低潮线附近。分布最茂盛的海区为有淡水注入的海湾和风平浪静，潮流通畅，地势平坦，水质肥沃的海区。最适生长温度为 15 ~ 25℃。光照越强生长越

图 3-42　江蓠养殖场

好，所以越接近海面生长越好。

9. 伊谷藻目 Ahnfeltiales

果胞顶生，无柄，生长在从营养体皮层向外发育的雌孢子堆的未特化的丝体上；受精以后，果胞随意与未特化的营养细胞合并并与向外生长的产孢丝原始体切断；配子体具展开的固着器和直立的多轴分枝轴体，营养丝形成有次生纹孔联结的结合细胞，也有直接结合的细胞；精子囊母细胞横切成一个精子，每个雌配子堆中的若干合子引起在雌配子堆上向外生长的分枝产孢丝与不育细胞和其他产孢丝细胞并合，产孢丝逐渐密集交织，其后在复合外生长的果孢子体向外辐射并顶生在果孢子囊中；变态的皮层细胞变成单孢子囊；四分孢子体皮壳状具直接细胞并合，但缺次生纹孔连接，四分孢子囊发育在囊群中，是顶端分裂形成短丝和继续分裂形成四分孢子细胞的结果，成熟的四分孢子囊为不规则的层形分裂，这是四分孢子细胞自顶细胞向下分裂的结果；纹孔栓缺帽层和帽膜；细胞壁内含琼胶。

代表种类：帚状伊谷藻 *Ahnfeltia fastigiata*（Post et Ruprecht）Makienko，属伊谷藻目 Ahnfeltiales，伊谷藻科 Ahnfeltiaceae，伊谷藻属 *Ahnfeltia*。藻体直立，高 5 ~ 8 cm，质地强韧，革质，多丛生。固着器盘状。具有较多的源于圆柱形根状茎的圆柱形到稍扁压的分枝。反复的二叉分枝或不规则分枝，分枝表面常被石灰虫钙壳所包围。坚硬。主枝基部细，上部较粗，一般径为 1 ~ 1.5 mm。髓部由狭窄的、平行的纵向长丝体组成；外皮层紧密连接的细胞层放射状排列。单孢子囊产生在膨大分枝的生殖瘤内。成熟囊果生于顶端小枝，膨大成圆球状，上部有尖枝，见图 3-43。

生于中、低潮带易受波浪冲击的岩石上或石沼中。全年均有生长。该藻广泛分布于日本列岛及朝鲜半岛。国内产于浙江洞头、广东省。伊谷藻是制作琼胶的原料，产琼脂糖藻类（agarophyte）。

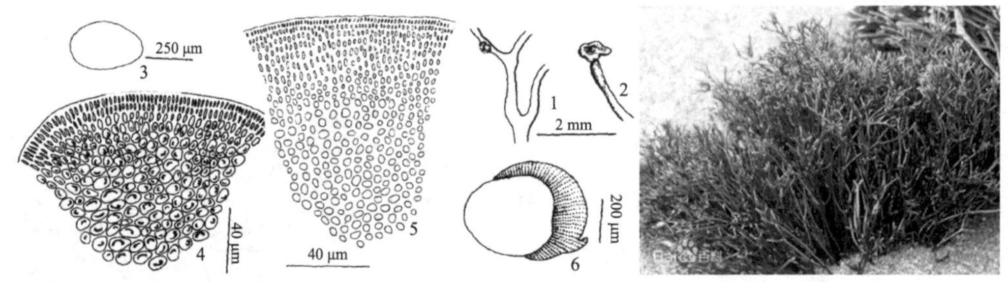

图 3-43　帚状伊谷藻 *Ahnfeltia fastigiata*（Post et Ruprecht）Makienko

左图：1，2. 果孢子体外形图；3. 中轴横切面观；4. 部分中轴横切面观；5. 果孢子体横切面观；6. 雌性孢子堆；右图：藻体（引自：夏邦美，1999）

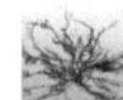

10. 红皮藻目 Rhodymeniales

藻体扁平，扁压，圆柱形或中空，多轴型；果胞系具有 1 ~ 2 个辅助细胞枝，辅助细胞枝由 2 个细胞组成（个别由 3 个细胞组成），它们在受精前直接源于支持细胞。但是，这些细胞枝只在受精后才变得明朗；四分孢子囊顶生或间生在皮层细胞中，十字形分裂或四面锥形分裂（少数形成多孢子囊）；精子囊源于皮层细胞；囊果具有囊果被，并有囊孔；生活史为多管藻类型。

8 红皮藻目

由两个科组成，即红皮藻科 Rhodymeniaceae 和环节藻科 Champiaceae，前者特征有一明显的主轴，髓层无丝状细胞，囊果形成时不形成大的融合胞，后者则相反。

代表种类：

（1）环节藻 *Champia parvula*（C.Ag.）Harvey，属红皮藻目 Rhodymeniales，环节藻科 Champiaceae，环节藻属 *Champia*。藻体直立，丛生，或附生在其他藻体（如匐枝马尾藻和麒麟菜等）上。藻体多为圆柱形，有时稍扁压，中空，较规则地缢缩成环状节和节间，缢缩处由 1 层细胞组成，内部有纵走丝体，其上生有腺细胞；分枝圆柱状，互生，有时对生。枝基部略细，枝端渐细。顶端钝头，由许多圆桶状节片组成。四分孢子囊分布在皮层细胞中，四面锥形分裂；精子囊生于表皮层；囊果明显地突出，产孢丝具有丰富的分枝，顶端形成果孢子囊，见图 3-44。

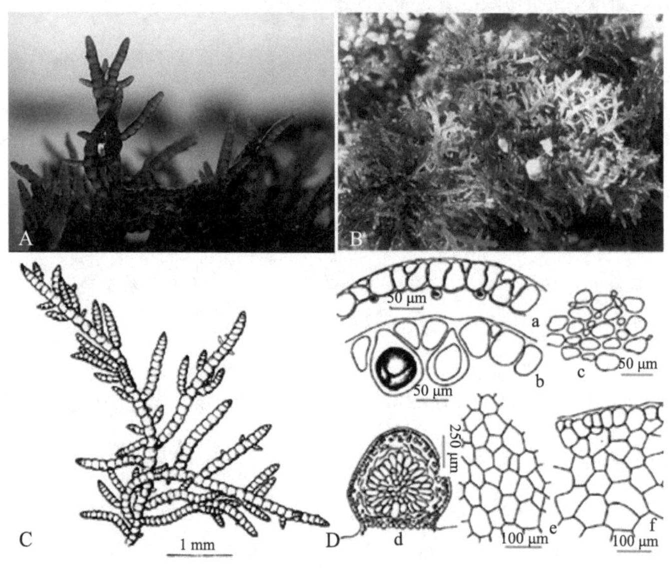

图 3-44　环节藻 *Champia parvula*（C.Ag.）Harvey

A，B，C. 植物体；D. 藻体结构；a. 藻体部分横切面；b. 四分孢子体的部分横切面；c. 部分藻体的表面观；d. 囊果切面观；e，f. 横隔膜细胞；A，B（引自：钱树本，2014）；C，D（引自：夏邦美，1999）

（2）节荚藻 *Lomentaria hakodatensis* Yendo，属红皮藻目 Rhodymeniales，环节藻科 Champiaceae，节荚藻属 *Lomentaria*。藻体直立，丛生，紫红色，柔软，黏滑。藻体圆柱形，分枝密集，基部具匍匐茎状的盘状固着器。固着器上长有直立枝，分枝多为对生、轮生，极少互生。枝基部略缩，顶端尖细，由多层细胞的横隔缢缩成不规则节和节间，节部明显缢缩。内部由皮层和髓部组成，具有中央腔，其腔具有横隔膜；具腺细胞；横切面观，皮层由单层具有色素体的长椭圆形细胞组成，髓层由 3 ~ 4 层圆形至椭圆形细胞组成，横隔膜由 3 ~ 4 层不规则排列的透明的椭圆形细胞组成。四分孢子囊集生在皮层细胞中，四面锥形分裂；果胞枝 3 个细胞，囊果多生于体上部的小枝上，单生或集生，近球形，上部略有喙，基部略缩；切面观，中央有 1 个大的融合细胞。囊果周围是由 4 ~ 6 层细胞组成的囊果被，囊果突出，具囊孔，大部分产孢丝细胞形成果孢子囊。精子囊生长在藻体表面表皮细胞上，见图 3-45。

生长在低潮带浪大处的岩石上，分布于黄海辽宁、山东和东海浙江沿海。

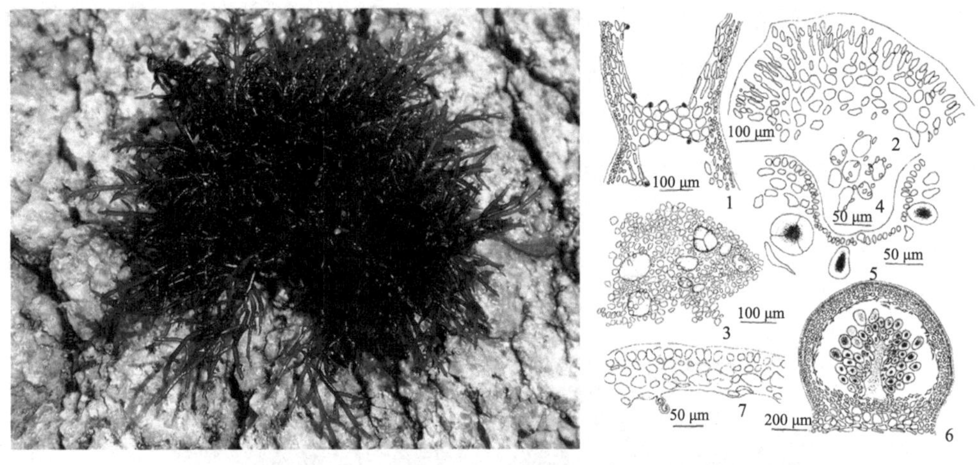

图 3-45　节荚藻 *Lomentaria hakodatensis* Yendo 藻体（左图）及节荚藻 *L. hakodatensis* Yendo（右图）

1. 藻体纵切面观；2. 藻体部分横切面观；3. 四分孢子囊表面观；4. 精子囊表面观；5. 四分孢子囊切面观；6. 囊果切面观；7. 部分藻体横切面，示腺细胞（引自：夏邦美，1999）

（3）金膜藻 *Chrysymenia wrightii*（Harvey）Yamada，属红皮藻目 Rhodymeniales，红皮藻科 Rhodymeniaceae，金膜藻属 *Chrysymenia*。藻体红色，膜质，分枝圆柱形，稍扁压，很少扁平，中空，互生分枝。丛生 2 ~ 3 枝，由壳状根生出。一般有一条主枝，基部细小具有短茎，上部向各个方向生出羽状分枝。下部的分枝比上部长，成为塔形或复伞形。枝端渐尖细。藻体由皮层和髓部组成；髓部由 1 ~ 2 层无色大细胞组成。大细胞的内侧生 4 ~ 6 个梨形的腺细胞。髓丝少许或无；内皮层细胞大；外皮层 1 ~ 3

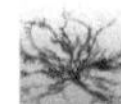

层小细胞；四分孢子囊散生在皮层细胞间，十字形分裂；囊果，散生，半球形，外被囊果被，具囊孔，见图 3-46、图 3-47。

生于低潮带附近的岩石上。

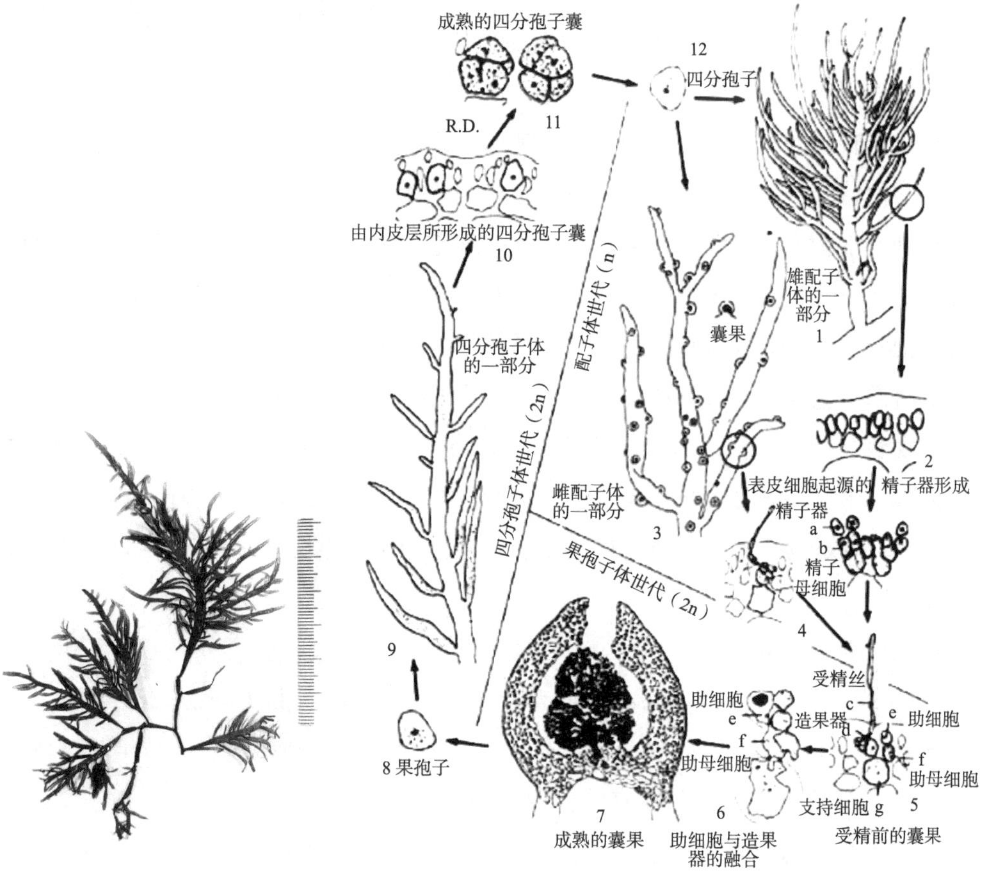

图 3-46　金膜藻 *Chrysymenia wrightii*（Harvey）Yamada 藻体及生活史（引自：赵自国，2008）

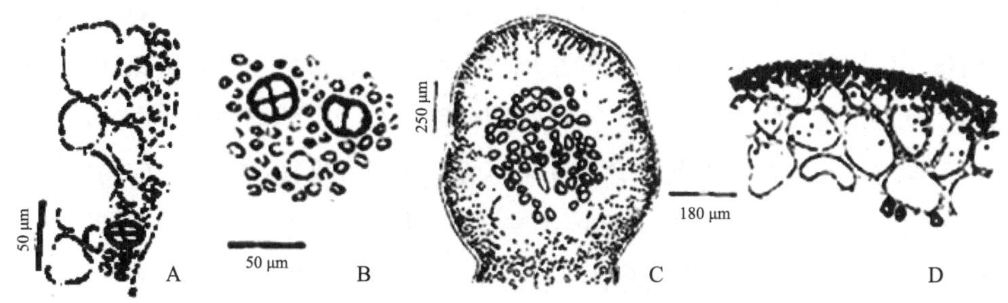

图 3-47　金膜藻 *Chrysymenia wrightii*（Harvey）Yamada

A. 四分孢子囊切面观；B. 四分孢子囊表面观；C. 囊果切面观；D. 部分藻体切面观

11. 仙菜目 Ceramiales

9 红藻分类
仙菜目 -1

9 红藻分类
仙菜目 -2

藻体直生或匍匐，丝状分枝或非丝状分枝。丝状的藻体单轴，都具皮层，或仅主枝生皮层，或枝的全部生皮层；非丝状的藻体呈多轴管状、叶片状，皮层有或无。中轴细胞由顶端细胞分化而成。四分孢子囊隆起或埋卧于皮层内，单生或群生于特别的枝上。四分孢子囊十字形分裂或四面锥形分裂。精子囊集生呈伞房形。有的由特别的藻丝紧密地生长或集生成精子囊群。果胞枝由 4 个细胞组成，生于中轴或围轴细胞上。受精后，果胞枝的支持细胞分裂形成辅助细胞。具有受精后隔开的辅助细胞，位于由 4 个细胞组成的果孢丝的支持细胞上。产孢丝从辅助细胞生出。所有产孢丝的细胞或仅顶端细胞发育成果孢子囊。成熟囊果裸露或部分由藻丝包围，或全部由果被包围。生活史具有孢子体、配子体和四分孢子体 3 个世代。

仙菜目包括 4 个科，即仙菜科 Ceramiaceae、红叶藻科 Delesseriaceae、绒线藻科 Dasyaceae、松节藻科 Rhodomelaceae。仙菜科为单轴，而其余 3 科非单轴。红叶藻科为叶状，而绒线藻科与松节藻科非叶状。绒线藻科为合轴生长，而松节藻科非合轴生长。以此相区别。

代表种类：

（1）三叉仙菜 *Ceramium kondoi* Yendo，属仙菜目 Ceramiales，仙菜科 Ceramiaceae，仙菜属 *Ceramium*（图 3-48）。藻体紫红或略带黄色，较粗壮，丛生，藻体纤细，分枝极为繁盛，枝有节，但不明显，二叉、三叉或四叉式分枝。外形变异较大，小育枝可以极多，也可全无，顶端有钳形小枝。有些种类在节上生长许多小细胞，环绕成带状，称作皮层细胞。有些藻类的皮层细胞延长至节间而将中轴细胞盖满。四分孢子囊规则或不规则地环绕排列于枝上。孢子囊无柄，生于皮层带或突出皮层。具或不具周围不育细胞。四分孢子囊四面锥形分裂，精子囊由枝的节部的表面皮层细胞形成，为一群无色的小球状细胞。果胞枝由 4 个细胞组成，支持细胞为一个皮层细胞，果胞受精后，支持细胞分裂产生一个辅助细胞，由其产生产孢丝，产孢丝的全部或部分细胞发育成果孢子囊，成熟囊果往往有几个向内弯曲的藻丝组成的总苞包围。囊果生于许多小胞枝之中，顶生或侧生。生于低潮带的岩石上或石沼中，也生长在其他大型的藻体上。三叉仙菜煮成浆糊，制布鞋或打“斗子”，据说可以防虫；三叉仙菜可食用。其提取物能促进 B 淋巴细胞的增殖，使其活性增强，具有良好的抗肿瘤活性。

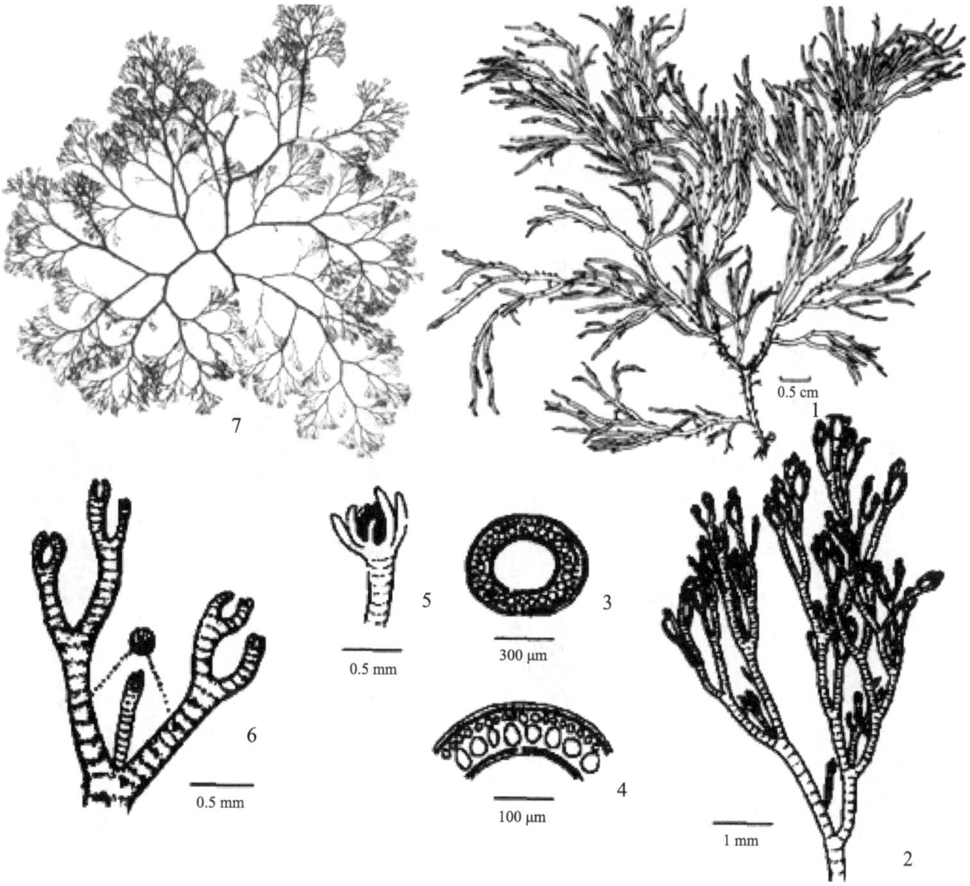

图 3-48　三叉仙菜 *Ceramium kondoi* Yendo

1，7. 三叉仙菜藻体；2. 小枝；3. 藻体横切面观；4. 部分藻体横切面观；5. 囊果；6. 四分孢子囊枝、四分孢子（引自：郑柏林，2001）

（2）多管藻 *Polysiphonia senticulosa* Harvey，属仙菜目 Ceramiales，松节藻科 Rhodomelaceae，多管藻属 *Polysiphonia*。藻体生活时鲜红色，干燥时茶褐色至黑色。质地稍硬，不滑。丛生成束，疏松地相互缠结，为细长的、直生的、刚毛状的、较硬的丝状体，一般无主枝，为羽状双分叉。藻体高 20 cm，从匍匐基部生出，靠近下面的节稍凸出。基部由围轴细胞向外生出单细胞的假根固着基质。分枝为外生长式，每隔 3 ~ 4 节，互生弯曲的分枝，节间长为 1.5 ~ 4 mm，分枝下面较稀松，并具有短的细长的小分枝，上面的羽状分枝较致密。常具有细长的假根。小分枝在分枝部位每隔 2 ~ 4 节向各方面侧生，往往为直立的，向下较开展，向上渐尖削，并再生出细的、直立的、末端尖的小分枝，无毛丝体。节部透明，无皮层。基部细胞宽为 40 μm，长约为宽的 0.4 倍，藻体中部细胞长为宽的 2 ~ 3 倍，直立枝上部多半是长宽相等。具

1个中轴细胞，4个围轴细胞。四分孢子囊几个或几行在末端小枝中部，由围轴细胞形成，有时很小，30 μm，大的可达 80 μm，向外凸出。每一个孢子囊枝上生有几个到十几个孢子囊，纵列成串，孢子囊圆球形，四面锥形分裂。精子囊枝圆柱形，具短柄，顶端延长成无色毛。囊果瓮状，分布在小分枝的中部。上部有大开口。生于低潮带岩石及其他底质上，是黄海、渤海常见的种类，除盛夏以外其他各时期均生长，但春季繁盛，无性及有性生殖在2—5月期间，见图3-49。

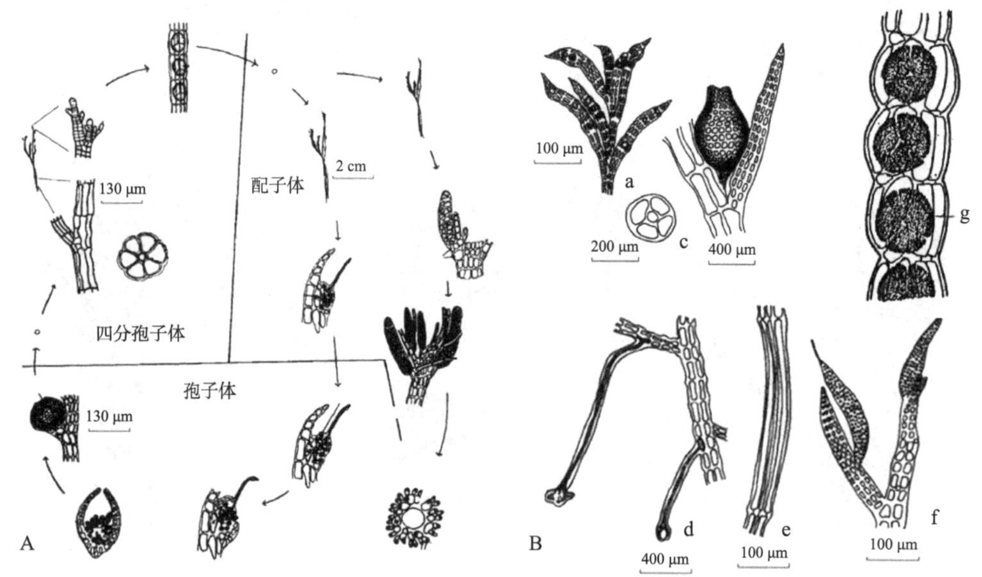

图3-49　多管藻 *Polysiphonia senticulosa* Harvey

左图：多管藻生活史图解；右图：多管藻结构（a. 四分孢子囊枝；b. 囊果；c. 枝的横断面；d. 匍匐枝及假根；e. 一个中下部关节；f. 精子囊枝；g. 四分孢子囊表面观）（引自：李，2012）

多管藻的顶细胞为单核，呈圆顶形，为多倍体，其中的DNA含量是该藻类中大多数成熟细胞的64 ~ 128倍。由顶细胞衍生而来的细胞进行分裂时通常不存在DNA的复制，因此，分裂次数越多的子代细胞其倍性越低，直到该细胞成为单倍体。顶细胞在纵向分裂成轴细胞和围轴细胞之前，先形成能产生侧枝的子代细胞，围轴细胞和轴细胞的长度相同。侧枝有两类：普通分枝和毛丝体。普通分枝为多管，能无限生长，类似于主轴。毛丝体（trichoblast）为单列，通常无色，具有性器官。毛丝体通过程序性细胞死亡或细胞凋亡（apoptosis）进行发育，并从老的藻体上脱落。

（3）粗枝软骨藻 *Chondria crassicaulis* Harvey，属仙菜目 Ceramiales，松节藻科 Rhodomelaceae，软骨藻属 *Chondria*。藻体直立，圆柱状，有时扁压，肥厚多汁，软骨样，高8 ~ 15 cm，宽2 ~ 4 mm。下部细，中央粗，顶端有球芽，脱落后能发育成新个体。

分枝圆柱状，大多数为不规则放射状分枝或互生，向各个方向生出；顶端生长，顶细胞向外突出，不向内凹陷，顶端丛生分枝的毛丝体。藻体中央有中轴细胞 1 个、围轴细胞 5 个，围轴细胞大小不等。皮层细胞大而薄壁并由内向外渐小，有些围轴细胞和皮层细胞壁上具有透明状的加厚部分。四分孢子囊生长于末枝上，无规则分布在皮层表面下，四面锥形分裂，起先由幼年的围轴细胞先分裂出外面两个小型盖细胞，然后分裂出第三个盖细胞，后者可以再分裂产生两个次生盖细胞。精子囊枝盘状，具有不育性的边缘，簇生在枝的顶端，毛丝体往往侧面连成小板枝。精子囊群枝无色，扁平或弯曲。果胞枝由 4 个细胞组成，支持细胞系由 3 个细胞的生殖毛丝体的中间细胞分裂而成，支持细胞上有两条不育丝体，受精后支持细胞分裂，上面成 1 个辅助细胞，辅助细胞、支持细胞及 2 个不育丝体愈合而成一个小型的胎座细胞，产孢丝分枝，顶端细胞发育成果孢子囊，成熟囊果卵形，无柄，侧生在末枝上，外被皮层，具囊孔，见图 3-50、图 3-51。

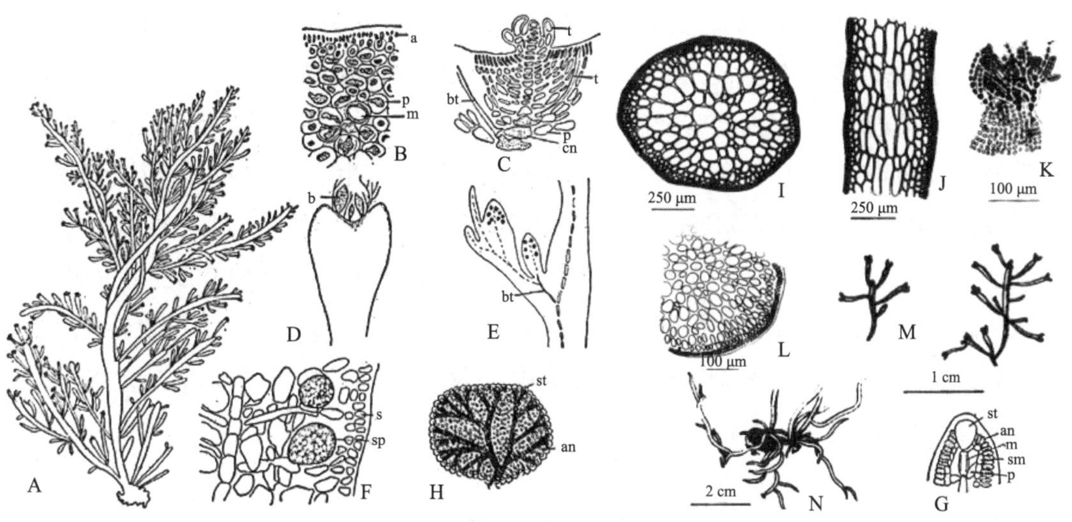

图 3-50　粗枝软骨藻 *Chondria crassicaulis* Harvey

A. 藻体外形；B. 藻体主枝网面；C. 生长点；D. 枝的顶端生有 3 个球芽；E. 生有四分孢子囊的小枝；F. 四分孢子枝纵断面的一部分；G. *Chondria dasyhylla* 雄藻体分枝顶端纵剖面；H. 雄藻体分枝表面观；I. 藻体横切面；J. 藻体纵切面；K. 枝端毛丝体；L. 部分藻体横切面；M. 部分小枝外形图；N. 藻体基部固着器；b. 球芽；bt. 毛基细胞；m. 中轴细胞；p. 围轴细胞；s. 表面层；sp. 孢子囊；t. 毛丝体；an. 精子囊；sm. 精子囊母细胞；st. 精子囊枝外围不育细胞；A ～ H（引自：郑柏林等，1961）；I ～ N（引自：夏邦美，2011）

粗枝软骨藻为暖温带海藻，主要生长在低潮带和潮下带的岩石上，主要产于普陀山、中街山、渔山、海礁、嵊山、洞山和南麂。其全藻具有抗肿瘤、抗病毒、抗真菌和驱虫等作用，对革兰氏阳性菌、耐酸菌及真菌表现出抑制作用。粗枝软骨藻可食用。

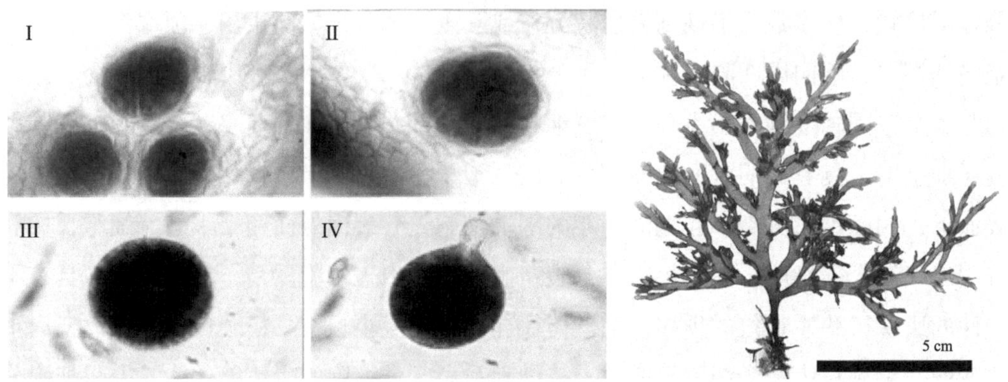

图 3-51 粗枝软骨藻 *Chondria crassicaulis* Harvey

左图（粗枝软骨藻）：Ⅰ. 四分孢子囊十字形；Ⅱ. 四分孢子囊四面锥形；Ⅲ. 四分孢子；Ⅳ. 四分孢子发芽；右图：藻体（引自：吴勋建等，2007）

（4）鸭毛藻 *Symphyocladia latiuscula*（Harvey）Yamada，属仙菜目 Ceramiales，松节藻科 Rhodomelaceae，鸭毛藻属 *Symphyocladia*。藻体暗紫褐色。由纤维状细根丛生，近基部分出数条主枝，由基部平卧附着基质，带状扁平，宽度往往不相同，枝两缘稍呈不规则的数回羽状双分枝，分枝下部长，上部短，因此成为塔形或分枝伸长展开，达到同等高而呈扇形，枝及羽枝为细线形，广开直生，先端尖细，互生小羽枝，羽枝为很短的钎状，特别靠近主干及主枝的下部生出的多为钎状。小羽枝短，前端尖，幼苗顶端生毛状叶。边缘为齿状或有裂片，具有放射状叶脉，数条相邻的枝边缘愈合，成为阔枝，因此枝的生长点细胞与藻体裂片的生长点并列。在顶端生长停止，枝的愈合即停止，此时发生一列细胞组成的毛状叶。各枝具有 1 个中轴管细胞，6 ~ 8 个围轴细胞，下部具皮层，见图 3-52。

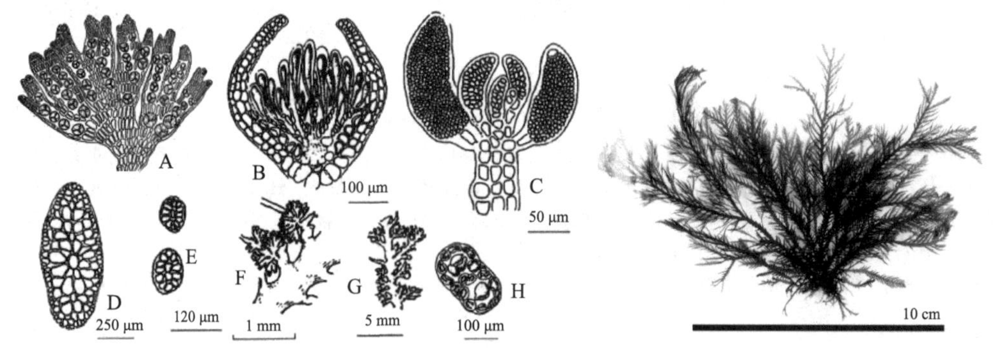

图 3-52 鸭毛藻 *Symphyocladia latiuscula*（Harvey）Yamada

左图（鸭毛藻结构）：A. 四分孢子囊枝；B. 囊果切面观；C. 精子囊小枝；D. 主枝横切面；E. 小枝横切面；F. 四分孢子囊小枝；G. 囊果小枝；H. 四分孢子囊小枝切面观；右图：藻体形态（引自：曾呈奎，2009）

四分孢子囊枝生在藻枝的最上部相当于枝的一部分，由小羽枝变成，集生在上部缩短的羽枝上，散开呈扇状，为纵列，各节形成 1 ~ 3 个同长的盖细胞，散在生有孢子囊的各个枝的上端，呈游离状。孢子囊四面锥形分裂。四分孢子排成两行。

精子囊群在藻体上部枝的两边丛生，由毛状叶形成，开始由一列细胞组成后为长椭圆形。有单细胞柄，果胞枝从枝的上部两缘毛状叶产生，成熟囊果卵圆形，无柄，果孔大。

广泛分布于中国黄海以及日本、韩国等沿海地区，生于低潮带岩石上，主要用途为食用、药用与保健。

（5）日本异管藻 *Heterosiphonia japonica* Yendo，属仙菜目 Ceramiales，绒线藻科 Dasyaceae，异管藻属 *Heterosiphonia*。藻体直立，玫瑰红色。常数株主枝聚集，由小盘状固着器生出。主枝圆柱形或稍压扁，3 ~ 4 回羽状分枝，由节部生出，稍弯曲。小分枝呈背腹排列，1 ~ 2 次羽状分枝，小枝细长，向上逐渐变细，小羽枝细胞长 185 ~ 235 μm，顶端尖细。主轴和主分枝具 1 个中轴细胞和 4 ~ 5 个围轴细胞及由围轴细胞产生的皮层，为多管型，小羽枝为单管型或基部为多管型，但无皮层。四分孢子囊枝披针形、长卵形，具单列细胞组成的柄，长 418 ~ 550 μm。生于单管型小羽枝顶端或多管型基部，往往 2 ~ 3 个集生，内生孢子囊 10 ~ 14 层，每层 3 ~ 8 个孢子囊，孢子囊直径 24 ~ 38 μm，四面锥形分裂。精子囊枝生于雄配子体小羽枝的顶端，单生或 3 ~ 5 个集生，长 152 ~ 631 μm，宽 51 ~ 90 μm，下有 1 ~ 5 个细胞组成的柄。囊果卵形或球形，单生于雌配子体侧枝顶端，具短柄，顶端突起，开孔，直径 67 ~ 100 μm，见图 3-53。

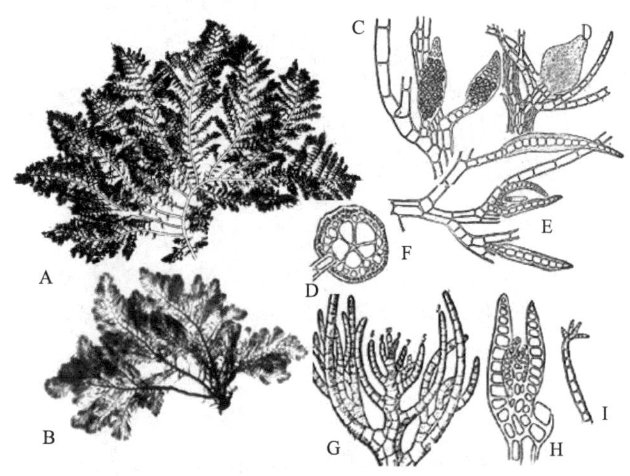

图 3-53　日本异管藻 *Heterosiphonia japonica* Yendo

A，B. 藻体；C. 四分孢子囊枝；D. 囊果枝；E. 精子囊枝；F. 藻体横切面；G. 藻体合轴分枝；H. 藻体的生长点；I. 小羽枝上具有指状小枝；A（引自：夏邦美，2011）；B（引自：浙江省水产厅等，1983）；C ~ I（引自：郑柏林等，1961）

（6）鹧鸪菜 *Caloglossa leprieurii*（Montagne）J. Agardh，属仙菜目 Ceramiales，红叶藻科 Delesseriaceae，鹧鸪菜属 *Caloglossa*。藻体小，匍匐生长于基质之上。藻体暗紫色，干燥后变黑，丛生，高 1.2 ~ 3 cm，扁平叶状，近叉状分枝，分枝多达 8 次，分枝长可达 2.4 mm，宽达 0.8 mm，叉状枝互生，有时两臂大小不等，一臂常常被抑制，很短。枝具中肋，中肋分叉处的腹面常生出丝状假根，其背面有时生出次生副枝，有时次生副枝也从边缘产生。叶片由中央轴和翼细胞组成，中央轴由一纵列的大的中轴细胞和 4 个围轴细胞组成，翼细胞在中轴两侧有规则地排列，为 1 层细胞厚。表面观叶片的一个中轴细胞向两边翼产生 4 个或 5 个细胞列，第 2 序列、第 3 序列细胞到达叶片边缘，所有的第 2 列细胞不全部产生第 3 序列细胞，只有基部的第 1 ~ 4 个细胞产生，第 3 序列的最下层细胞列为 9 ~ 14 个细胞。四分孢子囊在叶片两侧，四面锥形分裂。集生于枝末端、近末端或次生副枝上，球形，直径 25 ~ 50 μm，向顶端成熟，从次生副枝围轴细胞和近轴的第 2 序列、第 3 序列，从中央边缘 4 ~ 5 列细胞产生。囊果球形，生于分枝点上，精子囊尚未见，见图 3–54。

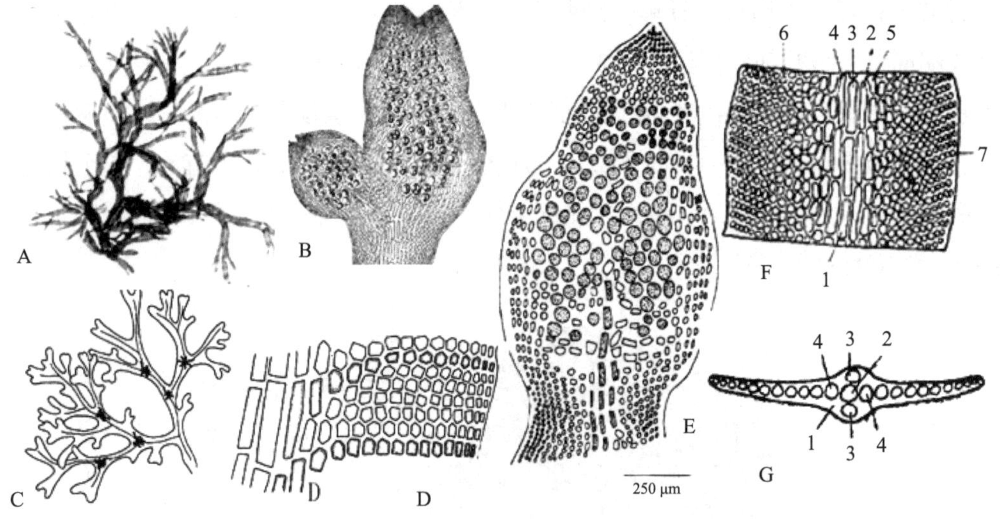

图 3–54　鹧鸪菜 *Caloglossa leprieurii*（Montagne）J. Agardh

A，C. 藻体；B，E. 四分孢子囊；D. 部分叶片表面显示细胞列（有黑点示第二列细胞）；F. 叶片结构；G. 藻体横切面：1. 中肋；2. 中轴细胞；3. 下围轴细胞；4. 两侧围轴细胞；5. 近中肋叶缘细胞；6. 中部叶缘细胞；7. 最边缘叶细胞（引自：王志勇等，1990）

鹧鸪菜与其他属种（匍匐鹧鸪菜、侧枝鹧鸪菜）区别于假根生在藻体腹面的节处，叉状分枝，次生副枝由中肋生出。

生长在中潮带至高潮带岩石上，河口附近的岩石上及红树皮上。是暖温性海藻，

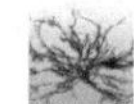

分布于我国浙江、福建以及广东沿海及香港。鹧鸪菜性平，味咸，入脾、胃、大肠经，具有驱虫、消食、化痰的功效。鹧鸪菜是我国自古以来用以驱除蛔虫的药用海藻及治疗由虫积或虫咬引起的疾病。其驱虫原理：鹧鸪菜含有能抑制蛔虫肌肉的脱氢酶，能使蛔虫在消化道上皮细胞里的含铁呼吸脱氢酶还原，而使其失去活性。用新鲜鹧鸪菜水煎服，成人服用相当生药 20 ~ 40 g（儿童 8 ~ 20 g），分别在睡前或次晨各服一次，驱虫效果高达 80%。该藻含甘露醇、乳酸盐、海人草酸（digenic acid）、海人草素（digeneaside）等。我国中成药美舌藻片和复方鹧鸪菜散便是以鹧鸪菜为主要原料制成的。此外，鹧鸪菜也有降压作用。

第六节　红藻门的生态特征

红藻门藻类主要为海生种。分布范围很广，各个海域均产，以热带海域居多。其地理分布通常和海洋的表面温度有密切的关系。由于表层海水温度逐渐升高，红藻的物种分布也随之变化，约 34% 生于北半球温带海洋，22% 生于热带海洋，44% 生于南半球温带海洋，红藻多数生于低潮线附近或潮下带，通常红藻不喜强光，为“阴生植物”，也有很多种类生于潮间带。其生长的基质主要是岩石，也有一些种类附生于其他海藻藻体上。少数种类营寄生生活。

第七节　红藻门的主要特征

共同特征如下。①通常呈现出特殊的红色，这是因为色素体含有藻胆蛋白，由于每种红藻生活的水层不一，所含的藻胆蛋白的比例不同，因此颜色从鲜红色到深红色不等。②物种生殖细胞都不具有鞭毛，不能运动。有性生殖产生无鞭毛的雄配子（不动精子 spermatia），雄配子在水流的作用下到达雌性器官（果胞 carpogonium）与卵结合；无性生殖产生的孢子没有鞭毛不能游动。③属于红藻门的物种几乎都是海生种类，而且是营底栖生活的。

第八节　红藻门的系统演化

红藻是一群古老植物，化石在志留纪和泥盆纪地层中有发现。不同来源的红藻资料证实，这个自然类群与蓝藻门很相似。最近对早期的植物化石研究表明，较低等的红藻大概是由寒武纪形成的蓝藻进化之后而形成的。显然，它们的起源早于褐藻与绿藻，无疑这两个类群相互间都有相似的形态和生物化学特征。最重要的相似特征是两个类群都有相似的色素——水溶性的胆素蛋白质，藻红蛋白和藻蓝蛋白。但在红藻中，藻红蛋白含量比在蓝藻中高。在这两类藻类中，光合作用片层、类囊体单个地存在或被远远地分隔开来。光合作用的产物是红藻淀粉，而与蓝藻淀粉有类似的化学键。这两个类群都存在有相似的游离的海藻糖、半乳糖、亚麻酸和 α- 亚麻酸。细胞壁的主要成分是纤维素微纤丝，并渗有木聚糖。在蓝藻门和红藻门中存在的主要黏液成分是硫酸半乳糖、糖醛酸、葡萄糖和木糖（如在红毛菜目和海索面目中）。蓝绿藻中的多列藻目和真红藻亚纲中的许多种类具鞭毛的细胞，在相邻的细胞间存在纹孔，但两个类群合成的脂肪酸类似，都不受衰老和氮不足的影响，两者都具有合成多聚葡萄糖苷的同工酶。所有这些相似点表明，这两个类群可能有更接近的系统亲缘关系。除了相似方面外，两个类群还有自己特有的特征。进一步研究它们相似的特征，表明这两个类群的胆素蛋白质的光谱特性不同。而且最近研究还发现，胆素蛋白质还存在于隐藻门中。从本质上讲，红藻细胞是真核的，而蓝藻细胞都是原核的。因此，红藻门的藻类有典型的染色体、典型的色素体、线粒体、高尔基体、内质网、真正的液泡和进化的有性生殖，这些特征在蓝藻门中是不存在的。在红藻门中，色素还包括叶绿素 d、玉黍黄素和新叶黄素，而在另外的类群中，仅有叶绿素 a 而缺乏叶绿素 d，其特有的叶黄素是黏藻黄素、黏藻叶黄素和颤藻黄素。在红藻门中，光合作用合成的产物仅仅是红藻淀粉，而无蛋白质。在蓝藻门中，既具有合成蓝藻淀粉的属，也具有合成与蛋白质相当的蓝藻颗粒体的种类。细胞壁的成分也有不同。在红藻中，细胞壁是由纤维素和某些碳水化合物组成，而在蓝藻中，黏肽成为其细胞壁的主要成分。许多蓝绿藻能形成异形胞，这些形成异形胞的蓝绿藻还具有固定大气中氮的潜在能力。这些特征在红藻中是没有的。此外，某些噬藻体（病毒）能感染某些蓝绿藻，却不能感染红藻。在注重红藻门的亲缘关系和系统发育的情况下，认为红藻是一个原始真核藻类的特殊分类群，因为有些重要特征与蓝藻门相似。

绿藻门的溪菜属 *Prasiala* 和红藻门的紫菜属 *Porphyra*，两属细胞都有星芒状载色体，植物体构造和孢子体形成方法都比较相似，因而有人主张红藻是沿着绿藻门溪菜属这一条路线进化而来的，但是色素不同进化路线存有疑问。

第九节　课外阅读

曾呈奎（1909 年 6 月 18 日—2005 年 1 月 20 日），号泽农，福建省厦门人，海洋生物学家，著名藻类学家，我国藻类学研究奠基人。1930 年从厦门大学毕业后留校任助教；1934 年获得岭南大学理学硕士学位；1935 年进入国立山东大学生物系工作；1938 年担任岭南大学植物学副教授兼植物标本室主任；1942 年获得美国密歇根大学研究院博士学位；1943—1945 年在美国加州大学斯克里普斯海洋研究所进修海洋学，同时进行海藻调查研究；1946 年回国，在山东大学植物系任教授、系主任兼水产系主任、海洋研究所副所长；1950 年，他和童第周、张玺教授共同组建了中华人民共和国第一个专门从事海洋科学研究的国家机构——中国科学院海洋研究所，同年加入中国民主同盟，历任研究员、副主任、副所长、所长及名誉所长；中国科学院院士，第三世界科学院院士，中国海洋湖沼学会名誉理事长，美国俄亥俄州立大学名誉博士，第三届至第九届全国人大代表；1980 年当选为中国科学院学部委员，同年加入中国共产党；1985 年当选第三世界科学院院士；1997 年获得何梁何利基金科学与技术进步奖；2005 年 1 月 20 日在青岛逝世，享年 96 岁。

曾呈奎长期从事海洋植物学的教学和海藻学的研究，先后发现了百余个新种，两个新属，一个新科，为《中国海藻志》的编写提供了基础资料。曾呈奎在经济海藻资源的开发利用和化学加工以及对紫菜、海带栽培生物学研究方面所取得的成果，为中国海藻栽培及化工生产事业的建立和发展奠定了基础。在海藻比较光合作用和色素吸收研究方面所取得的成果，为探讨光合生物的进化途径提供了资料。率先提倡海洋水产生产必须走农牧化的道路。曾呈奎首次发现并报道了西沙群岛原绿藻，组织领导了西沙群岛海洋生物调查研究；进行了海带夏苗低温培育、陶罐施肥，参与完成了商品海带南移栽培实验，使海带在中国长江以南大面积海域栽培成功；提出了紫菜壳斑藻阶段的大量培养方法；创造了利用马尾藻为原料提取褐藻胶的方法，并成功地应用在工业生产上；通过海藻光合作用和色素吸收研究，提出了光合生物的进化途径；提出了在中国发展蓝色农业研究和开展大型底栖海藻栽培以改善日益恶化的海洋环境的必要性，提出了中国海洋生物技术研究设想，领导开展了海藻的生物技术研究，建立了中国第一个海藻基因工程研究实验室。

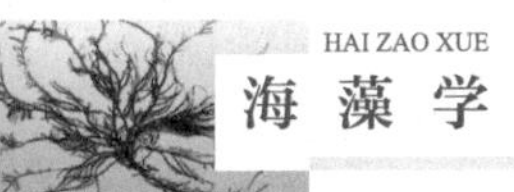

第十节　课后习题

（1）概念题

果孢子；果孢子体；四分孢子；四分孢子体；纹孔连接；果胞；壳孢子；藻胆素；弥散式生长；三世代；单轴型；多轴型；受精丝；不动精子；囊果。

（2）问答题

①红藻门的主要特征是什么？

②写出紫菜、石花菜、江蓠、仙菜、多管藻的生活史。

③原红藻纲与真红藻纲的区别是什么？

④红藻果胞受精后将以几种方式产生果孢子？

⑤试述江蓠的 3 种繁殖方式。

⑥试比较坛紫菜与条斑紫菜的区别。

⑦简述红藻门的生态特征。

⑧仙菜目分几个科，各个科的区别是什么？

⑨红皮藻目分几个科，各个科的区别是什么？

⑩真红藻纲分为几个目？分目的形态学依据是什么？

⑪写出珊瑚藻目、石花菜目、江蓠目、海索面目、仙菜目、杉藻目的分类检索表。

⑫栽培紫菜分为几种，其形态学区别是什么？

（3）写出下列海藻学名

坛紫菜、蜈蚣藻、条斑紫菜、海萝、石花菜、江蓠、仙菜。

（4）填空题

①红藻的有性生殖为（　　），雌性生殖器官称为（　　），其上有一条细长的（　　）。配子体产生的精子和卵子结合成合子，附生在配子体上发育，称为（　　）。

②红藻门分为（　　）纲和（　　）纲。

③藻胆素是（　　）和（　　）的总称，含有藻胆素的两个门是（　　）和（　　）。

④多管藻的（　　）体寄生在配子体上，是由受精果胞经（　　）分裂产生的，由它产生（　　）孢子，进而发育为（　　）体。

⑤多管藻的（　　）萌发形成二倍体的四分孢子体，在四分孢子体上形成（　　），经过（　　）分裂形成（　　），由它萌发形成（　　）。

⑥红藻多生长在深海处，它是因为红藻的载色体中含有（　　）色素之故。

⑦我国紫菜主要栽培种类：（　　）和（　　）。

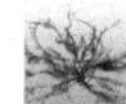

⑧坛紫菜在分类上属于（　　）门、（　　）纲、（　　）目、（　　）科、（　　）属。

⑨麒麟菜在分类上属于（　　）门、（　　）纲、（　　）目、（　　）科。

（5）选择题

①（　　）是二倍体的。

A. 果孢子体；B. 四分孢子体；C. 果胞；D. 多室配子囊；E. 雄配子体；F. 孢子体

②在紫菜生活史中，产生的孢子为（　　）。

A. 外生孢子；B. 单孢子；C. 中性孢子；D. 果孢子；E. 壳孢子；F. 似亲孢子

G. 复大孢子

③下列藻类生活史中，配子体占优势的异型世代交替是（　　）。

A. 裙带菜；B. 紫菜；C. 海带；D. 萱藻；E. 礁膜

④下列藻类植物中，（　　）是藻类植物中最大的 1 门。

A. Chlorophyta；B. Cyanophyta；C. Phaeophyta；D. Rhodophyta

⑤下列藻类植物中，细胞含叶绿素 a 和叶绿素 b 的为（　　）；含叶绿素 a 和叶绿素 c 的为（　　）；含叶绿素 a 和叶绿素 d 的为（　　）。

A. 褐藻门；B. 红藻门；C. 绿藻门；D. 蓝藻门；E. 原绿藻门

⑥在下列特征中，蓝藻门和红藻门相似的特征是（　　）。

A. 光合色素具藻胆素等；B. 生活史中无带鞭毛的细胞；

C. 具载色体和蛋白核；　D. 光合作用产物为淀粉

第四章

褐藻门 Phaeophyta

褐藻门约有250属1 500种，除少数种属生活于淡水中外，绝大部分生活在海水中，营固着生活，是海底森林的主要成分。目前，据《中国海洋生物名录》（2008）记载，在中国海域已有记录的褐藻为58属260种（包括变种）。根据世代交替的有无和类型，一般分为3个纲，即等世代纲 Isogeneratae、不等世代纲 Heterogeneratae、无孢子纲 Cyhlosporeae。

第一节　褐藻门藻体形态特征

01 藻体形态特征和细胞学特征

褐藻门的物种呈褐绿色、棕褐色或褐色，这是由于色素体内除含有叶绿素类、胡萝卜素类外，还含有大量叶黄素类（岩藻黄素，过去称之为藻褐素，fucoxanthin），以及可能存在一些褐藻单宁酸（tanninacid）类物质。植物体是多细胞的，褐藻门中没有单细胞或群生种类，基本上可分为三大类：第一类是分枝的丝状体，有的分枝比较简单，单列细胞组成的异丝体（heterotrichous filament），有的分化为匍匐枝和直立枝的异丝体，如水云属 *Ectocarpus* 植物；第二类是由分枝的丝状体互相紧密结合，形成假薄壁组织，假膜体（pseudoparenchyma）和膜状体（parenchyma），如黏膜藻 *Leathesia difformes*（L.）Aresch.，有的是单轴型，有的是多轴型；第三类是比较高级的类型，是有组织分化的植物体，膜（叶）状体（parenchyma）类型，如海带目的许多种类。多数藻体的内部分化成表皮层、皮层和髓三部分，并生有气囊，成熟的藻体还能分化出产生生殖细胞的“生殖托（receptacle）”。表皮层的细胞较多，内含许多载色体。皮层细胞较大，有机械固着作用。接近表皮层的几层细胞，也含有载色体。含载色体的部分有同化作用。髓在中央，由无色的长细胞组成，有输导和储藏作用。有些种类的髓部有类似筛管的构造，称为喇叭丝。用示踪原子 ^{14}C 证明，在巨藻属 *Macrocystis* 中的甘露醇由同化组织通过类似的筛管转移到藻体的其他部位。褐藻门植物体的生长常在藻体的一定部位，如藻体的顶端或藻体中间，也有的是在特殊的藻丝基部，见图 4-1。

褐藻体形都是较大型，最大的藻体可长达 100 m 以上，如巨藻 *Macrocystis* sp. 是构成海底森林的主要类群。褐藻门内几乎所有的物种都是在海水中生活的，仅有 8 种为淡水性种。褐藻门的很多种类能扩散到半咸水中，并经常成为盐沼植被的重要组成部分。这些半咸水植物几乎完全丧失了有性生殖的能力，仅能通过营养生殖的方式进行繁殖。

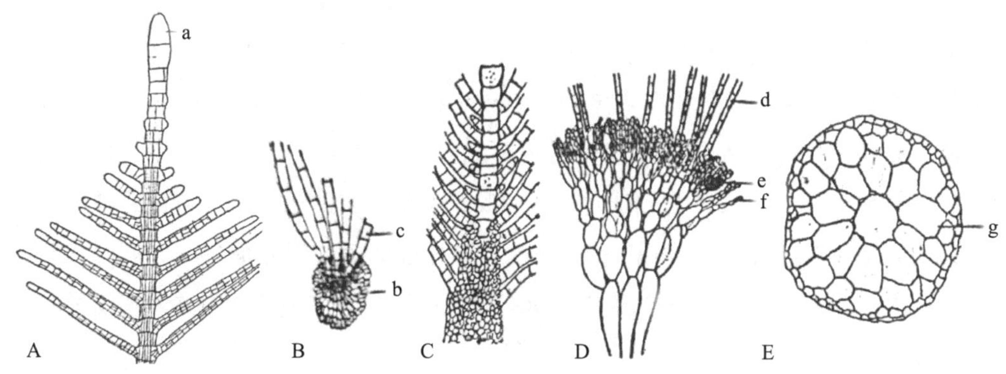

图 4-1　藻类植物藻体形态

A. 膜状体；B. 异丝体；C. 单轴假膜体；D. 多轴假膜体；E. 单轴假膜体；a. 顶端细胞；b. 藻体基部；c. 直立枝；d. 毛；e. 单室孢子囊；f. 同化丝；g. 皮层（引自：郑柏林等，1961）

褐藻的生长方式，随种类而不同，可分为以下几种。①散生长形式，藻体的所有细胞都有生长能力，如水云目的有些种类。②间生长形式，分生组织位于柄部和叶片之间，如海带目的许多种类。③毛基生长形式，藻类的生长点位于单列的分枝丝体，即藻毛的基部，顶端丝体具分生能力，如水云目 Ectocarpales、酸藻目 Desmarestials、线翼藻目 Tilopterdales 和马鞭藻目 Cutleriales 的种类。④顶端生长形式，只有藻体的顶端具有生长能力，如黑顶藻目 Sphacelariales、网地藻目 Dictyotakes、墨角藻目 Fucales 等属于此类型。⑤表面生长形式或边缘生长形式，依靠膜状体的皮层细胞由表面向周围生长，如网地藻目的一些种类。

褐藻的多数种类固着于岩石上生长，有一些种类附生于其他植物或动物的外部或内部，马尾藻海的马尾藻则漂浮海面生长。多数褐藻类生活在低潮带和低潮线下，如海带目藻类；但也有生长在中潮至高潮带，如鹿角菜属。黑顶藻属及黏膜藻属只生长在中潮带。

褐藻门的大部分种类生长在冷温带沿海的潮间带及以上区域，并成为该区域的优势类群，这一趋势在北半球更加明显，虽然在这里褐藻的种类少于红藻，但褐藻的生物量远超过红藻。

第二节 褐藻门细胞学特征

（1）细胞壁。褐藻类的细胞壁明显分为内外两层，内层主要是由纤维质组成，比较坚韧，胞壁骨架主要由纤维素（cellulose）构成，褐藻壁中的微纤维占的百分比因种类不同而有变化。在鹿角菜属 *Pelvetia* 中仅占 1.5%，在泡叶藻属 *Ascophyllum* 中约占 7%，在海带中约占 20%。外层是由藻胶质组成，藻胶质含有几种不同的藻胶，其中存在最广泛的为褐藻糖胶（fucoidan）。其实，藻胶是无定型成分之一，在纤维素框架中也有。无定型成分还有褐藻酸（alginic acid）和岩藻多糖（fucoidin），同时，褐藻酸也是构成褐藻胞外黏液和表皮的主要成分。褐藻酸主要由以 β-1，4 糖苷键相连的甘露糖醛酸单元组成，它们通过 C-1 和 C-4 键与数目不等的古洛糖醛酸单元相连接，而岩藻多糖主要成分为以 α-1，2 糖苷键相连的硫酸岩藻糖单元，同时含有少量由 β-1，4 糖苷键相连的硫酸岩藻糖单元。褐藻酸和岩藻多糖的相对量随海藻种类、藻体的部位以及环境条件和季节变化而不同。

大型褐藻类的藻胶质（海带目除外），大都充满于细胞质中，而海带目的种类，藻胶质往往存在于藻体的一定黏液腔道和黏液腺细胞中。另外，在团扇藻属 *Padina* 的细胞壁有钙化现象，在黑顶藻目及团扇藻目的细胞中曾发现有铁的沉积。具有薄壁组织的褐藻的大多数细胞之间存在胞间连丝和小孔，这些小孔被质膜环绕，不同细胞的原生质体通过这些小孔相连。有些种类的细胞膜含有胼胝质，而海带属的“筛管”则存有胼胝体。

（2）光合色素。含有叶绿素 a 和叶绿素 c，这些叶绿素是被褐色的叶黄素类的墨角藻黄素（岩藻黄素）所掩盖。此外，它还含有其他的叶黄素，如堇菜黄素（violaxanthin）、新叶黄素（neoxanthin）、玉米黄素（zeaxanthin）等，以及 β- 胡萝卜素，岩藻黄素和叶绿素 a 的比例在褐藻中为 0.3% ~ 0.4%。这些色素的各种不同的组合，使褐藻产生不同的颜色，即由褐绿色到完全褐色。其中墨角藻黄素的光合作用最大，有利用短波光的能力，同化作用的最大限度出现在蓝颜色部分，在潮间带的褐藻能够强烈地吸收紫外光线，已有确切的实验证明，岩藻黄素所吸收的光可以传递给叶绿素 a 参与光合作用，但也有证据说明岩藻黄素对浅水生长的褐藻有保护光合器免受光氧化的作用。褐藻叶状体和叶绿体的荧光发射光谱中都没有 730 nm 发射峰，其荧光特性与高等植物明显不同。藻褐素的含量，因种类不同也有差异，在海带属、网地藻属、鹅肠菜属、水云属等一些种类中，其色素中含有丰富的藻褐素，而在墨角藻属，含量很少。藻褐素由于能吸收绿光及蓝紫光（500 ~ 600 nm），所以大部分褐藻类适合于深水层生长（达

到 10 m 深度）。岩藻黄素和叶绿素 a 的比例随辐射光照降低而降低，光照强的地区的褐藻颜色更深。

（3）光合器官——叶绿体。褐藻类囊体是三条类囊体组成一束。这些成束的类囊体之间仍有一定的空隙，彼此之间还没有融合，联合程度不一，束间两相邻类囊体间隙一般 2 ~ 4 nm; 不形成隔片; 无基粒; 基因体分散，单生，环状; 有叶绿体内质网。叶绿体被膜为双层膜，且为平行的单位膜。这两层膜在构造上也明显不同。外面的一层较厚，通常有明暗相间的条纹。里面一层较薄，呈单一的层状，看起来与同一叶绿体的类囊体膜很相似。在褐藻中，叶绿体内质网的发育程度还与细胞内叶绿体的数目有关。细胞内叶绿体数目少的属，叶绿体内质网发达；细胞内叶绿体数目多的属，如黑顶藻属，叶绿体内质网发育得差，甚至不能把叶绿体包围起来。叶绿体内质网在对着细胞质的表面上有核糖核蛋白体（ribosome），在对着叶绿体的表面上没有核糖核蛋白体。质体球是叶绿体中球形小体，含有类胡萝卜素、质体醌、叶绿素，缺少界膜。质体球数量与类脂合成速度有关，是叶绿体内脂蛋白膜生长和合成的类脂储藏处。基因体为存在于大多数藻类中的类似于病毒和细菌中的一种含有基因的小体。电子显微镜下，呈现为一电子透明区，含有 DNA 性质的纤维。这种环状基因体只出现于三条类囊体组成一束的叶绿体内，呈环状。在黑顶藻 *Sphacelaria* sp. 中，在类囊体的最外层内存在一条环状的基因带。

（4）淀粉核。褐藻淀粉核周围没有界膜，只能根据基质的浓度来识别。淀粉核形状为突出状或呈柄状，它们从叶绿体的主体上生出（图 4-2）。Evant 对 12 种褐藻进行了详细观察，发现只有较低等的水云目 Ectocarpales、萱藻目 Scytosiphonales、网管藻目 Dictyosiphonales、黑顶藻目 Sphacelariales 有淀粉核，而较高等的网地藻目 Dictyotales 等没有发现淀粉核。这说明淀粉核的有无与藻类的系统地位有关。在同一种内，淀粉核的出现也因藻体生长阶段的不同而异，如果一种褐藻仅在其某些生长阶段含有淀粉核，那么淀粉核通常存在于卵子和（或）萌芽孢子等微观时期，而在游动精子和（或）游动孢子等宏观时期不存在，如海带属 *Laminaria* 的淀粉核状的构造只出现于萌发的孢子、配子体和合子里，孢子体世代消失。

（5）光合产物。褐藻类储藏的碳水化合物都是可溶性的。储存在液泡、细胞质或者整个原生质体内，褐藻淀粉是白色、无味、粉状体，溶于水，遇碘不变色，与斐林试液作用呈红色。但其主要储存物质是褐藻淀粉，其次是甘露醇。褐藻淀粉在褐藻中的含量因种类而异，海带属含量最多，特别在夏季含量较丰富，而墨角藻、囊叶藻含量较少，索藻、绳藻、海树藻中没有发现褐藻淀粉。某些褐藻类褐藻淀粉的含量可达藻体干重的 7% ~ 35%。在生长季节，褐藻淀粉的量逐渐积累，而生殖时期或新组织重建时则含量减少，这说明褐藻淀粉是一种储存食物。褐藻淀粉可以作为免疫调节剂，具有明显的抗肿瘤作用。

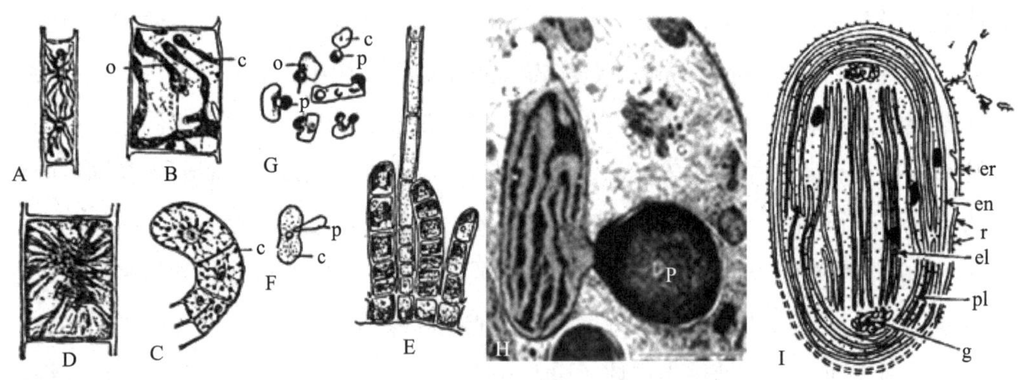

图 4-2　褐藻叶绿体淀粉核

A. 间囊藻 *Pilayella littoralis* (Linnaeus) Kjellman，轴生色素体；B. 长囊水云 *Ectocarpus siliculosus* (Dillwyn) Lyngbye，带状色素体；C. 团扇藻 *Padina pavonia* Lamour，粒状色素体；D. 间囊藻，星状色素体；E. *Ascocylus secundus*，纵切板状色素体；F，G. 淀粉核（c. 色素体；p. 淀粉核）；H. 淀粉核电镜照片；I. 叶绿体（er. 叶绿体内质网；en. 叶绿体膜；r. 核糖体；el. 中央片层；g. 基因体）；A ~ G（引自：郑柏林等，1961）；H ~ I（引自：潘忠正，1979）；H（引自：Lee，2018）

甘露醇在褐藻中普遍存在，海带目、岩藻目常以甘露醇作为储藏食物，但在酸藻中则未发现有甘露醇的存在。海带属甘露醇的含量随季节而变化，一般冬季含量少，夏季多，深水的个体比接近水面的个体含量多。甘露醇浓度在所有褐藻中在低渗条件下都低，在高渗条件下都高。大部分褐藻体内甘露醇在一定范围内均随外界盐度增加而增加。

油在褐藻中普遍都能发现，鹿角菜目（尤其是囊叶藻），绳藻的幼孢子囊，海带属光合作用细胞等都有油存在。暴露于潮间带的鹿角菜属油含量比海带属多。褐藻中鹿角菜属油的含量达到高度饱和，但也有季节的变化。

此外，褐藻还有碘、维生素等的存在。各种褐藻含碘量不同，海带的含碘量最多，据中国科学院海洋研究所分析，海带叶梢部含碘量最高，其碘含量是海水的 1 500 倍；海带叶体中段次之，藻体基部含碘量最低。而且含碘量也与季节有关，如北方 7 月期间含碘量达最高峰，入秋后又逐渐降低。

（6）原生质体。褐藻的细胞核有一层核膜；一个较大的、易被染色的核仁（有些种类有两个核仁），核仁在有丝分裂的时候比较明显；有染色质网状体组织；细胞核的分裂是有丝分裂。褐藻的细胞核一般比其他藻类的细胞核大得多，如黑顶藻目的

顶端细胞，最易观察到大型的细胞核。细胞一般都是单核。在海带属的极少数种类中也发现有多核现象。褐藻的中心体最明显，据有关学者研究，黑顶藻目的藻体的顶端细胞和网地藻目、岩藻目的藻体细胞中尤为明显，中心体一般为杆状，马鞭藻目细胞核分裂的中期可以观察到核仁和核膜密贴，在它们的外围有细胞质射线围绕细胞，在有丝分裂时中心体出现两极，纺锤体仍在核内。褐藻类细胞核染色体数目，在不同种类中差异较大，如水云目的藻类为 8 ~ 10 条，网地藻目、黑顶藻目为 16 条，海带目是 13 ~ 15 条，马鞭藻目为 24 条，岩藻目为 32 条。

褐藻细胞的原生质体内一般都有许多小液泡，如黑顶藻目。小液泡特称为藻泡（physode）。少数物种的细胞内具有较大的液泡，如网地藻属。这些液泡可以用中性红或亮甲基蓝来做活体染色，呈中性或碱性反应。液泡内 pH 值最低的是酸藻属，呈强酸性反应，pH 值为 2，不同物种的液泡因酸碱性不同，呈中性、碱性或弱酸性反应。

细胞质中有一种荧光体，一般像液泡，但内部含有致密的小体。小体是由直径为 0.5 ~ 2 nm 的颗粒状物质组成。外无被膜包被，在荧光体外具有 3 层被膜。荧光体多分布于分生组织细胞内，一般位于藻泡的内侧，在分生组织细胞中多分散在细胞质中。一般认为是特化的液泡。

褐藻的线粒体与一般生物线粒体相同，但在褐藻的配子体与游动孢子分化时期存在脊内物质。有的褐藻脊为单纯管状。海带目的筛管内有特别多的线粒体，反映了这些筛管有高度的代谢率。

胞间连丝与筛管：具有薄壁组织的褐藻的大多数细胞之间存在胞间连丝和小孔，这些小孔被质膜环绕，不同细胞的原生质体通过这些小孔相连。在褐藻海带目 Laminariales、墨角藻目 Fucales 和网地藻目 Dictyotales 中，胞间的小孔在初级纹孔区汇聚，而在较为原始的具薄壁组织的褐藻中，胞间连丝散布在细胞壁内。胞间连丝是细胞间运输的主要渠道。不同褐藻其结构不同，如鹿角菜的胞间连丝为管状。长距离运输的机构是筛管（sieve tube）。这些藻类的髓部组织是由筛管细胞（sieve elements）横联络丝和毛丝（hyphae）组成，见图 4-3。

（7）眼点与鞭毛。褐藻的游动细胞（主要是游动孢子或者配子）通常具有一根位于前端的流苏状鞭毛（茸鞭型，mastigonemos）和一根短的反方向的尾鞭状鞭毛（尾鞭型，whiplash），其中前端鞭毛具有三节结构的茸毛，其结构为 9+2 条微管组成的轴丝（axoneme）。尾鞭鞭毛末端结构为由 2 条微管组成的轴丝延伸物。墨角藻目种类是一个例外。其游动精子的后端鞭毛要比前端的鞭毛长，并且在后端鞭毛的近基部通常有一隆起，这一隆起刚好与位于眼点上方的细胞凹陷相吻合。眼点由 40 ~ 80 个脂质小球构成，它们在类囊体的最外部片层和叶绿体被膜之间排列成一单层。眼点（eyespot或stigma）的功能就像一个凹面镜，它将光聚焦到后端鞭毛近基部的隆起区，后者是褐藻鞭毛细胞趋光性的光受体位点。褐藻在420 nm和460 nm波长处对光表现出的趋光性最强，而这可能是由后端鞭毛隆起区内的类黄素物质捕获，见图4–4。

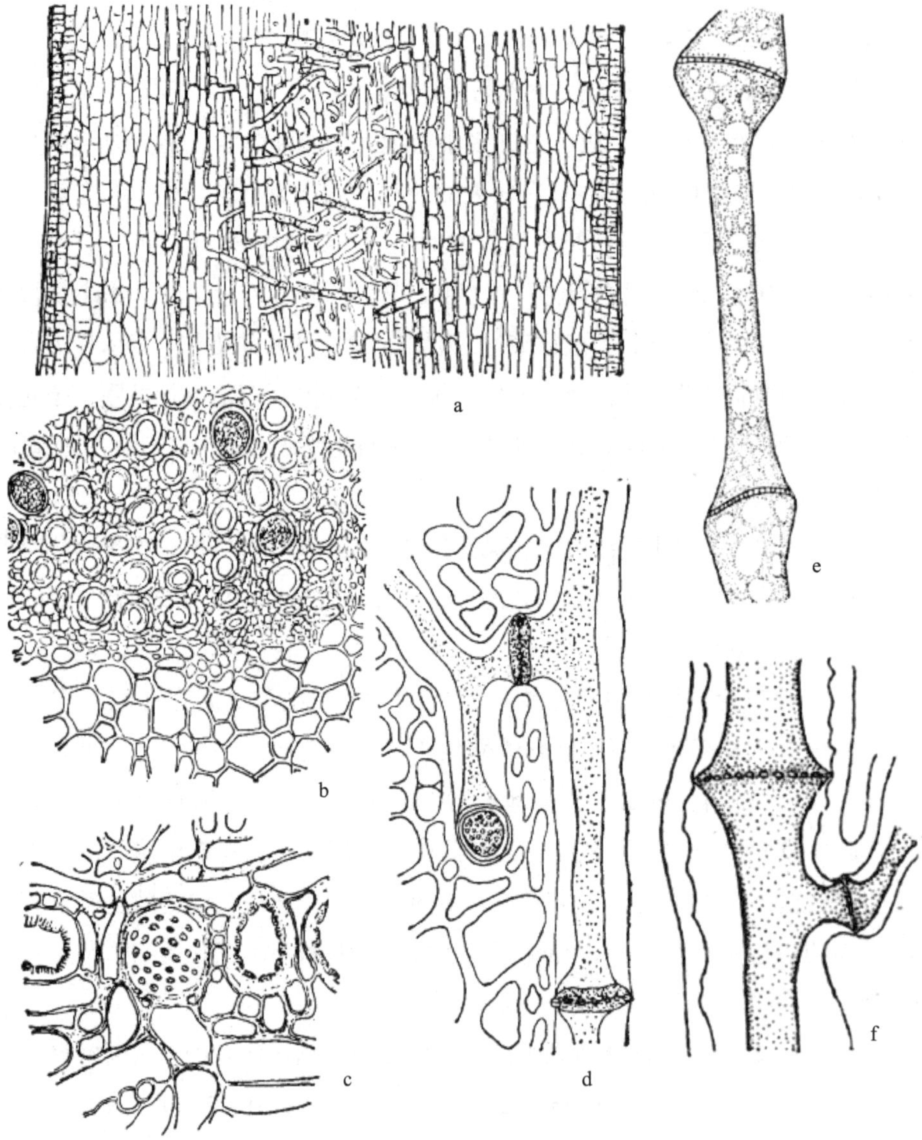

图4–3　褐藻藻体的解剖切面

a. 通过一种海带的柄的纵切；b. 巨藻属茎的横面有筛细胞；c. 在强烈放大下的一个筛细胞；d. 同一种的纵切面；e. 喇叭丝在横臂上有凹孔；f. 筛管侧面放大；a～d（引自：Oltmanns，1922）；e～f（引自：Smith，1955）

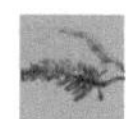

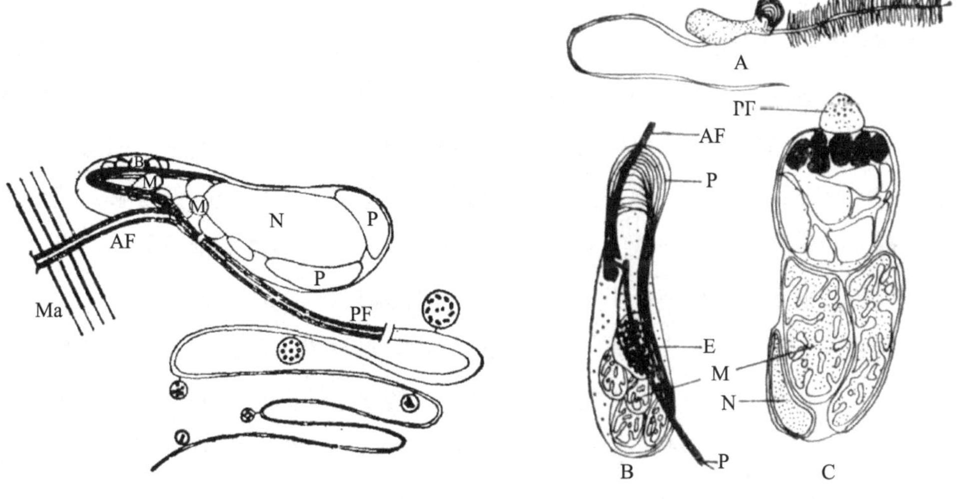

图 4-4　褐藻精子鞭毛

左图：AF. 前鞭毛；PF. 后鞭毛；M. 线粒体；Ma. 鞭茸；P. 叶绿体；右图：A. 精子全部；B. 半图解示精子后鞭毛；C. 精子后鞭毛基部；AF. 前鞭毛；PF. 后鞭毛；E. 眼点；M. 线粒体；N. 核（引自：Smith，1955）

第三节　褐藻的生殖方式

（1）营养繁殖。一种是在幼期或成熟藻体上可以通过断折进行繁殖。通常固着在岩石上生长，垂直割裂成几部分，而每一部分仍固着在基质上，再长出新枝，于是一个个体变成了一丛藻体。另一种营养生殖是在藻体上形成繁殖枝（propagule）。如黑顶藻属的藻体上能形成有繁殖作用的二叉或三叉分枝，这些小枝脱落后附着在基质上，长成新的个体。此外，藻体也可以断折，与母体分离，漂浮在水中再生长成新藻体。如漂浮在马尾藻海的马尾藻属 *Sargassum* 的种类其繁殖只有营养繁殖，现在这一属还不知道是否有其他的繁殖方法。

02 褐藻的生殖 (1)

（2）无性生殖。藻类除圆子纲 Cyclosporeae 藻类外，都产生游动孢子或不动孢子进行无性繁殖。游动孢子梨形具二条鞭毛，鞭毛侧生不等长，用特殊的染色方法在电子显微镜下观察，前面长的一条为茸鞭状，有二列纤毛，后面短的一条是鞭状，无纤毛。游动孢子内有核、色素体及 1 个眼点。

孢子囊有单室孢子囊（unilocular sporangium）与多室孢子囊（plurilocular sporangium）两种，单室孢子囊为 1 个细胞组成，发生之初是单核，细胞膨大后，细胞核分裂成 4，8，16，32，64 或 128 个子核，再分裂成单核原生质体，经过变态形成游动孢子。第一次分裂为减数分裂，因此这种游动孢子萌发成为配子体。多室孢子囊是先横分裂后纵分裂，产生隔壁，形成许多小室，即由许多细胞构成，每一个细胞产生 1 ~ 2 个游动孢子，但细胞分裂时不经过减数分裂，因此它们萌发成为二倍体的孢子体。孢子成熟后，孢子囊壁溶解，游动孢子逸出。单室孢子囊孢子的放散是通过囊壁顶端的小孔逸出，多室孢子囊的游动孢子的放散首先是细胞隔壁溶解，然后通过顶端或侧壁的小孔逸出，因此，其释放的孢子萌发成为二倍体的孢子体。但是马鞭藻目和黑顶藻目则是通过每一个小室开一个小孔，游动孢子同时全部逸出。

一些褐藻如网地藻以不动孢子进行无性生殖，这种孢子没有细胞壁，没有鞭毛，因此不能自由游动，完全依靠水的流动而分布。其发生过程与单室孢子囊相同。

（3）有性生殖。从配子体上形成配子囊，由配子囊再产生配子，两性配子结合形成合子，由合子再形成新植物体，此过程为有性生殖过程。

同配生殖：是指雌雄配子在形态、大小、结构、运动能力等方面都极其相似，两性配子结合形成合子进而发育成新个体的生殖方式。褐藻门同配生殖常见种类有：水云目、黑顶藻目、网管藻目。雌雄同体或异体，一般不结合的配子分解死亡，也有进行单性生殖。

异配生殖：雌雄配子形态结构相似，但是大小及运动能力不同，大而运动迟缓的为雌配子，小而运动迅速的为雄配子。雌雄配子结合进而形成合子。一般雄配子有一个色素体，但是雌配子却有多个色素体。马鞭藻目种类当雌配子没有与雄配子结合机会时，便会进行单性生殖。

卵式生殖：雌雄配子明显不同，分为精子与卵细胞，精子小，具有两条侧生的鞭毛，一条向前，一条向后。除了圆子纲藻类外，鞭毛都是前长后短，但网地藻目种类只有一条在前端的鞭毛。卵细胞体积大，不能运动。精卵结合形成合子，进而发育成新个体，此为卵式生殖。雌配子体信息素的释放受雄配子前鞭毛的控制，卵细胞成熟后在精子鞭毛的控制下能释放一种外激素信息素（pheromone）吸引精子到每一个卵细胞上。墨角藻目雌雄配子细胞膜的愈合是发生在精子前鞭毛和卵质膜之间。受精以后卵细胞内囊泡内容物也跟着释放于细胞外形成新壁，阻止多精受精现象。

在褐藻中，性激素可以调节两种生物学效应：①精子囊中游动精子的暴发性释放；②雄配子被雌配子或卵细胞所吸引。褐藻中所有的性激素均为不饱和的碳氢化合物（至少含有一个双键或三键）。除了墨角藻的精子性引诱剂以外，褐藻的所有性激素均为 C_8 ~ C_{11} 烯烃，并且它们大多数组装成一个五碳或七碳的环状结构。迄今为止，褐藻中已鉴定的所有性激素都呈现出挥发性和疏水性。水云目的配子释放的性激素含量非

常少，每个细胞每小时仅释放出 0.6 mol（fmol 是 10^{-15} mol）。然而在水中，性激素的无极性性质与水的高度极性性质截然相反，这使得性激素很容易被感应细胞所识别。当无极性的性激素离开水体并进入到含有大分子受体的配子脂质质膜中时，性激素的感应开始启动。性激素很容易离开水溶液并进入到空气中（挥发性强），这种特点能避免性激素在雌配子周围的缓慢堆积，否则会降低雌配子周围雌激素的梯度效力。在距离雌配子 0.5 mm 以外的范围内，激素可能将不起作用。因此，雌激素的这种诱导作用只是短距离的行为。

第四节　褐藻的生活史

（1）同型世代交替生活史（双元同型，D^i，h+d）。生活史中既有双相的孢子体（藻体），又有单相的配子体（藻体），而且这两种藻体在外形上是相似的。如在水云属 *Ectocarpus* 的生活史中，在藻体营养期是无法从外形上区分出孢子体和配子体的，见图 4–5。

（2）异型世代交替生活史（双元异型，D^h，h+d）。生活史中既有双相的孢子体，也有单相的配子体，但这两种藻体在外形上是绝然不同的。有的孢子体发达，配子体不发达，如海带属 *Laminaria* 的生活史中孢子体具有“根”“茎”“叶”分化的大型藻体，而配子体是单细胞或多细胞丝状体，是只有在显微镜下才能看清的小型藻体，还有酸藻目、网管藻目等。有的是配子体发达，孢子体不发达，如萱藻、马鞭藻等，见图 4–5。

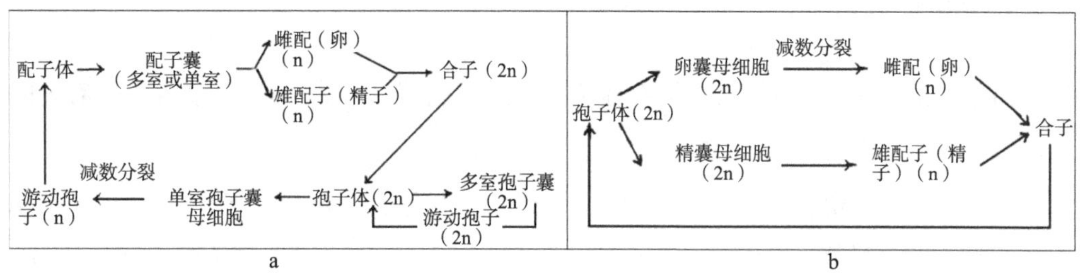

图 4–5　褐藻门生活史图解

a. 双元型生活史；b. 单元型生活史

（3）只有核相交替无世代交替（单元双相，H_d 型）。生活史中只有一种双相的植物体，没有单相的植物体，单相期仅在生殖细胞时期（精子、卵）出现，如鹿角菜属 *Pelvetia*、墨角藻目 Fucales、马尾藻属 *Sargassum* 物种的生活史便是如此，见图 4–5。

（4）褐藻生活史进化。研究普遍认为同型世代交替在系统发育上是较古老的。在系统发育上比较年幼的类型是它们单相的配子体藻体渐渐退化，直到只有单相的有性细胞阶段，在整个生活史中藻体仅有2倍体阶段，如墨角藻的藻体只有一种属双相的孢子体世代。水云目 Ectocarpales 可以认为是褐藻的发展中心，它的典型代表即水云属 *Ectocarpus*，具有与高度发展的绿色的淡水藻类相同的体制级。见图4–6。

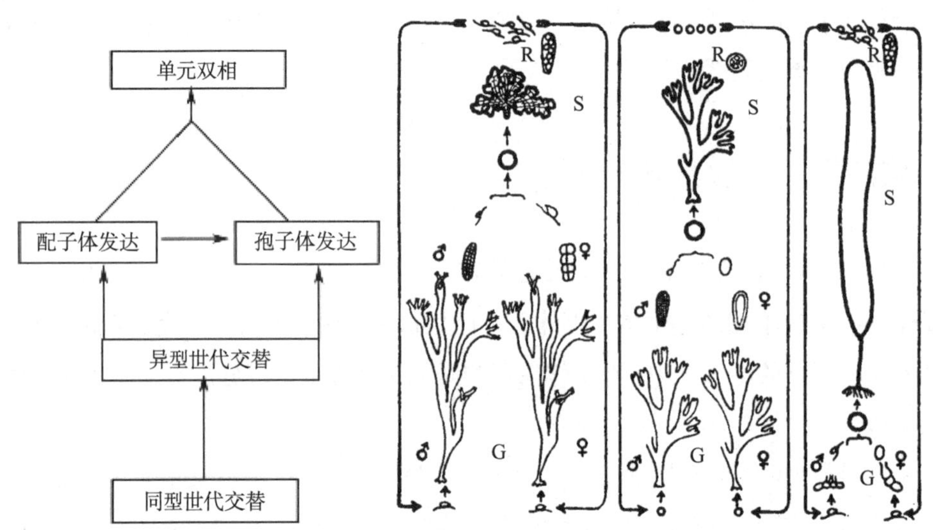

图4–6　褐藻门生活史图解及进化

左图：马鞭藻属、网地藻属和海带属的世代交替和核相交替的示意图；右图（褐藻生活史进化图）：G. 配子体植物；S. 孢子体植物；O. 合子；R. 减数分裂，单倍体期以细线表示，2倍体期以粗线表示（引自：福迪，1980）

第五节　褐藻门的分类

褐藻门的分类是采用1933年希林（Kylin）所建议的，根据褐藻繁殖和生活史的不同特点分为3纲。检索表如下：

1. 具有无性繁殖 ··2
1. 没有无性繁殖 ··圆子纲 Cyclosporeae
2. 无性繁殖产生游动孢子 ···褐子纲 Phaeosporeae
2. 无性繁殖产生不动孢子 ·····································不动孢子纲 Aplanosporea

一、褐子纲 Phaeosporeae

褐子纲又称褐藻纲，这是褐藻门中主要的一个类群。植物体的形态、构造、生长、

繁殖和生活史都是多样化的。本纲共分 9 个目。

分目检索表

1. 藻体为膜状体或假膜体 ……………………………………………………………3
1. 藻体为丝状体或异丝体 ……………………………………………………………2
2. 藻体为单列细胞组成的异丝体 ………………………………水云目 Ectocarpales
2. 藻体上部为单列丝状体，下部多列成薄壁组织 …………线翼藻目 Tilopteridales
3. 孢子体大于配子体 …………………………………………………………………5
3. 配子体等于或大于孢子体 …………………………………………………………4
4. 生长方式为毛基生长 …………………………………………马鞭藻目 Cutleriales
4. 生长方式为顶端生长 ……………………………………黑顶藻目 Sphacelariales
5. 生长方式为居间生长 ……………………………………………海带目 Laminariales
5. 生长方式为毛基生长、顶端生长或散生长 ………………………………………6
6. 生长方式为顶端生长或散生长 ……………………网管藻目 Dictyosiphonales
6. 生长方式为毛基生长 ………………………………………………………………7
7. 有性生殖方式为同配 ……………………………………………索藻目 Chordariales
7. 有性生殖方式为卵配 ………………………………………………………………8
8. 藻体有明显的中轴细胞，基部有分生组织 ………………酸藻目 Desmarestiales
8. 藻体顶端有明显成束的毛丝体，丝体基部有一分生组织
…………………………………………………………………毛头藻目 Sporochnales

1. 水云目 Ectocarpales

04 水云目

藻体为单列细胞分枝的异丝体、多轴型丝状体、丝体侧面接合成假膜体。营附着、漂浮或内生生活。生长方式为居间生长、毛基生长或顶端生长，具毛或无毛。色素体盘状、带状或星状，侧生，含一个至数个蛋白核。孢子体生有单室孢子囊，或同时生有单室孢子囊和多室孢子囊（图 4-7）。单室孢子囊顶生或间生，多单生，产生的孢子发育成新的单倍体的配子体；多室孢子囊与配子囊形状相同，生长方式也一样，但产生的孢子发育成新的二倍体孢子体。配子体生有多室配子囊，配子囊多列或单列，顶生或间生，仅很少集生成群。有性生殖为同配生殖或异配生殖。分为三个科：聚果藻科 Sorocarpaceae、间囊藻科 Pilayellaceae、水云科 Ectocarpaceae，聚果藻科的孢子囊呈穗状团块，间囊藻科 Pilayellaceae 的孢子囊生于藻体间，而水云科 Ectocarpaceae 的孢子囊侧生、顶生于藻体上，以此相区别。

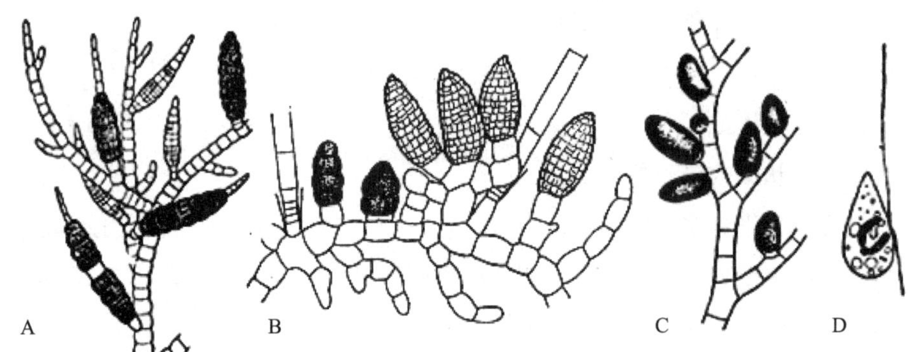

图 4-7　褐藻孢子囊及游动孢子

A. 间囊藻 *Pylaiella litoralis* 的多室孢子囊；B. 匍匐水云 *Ectocarpus reptans* 的多室孢子囊；C. 水云 *Ectocarpus confervoides* 单室孢子囊；D. 海带属的一个游动孢子（引自：福迪，1980）

代表种类：水云 *Ectocarpus confervoides*（Roth）Le Jolis，属于水云目 Ectocarpales，水云科 Ectocarpaceae，水云属 *Ectocarpus*。藻体为单列细胞异丝体，藻体黄褐色，丛生，向上多分枝，逐渐变细，分枝不规则，互生或侧生，小枝末端延长呈毛状。主丝体基部向下生有丝状假根，假根不规则弯曲，主丝体较粗。色素体侧生，带状，含有淀粉核。丝状藻体密集纠缠在一起，向上有很多不规则分枝，多室孢子囊有短柄或少数无柄，多侧生，少数顶生，圆锥形、长卵形或卵形等，有的稍弯曲。单室孢子囊卵形或球形，侧生，无柄或有柄。同型世代交替。

配子体单倍体与孢子体二倍体时期均为丝状体，但二倍体丝状体的细胞要比单倍体丝状体的细胞长。二倍体藻体在同一植株或不同植株上产生单室和多室孢子囊。单室孢子囊的孢子母细胞呈球形且细胞核较大。孢子母细胞起始时为空泡状，但不久藻泡和液泡从孢子母细胞中排出并停留在胞壁内。细胞核进行减数分裂。一个游动孢子与一个细胞核相结合，并分隔产生一个游动孢子。当单室孢子囊的顶端出现一个小孔隙时，多达 32 个游动孢子以胶状介质的形式从孢子囊中释放出来。该孔隙很小，而游动孢子的尺寸相对较大，其尺寸大约是配子或多室孢子囊中释放的游动孢子的两倍。游动孢子起始时以直线方式游动，当寻找到合适的附着介质时，即进行环形运动。游动孢子一般附着在疏水界面上，特别是具有菌膜的介质表面。在 2 ~ 3 h 内，游动孢子萌发并产生单倍体丝状体。

多室孢子囊由藻体侧枝转化而来，后者能分裂成 660 个立方体状细胞，其中每个细胞包含一个游动细胞。二倍体丝状体上的多室孢子囊产生游动孢子，游动孢子仍可游动 3 ~ 5 h，附着后能在 2 ~ 5 h 内萌发生成与亲本相似的丝状体。萌发孢子的萌发管从游动孢子狭窄的具鞭毛的前端处生出，且前端总是朝向光线。

单倍体丝状体的多室配子囊要小于二倍体丝状体的多室孢子囊。所有游动配子的尺寸都一样，但是生理特征有别。雌配子在释放后 5 min 即可附着，并分泌一种被称为水云烯的信息素，当周围没有雌配子时，雄配子于开放海水中进行极为快速的直线运动。游动的雄配子一旦遇到水云烯即进行圆周运动，圆周直径随着水云烯的浓度增加而减小。雄配子一旦到达雌配子，雄配子前端鞭毛的顶端部分即与雌配子的质膜紧密结合。随后，两个配子的后端相互融合形成合子。融合过程约需 20 s，融合后合子即失去对雄配子的吸引力，这可从合子附近雄配子的散布得以证实。合子萌发需要 2 ~ 3 d。萌芽孢子的发育要慢于二倍体游动孢子的发育。一些没有受精的雌配子能通过孤雌生殖的方式萌发成单倍体丝状体。这一萌发过程较慢，需要 36 ~ 48 h，见图 4-8、图 4-9。

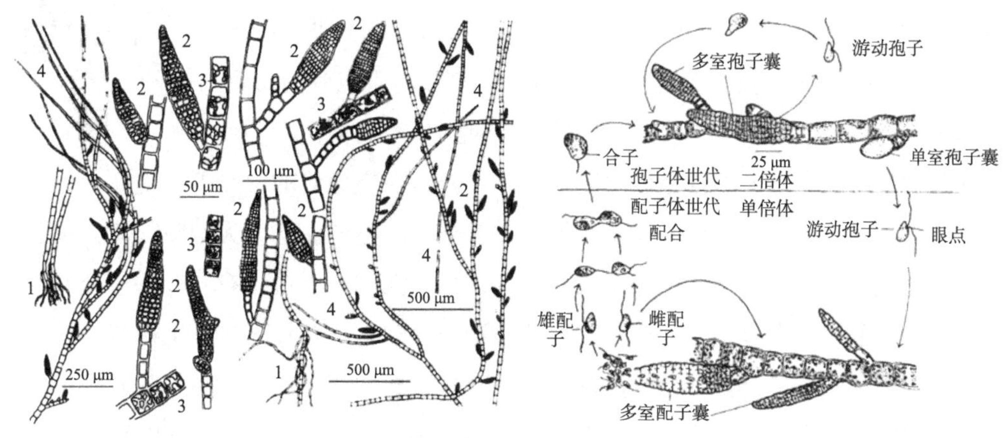

图 4-8 水云 *Ectocarpus confervoides*（Roth）Le Jolis 的藻体形态及生活史

左图：藻体形态；1. 假根；2. 多室囊；3. 色素体；4. 毛状小枝（引自：栾日孝，2013）；右图：生活史（引自：钱树本，2014）

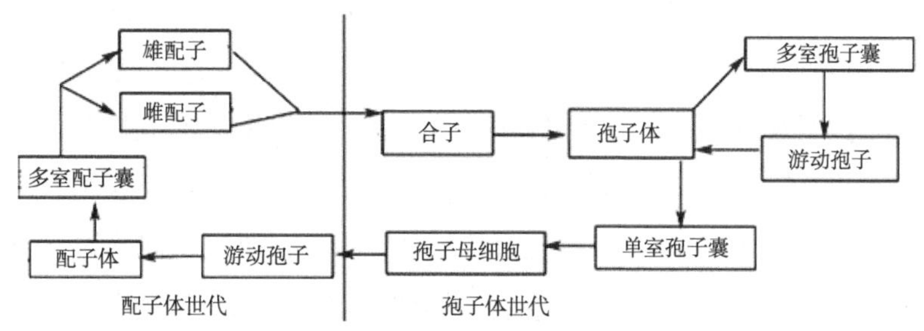

图 4-9 水云 *Ectocarpus confervoides*（Roth）Le Jolis 生活史图解

习性和产地：在春季于潮间带以下附着在岩石或其他海藻上。产于辽宁大连、兴城菊花岛、山东青岛、江苏连云港、浙江舟山群岛、福建厦门等地。国外分布：大西洋、日本、朝鲜半岛、俄罗斯大彼得湾、太平洋东岸沿岸。

水云是海水养殖敌害杂藻，对养殖海藻幼苗期危害尤甚。

水云对于温度和盐度变化有广泛的耐受性，在 10 ~ 29℃能够生长并产生孢子囊。长囊水云在 13℃条件下形成单室孢子囊，在 19℃条件下形成多室孢子囊，在 16℃条件下，既可形成单室孢子囊，也可形成多室孢子囊。水温为 20℃时，水云能在 0.5 ~ 1.5 倍盐度的海水中生长；水温为 15℃时，能在 0.25 ~ 1.75 倍盐度的海水中生长。

2. 海带目 Laminariales

05 海带目

海带目是褐子纲中最进化的类群，其生长是通过柄部与叶片之间的居间分生组织来实现的。海带目海藻的生活史中存在大型孢子体和微型配子体的世代交替。除绳藻属 *Chorda* 和囊根藻 *Saccorhiza* 以外，海带目的其他种类游动细胞都没有眼点和附属鞭毛膨大区。配子体微小，丝状，和本纲的其他目配子体相似，有性繁殖均为卵式生殖，卵细胞成熟时被排出，停留在空卵囊的顶端等待受精。每个精子囊只产生一个精子，卵细胞受精后即萌发为合子。孢子体均为大型膜状体，单条或分枝，圆柱状至扁平，构造也很复杂，非其他藻所能比拟。藻体有“叶片”和“茎”部之分，基部固着器呈盘形或分枝的根状。孢子囊遍生于叶片上，或生在特殊的孢子叶上，均为单室孢子囊。本目藻体孢子囊发育过程相同，开始由皮层细胞向外延伸成栅栏状细胞，每个细胞分裂为两个细胞，下面的小，为基部细胞，上面的继续伸展成隔丝。隔丝顶部宽，互相连接，其外面常有胶质膜，以保护孢子囊群的发育。隔丝为指状，内含有许多色素体，往往还有丰富的褐藻聚糖囊泡存在。孢子囊长方形或长椭圆形，由隔丝之间的基部细胞生出。在孢子囊发育时，隔丝可起保护作用。海带属和一些别的属，胶质膜形成连续的一层，覆盖孢子囊群，但也有的仅在顶端稍加厚。孢子囊所产生的游动孢子数目不同，海带属为 32 个，有的种为 64 个或 128 个，绳藻属为 16 个。成熟孢子囊顶端由于生殖细胞的形成以及胶质膜的形成变厚，孢子囊由此裂开放散出游动孢子。游动孢子梨形，有两条不等长的侧生鞭毛，长的在前面，短的在后面，并含有一碟形色素体。孢子遇适宜基质即附着，萌发成配子体。

海带目海藻的孢子体都分化为固着器、柄和叶片 3 个部分。柄和叶片间的分生组织形成柄与叶片。叶片长度经常保持恒定，这是由于叶片基部增长的长度与叶片顶端因磨损丢失的长度相当。海带目中大多数属的叶片可存活一年，但在很多情况下，柄部和叶片的基部为多年生。在夏季末期，藻体叶片通常停止生长，当游动孢子释放后，

藻体在秋季开始分解。

海带目海藻为大型海藻，通常分布在世界的冷水性海域。海带目的很多属都含有孢子体，它们在温带海域能进行营养增殖，但它们的配子体在水温高于 10 ~ 15℃时不能产生配子，因而限制了它们在水温高于 10 ~ 15℃海域的分布。

海带目分为 4 个科：绳藻科 Chordaceae，其特征为藻体没有“柄”和“叶片”的分化，与其他科区别明显，藻体绳状。巨藻科 Lessoniaceae，“叶片”进行纵分裂，一直延伸到生长区，结果使最初的“叶片”分裂成许多“叶片”，并增加了许多居间分生组织，藻体巨大，外观宜区分，国内只是引种。海带科 Laminariaceae，“叶片”总分裂不延伸到生长区或不分裂，单室孢子囊群生长在藻体“叶片”上。翅藻科 Alariaceae，单室孢子囊群生长在藻体特殊的孢子叶上。

代表种类：

（1）海带 *Laminaria japonica* Aresch.，属于海带目 Laminariales，海带科 Laminariaceae，海带属 *Laminaria*。孢子体大型，配子体微小丝状。孢子体分化成“固着器”“柄”及“叶片”。固着器发达，具有许多分枝，也称假根。“柄”为长柱状；“叶片”扁平，单条，中央部较厚，称为中带部（fascia），叶面平滑或沿中央线两侧凹凸，边缘呈波浪状。“柄”和“叶片”均由髓部、皮层及表面层三部分组成，“叶片”和“柄”均具有黏液腔。藻体生长为居间生长，分生细胞在叶片基部与茎连接处（图 4-10）。无性繁殖时，由叶片皮层细胞形成单室孢子囊，孢子囊间生有隔丝。有性繁殖为雌雄异体，卵式生殖。配子体丝状，雄配子体细胞较多，每个精子囊产生一个精子；雌配子体由一个或几个细胞组成，一个卵囊只产生一个卵子，卵子排出后附着在卵囊壁上，受精后发育为合子。

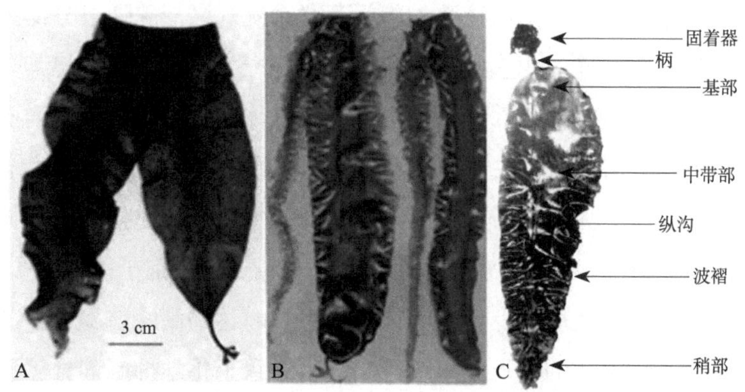

图 4-10　海带 *Laminaria japonica* Aresch. 藻体外形、藻体分区名称

A. 海带幼体；B. 海带成体；C. 海带各部分名称（引自：曾呈奎等，1962，1983）

海带孢子体长度可达到 5 ~ 6 m，但一般为 2 ~ 4 m，褐色，有光泽，海带柄 4 ~ 6 cm，固着器盘状具假根。叶片边缘波褶状，无深裂。“柄”“叶片”相接的地方为分生区。

海带内部结构：柄与叶片具有相同的解剖学结构，唯一的区别在于柄呈圆柱形或椭圆形，而叶片呈扁平状。叶状体表面为进行光合作用的分生表层（meristoderm）的分生组织细胞，它增加了叶状体的围长（girth）。分生表层由小细胞构成，它向里与子代细胞隔开，反过来形成外部皮层的细胞。分生表层通常覆盖着一层黏液。在叶片的整个生活史中，叶片中的分生表层都很活跃，主要以环周方式（periclinically）进行分裂。分生表层内部为内外皮层的较大细胞，紧挨着的为杂乱的伸长细胞，它们构成髓部。外皮层分化的细胞形成内皮层，而内皮层分化的细胞形成髓部。内皮层和髓部细胞经常在相邻细胞间形成交叉连接。在交叉连接形成过程中，两个相邻的母细胞产生的小细胞彼此相对延长。当它们相遇时，末端的胞壁溶解，细胞相互接合，见图 4-11。

另一种类型的细胞是丝细胞（hyphae），它们源于皮层细胞的副产物，能形成纤细的、长度相当可观的分枝细胞，最终生长到髓部的黏液中。髓部细胞呈纵向排列，由于在形成后不能进行分裂，它们通过由细胞扩张而成的叶状体的延长和分生表层的分生行为而被拉伸成长细胞。髓部成分经常被称为喇叭丝（trumpet hyphae）。这是由于细胞被拉长，中间收缩，而隔膜区保持初始大小。喇叭丝的另一个名称为筛胞（sieve cell），因为存在具孔的筛板将细胞分隔开。筛板的孔似乎由胞间连丝演化而来，而胞间连丝在其他褐藻中较为常见。筛板的孔径大小为 0.06 ~ 0.09 μm；孔上没有连接胼胝质（callose）（Lee，2018）；不过筛胞中含有细胞核、液泡和线粒体。可以通过筛胞进行光合作用产物的传递，其中主要是甘露醇（mannitol）。在海带的柄部和叶片的皮层中，存在一个黏液腔的胞间互联系统。黏液腔通过分泌细胞连成一线，而分泌细胞通过胞间连丝相连接。这些分泌细胞产生岩藻多糖并将其分泌到黏液腔中，并从这里释放到叶状体外部。这些细胞是叶状体中唯一能够分泌岩藻多糖的细胞，如同其他生物的分泌细胞，在它们的细胞核周围环绕着大量的高尔基体。

海带的生活史：具有大型孢子体与微型配子体的世代交替。柄与叶状体之间的居间分生组织，能够分泌化学物质，它能进行远距离传输以抑制孢子体上孢子囊的形成。这种具有抑制作用的化学物质在上半年藻体快速生长时达到高峰。随着季节的更替，居间分生组织的活动和藻体的生长逐渐减缓，这也导致了化学抑制剂分泌量的降低。当化学抑制物质的含量降至某一临界点，处于下半年生长季节的孢子体上开始形成孢子囊（图 4-12）。

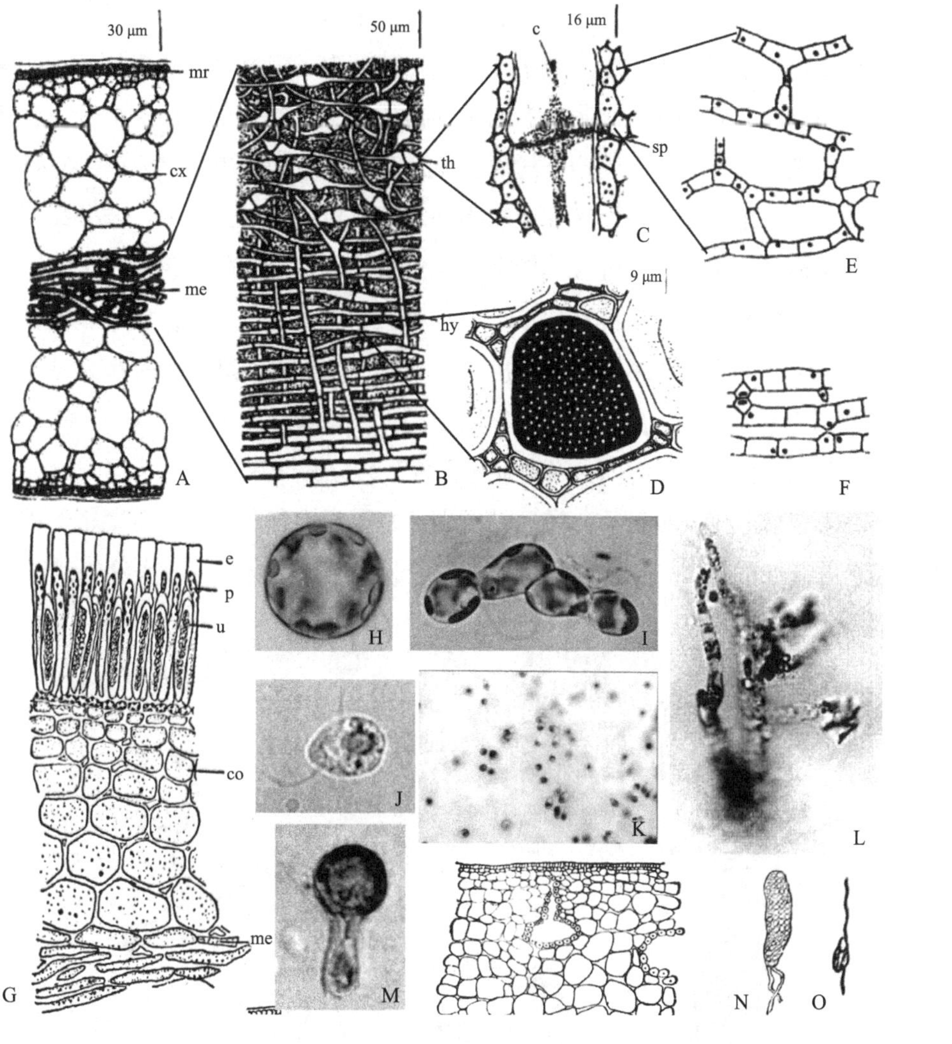

图 4-11 海带 *Laminaria japonica* Aresch. 藻体结构

A. 藻体横切面；mr. 分生组织；cx. 皮层细胞；me. 髓；B. 髓部结构示喇叭丝；th. 喇叭丝；C. 筛管纵观；sp. 筛板具小孔；D. 筛管横切面；E，F. 内皮层细胞和交叉连接的髓部（引自：Lee，2018）；G. 孢子体横切面；e. 分泌细胞；p. 隔丝；u. 孢子囊；co. 层细胞；me. 髓；H. 雌配子体；I. 雄配子体；J. 游动孢子；K. 孢子释放；L. 精子囊；M. 卵囊排卵；N. 幼孢子体；O. 游动孢子侧面；P. 黏液腔；H，I，J，K，M，L（引自：许璞等，2013）；G，P，N，O（引自：郑柏林等，1961）

孢子囊含有单室孢子囊，它与侧丝混杂在一起。表皮细胞拓宽形成一个基细胞和一个侧丝。基细胞变宽，侧丝拉长。侧丝的顶末端逐渐膨大并富含黏液，在基细胞上形成覆盖层（胶质冠）。基细胞立刻在紧邻侧丝的位置生成一个单室孢子囊。单室孢子囊可以形成 32 个单倍体游动孢子。随后，游动孢子从孢子囊变厚的顶端释放出来。游动孢子含有单个叶绿体。游动孢子对营养物质表现出积极的趋向性。它们能在 48 h

内游动几千米的距离。游动孢子附着后即形成配子体。配子体为雌雄异体。游动孢子含有的糖蛋白位于周质内的小囊泡中，它们在游动孢子附着时开始释放。这些糖蛋白帮助游动孢子附着到基质上。附着后的游动孢子分泌一层薄壁环绕住自身，并且开始形成一条纤细的萌发管；游动孢子的原生质从游动孢子中移出并进入萌发管顶端的膨大区；随后，一个胞壁在膨大区和原初孢子之间形成；膨大区内的细胞分裂形成配子体。雄配子体的细胞较小，分枝也较多。雄配子体可形成小的无色的精子囊。在雌配子体中，拉长的卵囊形成后能产生单个卵细胞。在长日照条件下，卵细胞在黑暗期进行释放，大多数情况下是在黑暗期的前 30 min 进行释放。卵细胞的释放显然受到生理节律的调控。卵细胞出现后，细胞壁的浓稠可塑性边缘收缩并形成一个平台，卵细胞在该平台上仍停留一段时间。当卵细胞释放时会分泌性激素海带烯（lamoxirene）。当暴露在海带烯周围几秒钟后，游动精子即从精子囊中释放出来。游动精子被吸引到卵细胞上并开始受精。合子萌发形成扁平的原胚，随后原胚发育成成熟的孢子体。

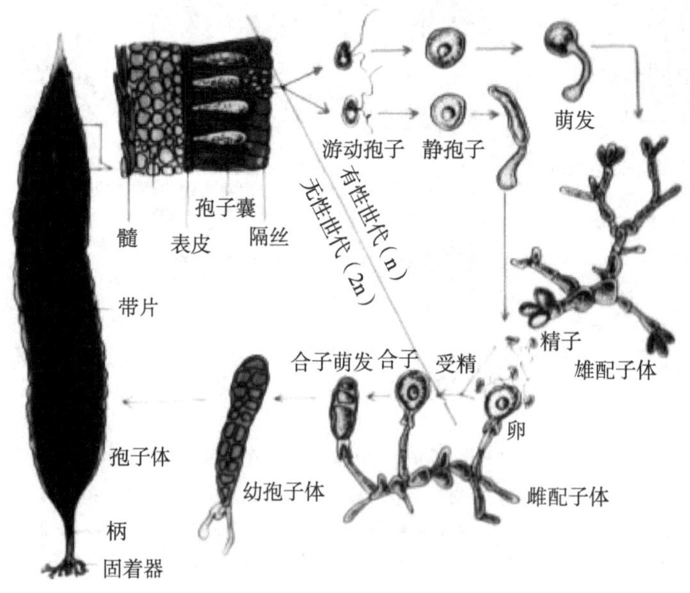

图 4-12　海带 *Laminaria japonica* Aresch. 生活史

孢子体与配子体发育受环境影响。海带孢子体在温度高于 18 ~ 20℃时通常不能生长。而孢子囊在这种温度条件下也不能形成。如果将成熟的海带孢子囊放入 20℃的水中，孢子囊会停止释放游动孢子并开始分解。如果配子体在 15℃的红光条件下，它们将进行不定型生长，且变得不可育。如果配子体接受蓝光照射 6 ~ 12 h，它们就可产生配子。而如果培养温度高于 10 ~ 12℃，或水中 NO_3-N 的浓度不足 5 μg/L 时，则配子体同样不能产生配子。

海带生态及应用：北方海域生长的海带柄更长，叶片更宽，这可能是由于北方海域的藻体生长年龄更长，而不是因为它们的生长速率更快。海带是构成冷水海域海底森林的重要组成成分。每年的冬季早期到次年的夏季早期是主要的快速生长阶段，而在夏季和秋季，它们的生长减缓甚至完全停止。这种生长模式是一种生态策略，因为当浮游生物的重新矿化使得水体中营养供给达到最佳时，这些大型褐藻可以凭借在光线充足的夏、秋季节储存的光合产物，通过重新调动在黑暗的冬季初期积累的碳水化合物，使得藻体重新开始生长。

海带中含有大量碘，可以治疗甲状腺肿。在欧洲，人们服用褐藻丸或褐藻灰来治疗甲状腺肿，它在药学上被称为海藻炭（aethiops vegetabilis）。由于海带柄具有膨胀的特性，所以小块的海带柄在外科手术中被用来治疗开放性瘘管。海带可以食用，营养价值很高，也可以用于肥料。

人工干预下的海带生活史。①海带孢子体既可以是无性的，也可以产生性的分化，即可形成雌性孢子体和雄性孢子体。②雌性孢子体只产生雌性后代——雌配子体，这一点已被大量的实验证实；但雄性海带能否产生雄配子体，蒋本禹等（1979）虽有报道，但由于只获得二株海带，故尚需进一步实验证实。③配子体可以通过配子体自身营养繁殖，而不一定非来自孢子体。④雌配子体可以通过孤雌生殖产生雌性孢子体；雄配子体可以通过无配子生殖产生雄性孢子体。⑤孢子体的游离体细胞，经过脱分化和再分化过程，不经过减数分裂，可以直接长成新的植物体，从而建立了孢子体克隆。见图 4-13。

海带筏式养殖：海带全人工筏式养殖的形式多种多样，包括垂养、平养、先垂后平、单筏“一条龙”、潜筏平养和方框筏平养 6 种形式，其中以垂养和平养为主。海带养殖的筏架有单筏和双筏，北方海区均采用单筏，而南方海区两种都用，见图 4-13。

海带科还有另外一个属——昆布属 *Ecklonia*，不同之处在于藻体叶片两侧深裂。该属的代表种类为昆布 *Ecklonia kurome* Okamura，见图 4-14。

（2）裙带菜 *Undaria Pinnatifida*（Harv.）Sur，属于海带目 Laminariales，翅藻科 Alariaceae，裙带菜属 *Undaria*。裙带菜孢子体呈黄褐色，分为叶片、柄和假根三部分。其假根具有叉状分枝，末端略粗大，用以固着于岩礁上。裙带菜的外形很像裙带，它的藻体比海带小得多。随着藻体的长大，叶片的下部渐渐地生出小的羽片，因此长成的藻体有许多小缺刻，叶片呈掌状分枝。柄呈扁平，背腹隆起而稍圆。柄部边缘有狭窄的龙骨，藻体接近成熟后，龙骨部逐渐扩大，生长速度远远超过柄部本身，因而构

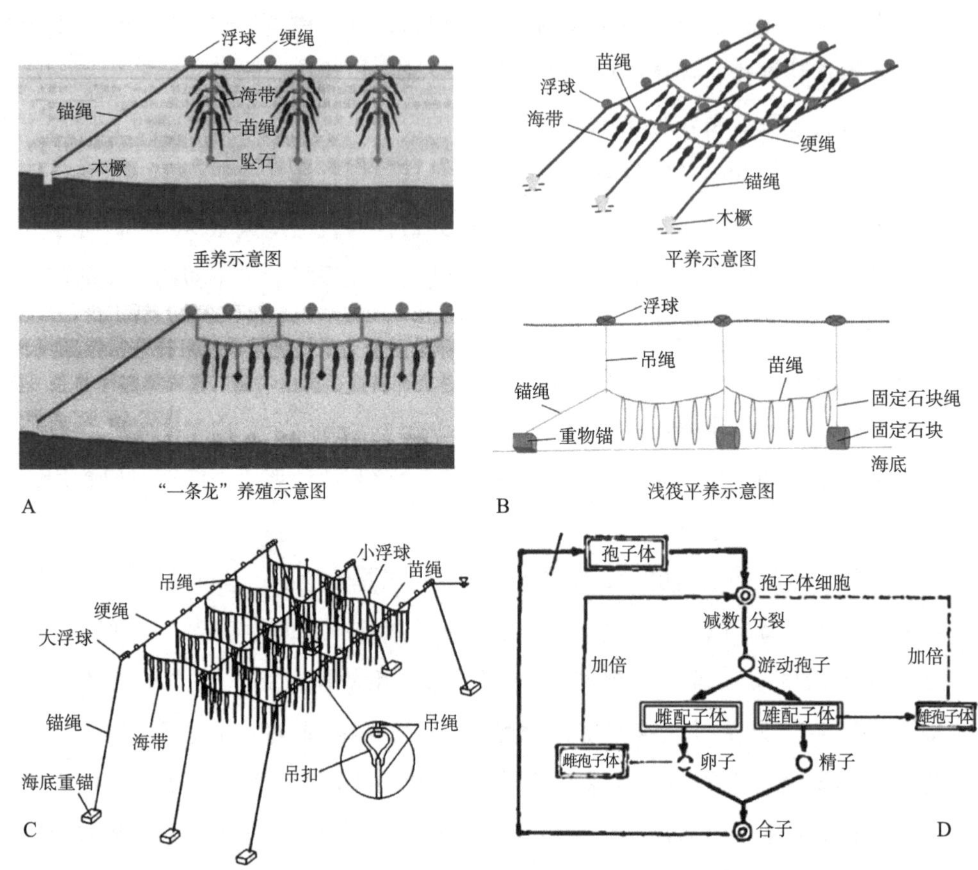

图 4-13　海带筏式养殖及人工干预下的海带生活史图解

A，B，C（引自：常宗瑜等，2018）；D（引自：缪国荣等，1981）

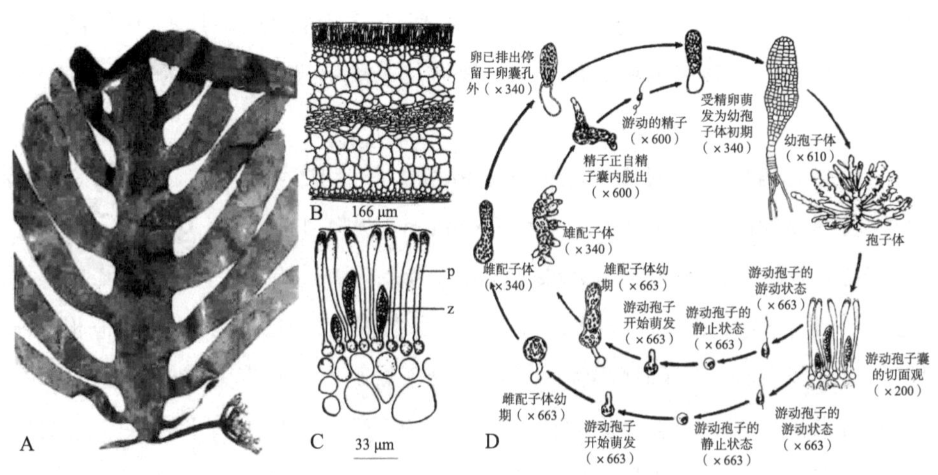

图 4-14　昆布 *Ecklonia kurome* Okamura

A. 植物体；B. 藻体内部构造，纵切面；C. 孢子囊（z）；隔丝（p）；D. 生活史（引自：钱树本，2014）

成许多木耳状的、肥厚而光滑的折叠的小叶片。裙带菜的内部构造与海带相似。裙带菜的有性生殖过程、生活史与海带也类似。一般是10—11月份出现小裙带菜，这时不但在潮下带，在潮间带的低潮区的礁石上、石沼中也生有很多小裙带菜。生长至次年5—7月份达到成熟，放散孢子后腐烂，见图4-15。

虽然裙带菜与海带近似，但是区别在于裙带菜属于翅藻科，叶片具裂叶。孢子囊生长在特殊的孢子叶上，孢子叶由叶边缘或基部形成。海带属于海带科，叶片不裂，孢子囊形成于叶片。

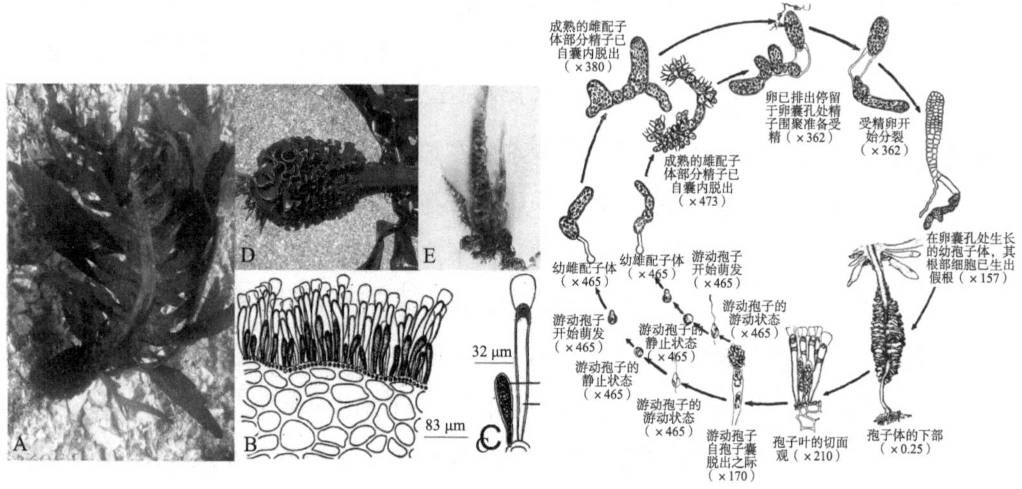

图4-15　裙带菜 *Undaria Pinnatifida*（Harv.）Sur

A. 植物体；B. 裙带菜内部构造孢子叶的切面观；C. 高倍镜下的游动孢子囊（z）和隔丝（p）；D，E. 孢子体柄部示龙骨；F. 生活史图解；B，C，F（引自：钱树本，2014）

3. 酸藻目 Desmarestiales

生活史为异型世代交替。两个世代的藻体不相等，孢子体大型，直立，以盘形或圆锥式固定器附着于基质上，羽状分枝，有时分枝繁密，为假膜组织，多为扁压，对生或互生，主干和分枝呈圆柱状或明显扁压，呈毛状。固着器小盘状。至少在生长初期为毛基生长，居间分生组织位于顶毛的基部。主干和分枝，具有凋落性或永久性的小分枝。游动孢子萌发成为丝状配子体，为丝状，分枝互相分离。孢子体只有单室孢子囊，由皮层细胞发育而成。孢子囊单生或群生。有性繁殖卵式生殖，雌雄配子体异体，卵细胞成熟时被排出卵囊外，停留在空囊上，等待受精。每一精囊只产一个精子，合子萌发成孢子体。酸藻目有酸藻科 Desmarestiaceae 及节枝藻科 Arthrocladiaceae 2科3属，均为寒带海洋性种。在中国海域只发现1科（酸藻科 Desmarestiaceae）1属（酸藻属）1种。

代表种类：酸藻 *Desmarestia viridis*（O.F.Muller）J.V.Lamouroux，属于酸藻目 Desmarestiales，酸藻科 Desmarestiaceae，酸藻属 *Desmarestia*。藻体生活时淡黄色；分枝甚繁，呈毛状；两年生的种类藻体很大，可达 2 m；一年生的较小，约 10 ~ 23 cm；下部直径 3 mm。基部由盘形固着器固着岩石上。分枝呈亚圆柱形，主轴扁压，由假膜组织构成。横切或纵切藻体的任何部分可见中间有一个大的中轴与许多延长的细胞（图 4-16）；在较老部分的细胞具有厚壁；在成熟部，中轴由宽的皮层细胞包被；外皮层由一些含有扁豆形色素体的小细胞组成；内皮层由一些含有几个或不含色素体的大细胞组成。在皮层细胞间有许多较小的细胞——藻丝，由内皮层产生。中轴的细胞延长贯穿于整个藻体，产生许多分枝，在细胞的横壁上有小孔，小孔的分布最初为不规则形，后来集成 4 ~ 5 个，这些小孔可通过细胞质丝——胞间联丝，可能是组成了一个类似的输导系统。生长方式为毛基生长，分生细胞在顶毛的基部，向上生长的细胞继续形成毛，向下生长为中轴的一部分。初生中轴节部在上端产生侧毛状分枝，由表皮细胞分裂产生皮层，从皮层细胞产生藻丝及主轴向下产生分枝。酸藻的孢子囊由孢子体的表面细胞切线分裂形成，产生几个游动孢子，孢子囊（第一次分裂为减数分裂）在皮层细胞集生小群。游动孢子含一个色素体，一个眼点，两根侧生鞭毛。游动孢子萌发成丝状配子体，雌配子体细胞较大，卵囊呈管形，只形成一个卵，成熟后由卵囊顶端开孔逸出，但停在卵囊顶端；雄配子体的细胞较小，分枝较多，精子囊由丝体分枝的顶端细胞形成，群生或单生，呈卵圆形，每个精子囊产生一个精子。精子含一个色素体，成熟时由囊顶的小孔逸出，精子与卵结合就形成合子。合子发育时，先横分裂为二，上面的分裂形成单列不分枝的直立丝，成为初生主轴，下面的形成假根；后来初生主轴对生分枝，3 ~ 4 回分裂后，轴下部形成皮层，并产生分枝，基部的集结成束，主轴诸顶端下的部分出现中间分生细胞，见图 4-16、图 4-17。

酸藻常大面积产生，对某些经济海藻的繁殖影响很大，又因其死后产生一种硫酸化合物使藻体变成蓝色，此时其他动、植物如接触易死亡，渔网也容易褪色，为渔民最讨厌的藻类之一。因此，在收割海带、裙带菜或其他藻类时，必须注意及时剔除酸藻。以免招致腐烂，一般认为混生酸藻较多的经济藻类区是不值得收割的地方。

4. 马鞭藻目 Cutleriales

藻体小型到中型，为膜状体，生长方式为毛基生长，生活史中配子体与孢子体相等，或配子体大于孢子体。有性生殖为同配生殖，配子体的分枝侧面生多室配子囊，多在藻体表面，集中成束。配子具 2 条侧生鞭毛，雌配子囊具有几个大的室，比雄配子囊大。雌配子比较大且含有几个色素体，活动时间比雄配子短，配子均有眼点，成

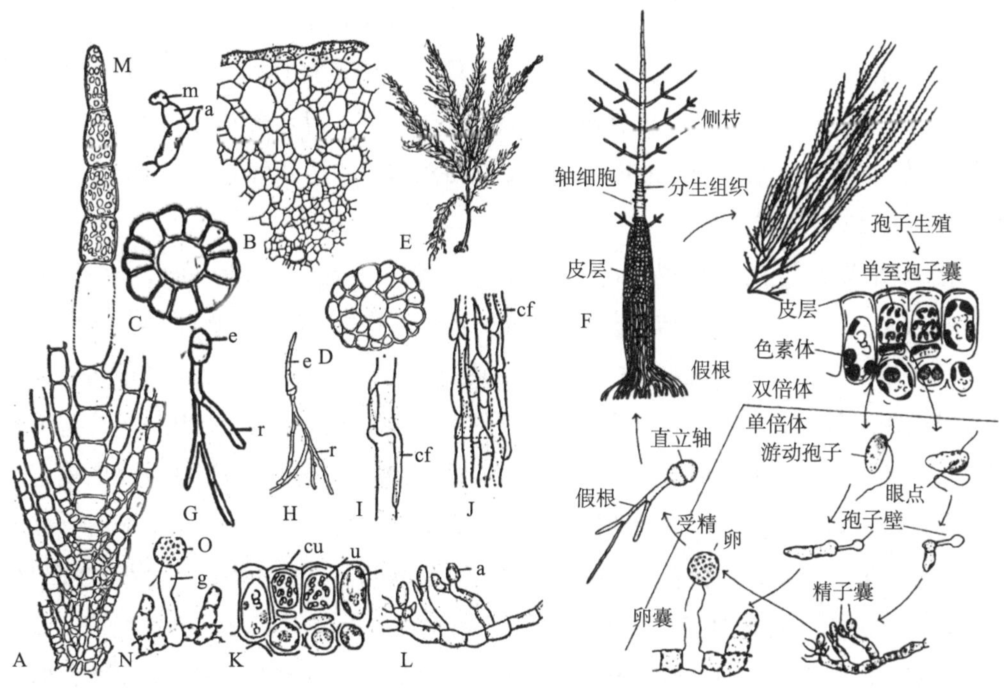

图 4-16　酸藻 *Desmarestia viridis*（O.F.Muller）J.V.Lamouroux 形态结构（左）及生活史图解（右）

左图：A. 藻体顶端；B.“茎”的横切面；C，D. 分枝不同生长期的横切面；E. 藻体外形，主枝与分枝；F ~ N. 酸藻早期发育；G，H. 幼胚；L，J. 皮层的发育；K. 孢子囊切面观；L. 配子体；M. 放散精子；N. 雌配子体；a. 精子囊；ax. 主轴；c. 色素体；co. 皮层；cf. 皮层丝；cu. 角质膜；e. 直立丝；g. 卵囊；m. 精子；me. 分生细胞；o. 卵；r. 假根；n. 单室孢子囊（引自：郑柏林等，1961）；右图：酸藻生活史图解（引自：Lee，2018）

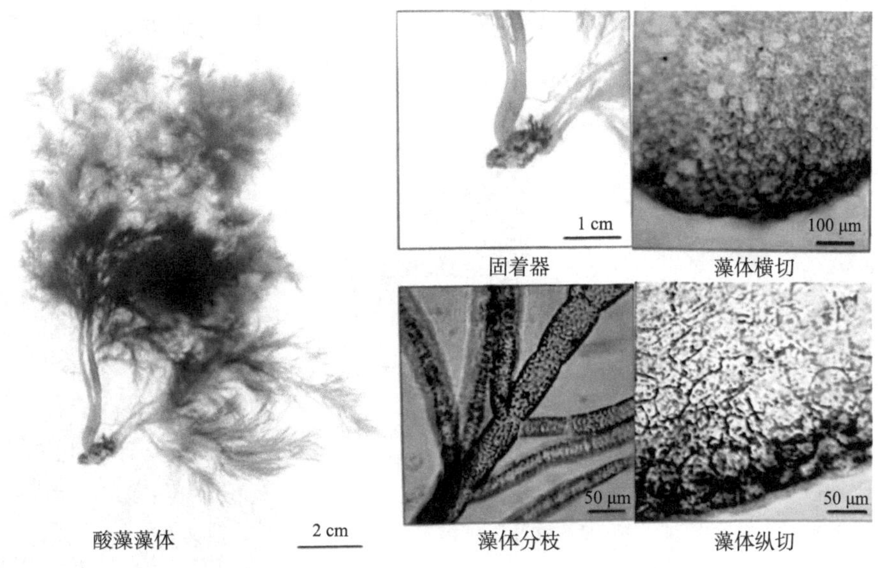

图 4-17　酸藻 *Desmarestia viridis*（O.F.Muller）J.V.Lamouroux 藻体及其结构（引自：刘涛，2017）

熟后由孔放散，每一室差不多同时形成。受精作用是在雌配子停止活动后进行。合子在一天内萌发。不受精的雌配子可进行单性生殖，发育成新个体。无性生殖是在孢子体上形成单室孢子囊，单室孢子囊在藻体表面集生成群。孢子囊里核的第一次分裂为减数分裂，每个孢子囊形成 4、8、16 或 32 个游动孢子，游动孢子有一个眼点，放散片刻即萌发形成配子体。

代表种类：马鞭藻 *Cutleria multifida* L.，属马鞭藻目 Cutleriales，马鞭藻科 Verbenaceae，马鞭藻属 *Cutleria*。主要分布于北半球的温带海域，配子体为直立、扁平的叶状体，具有多次二歧式分枝。马鞭藻以毛基生长的方式在叶状体顶部边缘许多单列毛状物的基部进行生长。与毛状物隔离的下端细胞形成藻体的叶状体。这些细胞中最里面的细胞逐渐增大形成藻体的髓部，而外面的细胞经过分裂形成藻体的皮层。马鞭藻的配子体雌雄异株，在叶状体表面发育有成簇的繁殖器官。表皮细胞可直接发育成雄配子囊，或发育成含有少量配子囊的分枝毛状物。雄配子囊由一个杆状细胞组成，在杆状细胞上面有 20 多层细胞。每个细胞形成一个具有双鞭毛的雄配子，成熟后通过配子囊细胞壁的小孔释放到外面。雌配子囊的发育过程类似于雄配子囊，但具有少量较大的细胞。雌配子囊含有 4 ~ 7 层细胞，但每层仅由 4 个细胞组成。自由运动的雄配子呈梨形，并且在鞭毛生出的位置有单个浅红色的叶绿体。自由运动的雌配子也呈梨形，但它个体更大些，约含 12 个叶绿体。雌配子能释放高挥发性、低分子质量、用来吸引雄配子的性激素马鞭藻烯（multifidene），当配子融合时，雄配子游动积极，而雌配子行动迟缓甚至不动。雌雄配子融合数小时后核开始融合，随后，合子在一天内发育成孢子体。没有受精的雌配子以孤雌生殖的方式发育成配子体，见图 4-18。

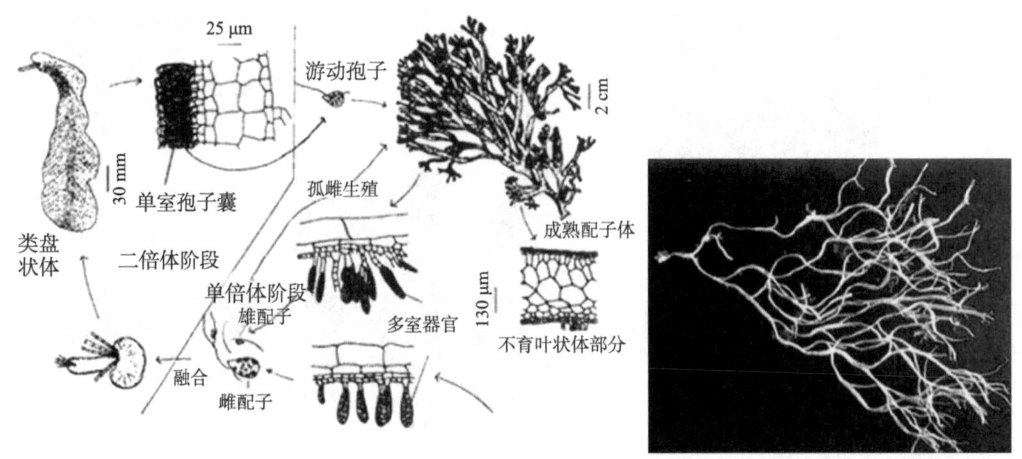

图 4-18　马鞭藻 *Cutleria multifida* L. 生活史（左）及藻体形态（右）（引自：Lee，2018）

马鞭藻的合子萌发形成孢子体。起始时，藻体生长形式为毛基生长，并垂直向上形成柱状结构。当藻体生长至第 10 天时，向上的生长停止，所有进一步的生长则为在柱状体基部的侧向生长。柱状结构基部的细胞重复分裂形成扁平的盘状组织，后者由于边缘细胞的不断分裂而进行侧向延伸。孢子体与被肥硕的假根包裹的微小直立叶状体同源。叶状体的盘状体部分约几个细胞厚，外层细胞分化成表皮层。固着器通过大量从表皮细胞生长而来的多细胞假根附着到基质上。单室孢子囊形成于孢子体背部表面的孢子囊群内。单个表皮细胞分裂成 16 个杆状细胞和 1 个位于末端的单室孢子囊。单室孢子囊内可形成 8、16 或 32 个大的梨形单倍体游动孢子，其中每个游动孢子具有几个叶绿体。游动孢子通过单室孢子囊壁顶端的一个大孔蜂拥而出，这一过程持续 10 ~ 90 min，随后，游动孢子沉置，聚集并形成细胞壁。最后，游动孢子分裂形成配子体。

5. 黑顶藻目 Sphacelariales

藻体直立，分枝，有时呈壳状。假根直生，分枝互生、对生或轮生。细胞含有多数盘状、透镜状色素体，无明显的淀粉核。顶端生长，顶端细胞显明，由每一个顶端细胞先横分裂，形成初生分裂节，再纵分裂，形成膜状体。藻体具有或不具有无色的多细胞的单列毛。生活史为同型世代型。营养繁殖，由特殊小分枝繁殖枝脱出母体，再继续生长成新藻体。无性繁殖是孢子体上产生单室孢子囊，很少产生多室孢子囊。单室孢子囊单生，常常具柄。多室孢子囊与配子囊的形态相似。有性繁殖是同配或似配生殖。配子体产生多室配子囊，配子囊多列，顶生，单生，常常具柄。另一个不太明确的特征是，当使用漂白水处理藻体时，细胞壁会变黑。

代表种类：三叉黑顶藻 *Sphacelaria fusca*（Hudson）C. Ag.，属黑顶藻目 Sphacelariales，黑顶藻科 Sphacelariaceae，黑顶藻属 *Sphacelaria*。黑顶藻通过固着在礁石上或其他藻体上进行生长，并且在盘状固着器上生出一个或多个自由分枝的嫩芽。顶端细胞进行横向分裂，随后通过子代细胞的纵向分隔形成多管状结构。尽管成熟中的轴和分枝通过分隔产生的细胞越来越小，但它们并不增大；因而，在本质上丝状体的直径从基部到顶端得以保持一致。丝状体不断地向下生长，老的轴逐渐变成皮层。直立轴上通常生出大量规则的二歧式分枝的侧枝。黑顶藻通过繁殖体进行无性繁殖，繁殖体是一种独特的特化小枝，由藻体的营养体部分产生，繁殖体的形成比孢子囊和配子囊的产生更加频繁。每个繁殖体具有一个顶端细胞，通常还有 2 ~ 3 个结节。当繁殖体从藻体脱落并附着到合适的基质后，能发育成一个新的藻体，见图 4-19、图 4-20。

繁殖体只有在环境温度高于12℃并且光照时间长于12 h的条件下才能形成。孢子体在分枝的末端同时形成单室和多室孢子囊，多室孢子囊产生游动孢子，游动孢子能重新形成亲代藻体。在单室孢子囊中发生减数分裂形成游动孢子。单室孢子囊通过顶端的小孔释放出200个以上的游动孢子。随后，游动孢子萌发并形成与孢子体形态相似的配子体。配子体只产生一种类型的多室配子囊，多室配子囊可产生同配配子。水云烯（ectocarpene）作为性激素吸引雌雄配子相互结合。随后，配子在游动期间发生融合并产生一个四鞭毛的合子，合子可持续游动几小时。

图4-19　三叉黑顶藻 *Sphacelaria fusca*（Hudson）C. Ag.（引自：浙江省水产厅等，1983）

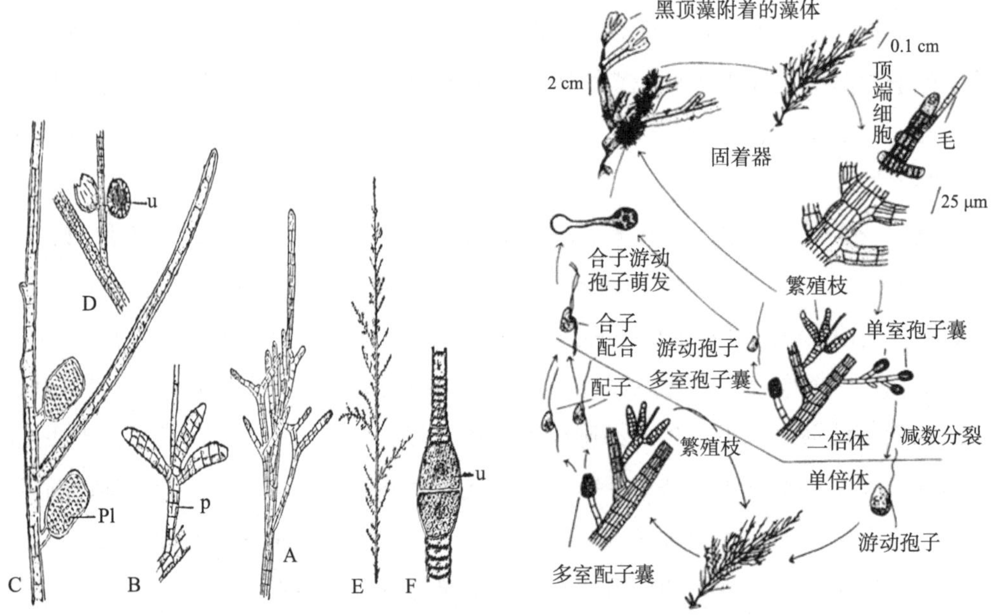

图4-20　三叉黑顶藻 *Sphacelaria fusca*（Hudson）C. Ag. 结构及生活史

左图（藻体结构）：A. 分枝；B. 繁殖枝；C. 多室孢子囊枝；D. 单室孢子囊枝；p. 繁殖枝；Pl. 多室孢子囊；u. 单室孢子囊（引自：郑柏林等，1961）；右图：黑顶藻生活史图（引自：Lee，2018）

6. 索藻目 Chordariales

06 索藻目

本目物种的孢子体与配子体的形状和大小都不同。孢子体小型或中型，基本构造是分枝甚繁的丝状体，但因大小分枝互相挤压交织而成为假膜体。一般来说，本目丝状孢子体的交织并不甚紧密，因此假膜体的构造有时不太明显，许多种在稍加压力下，即可辨别丝状体的构造。生长方式为毛基生长。生活史为异形世代交替。孢子体上仅生单室孢子囊，或生单室与多室孢子囊。单室孢子囊不集生成群，多室孢子囊中为单列细胞或多列细胞组成，有时相互连接，但不是真的群生。配子体小，为丝状。多室配子囊往往为单列细胞。多数物种的有性生殖为同配生殖，只有一种为似配生殖，卵配生殖尚未发现。

代表种类：

（1）叶状铁钉菜 *Ishige sinicola*（Setchlln et Gardner）Chihara，属索藻目 Chordariales，铁钉菜科 Ishigeaceae，铁钉菜属 *Ishige*。藻体内部构造为两层组织，内层为致密而错综的丝状细胞，外层由与藻体表面垂直生长的小细胞组成，有毛窝。藻体圆柱形，黄褐色，扇形，高为 5 ~ 10 cm，有时可超过 15 cm。固着器小圆盘状，具有短的、圆柱形的柄，重复叉状分枝。分枝扁平、叶状，宽为 0.5 ~ 2 cm，遇有气体而胀凸。藻体由髓部、皮层组织组成，皮层薄。生活史为异型世代交替（孢子体大于配子体）。孢子体为大型藻体，生殖时由顶端表面细胞产生单室孢子囊，棒状，进行减数分裂产生四分孢子；配子体为小型单列丝状体，产生多室配子囊，同配生殖，见图 4-21。

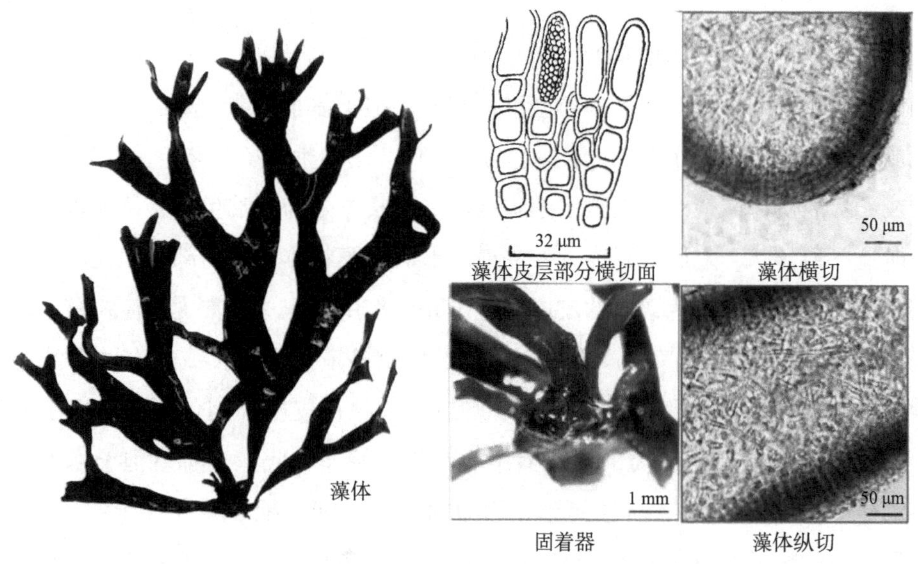

图 4-21 叶状铁钉菜 *Ishige sinicola*（Setchlln et Gardner）Chihara（引自：刘涛，2017）

该种生长在潮间带的岩石上或石沼内，或附生于铁钉菜上。生长盛期4—6月。该种主要分布于浙江南麂岛海域和福建、广东沿海。该种为常见种。铁钉菜具有清热解毒、软坚散结的作用，民间用于喉炎、淋巴结炎、甲状腺肿的治疗；此外，铁钉菜还具有驱蛔虫的功效。

（2）铁钉菜 *Ishige okamurai* Yendo，属索藻目 Chordariales，铁钉菜科 Ishigeaceae，铁钉菜属 *Ishige*。藻体为线状，体暗褐色，高 4 ~ 10 cm，可达 12 cm。固着器小盘状，有短柄。复叉状分枝，分枝细圆柱形，微有棱角，有时略扁圆。内部构造由两层组织组成，内层为错综繁密的丝体，外层为与体表面垂直排列成队的小细胞组成。铁钉菜是一种食用藻类。食法很多，或将铁钉菜的干品放于臼中捣碎，然后加调味品食用；或将其蒸煮两次，每次约 15 min，蘸酱油吃，见图 4-22。

图 4-22　铁钉菜 *Ishige okamurai* Yendo 植物体、横切及纵切面（引自：刘涛，2017）

7. 网管藻目 Dictyosiphonales

网管藻目的物种具有明显的异型世代交替。孢子体小型或中型，叶状、带状、圆柱状或管状，单条或具分枝，基本构造为膜状体。居间生长、顶端生长或为毛基生长。管状或囊状的藻体体壁由一至数层细胞组成。生长方式为顶端生长，往往顶端生毛。开始时是单列丝状，之后中间纵分裂，最后形成真膜状体，其内部细胞大而无色，为髓部，外面为含有盘状色素体的皮层细胞（光合作用细胞），常含有淀粉核。皮层表面细胞分裂增加藻体的直径。具有单室孢子囊或多室孢子囊，或兼有两者。孢子囊单生或群生，由皮层细胞产生，常埋于皮层中或稍被皮层细胞包围或凸出于体表，在藻体上横列，在一些种类的孢子囊中间夹生不育丝为隔丝；单室孢子囊里所产生的游动孢子萌发成为微小丝状配子体，丝状体似水云属。配子囊进行有性生殖，除极少数种类外，配子的结合全为同配。有些属只产生多室孢子囊，多室孢子囊是孢子体的辅助生殖机构，所产生的游动孢子未经减数分裂，萌发后仍为孢子体，因而缺少有

性世代。生活史基本上与索藻目相同，但网管藻目的配子体由真薄壁细胞组成，这也是两者的区别。包括点叶藻科 Punctariaceae、粗粒藻科 Asperococcaceae、环襄藻科 Striariaceae、网管藻科 Dictyosiphonaccac 4 个科。其中前二科为叶状体或圆柱状，而后二科为丝状分枝。

代表种类：点叶藻 *Punctaria latifolia* Greville，属网管藻目 Dictyosiphonales，点叶藻科 Punctariaceae，点叶藻属 *Punctaria*。孢子体一年生，具有盘状固着器，藻体叶状，披针状带形，顶端钝圆不分枝，由薄壁细胞组成，内层细胞大而无色，外层小含有色素体，叶状体基部略尖，有一个短而直的柄。表面生成束的多细胞的毛。叶状体的中部厚度为 3 ~ 7 层细胞，多数为 4 层；内部 2 层比表面的细胞大，细胞为立方形。繁殖时由皮层细胞形成单室孢子囊或多室孢子囊，二者可同时存在，集生或分生，多数被皮层细胞包围。单室孢子囊为亚立方形，埋生在藻体表面。多室孢子囊的发生与单室孢子囊相同，但是单室孢子囊发生较早。多室孢子囊往往集生成小群，没有隔丝，为多列，亚立方形，往往顶端露出藻体表面。点叶藻高度 10 ~ 16 cm，宽 3 ~ 7 cm。叶面上散生暗褐色的斑点，见图 4-23。

一般生于低潮线附近岩石上或石沼内，或附生于其他的藻体上。见于秋季至次年春季，为海藻养殖业的敌害藻之一。产地：黄渤海沿岸及浙江海域。

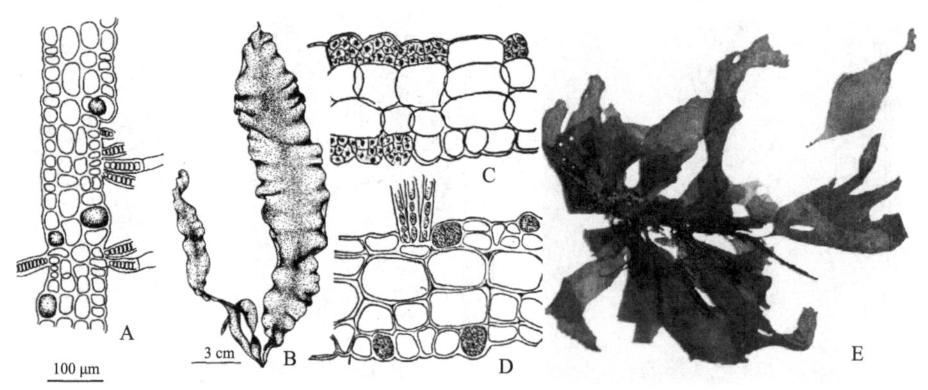

图 4-23　点叶藻 *Punctaria latifolia* Greville 结构及形态

A. 藻体横切面；B. 藻体；C. 藻体横切面示多室孢子囊；D. 藻体横切面示单室孢子囊；E. 藻体标本（引自：郑柏林等，1961；曾呈奎，2009）

8. 毛头藻目 Sporochnales

本目藻类世代交替明显，两世代的藻体不相等，孢子体直立中型，圆柱形或压扁。圆柱状藻体向各个方向分枝。配子体小型丝状，孢子体有两点特征与其他各目相区别。第一，枝端细胞成束着生，每一束能生一个分枝，成为束状毛。第二，生长方式为毛基生长，每根毛下有一个分生细胞，因此生长部为圆顶形，生长枝顶端，为一层分生细胞组织而成，分生细胞向上生长顶毛，向下生薄壁细胞，互相挤压，紧密组织成为假膜体。孢子囊均属单室孢子囊，着生枝顶，由皮层细胞产生，无柄，一般能生长在分枝的顶端部分，侧丝丰富。游动孢子萌发生长为微小丝状配子体。髓部为假薄壁组织。皮层薄。色素体盘状，量多，无淀粉核。无褐藻毛。无多室孢子囊。配子体多为雌雄同株，有性繁殖时为卵式生殖，见图 4–24。

本目只有毛头藻科 Sporochnaceae 1 科，6 属，在我国沿海发现 2 属，均为深海种类。

代表种类：毛头藻 *Sporochnus radiciformis*（R. Brown ex Turner）C. Agardh，属毛头藻目 Sporochhales，毛头藻科 Sporochnaceae，毛头藻属 *Sporochnus*。产地为福建，外形如同蒲公英。从毛头藻属 *Sporochnus comosus* 提取的化合物 comosusolsA-D 具有明显的抗肿瘤活性（Ovenden，S. P. B.，2011）；使用乙醇从毛头藻提取的提取物具有优异的去除作为活性氧物质的 DPPH（1,1- 二苯基 -2- 三硝基苯肼）和 ABTS［2,2'-联氮双（3- 乙基苯并噻唑啉 -6- 磺酸）二铵盐］的能力，并且对胃腺癌细胞（AGS）和结肠直肠癌细胞（DLD）具有优异的抗癌作用；有效去除了小鼠巨噬细胞分泌的一氧化氮。在医药、功能食品和化妆品材料的开发工业中使用，毛头藻的提取物的抗氧化、抗癌和抗炎活性是非常优秀的。

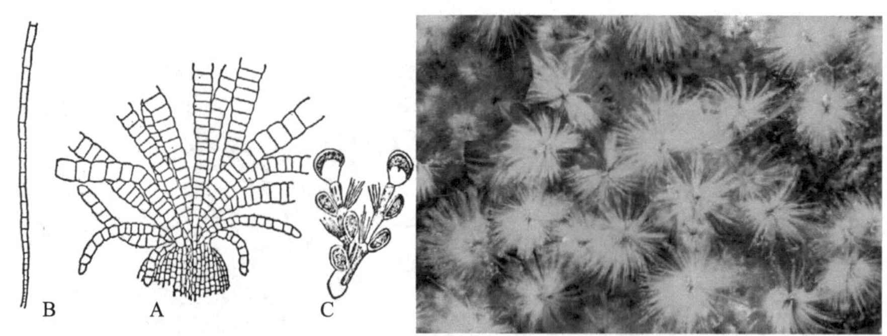

图 4–24　毛头藻 *Sporochnus radiciformis*（R. Brown ex Turner）C. Agardh

A. 具毛的生殖托纵切；B. 顶端毛表示基部生长；C. 生孢子囊的藻丝（引自：郑柏林等，1961）

9. 线翼藻目 Tilopteridales

藻体为细小的异丝体，具有同型世代交替类型，类似于水云属 *Ectocarpus*，但叶状体下部具有横排排列的细胞。顶端下的间生分生组织分裂通过生长形成不规则分枝细丝，并在下部变成多列。分枝甚繁，下部形成假膜体。生长方式为毛基生长。细胞具有小透镜形或粒色素体。主要的繁殖机制是营养繁殖，即通过末端分支系统脱落进行繁殖。卵原细胞和精母细胞的出现至少表明有有性生殖的痕迹。也产生多室孢子囊。

分为线翼藻科 Tilopteridaceae 线翼藻属 *Tilopteris*。

代表种类：线翼藻 *Tilopteris mertensii*（Schmit）Kütz.，属线翼藻目 Tilopteridales，线翼藻科 Tilopteridaceae，线翼藻属 *Tilopteris*。单室孢子囊和多室孢子囊。繁殖是无性的，通过单孢子的直接萌发，没有明显的活动孢子功能。孢子体与配子体相等。有性繁殖为似配生殖，卵配生殖有无尚待证实。无性繁殖依靠不动的单孢子，在幼侧枝基部可形成单孢子或形成单孢子群。母细胞的分化涉及细胞体积、细胞质密度和细胞器数的显著增加。一种活跃的核周高尔基体释放出大量的囊泡，导致细胞壁内面有更多的层，可能是黏液层的沉积。

在纽芬兰发现了此种，而且整个北美只有三个地点产此种。线翼藻属 *Tilopteris* 在我国尚未被发现，见图 4-25。

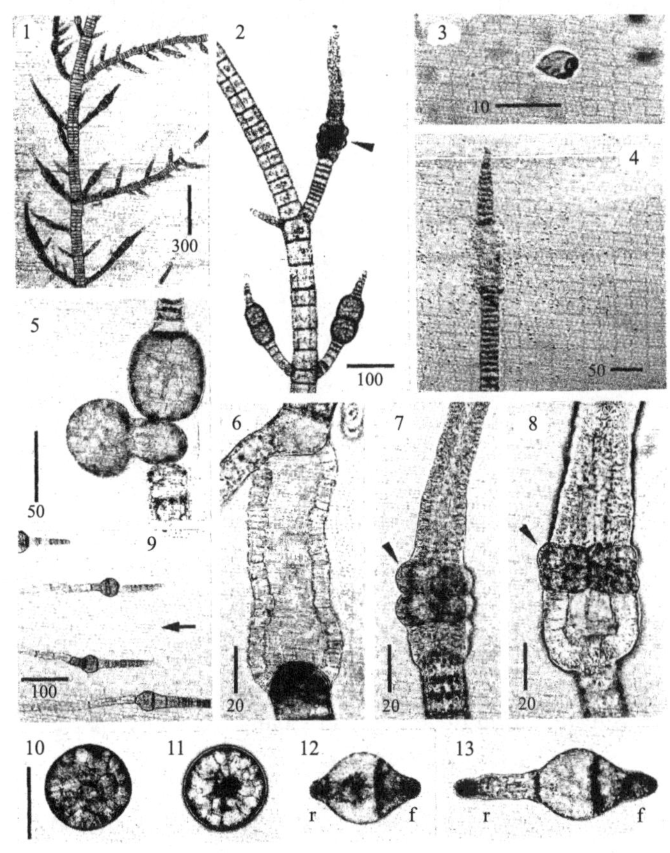

图 4-25　线翼藻 *Tilopteris mertensii*（Schmit）Kütz.

1. 植物卵器；2，3. 游动精子；4. 精子器，精子释放后 20 min；5. 卵子释放；6. 中央腔的精子囊器；7，8. 具有在背部肥大的精子器；9. 孢子萌发，具有向光性取向的根状茎和细丝（箭头表示入射光的方向）；10 ~ 13. 卵子萌发；10. 刚出的卵子；11. 20 h 的卵子，细胞壁中心叶绿体聚集在中心；12. 2 d 的萌发状况；13. 4 d 的萌发状况（引自：Kuhlenkamp，1985）

二、圆子纲 Cyclosporeae

生活史只有孢子体世代，没有单倍体配子体世代。顶端生长。孢子体上产生配子囊，繁殖是由小分枝形成生殖托，在生殖托上形成生殖窝，窝内再产生卵囊或精子囊。雌雄同体或异体。减数分裂在卵子或精子形成核的第一次分裂时进行。成熟后由生殖窝排出，漂浮于水面，无数精子围绕着卵子游动，故常见浮于水中的卵子转动不已，单个卵子受精后发育为合子。

本纲只有墨角藻目 1 个目。

1. 墨角藻目 Fucales

藻体比较大，长度从几十厘米到两米以上，多数多年生。主枝扁平，扁压，多角形、亚圆柱形或圆柱形。分枝二叉状至辐射状，从主枝上长出。顶端生长。具表皮、皮层、髓部及气囊等分化。外皮层的每个细胞具有几个盘状叶绿体。除了墨角藻属以外，其他种类都没有淀粉核。生殖器官在生殖窝内发育，包埋在营养枝的顶端或生殖托中。藻体雌雄同株或异株。在生活史中，只有双倍孢子体世代，没有单倍配子体世代。

07 墨角藻目 -1

08 墨角藻目 -2

分科检索表：

1. 次生分枝、气囊和生殖托从叶腋中产生 ……………………马尾藻科 Sargassaceae

1. 次生分枝、气囊（有或无）和生殖托不从叶腋中产生 ……………………………2

2. 主轴扁压，没有茎、叶的分化，没有气囊 …………………… 墨角藻科 Fucaceae

2. 主轴亚圆柱形或圆柱形，具有茎叶分化，具有气囊 ………………………………
………………………………………………………………… 囊链藻科 Cystoseiraceae

代表种类：

（1）鹿角菜 *Silvetia siliquosa*（Tseng et Chang）Serrao，属墨角藻目 Fucales，墨角藻科 Fucaceae，鹿角菜属 *Silvetia*。藻体多年生，软骨质较坚实，固着器圆锥状或柱状，藻体基部近圆柱状，上部圆形至扁平，无中肋，二叉式分枝数次，气囊有或无，毛窝不显著，顶端生长。生殖托生于藻体上部的普通枝上。雌雄同株。卵囊内一般有两个卵子。卵子无鞭毛。精子囊生于毛的基部，精子具两根鞭毛。高可达 14.5 cm，一般只 6 ~ 7 cm，固着器为圆锥状，幅宽 5 ~ 7 mm。柄部亚圆柱形，甚短，一般只有 1 mm 长，3 ~ 4 mm 长的少见，其上叉状分枝 2 ~ 8 次。生长在隐蔽而浪小处的分枝较繁多，在显露而浪大处则分枝简单而稀少。藻体的下部叉状分枝较为规则，分枝的

角度也较宽，而上部分枝的角度则较狭，双叉分枝不等长，上部的节间比下部的长，有时长可达 2 cm。一般为扁压的线状体，幅宽 1 mm，很少有超过 2 mm 的。藻体无气囊。新鲜时呈黄橄榄色，干燥时变黑。生殖托多具有鲜明的柄，长 2 ~ 5 mm，有时可达 2 cm，成熟生殖托长角果形，表面有显著的结节状突起，较普通的分枝较粗，宽达 4 ~ 5 mm。成熟生殖托一般长 2 ~ 3 cm，但最长的可达 4.5 cm。横切面为卵圆形。卵囊内含有 2 个卵子，有时卵囊内分裂为 4 个卵子，但不多见，成熟的卵囊为卵形，宽达 120 μm，长达 200 μm。自卵囊脱出后的卵为圆球形，直径 85 μm。精子囊生于窝壁的分枝上，每个枝上常有两三个精子囊，旁生侧丝，精子囊梨形或长圆柱形，宽达 14 μm，长达 58 μm，见图 4−26、图 4−27。

该种生长在中潮带的岩石上。在隐蔽且风浪小处体大而分枝繁多；在风浪大处藻体小而分枝简单。鹿角菜的幼体一般在春季开始出现，9 月以后，生殖托逐渐成熟，藻体的分枝或整个枝的生殖部分在生殖作用完成后则腐去，但基部仍然保留，至春夏的生长季节，其上又生出分枝，以后再转化为生殖托进行有性生殖。产于我国辽宁省长海、金县东岸、大连、旅顺、复县、山东省荣成、乳山、庙岛群岛及浙江省各个岛屿。鹿角菜是暖温带性海藻，为黄海的特有种类，除了我国以外，朝鲜西海岸也可能生长。鹿角菜是一种食用海藻，在我国北方用于打卤面中以增加黏性或与肉共烧。中华人民共和国成立前，每年由朝鲜输入很多。

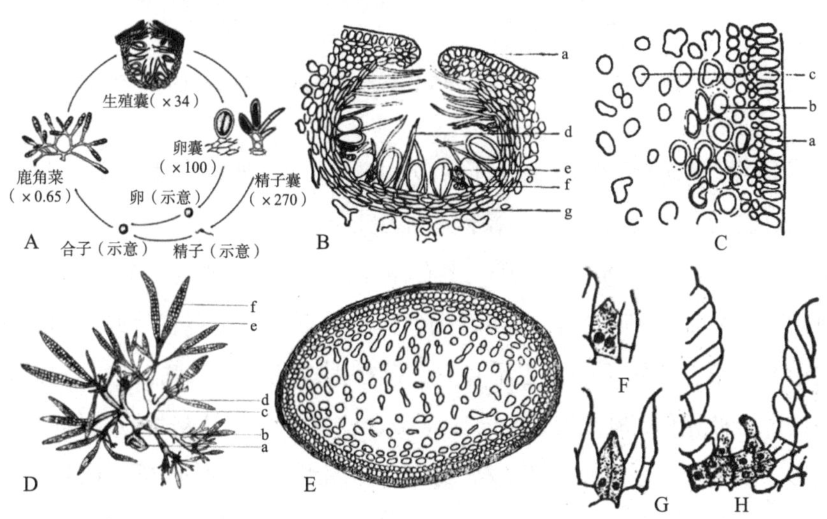

图 4−26　鹿角菜 *Silvetia siliquosa*（Tseng et Chang）Serrao 生活史及结构图解

A. 鹿角菜生活史图解；B. 藻体生殖窝（a. 表皮细胞；b. 皮层细胞；c. 髓部细胞；d. 隔丝；e. 卵囊；f. 精子囊；g. 生殖层细胞）；C. 藻体横切；D. 具有生殖托的植物体（a. 固着器；b. 柄；c. 主枝；d. 小枝；e. 生殖托；f. 生殖窝）；E. 横切面；F ~ H. 生殖窝发育过程；A（引自：曾呈奎）；B，C，D（引自：王素娟，1991）；E ~ H（引自：郑柏林等，1961）

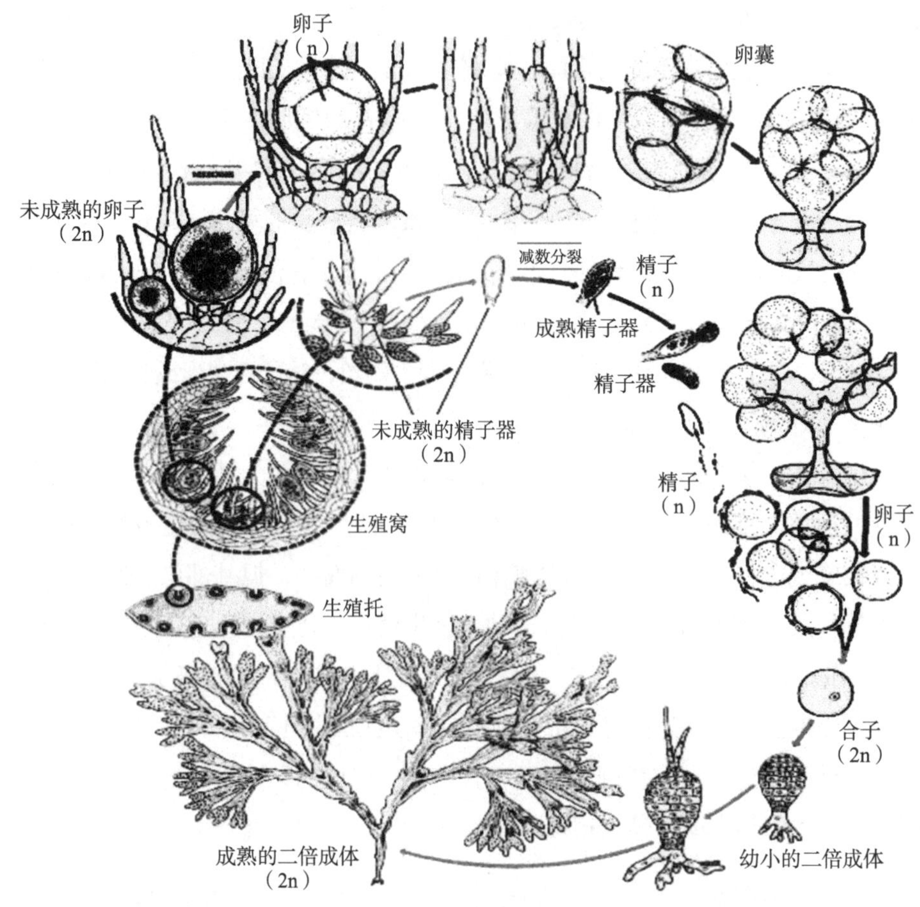

图 4-27 鹿角菜 *Silvetia siliquosa*（Tseng et Chang）Serrao 的生活史图解

（2）羊栖菜 *Hizikia fusiforme*（Harvey）Okamura，属墨角藻目 Fucales，马尾藻科 Sargassaceae，羊栖菜属 *Hizikia*。藻体多年生，可分为固着器、主干和分枝三部分。分枝羽状或互生，扁平至圆柱形，其上生有藻叶、气囊和生殖托。分枝由叶腋中长出。藻体成熟后，分枝即逐渐烂掉。藻体黄褐色，肥厚多汁，多数高 40 ~ 100 cm，固着器具有柱形的假根，长短不一。主干直立，圆柱形。初生分枝圆柱形，表面光滑。次生分枝和初生分枝相似，但比较短，长 5 ~ 10 cm，次生分枝从初生分枝的叶腋中长出，匙形或线形，具有毛窝。初生藻叶多数扁压，卵圆形，但很快脱落。次生藻叶多数棍棒状，顶端钝或尖，边缘全缘或有浅锯齿，它的顶端常常膨大，转化成气囊。气囊形状变化较大，纺锤形或梨形，长达 15 mm，直径宽达 4 mm，囊柄长短不一，最长的可达 2 cm。藻体为孢子体。在分枝的上部形成独立的生殖器官，产生卵囊和精子囊。生殖方式与鹿角菜科相似，但卵囊内一般只产 1 个卵子。雌雄异株。生殖托圆柱状，

顶端钝，表面光滑，基部具有柄，单条或偶有分枝。雄生殖窝中具有精子囊和侧丝。雌生殖窝中有卵囊，每个卵囊内具有一个大的卵子和侧丝，见图 4-28、图 4-29。

习性：生长在低潮带和大干潮线下的岩石上且经常被水浪冲击的地方。羊栖菜为多年生的藻类，其生长和繁殖季节随着生长的地区而不同，黄渤海产的幼苗初见 8—11 月，次年 5—10 月成熟；东海产的幼苗见于 9 月—次年 2 月，4—8 月间成熟；南海产的羊栖菜成熟期很早，一般为 2—6 月。

图 4-28 不同叶片形态的羊栖菜 *Hizikia fusiforme*（Harvey）Okamura 幼孢子体和成熟孢子体

1. 平缘叶幼孢子体；2. 锥形气囊孢子体（①一级侧生枝；②二级侧生枝；③三级侧生枝）；3. 齿缘叶幼孢子体；4. 棒形气囊孢子体（①一级侧生枝；②二级侧生枝）；5. 棒形叶幼孢子体；6. 球形气囊孢子体（①一级侧生枝；②二级侧生枝；③三级侧生枝）（引自：林立东等，2020）

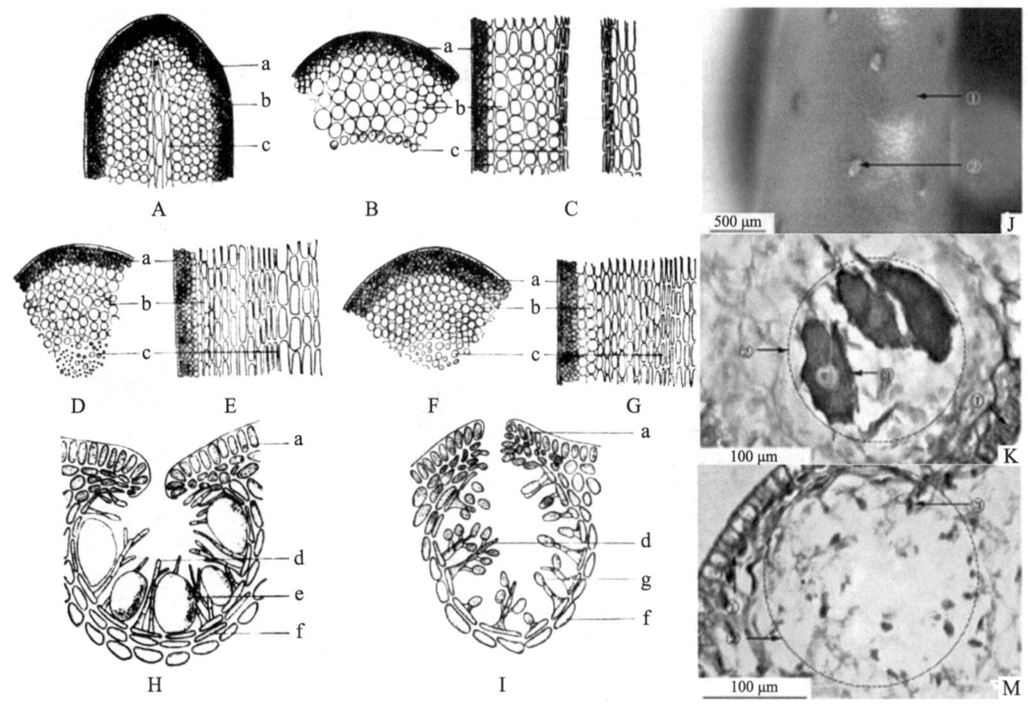

图 4-29 羊栖菜 *Hizikia fusiforme*（Harvey）Okamura 内部构造

A. 叶尖端纵切面；B. 气囊横切面；C. 气囊纵切面；D. 主轴横切面；E. 主轴纵切面；F. 叶片横切面；G. 叶片纵切面；H. 雌生殖窝；I. 雄生殖窝；a. 表皮；b. 皮层；c. 髓部；d. 隔丝；e. 卵囊；f. 生殖层细胞；g. 精子囊（引自：王素娟，1991）；J. 雌性生殖托及生殖窝（①生殖托；②生殖窝）；K. 雌性生殖窝（①表皮；②生殖窝；③卵子）；M. 雄性生殖窝（①表皮；②生殖窝；③精子）（引自：林立东等，2020）

（3）铜藻 *Sargassum horneri*（Turn.）C.Agardh，属墨角藻目 Fucales，马尾藻科 Sargassaceae，马尾藻属 *Sargassum*。铜藻的藻体主要有固着器、茎、叶片、气囊以及生殖托等部分。藻体黄褐色，高 0.5 ~ 2 m，藻体主干及分枝较细，藻体整体较为纤弱。固着器裂瓣状，向上生出圆柱形主干，主干一般单生，直径为 1.5 ~ 3 mm，幼期长有刺状突起，随着藻体长大，主干中、上部变为平滑，在基部保留有叶的痕迹。侧枝与主干不如在幼期时好区别。藻体下部的叶稍有反曲现象。叶柄细长，其长度通常在 1 ~ 2 cm；叶具中肋，至叶尖处则渐消失；叶基部的边缘常向中肋处深裂，向上至叶尖则逐渐浅裂并变狭窄，叶尖微钝。叶片长为 1.5 ~ 7 cm，宽为 0.3 ~ 1.2 cm。靠气囊漂浮直立于海水中，气囊在分枝上常排列成总状，气囊圆柱形，长为 0.5 ~ 1.5 cm，直径为 2 ~ 3 mm，两端尖细，顶端冠一小裂叶，裂叶基部甚细，气囊柄短，为 1 ~ 3 mm，气囊在分枝上常排列成总状，见图 4-30。

铜藻为雌雄异体的海藻，生活史中只有孢子体阶段，生殖过程中以有性生殖为主，

残枝营养繁殖为辅，共同维系种群。铜藻的生殖托是马尾藻属中最长的，圆柱状，两端较细，顶生或生在叶腋内，一般雄生殖托长为 4 ~ 8 cm，直径为 1.5 ~ 2 mm，雌生殖托长为 1.5 ~ 3 cm，直径为 2.0 ~ 3.0 mm，均具短柄。生殖托常自下向上作 2 ~ 3 次分段成熟，排卵之际，托径变粗。辽东半岛于 9 月初见幼苗，成熟期在次年 5 月以后；东海一般在夏季初见幼苗，成熟期在次年 3—5 月间；南海则更早。铜藻种群主要以有性生殖的繁殖方式维持种群数量，见图 4–30。

铜藻为北太平洋西部特有的物种，属于温带性海藻，多生长在低潮带深沼中或大干潮线深至 4 m 处浅海岩礁上。自然分布于日本和朝鲜半岛沿岸、越南、俄罗斯千岛群岛等地沿岸，在我国不连续生长于北起辽宁大连南至广东雷州半岛的沿海浅海区域。

铜藻是我国海域的珍贵藻类，其植株高大，枝叶繁茂，成片漂浮于海面，蔚为壮观，堪称“海洋森林”。它不仅为海洋生物的避敌、索饵、产卵、栖息等提供良好的处所，还用于食品、饲料、有机肥料和藻胶工业等方面，具有较高的经济价值。铜藻的人工栽培方式主要有两种：一种为筏式养殖；另一种是在海底构建铜藻场。

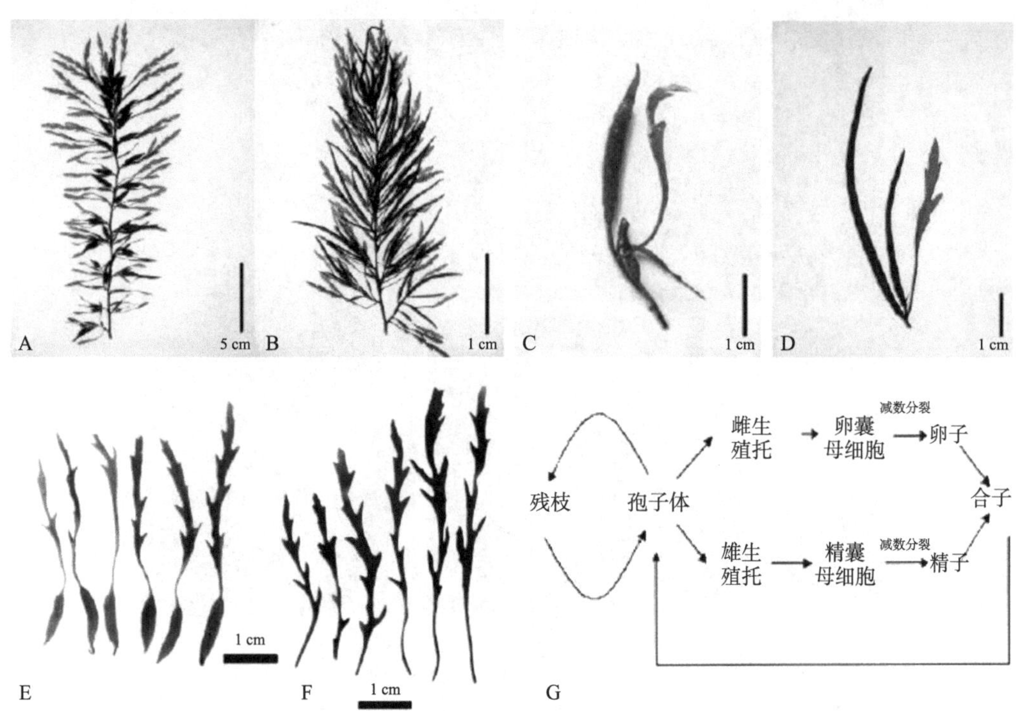

图 4–30 铜藻 *Sargassum horneri*（Turn.）C.Agardh 雌雄枝、生殖托和生活史

A. 具雌性生殖托的侧枝；B. 具雄性生殖托的侧枝；C. 雌性生殖托；D. 雄性生殖托；E. 气囊类型；F. 叶片类型；G. 生活史图解；A，B，C，D（引自：张婧，2012）；E，F（引自：黄超华，2017）；G（引自：孙建璋，2006）

（4）海黍子 *Sargassum muticum*（Yendo）Fensholt，属墨角藻目 Fucales，马尾藻科 Sargassaceae，马尾藻属 *Sargassum*。藻体暗褐色，高 50 ~ 100 cm，可达 2 ~ 3 m。固着器为盘状，直径 1 cm 左右。主干圆柱状，单条或分枝一次，高 2 ~ 3 m，幼体有初生叶 1 ~ 3 片。初生叶倒披针形或倒卵圆形，全缘或稍有粗齿，无中肋，但叶片下部略微膨起；生存期较短，一般在初生分枝生出不久即凋落。初生分枝多条，从主干的顶端螺旋式地紧密生出，形成假丛生的现象。初生分枝为亚圆柱形，表面光滑，无突起，具有 3 ~ 5 条纵沟，有轻度的扭转，切面呈花朵状；幼期芽状，具有许多小而厚的鳞叶，螺旋式地紧密排列在短茎周围，很像鼠尾藻的幼体。鳞片按照发生的程序属于次生叶，为披针形、倒卵圆形和亚楔形。次生分枝自初生叶腋间生出，其上生有三生叶，这种叶为楔形或亚楔形，两边不甚对称，形状有的接近亚匙形或倒披针形，是海黍子的典型藻叶。气囊生于次生分枝与三生末端小枝上，越靠近枝的末端越多，幼囊为纺锤形或长椭圆形，成熟时为亚球形或倒梨形，顶端圆滑，见图 4-31。

图 4-31　海黍子 *Sargassum muticum*（Yendo）Fensholt

A. 成熟的海黍子藻体；B ~ C. 挂卵的生殖托；D. 不同气囊类型（引自：詹冬梅等，2013）

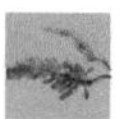

雌雄同株，生殖托圆柱形，顶端稍细，表面光滑，孤生于线形苞叶或窄披针形苞叶腋间，单条，偶有分枝，总状排列。雌窝在托的上部，雄窝在托的下部。圆柱形，基部具有短柄，长达 12 mm，直径达 1 mm。海黍子常因生活环境的不同，藻叶和气囊发生很多变化，根据其变异可以分为两个类型，标准型和长叶型，后者叶长度为前者的 3 ~ 4 倍。

生长在冷水水体中，低潮带石沼中以及大干潮线下 4 m 深处的岩石上。海黍子作为肥料，其中含有 30% 左右的褐藻胶，现已成为制造褐藻胶的主要原料。海黍子中氨基酸含量占藻体干重的 41% ~ 72%，粗纤维和总糖含量也较高，脂肪含量较低，属于低热、高蛋白食品。海黍子中含有多种生物活性物质，如多肽、多糖、脂类、酶类、萜类、甾醇类、多酚类和聚醚类等，从而具有抗氧化、抗肿瘤、抗病毒、抗衰老、抑菌、增强免疫系统抵抗力等生理活性。是我国黄海、渤海沿岸比较习见的种类，东南沿海的产量较小，产于浙江省嵊泗群岛，福建省平潭、莆田、东山和广东省惠来、海丰。本种是北太平洋西部特有的温带性海藻，分布于俄罗斯的千岛群岛、萨哈林岛南岸和日本沿岸。

（5）海蒿子 *Sargassum confusum* C. Agardh，属墨角藻目 Fucales，马尾藻科 Sargassaceae，马尾藻属 *Sargassum*。藻体褐色，高一般 30 ~ 60 cm，可达 1 m。固着器盘状，上生圆柱状的主干。主干单生，偶有双生或三生的现象。初生分枝自主干呈钝角羽状，为一年生，完成生殖任务后即凋落，但在主干表面上遗留一个清晰的圆锥形突起，次年，新枝又自其上部生出。新枝初发生时，部分旧枝仍然残留于主干上。主干自顶端逐年增长，而圆锥形的突起也随着增多。因此，主干虽然较短，但如果生长几年后，则一般长 4 ~ 10 cm，长达 20 cm 的也不少，个别甚至可达 35 cm，直径在 2 ~ 7 mm。次生分枝自初生分枝的叶腋间生出，幼枝上和主干幼期均生有短小的刺状突起。藻叶的形状变异很大，初生藻叶为披针形、倒卵形或倒披针形，长 5 ~ 7 cm，宽 2 ~ 12 mm，叶片革质或全缘，此种叶生长不久即凋落。次生藻叶呈线形、披针形、倒披针形、倒卵形、狭匙形或羽状分裂的叶。次生分枝自次生叶的腋间生出，枝上又生出许多狭披针形或线形的三生叶。在叶腋间，长出具有许多丝状叶的末端小枝。气囊多生在末端小枝上，幼期为纺锤形或倒卵形，顶端有针状突起；成熟时为球形或亚圆球形，顶端圆滑或具尖细的突起，但也有少数冠以大小不同的叶。囊径 2 ~ 5 mm，可达 8 mm，柄部长 0.5 ~ 2 mm，见图 4-32。

图 4-32　海蒿子 *Sargassum confusum* C. Agardh

A. 藻体具有生殖枝；B. 藻体基部枝痕；C. 茎的横切面；D. 叶的横切面；E ~ G. 气囊；H. 生殖托图；I ~ K. 生殖窝横切（I. 幼生殖窝切面；J. 雄窝切面；K. 雌窝切面）（引自：郑柏林等，1961）；M. 刚叶型的基叶；N. 钝叶型的基叶；O. 长叶型的基叶；P，Q. 标准型的基叶；R. 冠叶型气囊的变异；L. 大叶型的基叶（引自：曾呈奎，1962）

雌雄同株。生殖托或生殖枝从丝状叶腋间生出。生殖托圆柱形，表面光滑，总状排列于生殖末端小枝上。海蒿子常因生活环境的不同，藻叶和气囊发生很多变化。根据其变异可分为下列 7 个变型：标准型、线叶型、刚叶型、钝叶型、长叶型、冠叶型、大叶型。

海蒿子生长于潮间带的石沼中和大干潮线下 1 ～ 4 m 深处的岩石上，是多年生植物，因此，全年都能见到。成熟的藻体，其侧生枝一般春季凋落，晚春自初生分枝生长侧生枝。该种是暖温带性海藻，为北太平洋西部特有种类，分布于俄罗斯亚洲部分的鄂霍次克海、日本海沿岸、千岛群岛、日本和朝鲜等地。海蒿子盛产于我国黄渤海沿岸各地，是一种习见的藻类，产量很大；东海的嵊泗群岛也曾采到漂浮的海蒿子断枝。

海蒿子是我国黄渤海沿岸习见的藻类，过去少数地区作为农业肥料；中药店中作为“海藻”的代用品，工业上是提取褐藻胶、甘露醇和碘的工业原料。海蒿子是典型的海洋褐藻，性味苦咸、寒，入脾、肾、肺。利水、泄热，主治疼痛核肿、慢性气管炎等，具有很高的药用价值。褐藻多糖是一种水溶性活性多糖，已发现的褐藻门马尾藻科植物的活性多糖具有抗血栓、抗病毒、抗肿瘤、调节免疫系统等功能。

（6）鼠尾藻 *Sargassum thunbergii*（Mertens）O'Kuntze，属墨角藻目 Fucales，马尾藻科 Sargassaceae，马尾藻属 *Sargassum*。藻体暗褐色，高 10 ～ 50 cm，最高可达 120 cm。固着器为扁平的圆盘状，边缘常有裂缝，上生一条主干。主干甚短，3 ～ 7 mm，圆柱形，其上生有鳞状叶痕，主干顶端长出数条初生分枝，外形常因枝的长度和节间距离的变化而不同。幼期，鳞片状小叶密密地排列在主干上，很像一个小松球。初生分枝的幼期也覆盖以螺旋状重叠的鳞片叶，其后，次生分枝自鳞片叶腋间生出，有时次生分枝甚短，不能伸长，枝上有纵沟纹，沟纹常自各叶基部下行。叶丝状，披针形、斜楔形或匙形，边缘全缘或有粗锯齿，长 4 ～ 10 mm，宽 1 ～ 3 mm。气囊小，窄纺锤形或倒卵圆形，顶端尖，具有长短不等的囊柄，见图 4-33。

雌雄异株。生殖托为长椭圆状或圆柱状，顶端钝，表面光滑，单条或数个集生于叶腋间。雌生殖托长达 3 mm，直径达 1.2 mm，雄托长达 10 mm，直径达 1 mm。

生长于中潮带和低潮带的岩石上，或在高潮带、中潮带的水洼或石沼中，有的甚至在低潮时较长时期暴露于日光下，均可生长。一般来说，生长在黄渤海的个体较小，高约 40 cm，南海的则个体较大，长的可达 110 cm。鼠尾藻是我国沿海习见的种类，北起辽东半岛，南至雷州半岛的硇洲岛，其间均有分布。国外分布：本种是北太平洋西部特有的暖温带性海藻，分布于俄罗斯亚洲部分的千岛群岛、萨哈林岛南部、日本和朝鲜。鼠尾藻在大连曾被用作制造氯化钾的原料，每 80 t 鲜马尾藻，晒干后可烧成灰 4.5 t，再加工制造后可得氯化钾 1 t。鼠尾藻内也含有褐藻胶，但含量不如海蒿子，因此，目前被用作制造褐藻胶的配合原料。

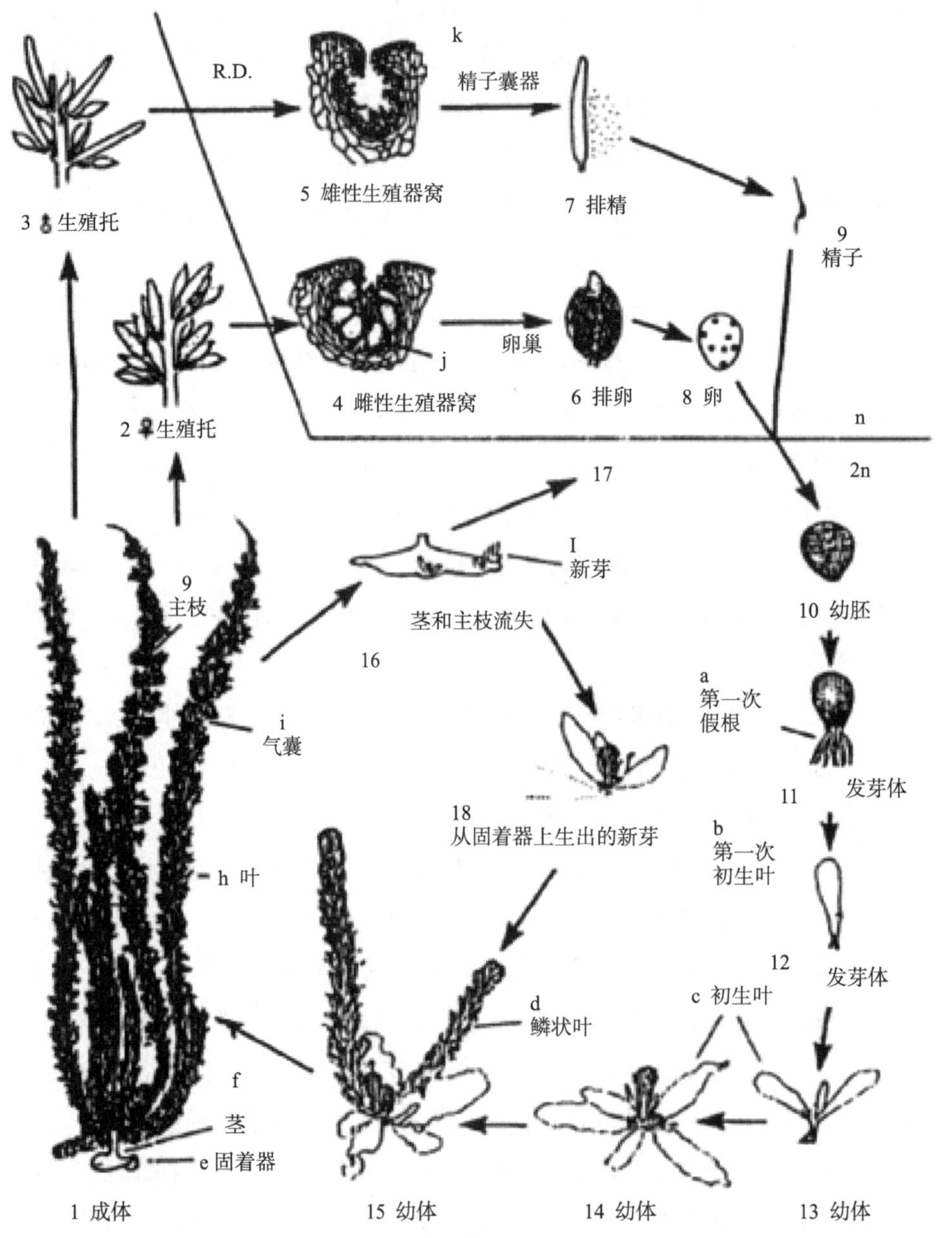

图 4-33 鼠尾藻 *Sargassum thunbergii*（Mertens）O'Kuntze 生活史
（引自：王增福等，2007）

三、不动孢子纲

本纲内物种的无性繁殖产生不动孢子，一般为四分孢子。在形式上，四分孢子原为红藻的特征，因此，以前有些藻类学家将这类列入红藻门，但从所含色素、光

合作用产物、具有游动精子及其他特征看，应属于褐藻。有性繁殖为卵式生殖，精子为梨形，侧生鞭毛有长短两条，短者不显著，常被忽略。本纲只有 1 目。

1. 网地藻目 Dictyotales

网地藻目藻体扁平叶状，带形或扇形，分枝常在同一平面，有中肋或无中肋。顶端或边缘生长，构造可分成髓部及皮层，髓部由一至数层大型薄壁细胞组成，皮层由一至多层小细胞组成。同型世代交替。无性生殖，在孢子体上仅产生单室孢子囊，囊内含 4 或 8 个孢子。有性生殖为卵式生殖，多为雌雄异株，也有少数为雌雄同株。卵囊单生或集生，每个卵囊产生一个卵，精子囊集生成小的精子囊群，每个多室精子囊可产生多个有鞭毛精子。

09 网地藻目

代表种类：

（1）网地藻 *Dictyota dichotoma*（Hudson）Lamouroux，属于网地藻目 Dictyotales，网地藻科 Dictyotaceae，网地藻属 *Dictyota*。其单个顶端细胞可形成扁平的一年生叶状体。成熟的叶状体包括三层：中间层由较大的细胞组成，很少或没有叶绿体，两侧各为一层紧密包裹着叶绿体的小细胞。配子体在突出的孢子囊群内形成性器官。配子萌发可以将配子体暴露在蓝光下进行人工诱导。表层细胞可分裂成一个杆状细胞和一个卵母细胞。每个卵母细胞仅产生一个卵，它可从藻体表面的胶状顶端释放出来。在一个孢子囊群中通常有 25 ~ 50 个卵母细胞，而位于边缘的卵母细胞通常不育。雌性孢子囊群的颜色为深褐色，同组成雄性孢子囊群的白色闪光点形成鲜明对照。雄性孢子囊群在其发育的早期即可通过细胞中叶绿体的分解加以确认。与卵母细胞一样，精母细胞也由表层细胞发育而来。这些表层细胞增大并水平分裂而成一个杆状细胞和一个初级精母细胞。初级精母细胞沿水平和垂直两个方向不断分裂，形成 650 ~ 1 500 个隔室。每个隔室的内含物形成一个梨形的精子，精子前端具有一个眼点，侧面伸出一根流苏状鞭毛。尽管仅有一根侧生的鞭毛，但第二根鞭毛的基体已经形成，表明它由一个双鞭毛的祖先演化而来。成熟的精子通过精子囊细胞壁的分解而得以释放。雄性孢子囊群被伸长的不育细胞所包裹，它们实为未发育的精子。网地藻的卵细胞释放出网地藻烯（dictyotene）来吸引精子细胞。随后，精子与卵子结合受精，合子萌发成孢子体；未受精的卵细胞可通过孤雌生殖进行萌发，但很少能正常发育并且很快就死掉。孢子体在叶状体的表面产生单倍体的不动孢子（四分孢子）。四分孢子囊单独出现或以少量集群的形式出现。裸露的四分孢子通过孢子囊顶端的胶鞘释放出来，之后不久，大的不动孢子分泌一层纤维质细胞壁进而发育成配子体，见图 4-34、图 4-35。

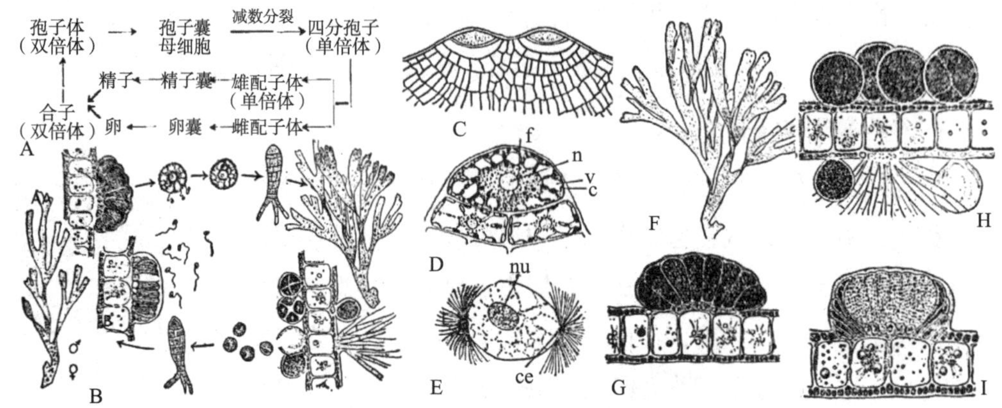

图 4-34　网地藻 *Dictyota dichotoma*（Hudson）Lamouroux 生活史及形态特征

A. 生活史图解（结构图）；B. 生活史图；C. 顶端生长；D. 顶端细胞的小液泡；E. 顶端细胞的中心体和核仁；F. 藻体外形；G. 雌配子体横切面；H. 四分孢子体横切面；I. 雄配子体横切面（引自：郑柏林等，1961）

在网地藻 *D.dichotoma* 中，配子按照有规律的时间间隔进行释放。这种现象首先被英国学者 Williams 观察到，即配子每两周释放一次。Muller（1962）发现月光是配子释放的同步因子。当藻类在自然光下生长时，配子每 14 ~ 15 天释放一次。如果藻类在光照与黑暗的比在 14 h：10 h 的人工条件下生长，配子几乎不释放，并且没有同步性。但是如果在所有的晚上都保持人工光照，那么 10 天后配子将出现暴发性释放，其中，所有晚上的光照都模拟月光。网地藻能产生萜类化合物，它们能防止自身被食草的鱼类、端足类和海胆所摄食 。

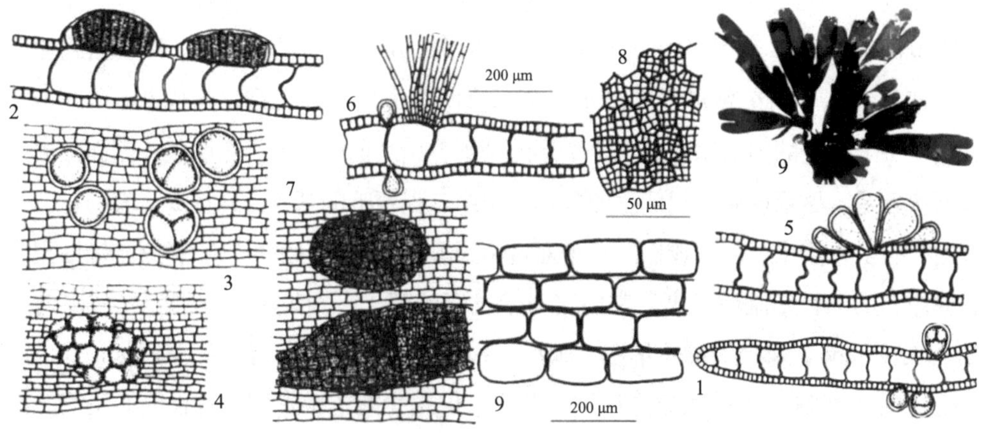

图 4-35　网地藻 *Dictyota dichotoma*（Hudson）Lamouroux 解剖特征

1. 孢子体分枝横切面；2. 雄配子体横切面；3. 孢子体表面观；4. 雌配子体表面观；5. 雌配子体分枝横切面；6. 毛；7. 雄配子体表面观；8. 精子囊表面观；9. 髓细胞表面观（引自：栾日孝，2013）

（2）叉开网翼藻 *Dictyopteris divaricata*（Okamura）Okamura，属于网地藻目 Dictyotales，网地藻科 Dictyotaceae，网翼藻属 *Dictyopteris*。藻体橄榄色或褐色。稍硬，丛生，高 15 ~ 25 cm，宽 1 ~ 2.5 cm，扁平复叉状分枝，边缘全缘，有中肋。固着器盘状锥形，由分枝丝状的细胞组成，细胞长 100 ~ 200 μm ，宽 25 ~ 55 μm，长为宽的 2.7 ~ 4.3 倍。枝端舌状或钝圆，老体时破损。表面生有成束无色毛。构造由皮层和髓组成，皮层由单层细胞组成，含色素体，髓由多层细胞组成，通常不含色素体，中肋部厚，翼部薄。下部主枝中肋由 7 ~ 10 层细胞组成，厚 300 ~ 500 μm；分枝中肋由 4 ~ 8 层细胞组成，厚 200 ~ 300 μm；翼部由 4 ~ 6 层细胞组成，厚 90 ~ 200 μm，边缘由 2 层细胞组成。横切面观，皮层细胞小，亚长方形或椭圆形，长 20 ~ 30 μm，宽 15 ~ 25 μm，髓细胞大，长方形或多角形，长 25 ~ 65 μm，宽 15 ~ 50 μm。表面观皮层细胞呈长方形，长 20 ~ 50 μm，宽 15 ~ 20 μm。生长点在枝顶端，为并列多个细胞。四分孢子囊群着生于中肋两侧，椭圆形或披针形，长 1 ~ 3 mm，宽 0.5 ~ 1.5 mm，四分孢子囊球形，直径 50 ~ 65 μm。卵囊群在翼部表面散生，表面观卵囊呈亚圆形，直径 80 ~ 110 μm。在本区精子囊不明。腊叶标本不能紧密附着于标本纸上，见图 4-36。

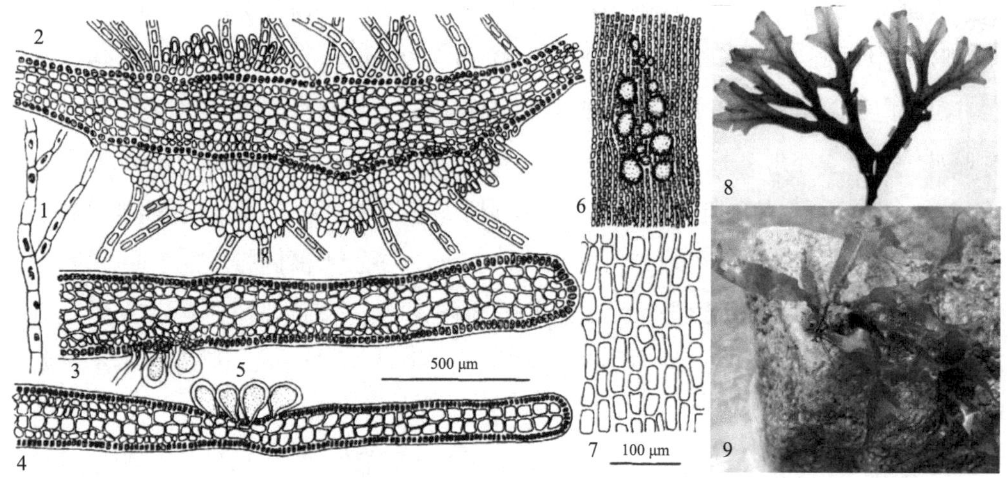

图 4-36 叉开网翼藻 *Dictyopteris divaricata*（Okamura）Okamura

1. 假根；2. 中肋部横切面；3. 主枝边缘横切面；4. 小枝边缘横切面；5. 卵囊；6. 雌配子体表面观；7. 藻体表面观；8. 植物体；9. 藻体生态景观；1 ~ 7（引自：栾日孝，2013）；8 ~ 9（引自：毛欣欣等，2011）

习性和产地：生于低潮带石沼边缘或低潮线以下的岩石上，有时暴露于空气中，冬、春季生长繁茂。产于辽宁大连、瓦房店、兴城、绥中、长海，河北北戴河，山东长岛、蓬莱、烟台、威海、青岛，浙江舟山中街岛，台湾东北部，在黄海、渤海为习见种。

叉开网翼藻的正己烷提取物对KB肿瘤细胞有很强的细胞毒活性。乙醇提取物的乙酸乙酯可溶性部分对肿瘤细胞B16-BL6（黑色素瘤）和A2780（人卵巢癌）有较强的抑制作用。

（3）大团扇藻 *Padina crassa* Yamada，属于网地藻目Dictyotales，网地藻科Dictyotaceae，团扇藻属 *Padina*。藻体黄褐色，叶状扇形，高4 ~ 8 cm，宽9 ~ 12 cm，每个扇形体基本都有1个短柄，其基部和短柄均被短的褐色毛覆盖着，上部常常分裂成很多小的扇形裂片，裂片上缘向背面内卷，膜状，全缘，在体下面有少量石灰质，毛线带间宽广，上部毛线带间距5 ~ 8 mm。扇形体较厚，下部体厚180 ~ 300 μm，由8 ~ 10层细胞组成；中、上部体厚90 ~ 190 μm，由4 ~ 8层细胞组成；卷边部体厚40 ~ 75 μm，由2层细胞组成。横切面观，皮层细胞1层，含有色素体，细胞亚正方形，长20 ~ 35 μm，宽25 ~ 50 μm；髓细胞多层，方形，长25 ~ 30 μm，宽25 ~ 30 μm，皮层细胞与对应相邻髓细胞数为1 ：1。纵切面观，皮层细胞呈长方形或亚方形，长30 ~ 60（70）μm，宽20 ~ 30 μm；髓细胞呈长方形，长40 ~ 75 μm，宽15 ~ 30 μm；边缘生长点细胞长40 ~ 55 μm，宽25 ~ 30 μm。表面观皮层细胞排列较规则，呈长方形，长30 ~ 70 μm，宽20 ~ 30 μm。毛无色，丛生形成毛线带，细胞长130 ~ 200 μm，宽15 ~ 20 μm，长为宽的6 ~ 12倍。

四分孢子囊群（堆）形态多不规则，有包膜，排列于毛线带两侧或两带间；切面观四分孢子囊卵形，长90 ~ 110 μm，宽65 ~ 80 μm。卵囊群圆形或亚圆形，直径250 ~ 450 μm，有包膜。表面观卵囊亚圆形，直径50 ~ 70 μm，切面观倒卵形、长卵形或梨形，长85 ~ 105 μm，宽50 ~ 70 μm，多生于藻体腹（上）面，背（下）面较少。精子囊散生于毛线带区，腹、背面均生长，表面观精子囊亚方形，直径20 ~ 26 μm，切面观长方形，长48 ~ 55 μm，宽18 ~ 25 μm。腊叶标本不黏附于标本纸上，见图4-37。

团扇藻属 *Padina* 藻体的一面或两面至少在体上部都生毛，排列呈若干列同心纹层。多数种类的底面或两面含有石灰质。某些种类发生细胞壁的钙化，其中，碳酸钙以霰石（aragonite）的针状结晶形式沉积在扇形叶状体表面的同心条带（concentric）内，外观呈钙化感。

在低潮线附近大石沼中固着于岩石上。产于山东青岛，浙江南麂岛，台湾石门，福建连江、平潭、晋江、龙海、漳浦、东山，广东南澳岛、硇洲岛，香港，广西涠洲岛、防城港等地。

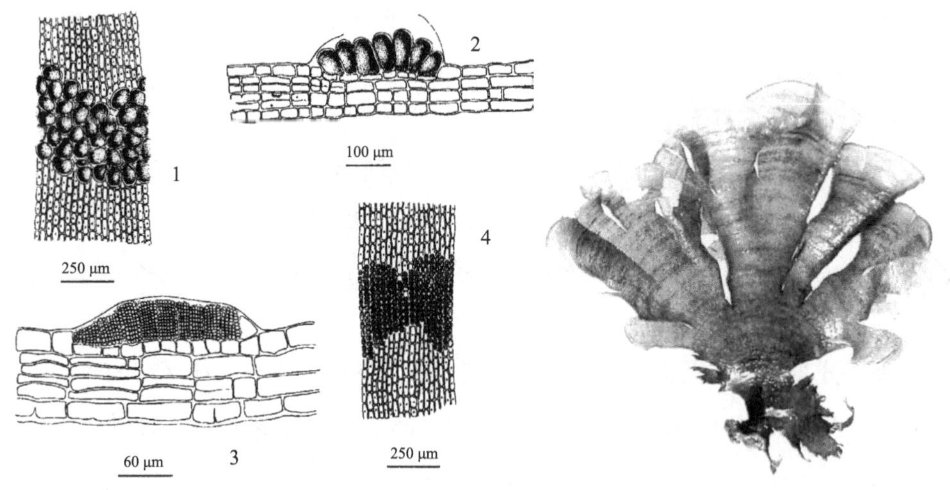

图 4-37　大团扇藻 *Padina crassa* Yamada

1. 藻体表面的孢子囊群；2，3. 藻体纵切面（2 示孢子囊，3 示精子囊）；4. 藻体表面的精子囊群；右图：大团扇藻藻体（引自：钱树本，2014）

第六节　褐藻的生态分布

03 褐藻的生活史及分布

褐藻是在海洋中生活的藻类，海产的种类也可出现在近岸的半咸淡水和含盐的池沼中。生活于潮间带，依靠固着器生长于岩石基质上，也可附生于其他藻体上，马尾藻海的马尾藻则漂浮海面生长，多数褐藻类生活在低潮带和低潮线下，如海带目藻类；但也有生长在中潮带至高潮带的，如鹿角菜属。黑顶藻属、黏膜藻属有只生长在中潮带、亚低潮线下的种类，如一些马尾藻属及酸藻属种类从不伸展到水面。低潮线下的种类在北部海区很少生长在水深 25 m 以下，但在温带海生长在水深更深处，可达 110 m。大多数种类生活在南北两半球的冷海中，而且在冷海中多样性很高。寒冷海洋生长的种类多而大，如海带类的巨藻，长可达 100m。也有不少的种类习惯生长于温带及热带海洋，如网地藻属 *Dictyota*、马尾藻属 *Sargassum*。褐藻是构成近海岸藻类群落的主要成分。一年生或多年生。在沿岸生长的褐藻表现为明显的带状。在浪冲击的潮间带，当退潮时，首先看到的是墨角藻属 *Fucus* 的种类，在较深处则是海带科的种类。有一些种类生长在 10 ~ 20 m 深的水中，它们的基部由坚固的假根来支持，从假根向上生长出一个粗绳状的常可达数米的假茎，由假茎负载着各种不同形状的叶状枝。有一些褐藻的藻体形成囊状的构造，其中充满着空气。这种囊状体可以阻止藻体下沉，使沉重的藻体维持在水的表层。褐藻多数为阴生，少数为阳生，具有在不同季节的光度和温度条件下调节其新陈代谢的能力。一些褐藻类能够在弱光低温下进行光合作用。这些对于它们生长在南北极是很重要的，其中的许多属种在冰点下还能产生生殖器官。

在我国，褐藻的区系分布特征较为明显，如鹿角菜属 *Pelvetia*、真丝藻属 *Eudesme* 只分布在北方，圈扇藻属 *Zonaria*、喇叭藻属 *Turbinaria* 属南海海岸性种类，只分布在南海。水云属 *Ectocarpus*、囊藻属 *Colpomenia*、马尾藻属 *Sargassum* 则在我国各沿海区域都有分布。

从垂直分布来看，褐藻类主要生长在潮间带及低潮线附近，在深海的海底少见。据报道，在地中海和美国佛罗里达州的海中，深达 110 m 以下的海底岩石上，发现有褐藻类的生长。我国的黄海、渤海海水混浊，透明度较低，因此，褐藻在低潮线以下的分布较浅，南海海区海水澄清，褐藻的分布较深。一些大型的藻类，如昆布 *Ecklonia kurome*、匍枝马尾藻 *Sargassum polycystum* 生长在低潮线下 8 ~ 15 m 深处，属分布较深的种类。在同一海区各种褐藻分布的潮位往往不同，如铁钉菜多生长在中、高潮带，鹿角菜类及褐壳藻属 *Ralfsia* 主要生长在中潮带，鼠尾藻、萱藻、羊栖菜则生长在中低潮带，而海带类，鼠尾藻、裙带菜等一般生长在低潮线以下。

第七节　褐藻门的主要特征

褐藻门都是多细胞体，都是在海水中生活的。光合作用的主要产物为褐藻淀粉（lammaran）及甘露醇（mannitol），都具有性生殖，为同配、异配和卵式配合等方式，无性生殖则主要是孢子生殖；无论是配子还是孢子，其外形都是梨形或梭形，并侧生两根不等长的鞭毛，其中 1 根为茸鞭型（tinsel type）鞭毛；大多数属的生活史中都有世代交替。

第八节　褐藻门系统演化与亲缘关系

褐藻是一群古老的植物，在志留纪和泥盆纪的沉积物中，发现有类似海带植物的化石，最可靠的化石发现于三叠纪。褐藻为多细胞藻类，藻体具复杂而又精细的结构，并形成界限分明的分类单位。但至今尚未建立起和其他藻类类群的系统发育关系。因此，大多数的藻类学者认为，它们代表一条独特的进化路线。它们的叶状原植体、腋生分枝、筛管的存在和次生生长都显示出接近高等植物的进化特性。然而，这些描述

仅仅指出了褐藻和高等植物间的平行演化，而不是它们之间有任何直接的系统发育关系。由于异丝体的单轴植物体和多轴植物体的普遍存在，表明褐藻类成员和绿藻门、红藻门具有平行的进化趋势。褐藻具有叶绿素c，又和隐藻纲、甲藻门以及硅藻门相似。还由于它含有的类胡萝卜素比叶绿素占优势，褐藻还和隐藻纲、甲藻门、硅藻门以及金藻门相似。油类和饱和脂肪的出现，是褐藻和黄藻纲、金藻纲以及硅藻纲的共同特征。如果分析鞭毛的形态学，就会发现褐藻门的游动细胞和黄藻纲、金藻纲的游动细胞很相似，所含色素也相似。然而，尽管有这些相似特征，但在其他尚未观察到的特征组合上和各自的典型特征上，这些类群的藻类还是有区别的。因此，有人主张褐藻可能是由单细胞的具有不等长侧生鞭毛的祖先进化而来。

第九节　课外阅读

著名藻类学家饶钦止教授，1900年2月出生于重庆市；1920年成都高等师范学校毕业，1922年北京师范大学生物系研究生毕业；1932—1935年先后获得美国密执安大学的文学硕士和哲学博士学位，并获得3种金钥匙奖章和奖状。在此期间，又曾在伍兹霍尔海洋生物学实验室、华盛顿大学的海洋学实验室、哈勃肯斯海洋实验站、斯克里普斯海洋学研究所和夏威夷大学海洋研究所进行淡水及海藻的研究工作。1936—1941年任中央研究院动植物研究所研究员，1941—1950年任中央研究院植物研究所研究员；1951年起任中国科学院水生生物研究所一级研究员至1989年退休，1961—1981年曾任该所副所长。又曾先后在复旦大学、上海水产学院（现上海海洋大学，编者注）及武汉大学任兼职教授并讲授藻类学。曾任《植物分类学报》《水生生物学集刊》（今《水生生物学报》）和《武汉植物学研究》编委、副主编和名誉主编，《中国孢子植物志》的副主编和顾问，曾是中国植物学会理事，中国海洋湖沼学会的创始人及副理事长，中国藻类学会的创始人及名誉理事长。饶钦止教授曾任中国人民政治协商会议委员（1976—1982年）和湖北省人民政治协商会议副主席（1980—1988年）。饶钦止教授是国际著名的藻类学家，也是中国藻类学的奠基人之一。70多年间，他走遍了大半个中国，他和学生及同事所采集的淡水藻类标本已经超过3万号，建立了一个国际上著名、居亚洲首位的标本室。他发表过70余篇论文，出版过2本专著，参加过5门藻类著作的主编工作。他报告过数以千计的藻类植物，包括外国海产的种类，仅从中国藻类中，他就建立了10个新属615个新种（包括变种），还建立了一个新科：腔盘藻科 Coelodiscaceae，即今饶氏藻科 Uaoaceae。他在1935年发表的《四川的双星藻科 Zygncmataceae》一文，已是此科分类学的经典著作。1943 年，他发表了采自四川北碚嘉陵江中的两属两种淡水褐藻，这实际上也是活化石。直到 20 世纪 70 年代，才有加拿大的 Blum 和美国的 Thompson 在美加交界的湖中发现另一种。1980 年，Schloeseier 在同一湖中又发现了 1 种。至此，全世界已知的淡水褐藻也只有 8 种。饶钦止教授研究过的藻类几乎涉及每一个门，但更集中于鞘藻目 Oedogoniales、双星藻科和绿球藻目 Chlorococcales，体现出他的特殊贡献。在 1979 年出版的《中国鞘藻目专志》中，除了依次描述了我国当时已知的 2 属 301 种，其中有 96 新种、38 新变种和 32 新变型外，还根据自己的研究（包括培养），经过分析，确定以植物体在性分化方面的特征作为此类植物分类基础的首要特征，从而创立了自己的自然分类系统，澄清了前几代人在该领域中的许多混乱现象。此专著出版后，立即受到国际上许多著名藻类学家的称赞，美国藻类学元老泰勒（Taylor）在《藻类学》上专文介绍此著作，称之为“藻类学上的一项重要文献”；此专著在 1982 年获得国家自然科学二等奖。

第十节　课后习题

（1）概念题

单室孢子囊；多室孢子囊；茸鞭型鞭毛；尾鞭型鞭毛；单轴型；多轴型；散生长形式；间生长形式；毛基生长形式；顶端生长形式；表面生长形式或边缘生长形式。

（2）问答题

①怎样区别网地藻、网翼藻、厚网藻？

②褐藻的生活史类型有哪几种？

③简述海带、网地藻、鼠尾藻、网翼藻、马尾藻的生活史。

④怎样区别海蒿子、海黍子、铜藻和羊栖菜？

⑤简述羊栖菜的生活史。

⑥墨角藻目分为几个科，各个科有何区别？

⑦简述鹿角菜的生活史。

⑧简述黑顶藻、酸藻的生活史特征。

⑨比较褐藻门、红藻门、蓝藻门、绿藻门的光合色素、光合产物有何不同。

⑩褐藻门的藻体形态有几种类型？

⑪比较褐藻与红藻的类囊体特征。

⑫简述褐藻海带目 Laminariales、墨角藻目 Fucales 和网地藻目 Dictyotales 的细胞间运输与长距离运输的渠道及其特征。

⑬希林（Kylin）关于褐藻门的分类系统中圆子纲、褐子纲、无孢子纲之间有何区别?

⑭为什么海带目是褐子纲中最进化的一个类群?

⑮简述海带的生态、筏式养殖及应用。

⑯简述褐藻门的生殖方式。

⑰褐藻门的生活史有几种类型?

（3）填空题

①海带的髓部中具有支持和运输作用的细胞叫（　　）。

②海带的孢子体分为（　　）、（　　）、（　　）三部分。内部为无色的，表面常见到暗褐色的是(　　)，细胞中叶绿素为(　　)、(　　)，光合产物为(　　)。

③（　　）门的载色体含有叶绿素 a、叶绿素 c，及墨角藻黄素。

④在仅有一个双倍体植物的生活史中，减数分裂发生在（　　）时期，如褐藻的（　　），在具有两个植物体的生活史中，减数分裂发生在（　　）时期，如红藻的（　　），其生活史有（　　）和（　　）两个阶段。

⑤根据褐藻的繁殖和生活史的不同特点，分为 3 个纲。即(　　)纲、(　　)纲、（　　）纲。

⑥褐藻门的光合产物为（　　）、（　　）和（　　）。

⑦褐藻精子的鞭毛前端的为（　　）型，后端的为（　　）型。

⑧褐藻门的孢子囊分为（　　）孢子囊和（　　）孢子囊，前者形成游动孢子经过（　　）分裂，而后者不然。

（4）选择题

①下列生活史中孢子体占优势的是：（　　）。

A. 水云；B. 多管藻；C. 海带；D. 石莼

②下列各项为二倍体的是（　　）。

A. 果孢子体；B. 四分孢子体；C. 果胞；D. 多室孢子囊；E. 雄配子体；F. 孢子体；G. 原丝体

③下列藻类生活史中，配子体占优势的异型世代交替是（　　）。

A. 水面；B. 轮藻；C. 海带；D. 萱藻；E. 礁膜

④水云的生活史类型属于（　　）。

A. 同型世代交替型；B. 异型世代交替型；C. 无世代交替型

⑤鹿角菜的生活史类型属于（　　）。

A. 同型世代交替型；B. 异型世代交替型；C. 无世代交替型

⑥网地藻的生活史类型属于（　　）。

A. 同型世代交替型；B. 异型世代交替型；C. 无世代交替型

⑦海黍子属于（　　）纲。

A. 不动孢子纲；B. 圆子纲；C. 褐子纲

⑧马尾藻生活史只有孢子体世代，没有单倍体配子体世代。孢子体上产生（　　）。

A. 单室孢子囊；B. 多室孢子囊；C. 配子囊；D. 精子囊；E. 卵囊

⑨海带的无性生殖时期形成（　　）。

A. 单室孢子囊；B. 多室孢子囊；C. 单室配子囊；D. 多室配子囊

第五章

硅藻门 Bacillariophyta

硅藻门植物种类繁多，有 1 万多种，广布淡水、半咸水、海水。可分为两个纲：中心硅藻纲 Centricae，圆形，多海生；羽纹硅藻纲 Pennatae，长形或舟形，多淡水生。中国海域已有报道的硅藻物种大致有 1 395 种（包括变型和变种）。

第一节　硅藻门藻体形态特征

硅藻为单细胞或群体形式，形成群体的方式常借助细胞分泌的胶状物质，胶质孔在壳面上的位置决定了群体的形状，如有些属中在壳面中央有胶质孔，使细胞以壳连成带状或丝状群体。有的胶质孔在壳面的角上形成折曲状群体或放射星状群体。少数种类则以壳环相连。还有些种类分泌的胶质组成简单或分枝的柄，形成树状群体或用以附着在基质上。也有的许多细胞包围在胶质内，形成不定型的团块。此外，还有几种海生种类，许多细胞排列在分枝或不分枝的胶质管内，外观很像丝状褐藻。许多浮生种类，特别是辐射硅藻目的种类，都是在壳面上生出各种形式的突出构造或原生质线连成群体。每个壳面上生有两条或多数的刺毛，相邻细胞的刺毛基部扭缠或连合。群体形式栖息于几乎所有的水生生境中，它们可以是自由生的光合自养生物、无色的异养生物，也可以是光合的共生生物。硅藻可营浮游生活，也可营附着生活。当营附着生活时，硅藻可附生在岩石或水生植物等基质上形成大量的褐绿色膜层，见图 5-1。

第二节　硅藻门细胞学特征

（1）细胞壁。

硅藻的细胞壁由一层硅质组成，硅质上覆盖有一层相当薄的有机质。这些有机质是沉淀在细胞外部的细胞质的异质产物。在壳面内部，这层膜与原生质膜紧密相连。硅藻的典型特征是能分泌一层由硅质构成的细胞外壁，即硅藻壳（壳壁 theca）由果胶质和硅质组成，约占藻体干重的 20%。硅藻壳由差不多相等的两部分组成，稍

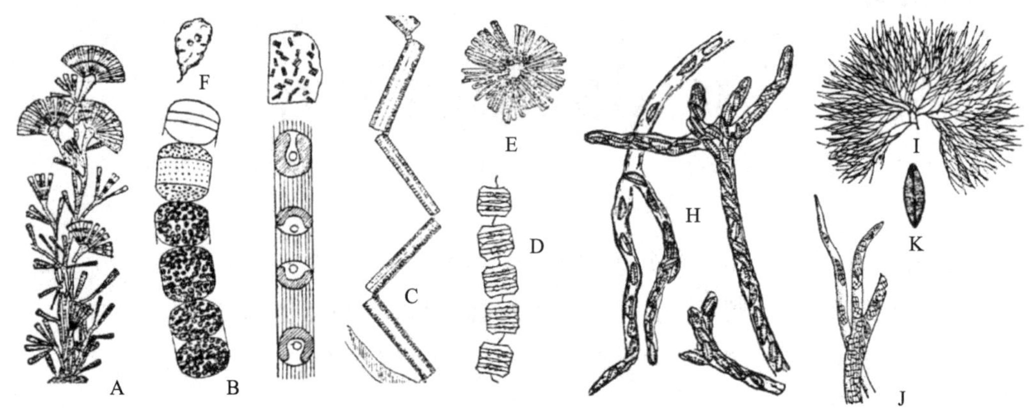

图 5-1　硅藻的形态

A. 扇形扇杆藻 *Licmophora flabellata*（Cram.）Ag. 树状群体；B. 波氏直链藻 *Melosira barreri* Grerille 以壳面连接成链状群体曲折状群体；C. 等片藻 *Diatoma vulgare* Bory. 曲折状群体；D. 诺氏海链藻 *Thalassiosira nordenskioldii* Cleve 以壳面中央原生质丝连成念珠状群体；E. 肘状针杆藻 *Synedra ulna*（Nitzsch.）Ehr. 放射状群体；F. 缘辐节藻 *Navicula ulvacea* Berk. 不定型群体；G. 中肋骨条藻以壳缘小刺连成群体；H. 桥弯藻 *Cymbella casspitosa* Kütz. 藻细胞被包埋在胶质内形成丝状群体；I，J，K. 舟形藻 *Navicula* sp. 丝状群体（J 为群体部分放大；K 为细胞壳面观）（引自：郑柏林等，1961）

小的部分像皮氏培养皿（petri dish）那样套入稍大的部分内。硅藻壳中处于外面的半壳称为上壳（epitheca），套在里面的半壳称为下壳（hypotheca）。上下壳均由壳面（valve）和相连带（connecting band）两部分组成，壳面为一稍微突起的盘面，相连带则连在壳面边缘。每个相连带连接一个壳面，均称为带面（girdle）。有时相连带也被称为环带（girdle band）。壳面边缘稍有弯曲的部分称之为壳套或壳衣（mantle 或 valvejacket）。环带边缘通常具有微小的齿状结构，通过它可将两个壳面联合。壳面边缘与环带末端相对接，并通过果胶质膜层与环带相连。如果该膜层被破坏，壳面与环带就会分开，见图 5-2。

连接上下两壳面中心点的线称为贯壳轴（pervalvar axis），为硅藻细胞的长度；连接壳面两端的线叫作壳面轴（valvar axis），壳面长形的又有壳面长轴（apical axis）和壳面短轴（transapical axis），简称长轴和短轴。就壳环面观时，细胞的宽度等于长轴的长度，厚度等于短轴的长度。由长轴和贯壳轴所决定的面称为长轴面（apical plane），由短轴和贯壳轴所决定的面称为短轴面（transapical plane），由长轴和短轴所决定的面称为盖壳面（valval plane），又称为平断面或细胞分裂面。研究硅藻首先必须认清轴和面的关系，才能得到正确的概念。有时在壳面和连接带之间有一个或多个其他的带，即鳞片状、领状、环状等形状的片，它们被称为间插带

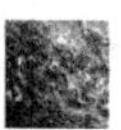

（intercalary band，copulae），可以增加细胞的长度。有的种类上下壳各有一个间插带，也有的各有 2 片或几片间插带。一种杆线硅藻 *Rhabdonema*，间插带达 28 片之多。上下壳的间插带数目常不同，有的间插带与壳面平行，并伸入细胞内部，将原生质不完全隔开，这种间插带称为隔片（septum），有的隔片自连接带的一侧伸入，不到细胞中央，或相当长，也有的自周围向中央一圈伸入，中央有几个孔。有些种类在壳面和隔片之间有几个垂直于壳面的隔片，将细胞腔分成许多小室。这些构造可以增加细胞质的面积，见图 5-3，有些硅藻的壳面上有角、刺、刺毛、龙骨突起等构造。硅藻除少数的种类壳面是平滑的以外，大多数细胞壁上都有排列规则的花纹。一般羽纹硅藻目的花纹比较简单，沿长轴两侧对称排列，辐射硅藻目的花纹都比较复杂，以一点或几点为中心辐射排列。花纹常是由小孔和小室组成的。小孔有真孔与拟孔两种，真孔是细胞壁上的穿孔，分布在壳面的各个部分或集中分布

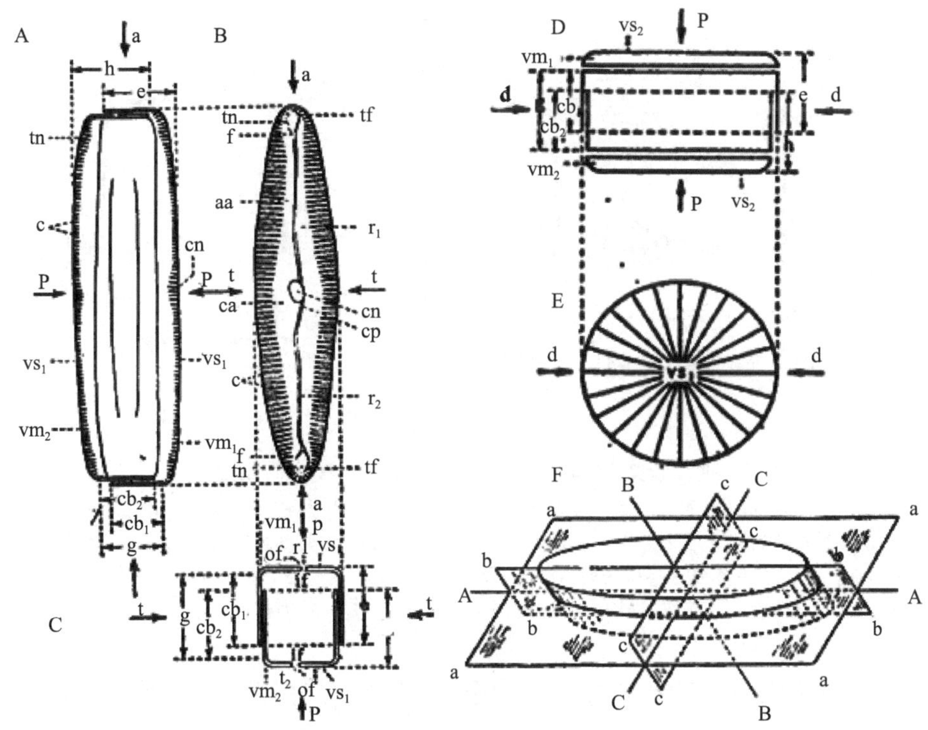

图 5-2　硅藻细胞壁壳面形态

A. 长轴面；B. 盖壳面；C. 短轴面（a. 顶轴；p. 贯壳轴；t. 切顶轴；e. 上壳；h. 下壳；r_2. 下壳的纵沟；f. 漏斗隙；cb_1. 上壳的侧带；cb_2. 下壳的侧带；g. 壳环；tn. 极结节；cn. 中央结节；cp. 中心孔；r_1. 上壳的纵沟；tf. 极隙；aa. 轴区；ca. 中央区；vs_1. 盖面；vs_2. 底面；vm_1. 上壳壳面；vm_2. 下壳壳面；of. 纵沟的外裂隙；if. 内裂隙；c. 肋）；D. 圆筛藻壳环面；E. 圆筛藻盖壳面（d. 直径；e. 上壳；h. 下壳；cb_1. 上壳的侧带；cb_2. 下壳的侧带；g. 壳环；vs_1. 盖面；vs_2. 底面；vm_1. 上壳的壳带；vm_2. 下壳的壳带）；F. 硅藻细胞的轴和面（A. 顶轴；B. 壳轴；C. 切顶轴；a. 盖壳面；b. 长轴面；c. 短轴面）（引自：郑柏林等，1961）

于细胞的一端，或靠近壳面边缘的地方。如果真孔的一端被一小板塞住，则称之为拟孔（poroid）。拟孔是周围厚而中央薄的地方。小室是细胞壁的内侧和外侧由隆起的部分构成的多角形或圆形的小腔，孔室通常由硅质壁上六角形的空室组成，它与其他孔室通过垂直的室间隔分开，而室间隔上常常存在小孔以使得孔室之间相通。孔室的一端为筛膜（sieve membrane）或孔膜（pore membrane）或筛板（velum，cribrum），筛膜可以位于外侧（孔室开口向内），也可以位于内侧（孔室开口向外），因此，具有孔室的壳面结构类似于一个蜂巢。依据小孔与小室的不同可以将硅藻的花纹分为不同类型。硅藻的壳面具有称为突起（process）的延伸物，其主要功能是保证邻近的细胞相互连接，以利于形成群生体。

纵沟（raphe）是羽纹硅藻所具有的特征，是其壳面上沿长轴的一条纵裂缝。纵沟是一个相当复杂的结构，可能与运动有关，见图 5-3。

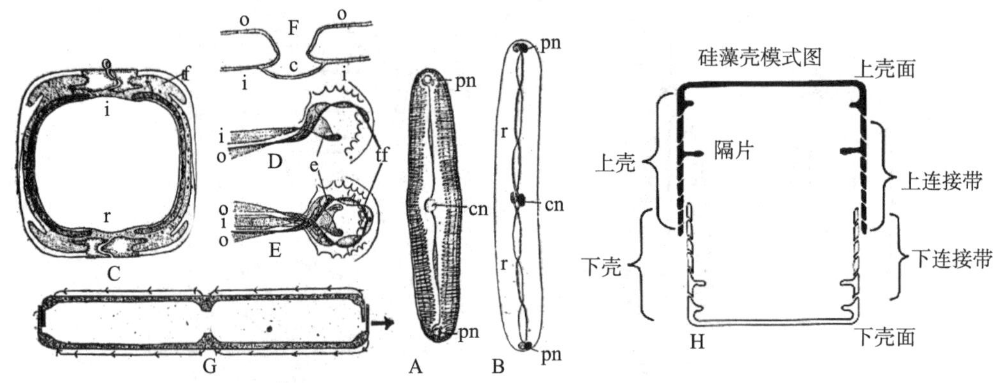

图 5-3　羽纹硅藻 *Pinnularia viridis*（Nitzsch）Her 细胞壁构造结构

A. 壳面图，示纵沟及节；B. 上下二壳面模式图，示二纵沟位置；C. 壳壁横断面；D. 端节，示纵沟的末端部分；E. 上下壳面的端节；F. 中央节的贯壳轴切面；G. 羽纹硅藻原生质流动模式图（右端黑箭头表示细胞运动的方向）；c. 中央节内连接纵沟的水平管；cn. 中央节；e. 漏斗隙；f. 小室；i. 内沟；o. 外沟；l. 垂直管；pn. 端节；r. 纵沟；tf. 端隙（引自：郑柏林等，1961；钱树本，2014）

羽纹硅藻的表面上两端各有一个细胞壁略向外突起而中空的，外观反光较强的结构，称为“端节”（polar nodule），壳面中央壳壁向内加厚形成中央节（central nodule）。连接两个端节有一条纵行的裂缝，外观很像直的或弯曲的曲线，称为纵沟。纵沟呈“>”形，靠近壳外面的部分称为外沟，靠近壳内面的部分称为内沟。在中央节处内外二沟借环形管相连，称为垂直管（vertical canal），在中央节内面二垂直管间有一条水平方向的沟相通。此沟与细胞质相连，在端节末端，外沟如半环状弯曲，

这部分称为端隙（polar cleft），在同一壳面，弯曲方向相同，另一壳面则相反。内沟末端在端节处向内壁膨大，如漏斗形伸入原生质的部分称为漏斗隙（funnel cleft）。上下二壳面内外沟恰好构成互补。只有纵沟的硅藻才能运动，尤其是有管状纵沟的硅藻运动能力特别强，见图 5-4、图 5-5。

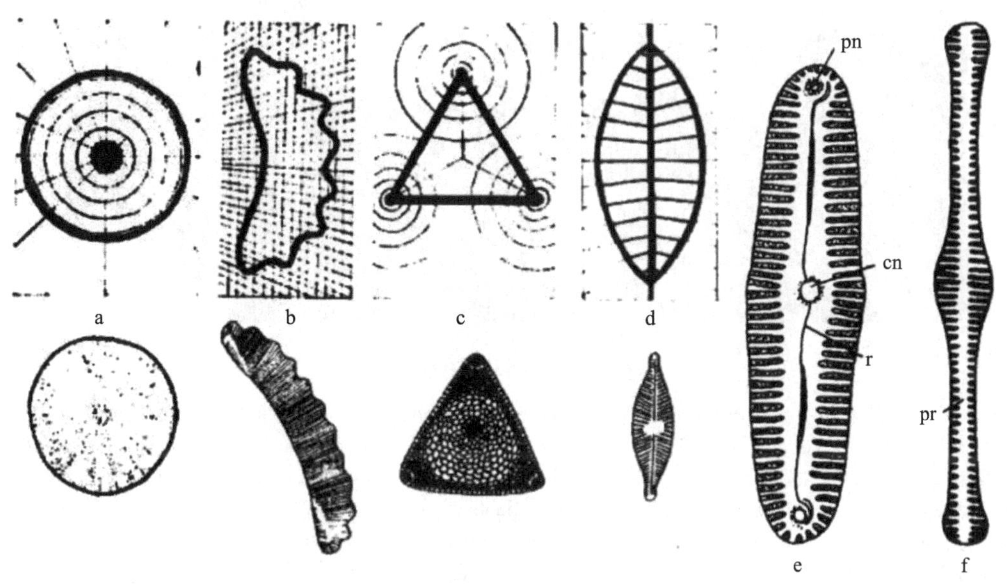

图 5-4　硅藻中纹饰的基本排列模式

a. 中心或辐射型（如圆筛藻）；b. 条纹型（如短缝藻）；c. 多角型（如三角藻）；d. 羽纹型（如舟形藻）；e. 具有壳缝系统的硅藻细胞（cn. 中央节；pn. 极节；r. 壳缝）；f. 具有假壳缝 pr 的硅藻细胞（引自：Lee，2018）

硅藻壳中的硅质以某种有序的方式进行沉积，这使得其细胞外壳极具观赏性。根据 Hendey（1964）的研究，硅藻的外壳装饰物可分为 4 个基本类型。①中心（centric）或辐射型，外壳结构从一个中心点向外呈辐射状排列，如圆筛藻 *Coscinodiscus*。②条纹型（treilisoid），纹饰在表面排列均匀，不以点或线为参照物，如短缝藻 *Eunotia*。③多角型（gonoid），纹饰主要呈多角形，如三角藻 *Triceratium*。④羽纹型（pennatc），纹饰在中线两侧呈对称性排列，如舟形藻 *Navicula*，见图 5-4、图 5-5。

硅藻壳是由石英岩或氢氧化物无定形的硅酸所构成，这种硅酸还可以包含有少量的明矾、锰、铁以及钛等混合物质；海生浮游硅藻壳含有 96.5% SiO_2 和 1.5% Al_2O_3 或 Fe_2O_3，硅藻壳的无机成分被有机成分所包围，后者由氨基酸和糖组成。同时还有氨基酸羟脯氨酸和胶原（蛋白）存在。某些硅藻中尚有其他胞外分泌物。

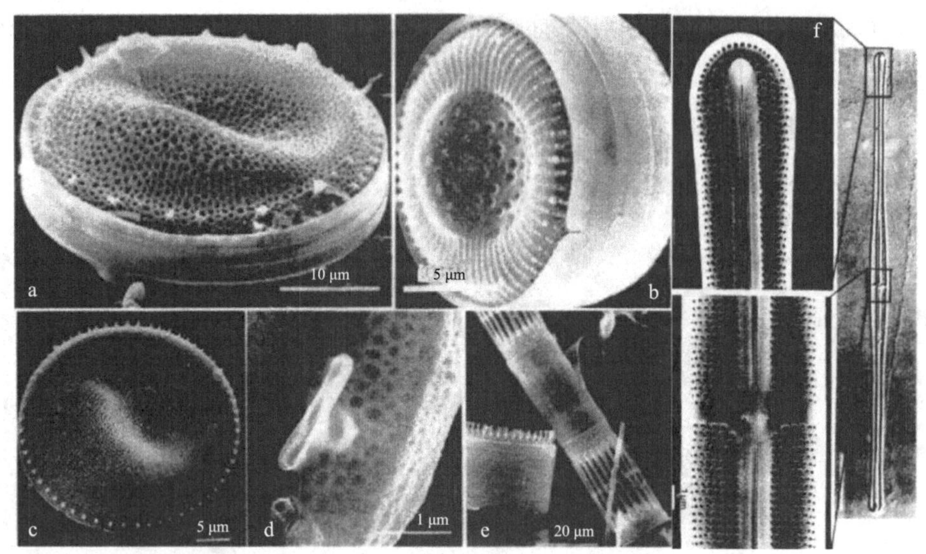

图 5-5　中心硅藻与羽纹硅藻形态

a ～ e. 中心硅藻的扫描电镜图片；a. 海链藻 *Thalassiosira lacustris*（Grunow）Hasle，具有支持突的波状下壳面及部分上壳面，显示在末梢有镶边的开口；b. 条纹小环藻 *Cyclotella striata*（Kütz.）Gruh，硅藻壳显示出上壳面、间插带和环带；c，d. 吉思纳海链藻 *Thalassiosira gessneri* Hustedt，壳面显示出支持突的波状壳面，近中心的和处于边缘的环 c，唇形突（labiate）和支持突的高倍放大图片 d；e. 中肋骨条藻 *Skeletonema costatum*（Grev.）Cleve，支持突的边缘环形成链状；f. 羽纹硅藻壳面光学和扫描电镜照片。壳面含有许多线形条纹，每个条纹由 6 ～ 8 个孔状结构构成。壳面具有一个壳缝通道，在中央节区域有两个小孔（引自：Lee，2018）

（2）原生质体。

细胞质为一薄层，外方由位于细胞壁内面的质膜包被，细胞质在两极区域较浓厚。一般是中央有一个大液泡，称为中央体（原生质桥），羽纹硅藻类的细胞核的两侧有 2 个大的或多个小液泡。

细胞核。藻细胞只有一个核，核的形状有球形、透镜形、梭形或肾脏形等，位于细胞中央或细胞边缘，一般位于细胞中央的细胞核往往位于原生质桥的中央。原生质桥是通过液泡、位于细胞中央的原生质团。如果细胞没有原生质桥，则细胞核靠近边缘。羽纹硅藻的核多在细胞中央的原生质桥中，辐射硅藻的核常靠近一个壳面，核里有一至数个核仁。在细胞核的两侧，用显微镜就可看到它特有的构造，通过对著名羽纹藻 *Pinnularia nobilis* 的观察，认为是“双小棒”，电镜下确认为高尔基小体，这也是硅藻的特征。

（3）光合色素及叶绿体。

类囊体在叶绿体里面 3 个聚集成一束，或更多条类囊体组成束，在某些情况下，

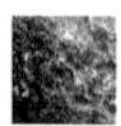

类囊体带也会由正常的三类囊体带退化为两类囊体带。硅藻门藻类色素有叶绿素类的叶绿素 a、叶绿素 c_1、叶绿素 c_2，类胡萝卜素的 α- 胡萝卜素，β- 胡萝卜素、花药黄素、硅甲藻黄素、硅藻黄素、墨角藻黄素、紫黄素、玉米黄素，其中在三角褐指藻 *Phaeodactylum tricornutum* Bohlin 中，叶绿素 a 与叶绿素 c 的比例为 4 ∶ 1。在硅藻中，岩藻黄素是主要的类胡萝卜素，因此，大多数硅藻呈黄绿色、黄褐色、黄色或绿色。岩藻黄素是一种能向叶绿素 a 传递能量的主要色素，也是光系统Ⅱ的部分。有一些生活在弱光下的海生植物和大型海藻上的硅藻是无色或无绿色。这些质体是没有叶绿素或类胡萝卜素的，它们以腐烂的海洋植被和大型海藻分泌的黏液为食。

硅藻叶绿体被两层膜所包裹，在叶绿体被膜外侧为叶绿体内质网的两层膜，其中内质网的外膜与核膜的外膜相连。叶绿体形状多样。一般来说，羽纹硅藻类的色素体数目少，其色素体的外形通常是大型、片状的，沿壳环排列，辐射硅藻类的色素体数目多，小颗粒状，多沿壳面排列。但随生态环境的变化，色素体的位置也有所改变，如辐射硅藻成群体时则沿壳环排列。色素体在细胞内的分布都是处在有利于利用光能的位置，有些种类的刺毛内也有色素体。

（4）淀粉核与光合产物。

硅藻的同化产物是油，这种油以小球状油滴状态储存于原生质中。还有蛋白粒（是一种异染粒）和金藻昆布糖，它存在于细胞内的囊泡中。特别是在四棘藻属 *Atthetas* 和根管藻属 *Rhizosolenia* 以及许多海产的中心类型的硅藻中，都证实有这些同化产物。此外还有两种内含物：一种是比油球大的布氏小球，不溶于乙醚和酒精，以代拉菲尔德（Delafield）氏苏木精液，次甲基蓝或龙胆紫染色呈红或紫红色。因存在于细胞内的位置常固定，与氮的同化作用可能有关系。另外，有一种小棒形的构造常许多成对存在于细胞核附近的原生质中。硅藻含有独一无二的 4α- 甲基甾酮，如 4- 去甲基甾酮和胆固醇，它们可用作水体和有机沉积物中的硅藻标记物。

硅藻细胞的淀粉核只见于少数羽纹硅藻，形状是透镜形或球形，数目常是一个，但有时具有多数小型的淀粉核。淀粉核存在于色素体的中心或在色素体的边缘部分。是无淀粉鞘的裸出蛋白核。

硅藻的光合作用在低温区比高温区光合效率更高，因此，南极海域的水温虽然很低，但是光合效率却很高。硅藻的光合作用随光的增强而增强，但有饱和度，超过饱和点，反而下降，所以硅藻生息密度最大的地方不是水域表面，而是水域下数米深处。水层表层部分营养盐浓度较低，所以硅藻浓度也较低。

第三节　硅藻的细胞运动特征

有些硅藻能在基质的表面滑行，并在它们经过的地方留下一条黏液痕迹。滑行仅限于那些具有壳缝的羽纹硅藻和那些具有唇形突起的中心硅藻。滑行运动的特点是运动速度波动很大，其速度在 0.1 s 内就能发生巨大的改变。在羽纹硅藻中，硅藻的运动轨迹主要取决于壳缝的形状。

Nultsch（1956）辨认出至少 3 种硅藻运动类型。①舟形藻型，属直线运动。②双眉藻型，其运动轨迹通常为曲线。③菱形藻型，其运动路径通常是具有两个不同半径的曲线轨迹。在室温下观察，硅藻的滑动速度为 2 ~ 14 μm/s，基质的硬度越低，硅藻的运动就越慢；许多硅藻显示出向后和向前的运动，在此过程中每隔 1 min 改变运动方向。谷皮菱形藻 *Nitzschia palea*（Kütz.）W.Smith 的运动性依赖于光，具有一定的趋光性。在液体培养基中，硅藻细胞倾向于形成球形丛生块，松散地被黏液黏附在一起。当将它们转移到载玻片上时，硅藻细胞会一个接一个地离开，但在黑暗条件下不会发生这样的运动。

硅藻只有在具有壳缝的壳面同基质表面相接触时才能进行滑动。如果硅藻停置下来，同时环面与基底相接触，那么硅藻会在靠近中央节的壳缝部位分泌出一条黏性系缆（tether）。黏性系缆附着在基质上，而硅藻细胞利用该系缆将自己拉到一个含有壳缝的壳面上。有时黏性系缆可在细胞的相对面的壳缝处形成，这样就可从细胞的两面来拴住细胞。黏性系缆的收缩会导致细胞来回摇动，直到其中的一条黏性系缆断裂，细胞才在基质上恢复平稳。黏性系缆中的黏液物质不同于细胞滑动时分泌的黏性物质，见图 5-6。

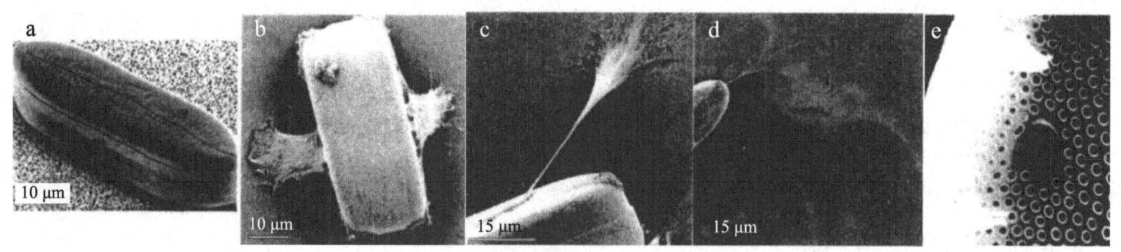

图 5-6　硅藻的运动［微绿羽纹藻 *Pinnularia viridis*（Nitzch.）Ehr. 的扫描电镜显微图片］

a. 显示位于壳面中间的壳缝（环带）；b. 细胞已经停止在环带上，黏性系缆中的黏液从两个壳面的壳缝处分泌出来，同时黏性系缆附着到基质上；c. 黏性系缆从中央节内的壳缝处伸至基质上；d. 黏性系缆与弯曲的细纹相连；e. 酸洗处理的壳面的内面观，显示两个唇形突的结构。在内部，每个唇形突由一个短管组成，后者从壳套伸至一个裂缝样的开口处（引自：Lee，2018）

能滑动的羽纹硅藻具有成束的与壳缝平行的肌动蛋白微丝。这些微丝束用来确定直接位于壳缝下方的细胞质中含有黏性物质的类晶体的方向。在适当的刺激下，黏液物质将从中央孔或端孔区域释放到硅藻的壳缝系统内。壳缝内的黏液物质会向一个方向流动，直到黏液物质到达其所要黏附的对象为止。如果该对象是固定的，那么壳缝内的黏液流将驱动硅藻向相反的方向移动。几乎所有的运动型硅藻都必须将其壳缝区黏附到基质上，以实现其运动的目的。

有些具有唇形突的底栖中心硅藻附着到基质上时，也能滑动。在唇形突中心处有一个孔，黏液物质通过这个孔分泌出来。例如，在细弱辐环藻中，通过唇形突分泌的黏液物质可使硅藻向前滑动，尽管硅藻同时也发生旋转。

第四节 硅藻细胞分裂与繁殖特征

硅藻的细胞分裂常于夜晚进行，平行于壳面的方向分裂，分裂前，原生质体略增大，使上下两壳稍分开，然后细胞核分裂，分裂过程中有纺锤丝出现。细胞核进行分裂时，色素体也同时分裂。二子核形成后原生质平行壳面分成两部分，同时产生新的壳面于母细胞的壳环内。当新的连接带形成时，遂完全分开成两个细胞。硅藻分裂所形成的两个子细胞，各得母细胞的一个壳作为上壳，新生成的壳在里面作为下壳。因此，每分裂一次，所形成的两个子细胞中，一个子细胞与母细胞的大小相等，而另一个子细胞将逐渐缩小。如果连续分裂多代，后代个体将逐渐缩小，见图 5-7、图 5-8。

具体分裂过程如下：在细胞分裂时，首先发生 2 个裸出的原生质体，原生质体与普通的一样，被一原生质膜包着。随后在 2 个原生质体接触处、紧贴在原生质膜下面，每一个原生质体产生一个长形封闭的构造，该构造的外观如一平的小泡囊，并有 3 层膜包着。在小泡囊的中央，有很薄的片层，Reimann 等（1966）称为硅质片层，硅质物质就从这里分泌出来，并形成新的硅质壳。硅质片层最初的功能是使在水中溶解的硅酸透入到小泡囊中，然后在小泡囊里面硅酸经过聚合作用又以固态的蛋白石状物质分泌出来。待硅质壳套形成后，剩余的硅质片层，在原生质体外侧面，发展成为硅质壳片的有机质的皮层，并在其内面形成包围着原生质体的新壳套的原生质膜。一种微小异极藻 *Gomphonema parvulum* var.*micropus*，经过两个月后其中一个细胞长轴缩小至原来的 3/4，5 个月后仅有原来的 3/5 长（图 5-7）。

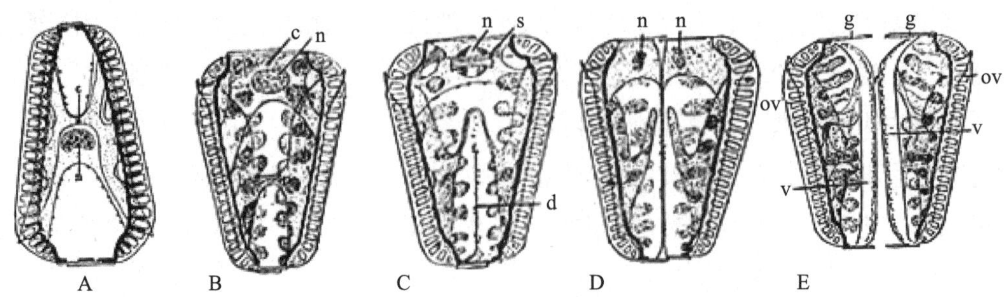

图 5-7　端毛双菱藻 *Surirella capronii* Breb. 的细胞分裂过程

A. 分裂前；B. 分裂开始；C. 细胞核分裂，原生质自下向上分裂；D. 分裂完毕；E. 产生新壳面；c. 中心体；d. 原生质分裂线；g. 壳环；n. 细胞核；ov. 老壁；v. 新壁；s. 纺锤体（引自：郑柏林，1961）

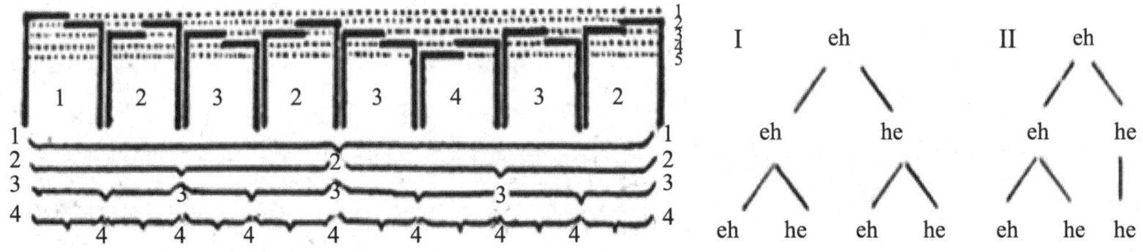

图 5-8　硅藻弓杆藻属 *Eunotia* 细胞分裂示意图表示各代壳变化

e. 代表上壳；h. 代表下壳；Ⅰ. 正常硅藻分裂类型；Ⅱ. 直连硅藻的分裂类型（引自：郑柏林等，1961）

表 5-1　硅藻分裂过程的数学方式

	a b c d e f	细胞总数
母细胞	1	1
第 1 次分裂后	1 1	2
第 2 次分裂后	1 2 1	4
第 3 次分裂后	1 3 3 1	8
第 4 次分裂后	1 4 6 4 1	16
第 5 次分裂后	1 5 10 10 5 1	32

（引自：郑柏林等，1961）

在 n 次分裂以后，一个细胞产生 2^n 的细胞，其中有不同大小的细胞为 $n+1$ 个。此时，同一大小的细胞数可由二项式（$x+y$）^{n} 的系数和表示出来。例如，在第四次分裂后，细胞总数为 $2^4=16$（表 5-1）。不同大小的细胞数则为 4+1=5，各代细胞的数目则是：1，4，6，4，1。

硅藻也有保持子细胞尽量减小的策略，主要包括以下几个方面：①在每一次分裂时只有子细胞中的较大细胞重新分裂，而较小子细胞在这分裂的过程中则处于休眠期。②其环带具有一定的弹性，在新细胞壁产生时，便较为松散，以至于其变小是最低限度，这样使上壳和下壳之间大小的差别几乎很微小。③温泉类的硅藻不改变细胞大小。④形成复大孢子。直连藻属的种类每代较大的一个细胞经常分裂，小的一个隔一代分裂一次，如此法分裂的结果，其个体减小的速度就慢了许多。一般“尽量减小的策略”是适应环境的生存策略。当环境较差或不利时，就以“复大孢子”形式恢复细胞大小。

复大孢子的形成：在自然界中借助复大孢子硅藻能恢复到它们的最初大小。复大孢子通过两个配子的融合而形成。在中心型和多角型硅藻中，雄配子为运动型，而雌配子（卵）为非运动型。在羽纹型和条纹型硅藻中，两种配子都为无鞭毛的非运动型。

只有在满足两个基本条件的情况下，硅藻的有性生殖才能发生。首先，细胞必须达到一个最小的大小。最小限度是达到其最大尺寸的30% ~ 40%，若超过此最小限度，大部分细胞将死去。其次，必须存在恰当的环境条件。这些包括温度、光照、营养盐、微量金属、有机生长因子和渗透压的合适组合，虽然减少到一定程度，假如达不到一定的环境条件，还是不能产生复大孢子。

辐射硅藻类可以无性的方法产生复大孢子，为营养细胞直接膨大而成。首先是上下两壳互相分开，中间露出膨大的原生质近似球形，直径可达原细胞的 2 ~ 3 倍。这样的孢子脱离群之后，形成直径和自身相同的细胞。

有性生殖过程形成复大孢子如下（图 5-9）。

（1）羽纹硅藻复大孢子形成。复大孢子形成要经过接合作用，借运动和分泌胶质使个体接近，然后包围于共同的胶质膜内，以壳环接合，接合有 3 种不同的类型。①以隆起棒杆藻 *Rhopalodia gibberula*（Ehr.）O.Muller 为例，接合的二细胞各产生两个配子，形成配子时，核先行减数分裂，然后原生质体与壳面垂直分裂成两半，形成两个配子，各有二核，其中一个后来消失。由不同细胞产生的配子两两接合形成两个接合子，接合子与母体垂直方向延长形成二复大孢子。一个母细胞的一个配子，向另一个配子移动，而这个母细胞的另一个配子，则在相对的方向固定着，等待一个配子移近，于是两个配子就相接合。配子融合也有十字交叉形的，即配子相互在纵轴方向推进，并翻转。整个配子融合过程是很快的，只需几分钟就形成合子。在这些融合的配子中，人们称游动的配子为游动配子，另一个为静止配子。也可称前者为雄配子，后者为雌配子。从生理学上来说，它们是异配生殖。②接合的二细胞各形成一个配子，接合后只产生一个复大孢子于二子细胞间，有些为同配，有些配子有大小之别（异配）。

③单性生殖，二细胞接合后，包围于胶质膜内，不经过接合，各自形成一个复大孢子。见图 5-9。

有一些硅藻，它们的成对母细胞之间有一定的距离，并以一定的通路或胶质管来进行配子融合。

合子成长并变大成为复大孢子，此时，合子的膜膨胀或碎裂，其剩余部分仍黏附在复大孢子的两端。成熟的复大孢子有容易硅化及有结构的周膜包着。在这周膜的内面将产生第一代（最初）的细胞。最初的细胞的细胞壁由 2 个壳组成，并且达到最大细胞的程度，同时还具有作为种的特征的细胞壁构造。

（2）中心硅藻类复大孢子的形成。都有一个特殊的卵配，以圆卵形藻属 *Cocconeis* sp.（包括典型的变异直链藻，另参考福迪《藻类学》）为例，从下面的过程可表明：1 个营养细胞通过减数分裂产生 4 个核，其中 3 个死亡。这个细胞正好是有 1 个卵细胞的卵囊。其他营养细胞则通过另一种减数分裂过程，其所有的 4 个核都保留，并成为形成 4 个具鞭毛的游动精子的基础。游动精子游泳到卵囊细胞中并通过裂隙侵入或者卵囊也能够通过壳的裂隙而张开。在 2 个有性核融合时，二倍体核又重新产生，由此而产生的合子被一层果胶质的壁包围着。经过合子成长，母细胞的壳彼此相互紧压，这样由合子成长的复大孢子到最后完全自由出来，或者停滞在有嘴状隆起的母细胞的一个半片中。合子膜具有活动和分化能力。成熟的复大孢子变为硅质化，在显微镜下是无结构的。

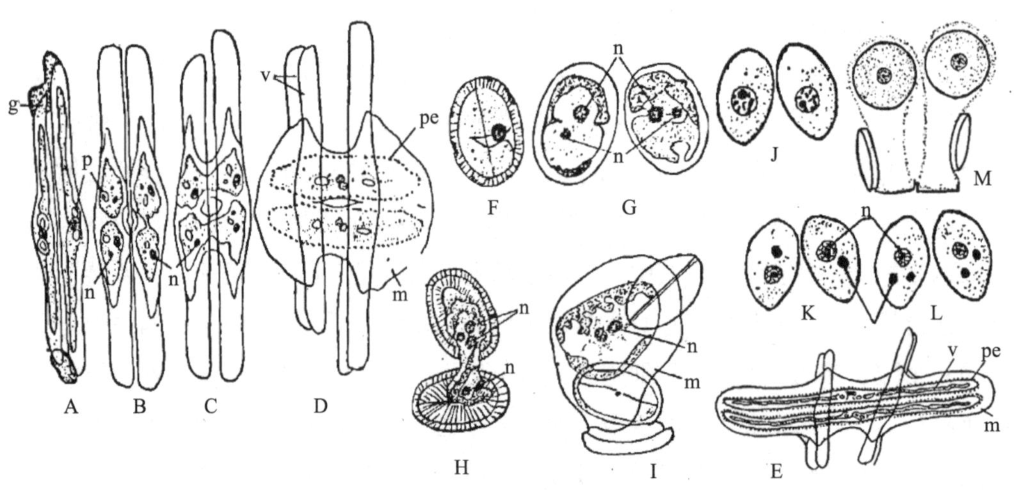

图 5-9　复大孢子的形成过程

A ~ D. 隆起棒杆藻 *Rhopalodia gibberula*（Ehr.）O. Muller 复大孢子的形成（两个细胞接合后，产生两个复大孢子）；F ~ I. 圆卵形藻属 *Cocconeis* sp. 复大孢子的形成（二细胞接合，只产生 1 个复大孢子）；J ~ M. 单性生殖；g. 胶质包被；n. 细胞核；p. 造粉核；pe. 外膜（引自：郑柏林等，1961）

第五节　硅藻的生活史

硅藻的生活史属于无世代交替的生活史，在生活史中，硅藻为二倍体阶段，减数分裂发生在形成配子时期，所以属于配子型减数分裂。变异直链藻的有性生殖方式是异宗交配。雌雄营养细胞转化为卵原细胞和精原细胞，经减数分裂之后，分别产生卵和具单鞭毛、能游泳的精子，成熟的精子从精原细胞中释放出后，游泳至卵原细胞的壳环处，经壳环处的小孔注入卵内进行配合。合子发育成复大孢子（复大孢子是在卵原细胞壳壁内形成），复大孢子萌发，分化出壳壁，成为大型细胞，再经分裂后恢复到营养细胞的正常大小。至此，完成了包含该种个体发育变化全过程的生活史。皇冠角毛藻 *Chaetoceros diadema*(Ehr.)Gran 为直链状群体，也有与变异直链藻相同的生活史。有所不同的是复大孢子形成的方式不同，其复大孢子是在卵原细胞壳壁外形成的。

多纹伪菱形藻 *Pseudonitzschia multiseries* Hasle 的有性生殖具有内在的节律，后者受细胞大小控制。在通过复大孢子萌发产生营养细胞进行有性生殖后，细胞的尺寸达到最大，长度可达 120 ~ 170 μm。在自然界中，有性生殖的诱导发生在连续的细胞分裂将细胞尺寸减小 30% ~ 40% 的 3 年之后。当不同细胞株相互接触，壳面与壳面相平行时，多纹伪菱形藻即开始交配。细胞通过减数分裂完成配子发育，并形成形态上相似的无鞭毛配子。交配时，亲代细胞硅质壳的壳面裂开，同时，雄细胞中的配子通过变形虫样运动行进至雌细胞的被动配子。在几分钟内，配子融合形成球形的合子，合子膨大产生复大孢子，后者仍旧附着在其中一个亲代壳面上。完全膨大的复大孢子仍然含有来自配子的未融合的核和叶绿体。复大孢子的大部分体积被一个单独的液泡所占据。复大孢子萌发产生最大细胞尺寸的营养细胞。在生理学上，这种有性生殖为同配生殖，因为在此过程中，一个克隆的细胞(雌)被动地保留在亲代细胞的硅质壳内，而另一个克隆的细胞（雄）主动地移向被动的配子（图 5-10）。

第六节　硅藻门的休眠孢子与休眠细胞

有些硅藻在其生活史的不同时期可形成厚的、有纹饰细胞壁的休眠孢子（resting spore），休眠孢子将沉到水底，等待更为有利的生活环境。布氏双尾藻 *Ditylum brightwellii* 在形成休眠孢子时，细胞的原生质收缩，原生质膜从细胞壁上脱离。此时形成的休眠孢子的体积要比原来的细胞小，主要原因是液泡及内含物的消失。在某些硅藻中，一旦变小的子细胞达到某一尺寸，就会通过有性或无性的方式产生复大孢子以恢复到最大的细胞尺寸。但是，复大孢子的形成通常并不常见，在某些种类中可能两年或多

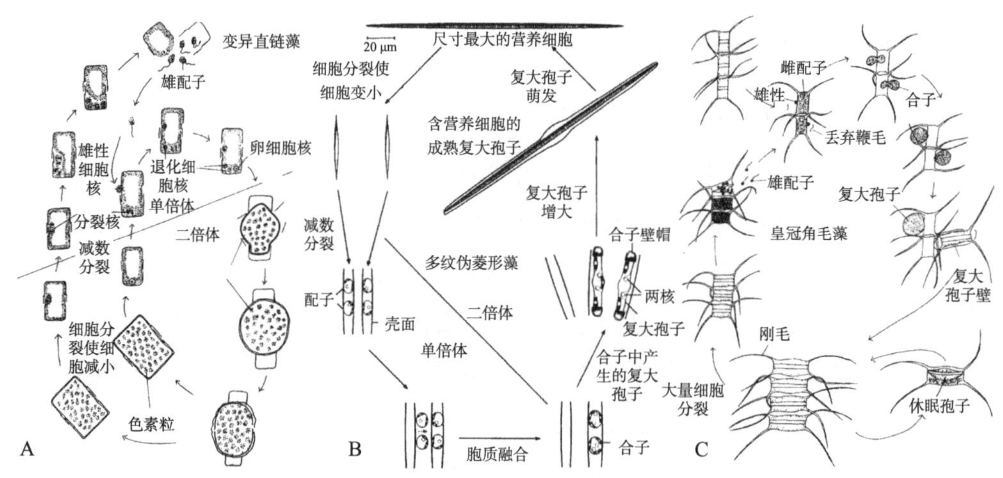

图 5-10　不同硅藻的生活史特征

A. 变异直链藻 *Melosira varians* Ag. 的生活史；B. 有毒硅藻多纹伪菱形藻 *Pseudonitzshia multiseries* Hasle 的生活史；C. 皇冠角毛藻 *Chaetoceros diadema*（Ehr.）Gran 的生活史（引自：Lee，2018）

年才发生一次。因此，休眠孢子的形成是一种更频繁地恢复细胞大小的方法。在海洋环境中，胁迫压力通常来自营养盐的损耗，从而诱发休眠孢子的形成。浮游植物呈指数增长的特性，在藻华暴发的末期导致在相当大的范围内有限的营养盐将降至接近于零的水平。因此，突发性的营养胁迫是硅藻藻华末期的一个典型特征。海洋中心硅藻一般形成形态各异的休眠孢子，仅有少数羽纹硅藻存在这种情况。休眠细胞（resting cell）与营养细胞的形态一样，不形成保护层，因此与休眠孢子不同。处于生长中的布氏双尾藻营养细胞需要在 4 周的黑暗环境中才能形成休眠细胞。休眠细胞含有与营养细胞同样多的叶绿素，但看上去整个细胞内细胞器的组装极为精简（图 5-11）。

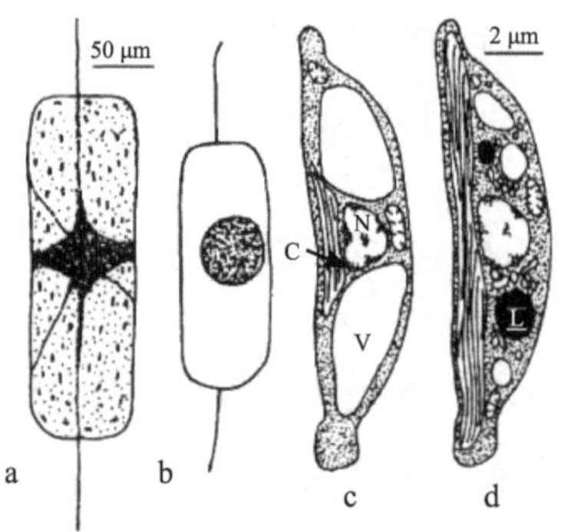

图 5-11　布氏双尾藻 *Ditylum brightwellii* Ditylum（a，b）及咖啡形双眉藻 *Amphora coffeaeformis*（Agardh）Kütz.（c，d）

a. 布氏双尾藻营养细胞；b. 布氏双尾藻休眠孢子；c. 咖啡形双眉藻营养细胞；d. 咖啡形双眉藻休眠细胞的超微结构图解；C. 叶绿素；L. 脂质；N. 细胞核；V. 液泡（引自：Lee，2018）

第七节 硅藻门的代表种类

中肋骨条藻 *Skeletonema costatum*（Grcv.）Clcvc，属圆筛藻日 Coscinodiscalcs，骨条藻科 Skeletonemoideae，骨条藻属 *Skeletonema*。细胞为圆柱形或透镜形，直径为 6 ~ 22 μm。壳面圆而鼓起，其上着生一圈细长的刺，与邻细胞的对应刺相接组成长链。刺的多寡差别很大，有 8 ~ 30 条。细胞间隙长短不一，往往长于细胞本身的长度。色素体数目 1 ~ 10 个，但通常呈现 2 个，位于壳面，各向一面弯曲。数目少的形状大，2 个以上的色素体则为小颗粒状。细胞核在细胞中央。有增大孢子，形状圆形，直径 2 ~ 3 倍于母细胞的直径。当链的直径是 6 μm 时，增大孢子直径是 17 ~ 20 μm。东海株细胞直径 4 μm 左右，胶州湾株细胞直径 5 μm 左右。壳面边缘一圈管状突起（支持突），支持突的断面扁，呈管状，中空，其离心端膨大，与邻细胞的突起一一相接，对接点整齐，连接明显，将两细胞的突起连接为环状排列，支持突外管等长，东海株的支持突为 9 条，胶州湾株为 10 ~ 11 条；支持突基部为一圈泌胶孔道，壳面上具有向外突起的放射肋，并连成网状，网孔呈圆形或不规则的多边形，壳面中央有唇形突，靠近壳面中央。光学显微镜下观察骨条藻细胞形态特征为：东海株藻细胞盘状或圆柱状，色素体 2 ~ 4 个，细胞间隙较小，以长链状群体浮游生活，有时链长在 50 ~ 100 个细胞，壳面突起，壳面边缘支持突互相连接，在光镜下清晰可见，一般都是多个细胞连接成链状，细胞直径通常为 4 ~ 7 μm；胶州湾株藻细胞呈圆柱状，色素体 4 ~ 8 个，细胞间隙较大，以螺旋链状群体生活，单细胞 20 ~ 60 个，见图 5-12。

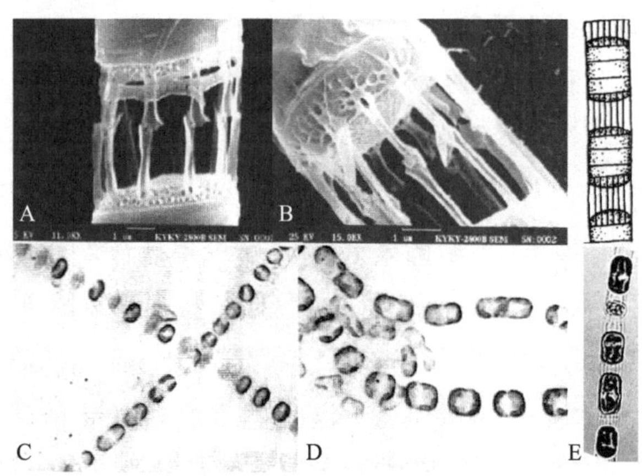

图 5-12 中肋骨条藻 *Skeletonema costatum*（Grev.）Cleve

A，C. 东海区中肋骨条藻；B，D. 胶州湾中肋骨条藻（A，B 为电镜照片；C，D 为光镜照片，10×100）；E. 中肋骨条藻藻体（引自：韩笑天等，2004）

中肋骨条藻是一种广温、广盐的近岸性硅藻，其最适增殖的温度范围为 24 ~ 28℃，实用盐度范围为 20 ~ 30。中肋骨条藻是海水污染程度的指示物种，在密度超过 5 000 cell/mL 时即可认为已发生赤潮，赤潮发生时海水呈现土黄色并伴有藻腥味。中肋骨条藻赤潮无毒，在营养盐充分、水文和气象条件相对稳定的情况下，能快速繁殖，暴发赤潮。最近几年东海赤潮高发区的赤潮种类主要就是中肋骨条藻。它是一种在全球近岸海域分布极广的浮游硅藻，同时也是我国沿海常见赤潮藻类，多次在胶州湾、长江口等海域形成赤潮。

中肋骨条藻是桡足类主要食物，但其通过释放化学物质来降低无脊椎动物下一代的繁殖力而演化出一种减少被捕食的机制，以此进行化学防御。细胞质的液泡中含有大量高度不饱和脂肪酸，如二十烷酸，无脊椎动物在摄食这些死亡硅藻细胞过程中，将导致这种不饱和脂肪酸释放到海水中。一旦释放，磷脂酶将不饱和脂肪酸二十碳四烯酸和二十碳五稀酸转化成不饱和的短链醛，这些短链脂肪酸醛对许多处于发育阶段的无脊椎动物具有毒性，这些醛类通过影响细胞膜特性及微管和微丝的稳定性而产生毒性作用，通过使捕食者的后代遭到损害，从而促进硅藻种群的存活。

第八节　硅藻门的生态特征

硅藻约有 170 个属，5 500 个种，中国海域已有报道的硅藻物种大致有 1 395 种。硅藻是开放水域海洋植物区系的主要组分，一般而言，在海洋环境中，水温越低，硅藻种群的数量就越多。通常在开阔的海域，硅藻的种类数虽较多，但总量较少，而在近岸海域，虽然硅藻的种类不多，但硅藻细胞的总量很高。在淡水和海洋环境中，羽纹硅藻的种类数量大致相当，而中心型硅藻和多角型硅藻主要分布在海洋环境中。为维持在水体中悬浮，海洋硅藻细胞衍生出一些对浮游生活的适应性机制。实际上，大多数浮游硅藻都含有一个大的液泡，其内容物虽然与海水等压，但密度要轻于海水。这些硅藻的液泡含有比周围海水轻的离子：Na^+ 浓度相对地要高于 K^+ 浓度；液泡中较轻的离子 NH_4^+ 浓度也相对较高，而二价的重离子，特别是 SO_4^{2-} 被排除在外。硅藻细胞的聚合呈链状，增加了它们沉降的速度，因为这样减小了它们的相对表面积。对硅藻而言，细胞尺寸增大将导致硅藻细胞上浮速度的增加。最大的硅藻细胞每小时最多可上浮 8 m。相对于白光，蓝绿光能将叶绿素的含量增加 100%，叶绿体的数量也适当增加，但叶绿素与类胡萝卜素的比例没有变化。同时，蓝绿光提高了对二氧化碳的光合固定。因此，生活在深水层中只能接受蓝绿光的硅藻“启动（switch on）”了一

个能更有效地捕获光子和提升二氧化碳固定的机制，这使得这些硅藻能在一个仅有少量光照的深水层中保持活力并生长（李，2012）。在温带的贫营养海域，固氮细菌与蓝细菌以及硅藻中根管藻 *Rhizosolenia* 与半管藻 *Hemiaulus* 之间的共生很常见。在这些海域，通过内共生的固氮作用为生态系统提供了大量的氮源。耗尽氮源的细胞的浮力为负值，它们会沉至透光层以下的水体中，那里的营养盐含量相对较高。在吸收营养盐后，细胞的浮力变为正值，进而向上移动进入到透光层并重新开始光合作用。

1948 年的 3 月、6 月、11 月，Sproston N G 在舟山进行了调查，报道了 77 种硅藻记录。她认为圆筛藻属 *Coscinodiscus* 是该地最普通的种类，她在 1948 年 6 月 21 日于定海找到 3 个热带戈斯藻 *Gossleriella tropica*，1949 年 3 月 26 日于桃花港又找到两个，说明 3 月和 6 月的舟山群岛一带来了台湾暖流。1949 年 3 月 27 日有冷水指示种细弱海链藻 *Thalassiosira subtilis*（Ostenr.）Gran 到达东亭山，这说明舟山群岛是两个水团相会的海区，是我国著名的良好渔场。1975 年 3 月主要优势种为密联海链藻 *Thalassiosira condensata* Cl.，它几乎遍布整个调查海区，尤以长江口北岸附近数量最多，这可能是北方沿岸水的标志种，并与舟山群岛和东山渔场相似。细弱海链藻 *Thalassiosira subtilis*（Ostenr.）Gran 在每年冬季的“水花”初期，是小型个体，但都是十几个到几十个共同包埋在它们自己分泌的胶质块内。3 月，在舟山群岛大量出现。底栖硅藻中，以具槽直链藻 *Melosira sulcata*（Her.）Cl. 为优势种。1—5 月，宁波舟山港出现高峰。

重金属对硅藻的影响可分为三类：①铜、锌和锗影响硅元素代谢的生化路径。②汞、镉和铅干扰细胞分裂，导致产生形态畸变的细胞。③铬、镍、硒和锑在浓度高达 1 μmol/L 时也没有影响，这远高于其他有毒金属产生作用的浓度。

在海水中，当贝类滤食菱形藻属 Nitzschia、伪菱形藻属 Pseudonitzschia 和双眉藻属 Amphora 的种类时，在其体内会产生记忆丧失性贝毒。随后，人类和鸟类摄食这些贝类将会导致记忆丧失（健忘症）、腹部绞痛、呕吐、方向感丧失，甚至死亡。硅藻还能产生软骨藻酸，它是一种神经刺激性氨基酸 *L*- 谷氨酸的衍生物。

第九节 硅藻门的主要特征

硅藻门的主要特征：一是细胞壁由两个似培养皿的半壁套合而成；二是细胞壁的成分高度硅质化，并形成有物种特征性的各种结构。色素体中含有叶绿素 a、叶绿素 c_1、胡萝卜素、δ- 胡萝卜素、ε- 胡萝卜素、硅甲藻素、硅黄素和岩藻黄素。同化产物（储藏物质）为金藻昆布糖、油。繁殖最普遍的方式是细胞分裂，也可通过产生

小孢子、休眠孢子和复大孢子等方式来繁殖。

第十节　硅藻门的系统发育关系

从化石证据来看，中心硅藻发现于早侏罗纪地层，而羽纹硅藻出现在第三纪早期。这就说明中心硅藻比羽纹硅藻更原始，而且后者有可能起源于前一个类群。这种观点也可以从二者的分布习性上得到论证：中心硅藻主要生活在海水之中，而羽纹硅藻大多数生活在淡水里。一般认为，海水生为一原始习性，因此，中心硅藻在进化中出现得比羽纹硅藻早。帕斯切（Pascher，1921）坚持认为，在其他类群的藻类中，硅藻与黄藻纲和金藻纲所含的色素成分相近，都具有叶绿素 a 和叶绿素 c（缺乏叶绿素 b），且因类胡萝卜素含量占优势而呈黄褐色，都是积累油脂作为储藏养分（缺乏淀粉）。硅藻细胞壁由两个半壳组成，半壳的形态结构多种多样，而且其上有硅质沉积。而黄藻纲和金藻纲的许多成员都有胞囊发生。基于这些相似性，帕斯切进一步提出：这三个纲可以共同构成金藻门。但可能性更大的是：它们沿平行的轨道进化，而不是沿具鞭毛的共同主干上的分枝进化（Fritsch，1935）。硅藻在叶绿素 a、叶绿素 c 的分布及含有墨角藻黄素这些方面，又与褐藻具有相似之处。有少数学者将硅藻与鼓藻联系起来，但这种联系似乎具有片面性。

第十一节　课外阅读

栾日孝，男，1938 年 10 月生，辽宁省瓦房店市人，大连自然博物馆原馆长兼学术委员会主任、研究员。1964 年毕业于辽宁大学生物系。中国科学院海洋研究所海藻分类客座副研究员，大连理工大学生物工程系兼职教授。从事海藻分类研究及博物馆陈列、管理等工作，建立海藻新属 1 个，新种 7 个，新组合 3 个，发现中国新记录 70 余个。发表论文《水云科一新属》《辽宁顶丝藻科两新种》《辽宁扭线藻属新种》《中国水云科新资料》《中国水云科新记录 Ⅰ》《中国顶丝科新记录 Ⅰ － Ⅳ》《中国海产刚毛藻科新记录》《大连角叉菜属的研究》《大连水云科藻类研究》《关于大连顶丝藻科的研究》《走向 21 世纪的中国自然博物馆》《大连自然博物馆迁建几点设想》等 30 多篇，出版著作有《大连沿海藻类实习指导》《海洋大辞典》（参编）等。事迹被收入《国际名人传记辞典》。

第十二节 课后习题

（1）概念题

复大孢子；上壳；下壳；环带。

（2）问答题

①硅藻门的主要特征是什么？

②简述硅藻门的生态特征。

③简述硅藻门的生活史特征。

④列举出硅藻门植物中形成赤潮的种类。

⑤分别说明中心硅藻纲与羽纹硅藻纲形成复大孢子的过程。

⑥硅藻的有性生殖特征是什么？

⑦举例说明硅藻在工业上的应用。

⑧说明硅藻细胞分裂过程中壳的大小变化。

⑨硅藻运动类型分为几种？

⑩硅藻的光合色素类型是什么？光合产物是什么？

⑪绘图说明硅藻的细胞壁结构组成。

（3）填空题

①硅藻的生活史中具有（　　）种植物体，为（　　）倍体，是（　　）减数分裂，具有（　　）交替。

②复大孢子是（　　）植物特有的。

③（　　）、（　　）和（　　）门的载色体都含有叶绿素 a、叶绿素 c 及墨角藻黄素。

④下列植物中只具有核相交替的是（　　）。

A. 颤藻；B. 团藻；C. 硅藻；D. 紫菜

⑤下列植物中植物体（营养体）为二倍体的植物是（　　）。

A. 水绵；B. 硅藻；C. 松藻；D. 轮藻；E. 鹿角菜

⑥下列植物中含有叶绿素 a、叶绿素 b 的为（　　）；含有叶绿素 a、叶绿素 c 的为（　　）；含有叶绿素 a、叶绿素 d 的为（　　）。

A. 裸藻门；B. 甲藻门；C. 金藻门；D. 硅藻门；E. 绿藻门；F. 红藻门；G. 褐藻门

⑦羽纹硅藻的脊缝在（　　）看到。

A. 环带面；B. 壳面；C. 侧面；D. 环带面和壳面

⑧在下列植物中生殖期产生不具鞭毛生殖细胞的是（　　）。

A. 蓝藻门；B. 裸藻门；C. 甲藻门；D. 金藻门；E. 黄藻门；F. 硅藻门；G. 绿藻门；H. 红藻门；I. 褐藻门

⑨硅藻壳中处于外面的半壳称为（　　），套在里面的半壳称为（　　）。二者均由（　　）和（　　）两部分组成。

⑩硅藻门分为两个纲，即（　　）和（　　）。

⑪中肋骨条藻在分类上属于（　　）目、（　　）科、（　　）属。

⑫硅藻的生活史中有（　　）种植物体出现，为（　　）倍体，是（　　）减数分裂，具有（　　）交替。

第六章

甲藻门 Pyrrophyta

甲藻门植物全世界有 2 000 ~ 4 000 种，分布广，淡水和海水中都有，以热带海洋最多，为海洋动物的主要饵料，也是海洋赤潮“red tide”的主要起因。

第一节　甲藻门藻体形态特征

甲藻门的藻类是淡水和海洋浮游生物中的重要成员，藻类的藻体多为游动的单细胞，细胞球形至针状或呈分枝形。细胞背腹扁平或左右侧扁，细胞的前后端常有突出的角状构造，有些属种少数细胞连成群体，丝状体的只有二、三属。从形态上甲藻门一般分为两大类：纵裂甲藻 Desmokont 和横裂甲藻 Dinokont。纵裂甲藻是两根不同的鞭毛从细胞前部伸出的甲藻类型，细胞由左右两瓣组成，两根鞭毛着生于前端，繁殖时细胞分裂方式为纵分裂；横裂甲藻是两根不同的鞭毛从细胞腹部伸出的甲藻类型，其中一根鞭毛横绕在横沟（girdle cingulum）内，另外一根向后伸出位于纵沟（sulcus）内，横鞭毛提供推动力，而纵鞭毛则决定细胞的运动方向，繁殖时细胞为横分裂或斜分裂，见图 6-1。

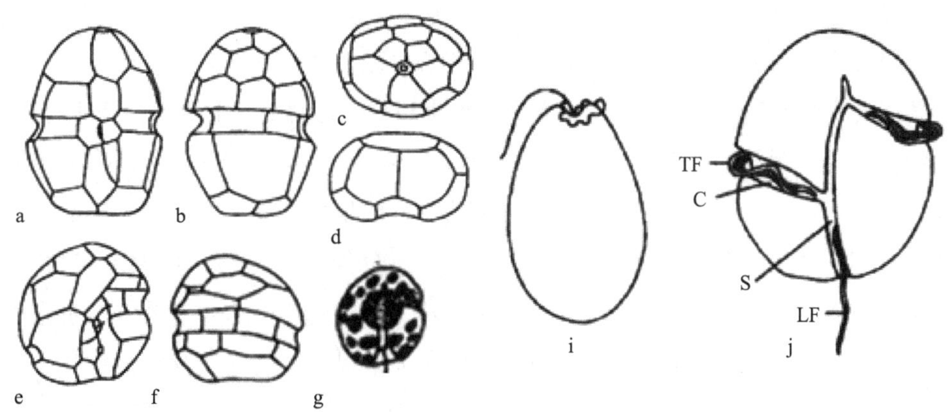

图 6-1　甲藻小甲片排列

a ~ d. 显示 Cachonina niei 甲板排列；a. 腹面观；b. 背面观；c. 顶面观；d. 底面观；e ~ g. 表示寇氏隐甲藻 *Crypthecodinium cohnii*；e. 腹面观；f. 背面观；g. 活细胞；i. 纵裂甲藻；j. 横裂甲藻（引自：钱树本，2014）

相对于极地冷水水域，甲藻门一般在暖水水域分布更为广泛。一个典型的游动甲藻具有一个上锥体（epicene）和一个下锥体（hypocone），它们被横向腰带（girdle）或横沟（cingulum）分隔。上锥体和下锥体通常具有若干甲板（thecal plate），甲板的准确数目和排列是区分甲藻属的重要特征依据。一条纵沟（longitudinal sulcus）垂直于腰带。纵向和横向鞭毛从腰带与纵沟交汇区的甲板处伸出并显露出来。纵鞭毛从细胞后端伸出，而横鞭毛紧贴着腰带呈波浪状。这些细胞为光合类型或无色的异养类型。光合类群的叶绿体被叶绿体内质网的单层膜包裹，这种叶绿体内质网与核被膜的外膜并不相连。

第二节　甲藻门细胞学特征

（1）细胞壁结构。

细胞壁主要由纤维素构成，甲藻的细胞壁不同于硅藻，并不含有硅质和胶质。从细胞外形来看，细胞壁由厚的壳构成，壳的外形分为：①两瓣型，如纵裂甲藻亚纲藻类，有些两瓣型的壳是完整的，但是多数壳是由数小片甲片组成，如翅甲藻目种类。②横裂甲藻纲的藻类的壳横分为上下两部分，横沟以上的部分区域称为上壳，横沟以下的部分称为下壳。横沟一般在细胞的中央，略微凹陷，在细胞腹面横沟以后有一条纵沟，纵沟所在区域又称腹区，位于下壳腹面区域。

上下壳均由数片小甲片组成。小甲片的形状、数目和排列方式因属种不同而各异。因此，也作为分类的标准，见图 6-1。

小甲片也称为甲板（theca），游动甲藻的板片结构含有一个外层质膜，其下方为一个单层的扁平囊泡，这些囊泡通常含有纤维素板片，它们使得甲板产生特殊的结构。

甲藻的表质膜是甲藻的特殊结构，所谓的表质膜（amphiesma），是指甲藻细胞的最外层，它包括所有具边翅的甲板、外周囊泡和附属的微管等。所有类型的表质膜都具有在细胞外部的原生质膜（与鞭毛膜相连），分为 3 种类型。①类型最复杂的表质膜由一个原生质膜下被单层膜包围的囊泡组成，这种囊泡的内部有若干与蛋白质膜（proteinaceous pellicle）相对的纤维质甲板。②类型较简单的表质膜在原生质膜下具有若干囊泡，每个囊泡含有一块甲板。③类型最简单的表质膜在原生质膜下具有若干个不含板片的囊泡。见图 6-2。

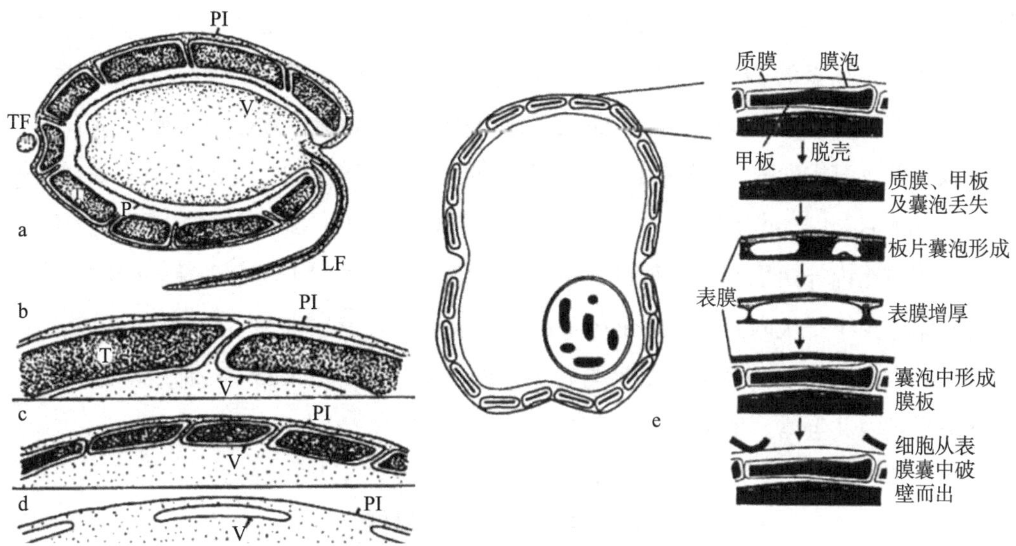

图 6-2　甲藻表质膜不同排列类型的示意图及表质膜的发生过程

a. 最复杂表质膜类型的甲藻横切面，外层质膜（PI）与鞭毛膜相连，纤维素质甲板（T）和蛋白质表膜（P）包围着大的囊泡（V）；b ~ d. 其他甲藻中出现的较简单的表质膜类型；e. 表质膜的发生过程；LF. 纵鞭毛；TF. 横鞭毛（引自：李，2012）

表质膜的发生过程如下。①在许多甲藻中，细胞分裂通常涉及母细胞和子细胞的甲板共享，子细胞形成它们所缺少的新甲板。②在环境条件恶劣和生殖的情况下脱去外被的中板。多甲藻目的某些属，板片在细胞分裂时完全脱落（ecdysis，脱壳），随后在细胞周围出现一层厚的蛋白质膜，后者形成脱壳孢囊。在脱壳细胞的蛋白质膜下新的板片囊泡得以形成，见图 6-2，显示叶状光甲藻脱壳和新板片囊泡的形成。脱壳导致质膜、甲板和囊泡的缺失。表膜由位于板片囊泡下的一层膜形成。新的板片囊泡和板片形成于厚的表膜下。当表质膜成熟时，表膜囊破壁而出。

甲藻的板片有时具角、刺或突起，表面常有圆形孔纹或窝纹。板片的形态构造和组合情况是鉴定种的标准。鳞片在甲藻门中相对罕见，它出现在某些甲藻的质膜外侧，在异囊藻属 *Heterocapsa* 中，鳞片在高尔基囊泡中形成，随后转移到基体区域，最后在此处释放到细胞外。

（2）光合色素及质体。

大多数甲藻含有叶绿素 a 和多甲藻黄素及叶绿素 c（主要为叶绿素 c_2），其中叶绿素 a 与多甲藻黄素（peridinin）共同出现在一种水溶性蛋白复合体中，也称为多甲藻黄素叶绿素 a- 蛋白（peridinin-chlorophylla-protein，PCP）。在生色基团中，多甲藻黄素与叶绿素 a 的比例为 4 ： 1。PCP 类似于蓝藻门和红藻门的藻胆蛋白，它位于类囊体表面，呈水溶性，起捕光色素的作用。如果细胞接受少量光照（如生活于深水中），细胞中能产生更多的 PCP，原因在于多甲藻黄素捕捉到光子并将其传递到叶绿素 a。叶绿素 c 含量受环境影响较少。甲藻色素体呈颗粒状，色素体多个，盘状，也有梭形或带状而呈放射排列的。绝大多数光合甲藻的质体起源于红藻的二次内共生（secondary endosymbiosis）。这些质体由三层膜（两层叶绿体被膜和一层叶绿体内质网膜）环绕，而中间那层比内外两层都厚，很可能是上述两对膜之间发生了融合现象。少数甲藻含有的质体起源于三次内共生（tertiary endosymbiosis）。三次内共生始于甲藻质体（最初源于二次内共生）的丢失，随后与普林藻纲 Prymnesiophyceae（一种定鞭藻）的某种藻类形成内共生体。甲藻载色体，如图 6-3 所示。

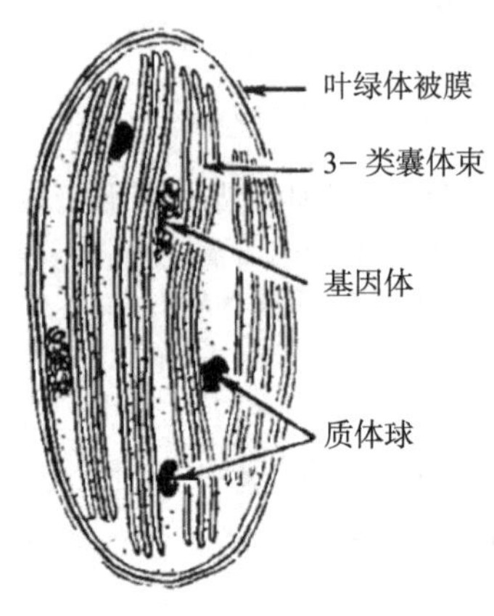

图 6-3　甲藻载色体

甲藻将大多数的质体基因组转移至细胞核中，从而使得它们成为唯一在核内编码大多数质体基因的真核生物。具有质体靶蛋白的基因事实上就可成为一种优势，因为它使得细胞能自由地用新质体替代原始质体。含多甲藻黄素的甲藻的质体基因组缩减，并形成仅编码 16 个蛋白质的微环（minicircle）。内共生学说认为真核细胞中的质体（包括叶绿体）和线粒体来源是与其共生的原核细胞，后者被前者吞噬，并逐渐演化成现在的细胞器。内共生学说已经有 100 多年的历史，发展到现在已经是很成熟并被广泛接受的学说了。20 世纪 70 年代，Bonen 和 Doolittle 发现了质体和蓝细菌核酸之间的相似性；20 世纪 80 年代，16 S 核糖体 RNA 的同源性分析更加证实了质体的蓝细菌（cyanobacteria）来源和线粒体的变形菌（proteobacteria，包括大肠杆菌、霍乱弧菌）来源。蓝细菌通过内共生（primary symbiosis）演化成质体的时间大概在 12 亿年前（Parfrey et al.，2011），其后在某些藻类中发生了二次内共生。要注意这里并不是说通过内共生产生了新的质体，而是在质体产生后，某些真核细胞通过吞噬已经具有质体的其他真核细胞，获得了结构更为复杂的质体。其主要证据是某些藻类的质体被三层或更多的膜结构包裹，一般为四层膜，甲藻可能是在演化中所有二次共生产生的原生质全部丢失。

（3）光合产物。

经电镜研究得知，约有一半甲藻类在叶绿体中具有淀粉核，多出现于横裂甲藻亚纲。它们位于放射排列的色素体中央，并且表面包裹一层淀粉粒。储藏产物是淀粉和油，与高等植物相似。特别是海生甲藻种类细胞内含有黄色或红色的油滴。此外，细胞内常含有棒状、针状或线状的内含物。

（4）原生质体。

①细胞核。含有一个大而明显的细胞核，有的种类核长度可达细胞体的1/3。其呈圆形、椭圆形或细长形，核仁一至数个，染色质排列如串珠状。

原始甲藻特征为：具有封闭的有丝分裂及与核酸相连的组蛋白。这是这类甲藻的典型代表特征，它具有在有丝分裂期间于核膜内部形成的微管。组蛋白在甲藻进化过程中逐渐丢失，并且在核膜外衍生出一种具有丝分裂纺锤体的有丝分裂类型。

较高等的甲藻细胞核的细胞学特征非常奇特，它们的染色质在分裂间期浓缩成2.5 nm的原纤维。这类染色质组成方式不同于原核和真核生物，它们分别被称为间核生物（mesokaryotic）或甲藻核生物。染色体数量巨大，在单细胞的真核生物中每个细胞核的DNA含量为0.046 ~ 3 pg。但甲藻的细胞核含有更多的DNA，其变化范围从寇氏隐甲藻 *Crypthecodinium cohnii* 每个核的3.8 pg到多边舌甲藻 *Lingulodinium polyedrum* 每个核中的200 pg。这显示甲藻含有大量在遗传学上不活跃的DNA（结构DNA）。较高级的甲藻在核分裂期间仍然具有完整的核被膜。在核分裂期间，核仁持续存在并收缩分裂成两部分，而染色体与核被膜相连。

分裂初期细胞核增大，形成许多Y字形和V字形染色体。细胞核内陷，并形成1 ~ 15根横穿分裂中的细胞核的管道。这些管道含有穿过核膜外部的胞质通道（tunnel），同时，在这些通道中有数根与完整的核被膜不相连的微管束。染色体可能与核膜或核膜中特定的着丝粒相连。在分裂中期，没有形成类似于普通真核生物的赤道板的结构，染色体仍然分散。在整个核周期，核仁始终存在并在中间处收缩分裂。在分裂后期，细胞和细胞核横向膨大，染色体转移到细胞核的两端。随着横向膨大的继续，中央峡部（central isthmus）被切断，最终，两个子细胞完全分离，见图6-4。

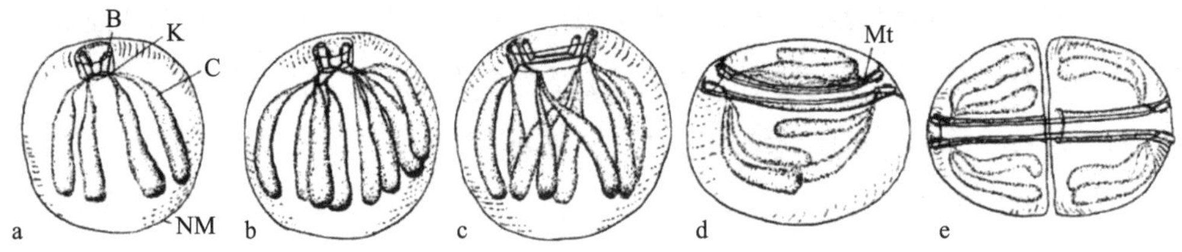

图 6-4　甲藻有丝分裂及 *Syndinium* sp. 核分裂示意

a. 分裂间期；b. 分裂前期，丝粒和染色体的复制；c. 染色体分离的早期，中央纺锤体位于分开的鞭毛基体之间；d. 染色体分离的末期，中央纺锤体位于穿过细胞核的胞质通道中；e. 核分裂；B. 鞭毛基体；K. 着丝粒；C. 染色体；Mt. 微管；NM. 核膜（引自：Lee，2018）

②甲藻液泡。甲藻液泡（pusule）为一囊状结构，位于细胞中央，它通过一个朝向鞭毛沟（flagellar canal）的微孔向外开口，其功能可能类似于伸缩泡的调节渗透压。卡特前沟藻 *Amphidinium carteri* 是一种典型的具液泡甲藻，这种生物具有两个液泡，每个液泡都与一个鞭毛沟相连。液泡中含有 40 个囊泡，后者以小孔朝向鞭毛沟的开口，这种液泡系称为聚合液泡（collecting pusule）。鞭毛沟内衬的单层膜与原生质膜相连。液泡囊泡则内衬着双层膜。甲藻液泡内含有红色或赭红色的液体。见图 6-5。

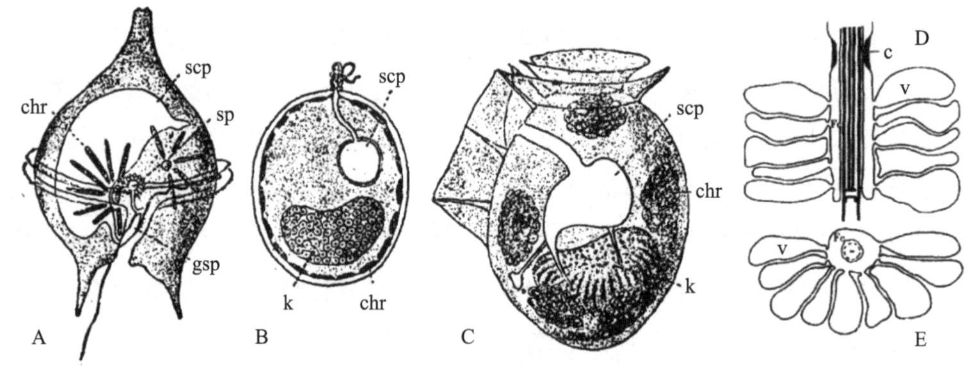

图 6-5　各种甲藻液泡系

A. 歧分多甲藻 *Peridinium divergens* Ehreub；B. 海生卵甲藻 *Exuviella marina* Cienk.；C. 卵形翅甲藻 *Dinophysis ovum*；chr. 色素体；sp. 集合甲藻液泡；scp. 甲藻液泡袋；k. 细胞核；gsp. 甲藻液泡管（引自：福迪，1980）；D. 甲藻液泡纵切面图显示鞭毛孔缢痕（C）、液泡囊泡（V）和鞭毛（F）；E. 甲藻液泡横切面图显示具鞭毛沟（Fc）的鞭毛和鞭毛沟开口的液泡囊泡（V）（引自：李，2012）

③刺丝胞（trichocysts）。具有一个被膜包围的杆状晶体核，在晶体核前 1/3 处有略向下伸出的、短而纤细的管状元件。在晶体核的最外端，20 ~ 22 根为一组的纤维从核心外部延伸至封闭的膜内，随后纤细的原纤维通过较粗的原纤维与刺丝胞膜的顶

部相连。在封闭的膜中仅有纤细的、线状不透明环。刺丝胞膜的外层或与板片囊泡之间的原生质膜相连，或与形成刺丝胞孔的圆而薄的甲板区域下方的板片囊泡相连。刺丝胞在富含高尔基体的区域内形成，最初可能是从高尔基体衍生出球形小泡，后者最终变成纺锤形，并发育成刺丝胞。一旦受到刺激，“负载的（charged）”刺丝胞可能通过快速摄取水分在数毫秒内转变为“卸载的（discharged）”刺丝胞。卸载的刺丝胞很直，锥杆状刺丝胞比负载的刺丝胞长许多倍。卸载的刺丝胞具有横向条带。它们可能是一种细胞通过卸载得以在反方向上迅速游动，进而快速逃逸的机制，也有可能直接“戳刺”裸露的入侵者。见图 6-6。

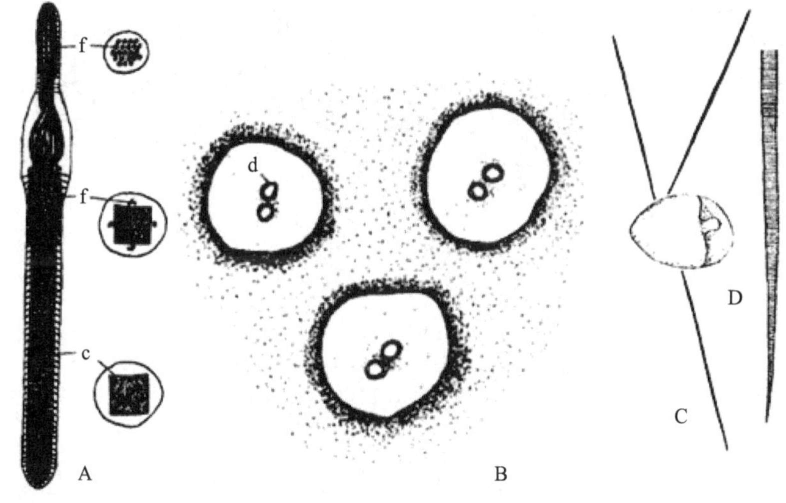

图 6-6　多边舌甲藻 *Lingulodinium polyedrum*（F. Stein）J. D. Dodge

A. 多边舌甲藻负载刺丝胞的横切和纵切面图：刺丝胞单层膜衬于具有纤细的环或螺旋的内部表面，在膜内有一个由许多长杆状体或片状体组成的晶体核心，短管（t）在核心前 1/3 处上下延伸，在核心前部，一系列纤维（f）与核心相连且这种纤维仍是纤细的原纤维，终纤维到达这一封闭膜的前端；B. 多边舌甲藻部分胞壁板片图，板片中孔状较薄区域含有两个或三个略突起的圆盘，刺丝胞卸载时从中穿出；C. 具有卸载刺丝胞的尖尾藻细胞；D. 卸载刺丝胞的尖端图片显示出其具有条纹（引自：李，2012）

④感光、运动及发光。眼点由一个没有膜包裹的脂质球聚集体组成，或在细胞外周的质体状结构中含有一排脂质球。海洋甲藻眼点较少，位于藻体后端，是一组反光的无色晶体，部分或全部包埋于一团色素内。

鞭毛。运动的个体均有两条特殊的鞭毛，二鞭毛的构造及运动方式不同，一条为纵鞭，尾鞭型，基部较粗，1/3 的末端部分较细，内部结构与一般鞭毛相同，中央轴丝为“9+2”的微管构造；另一条为横鞭，环绕于横沟内，为扁平带状，通过电镜观察，内侧为条纹束（S），外侧为轴丝（A），二者之间充满填充物质，条纹束在一定部位有细丝与横沟壁相连，轴丝呈波状，半绕于条纹束的一侧，轴丝的表面有单列长度为 2 μm 的细绒毛。横裂甲藻亚纲的种类，鞭毛生长腹面，自横沟及纵沟相交处的鞭毛孔伸出，一条为横鞭，带状，环绕于横沟内，做波状运动，使体旋转；另一条为纵鞭，线状，通过纵沟伸向体后，做鞭状运动，使体前进，因此，甲藻运动为旋转式的前进。纵裂甲藻亚纲的种类，鞭毛生于细胞的前端。根据 Hall 的报告，有些甲藻具有鞭毛器的结构，鞭毛基部各有一个生毛体，生毛体借根体与核的中心体相连（图 6–7）。

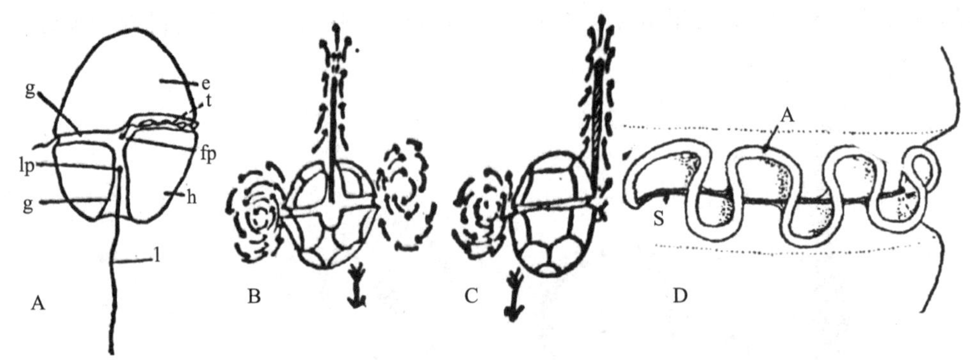

图 6–7 甲藻鞭毛

A. 甲藻模式图示鞭毛位置：g. 横沟；s. 纵沟；e. 前体部；h. 后体部；t. 横鞭；i. 纵鞭；B，C. *Peridinium cinctum*，腹面观及侧面观，示鞭毛运动时墨汁粒流转的方向及藻体前进的方向；D. 横鞭侧面观；A，B，C（引自：郑柏林等，1961）；D（引自：钱树本，2014）

发光。许多海洋而非淡水甲藻能够生物发光。甲藻是海洋生物发光的主要类群。它们发出蓝绿色（最大波长 474 nm）、持续 0.1 s 的闪光。行驶船舶的发光航迹或热带海湾的磷光现象通常由甲藻引起。甲藻荧光素在荧光素酶作用下产生光亮。甲藻通过发光来补偿被无脊椎动物捕食的危险，甲藻形成的生物发光可以吸引甲藻捕食者的天敌。或者捕食者的机械刺激使发光的甲藻产生闪光，通过闪光惊吓无脊椎动物捕食者，如桡足类，使得桡足类缩回食器并游走。

第三节 甲藻的生殖方式及生活史

无性生殖是甲藻主要生殖形式，其中二分分裂是甲藻普遍存在的繁殖方式。纵裂甲藻和横裂甲藻的鳍藻目和翅甲藻目为纵分裂，横裂甲藻的其他种是横分裂或沿甲板连接线的斜分裂。原始的物种也可以说都是纵裂的。裸出的种类，其分裂一般是斜向着纵轴，并且包括周质也分裂，但在分裂处并不断开，到以后才分裂开，环沟藻属 *Gymnodimium* 便是这样分裂的。角藻属 *Ceratium*、膝沟藻属 *Gonyaulax* 和鳍藻属

Dinophysis 繁殖时，整个被甲破裂为两半；子原生质体再生出它所缺少的另一半被甲。多甲藻属 *Peridinium* 则在进行分裂时，抛掷掉细胞被甲（这种现象被称为脱皮），裸出的原生质体在这个无被甲的情况下分裂为两部分，并且每一部分再自己分泌出新的被甲来，见图 6-8。

有些物种可以产生游动孢子和不动孢子，游动孢子球形或卵形，很像一个裸甲藻的构造，有纵横沟和纵横鞭毛。游动孢子通过母细胞壁上的小孔释放出来，或是由于母细胞壁的脱鞘而被释放。不动孢子通常为球形，每个母细胞的原生质体形成 1 个或 2 个不动孢子，但也有的物种不动孢子为棱角或呈新月形。

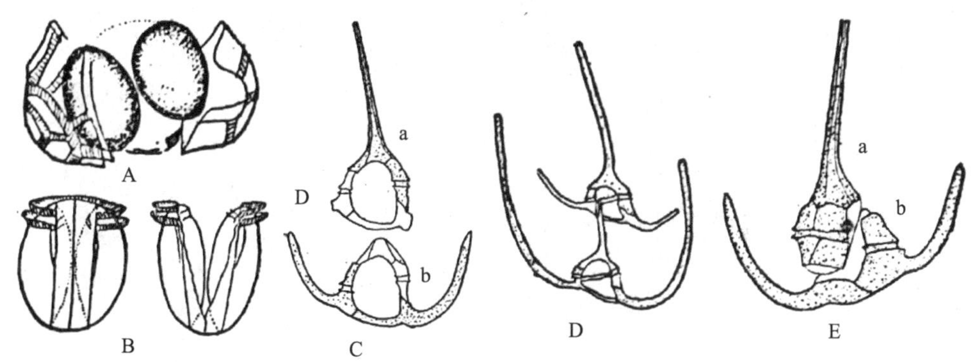

图 6-8　甲藻的分裂繁殖

A. 腰带多甲藻 *Peridinium cinctum* Ehrenb 细胞横分裂；B. 翅壳藻 *Dinophysis* sp. 细胞纵分裂；C ~ E. 三角角藻 *Ceratium tripos*（O F. M.）Nitzsch 细胞斜分裂（引自：郑柏林等，1961）

休眠孢子：在不良环境条件下，许多甲藻可以形成休眠孢子（图 6-9），具厚壁，对酸碱有较强的抵抗力。

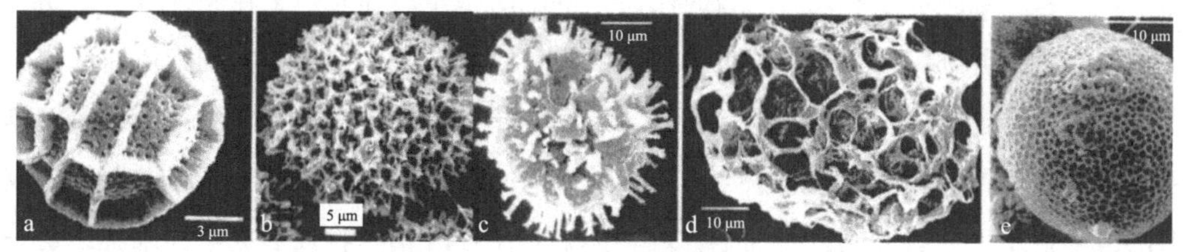

图 6-9　甲藻休眠孢子

a. 卡氏藻 *Calciodinellum operosum* Deflandre；b. 锥状斯氏藻 *Scrippsiella trochoidea*（Stein）Loeblich；c. 沟腰鞭虫（膝沟藻）*Gonyaulax grindleyi* Reinecke；d. 斯氏多沟藻 *Polykrikos schwartzii* Bütschli；e. 链状裸甲藻 *Gymnodinium catenatum* Graham（引自：Lee，2018）

它们的直径为 30 ~ 70 μm，平滑或有刺，锥状斯氏藻 *Scrippsiella trophoidea* 新形成的孢囊具有 10 倍于营养细胞的碳水化合物，并且呼吸速率只有营养细胞的 1.5%。

孢囊的细胞壁高度耐腐，含有甲藻孢壁素（dinosporin）。甲藻孢壁素化学成分类似于高等植物花粉中的孢粉素。孢囊具有高度抗腐性，可存留于古老的沉积物中。它们在古生态学研究中极有价值。

甲藻的有性生殖比较少见，有同配生殖或异配生殖（同宗生殖或异宗生殖）。多数甲藻营养细胞均为单倍体，因而合子萌发时先进行减数分裂。甲藻的生活史为单元双相式，见图 6-10。

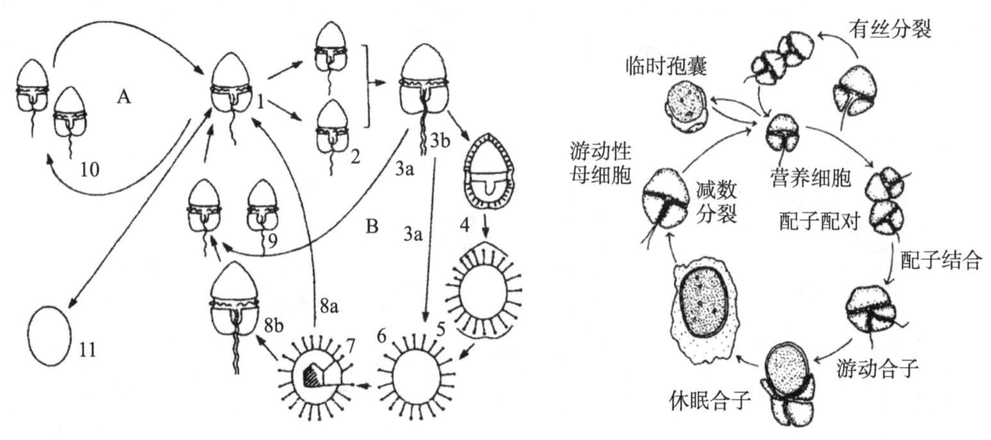

图 6-10　甲藻的单元双相式生活史

左图（生活史模式图）：A. 无性生活史阶段；B. 有性生活史阶段；1. 浮游性营养细胞；2. 配子对；3b. 游动合子；3a. 减数分裂；4，5. 包囊形成过程；6. 休眠孢子；7，8a. 包囊发过程；8b. 游动合子；9. 浮游性营养细胞；10. 二分分裂；11. 临时性不动孢子（引自：钱树本，2014）；右图：具毒冈比甲藻 *Alexandrium excavatum* (Braarud) Balech et Tangen 的生活周期（引自：李，2012）

生活史中主要阶段为单倍体营养细胞，它通过二分分裂产生与母细胞相似的子细胞，有时营养细胞可以形成一个暂时不游动的临时孢子。临时孢子在一定条件下萌发又可以形成营养细胞，这一阶段是单倍体的无性繁殖阶段。有时营养细胞可以形成配子，配子经结合形成双倍体的游动合子，游动合子可以经过减数分裂重新形成单倍体营养细胞，也可以形成休眠孢子（休眠合子，hypnozygote），休眠合子再脱鞘后形成新的游动合子，然后形成营养细胞，或者休眠合子在脱鞘时直接形成营养细胞，这一阶段是有性繁殖阶段。

第四节　甲藻门的代表种类

常见种类有夜光藻属 *Noctiluca*、膝沟藻属 *Gonyaulax*、裸甲藻属 *Gymnodinium*、角甲藻属 *Ceratium* 等，见图 6-11。

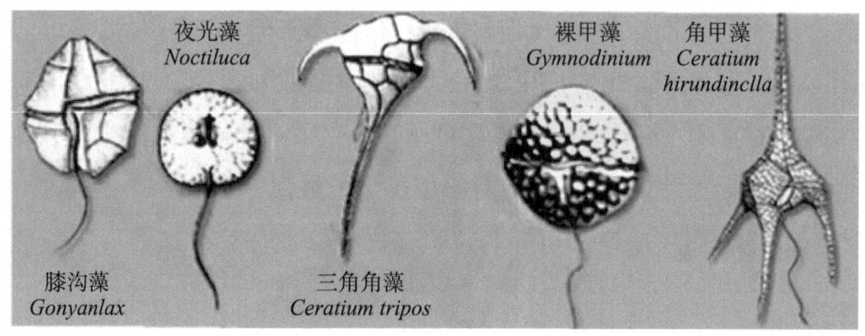

图 6-11　甲藻门常见种类

代表种类：东海原甲藻 *Prorocentrum donghaiense* Lu，属原甲藻目 Prorocentrales，原甲藻科 Prorocentraceae，原甲藻属 *Prorocentrum*。生活周期短。东海原甲藻藻体细胞小型至中型，细胞呈长卵形，上部一侧有时具有不明显的突起，细胞下部呈卵圆状、梨形，长 17 ~ 23 μm，宽 8 ~ 11 μm，营单细胞生活，但有时形成 2 ~ 4 个细胞短链，是目前原甲藻属中唯一已知能形成细胞短链的种类。壳面观长卵圆形，前端稍宽，后端收窄；腹面观则呈披针形。细胞顶端的一侧较平坦，无顶刺。壳面覆盖有许多小的棘刺，随着细胞的生长，左右壳面间的间插带逐渐变宽。色素体两个，板状，黄褐色，位于细胞外缘。见图 6-12。

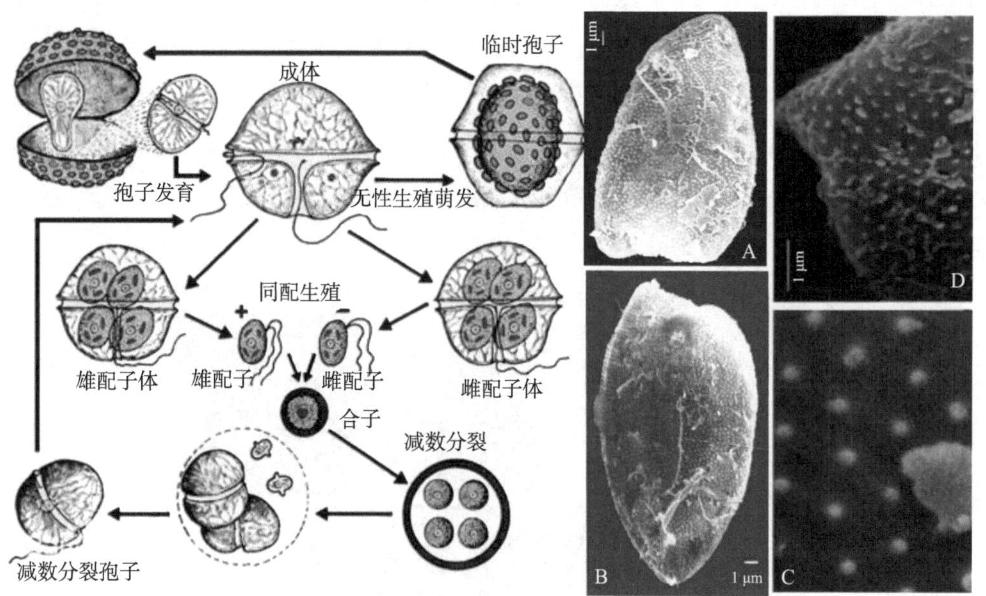

图 6-12　东海原甲藻 *Prorocentrum donghaiense* Lu 生活史及形态

左图：生活史模式图；右图（东海原甲藻扫描电镜图）：A. 右壳面观；B. 左壳面观；C ~ D. 示壳面小棘刺（引自：杨世民等，2014）

主要分布在东海长江口与浙江沿岸水域，在广东和香港海域有出现过的记录，在日本和韩国海域也有分布。东海原甲藻生长的最适温度为20℃，20℃以下时，东海原甲藻的生长速率随温度增高而增加，温度低于13 ~ 16℃时，藻类的生长和存活能力明显下降。生长最适盐度为20 ~ 40。东海原甲藻生长最强光强为（38.2 ± 3.8）W/m^2，超过光饱和点后，光合作用速率不再升高，强光产生抑制作用。东海原甲藻适宜氮磷比为8 ~ 20。

东海原甲藻 *Prorocentrum donghaiense* 是我国东海海域常见的有害赤潮藻，该藻暴发形成赤潮后，对海洋生态的危害大且难以控制。2000年5月，舟山中街山海域发生的混合甲藻赤潮，最大面积达7 000 km^2，而2005年5月发生的东海原甲藻和米氏凯伦藻 *Karenia mikimotoi* Hansen 混合赤潮面积达到 1.7×10^4 km^2，给当地海洋浮游动物造成了很大的不利影响。

第五节　甲藻门的生态特征

甲藻为主要的浮游藻类群，分布很广，海水、淡水、半咸水都有，海滩、积雪上也有它们的踪迹，有的种类寄生在鱼类、桡足类和其他无脊椎动物体内，也有的种类与放射虫、腔肠动物营共生。暖海种类多，寒海种类少，但数量大。远洋性的种类多为裸露的，而近岸生长的多具厚壁。甲藻与硅藻同为海洋动物的主要饵料，有些人曾将它们比作“海洋牧草”，它们的产量也是海洋生产力的指标。此外，甲藻对海流、水团的调查，地层的鉴定和石油勘探也有重要的指标作用。近年来，由于近海水域的富营养化，导致甲藻暴发式增长繁殖，形成水华，使水变色，发出腥臭味，形成赤潮。见图6-13。

图6-13　A. 夜光藻；B. 夜光藻赤潮；C. 赤潮引起鱼类死亡

甲藻常与珊瑚共生，共生的甲藻与非共生甲藻生理上不同，共生甲藻细胞的生长比培养的细胞要慢 10 倍。宿主动物细胞能分泌一种氨基酸——牛磺酸，它能使甲藻将光合产物释放出来并被宿主细胞吸收。同样，甲藻也影响珊瑚生理，共生甲藻的珊瑚钙化速度较慢。甲藻也常与海葵共生。

关于异养甲藻，超过 2 000 个现存甲藻中，有一半的种类缺少叶绿体，营专性异养生活。有几种不同的异养类型。①直接吞噬捕获物的吞噬性营养（phagotrophy），夜光藻具有黏性触手，将其他生物黏附于触手上，食物通过触手送入口形窝，进入原生质进行消化。②通过胞质盖膜——外套膜（pallium）在甲藻细胞外消化食物（pallium feeding），有壳种类从鞭毛孔伸出的外套膜包住食物，捕获物的原生质通过酶消化并释放到外套膜中，随后将消化产物转运到摄食细胞中，所形成的伪足能够吞入比甲藻大许多倍的生物。③脚摄食（peduncle feeding/myzocytosis），通过胞质延伸物——脚摄取捕获物的胞内物质，失去质膜和捕获物的胞外物质，这种脚可伸出 8 ~ 12 pm 与捕获物接触，并在其上打一个洞，捕获物的胞质通过脚转移到甲藻胞质中，在摄食完成后，脚中的微管和脚自身缩回到甲藻胞质中，一般被捕食的是无细胞壁的种类，因为容易打洞。④渗透营养（osmotrophy）或摄取溶解性物质，见图 6-14。

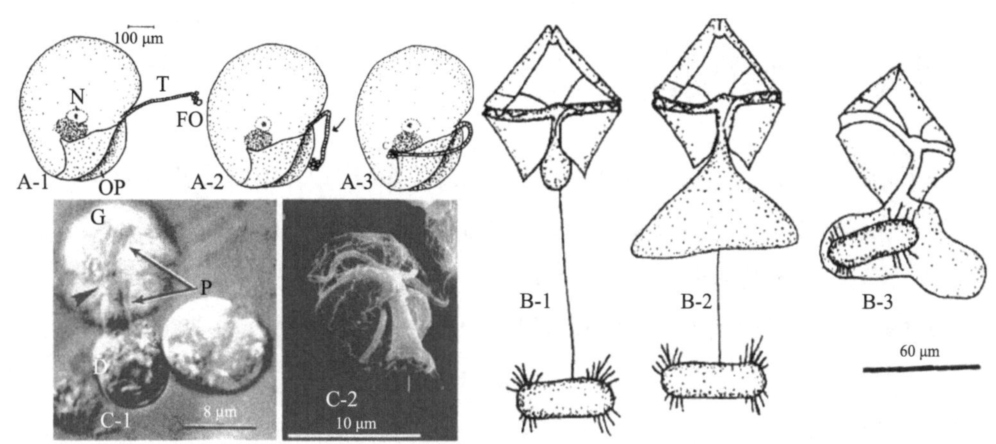

图 6-14　异养甲藻的不同异养类型

A-1 ~ A-3（吞噬营养，夜光藻消化食物）：A-1. 触手（T）位于一个延伸构造中；A-2. 触手弯向口形窝；A-3. 胞质体（C）位于口形窝的基部，触手尖端插入到胞质体中，将食物有机物扫入食物泡；B-1 ~ B-3（胞外消化食物）：B-1. 最初甲藻用一个长细丝黏附捕获物；B-2. 伪足沿着细丝伸出；B-3. 吞入已消化的，捕获物；C-1 ~ C-2（脚摄食图）：C-1. 甲藻 *Gymnodinium fungifomw* 消化盐生杜氏藻 *DunalieLla salina* (Dunal) Teodoreso 原生质的光镜图；甲藻 *G. fungifomw* 脚通过脚的膨大和延伸吸附盐生杜氏藻原生质；C-2. 噬鱼费氏藻游动孢子扫描电镜图显示脚（引自：Lee，2018）

第六节 甲藻门的主要特征

单细胞体，只有少数几个属为丝状体。除具有叶绿素 a 和叶绿素 c 外，还有多种辅助色素（甲藻黄素），储存物质一般是不饱和脂肪酸或淀粉。甲藻黄素比叶绿素含量高 4 倍，藻体呈黄绿色、金褐色和深褐色。细胞核为中核构造，细胞核具有独特的永久浓缩状态的染色体。鞭毛两根，不等长，多生于细胞腹面。一根为横鞭，带状，绕于细胞中部的横沟内；另一根为纵鞭，自纵沟伸向体后。有特殊的运动方式。营养类型差异很大，有自养型、混合营养型和异养型。有些物种甚至可以产生神经毒素。繁殖以细胞分裂为主。

第七节 甲藻门系统地位

甲藻原被列入动物界原生动物门，发现球胞型和丝状藻体之后，才将其列入植物界。甲藻在色素方面与硅藻相似，但同化产物和形态等构造明显不同，由于甲藻的构造与其他藻类区别较大，因此，它们是一群自然的植物类群。

第八节 课外阅读

王素娟（1928 年 6 月—2021 年 9 月 2 日），女，山东益都人，中国著名的藻类学专家，上海海洋大学教授。王素娟教授将毕生的精力献给了藻类研究，对海带栽培、紫菜种苗研究、海藻超微结构研究等作出巨大贡献。1953 年，毕业于山东大学水产系。1985 年，以访问学者的身份到美国西伊利诺伊大学进修，并与西雅图华盛顿大学合作研究紫菜原生质体分离工作。其间出席在丹麦哥本哈根召开的第二届国际藻类学大会。多次参加在美国、新加坡、菲律宾、中国青岛等地召开的国际藻类学大会。曾任国际海藻学会组委会委员、中国藻类学会常务理事、咨询委员会委员。20 世纪 80 年代，王素娟随校回沪后，排除种种困难，用自己的科研经费购置实验设备，逐步建立了一个藻类生物技术实验室。这是当时国内同行中第一个比较先进的实验室，不仅为学生开展研究创造了条件，对王素娟而言更是如虎添翼——许多高质量科研成果都在这里完成。王素娟非常注重研究与生产相结合，努力将生物技术实验室的研究成果应用于产业发展。她将紫菜细胞培养技术应用于生产，努力创建一种全新的紫菜栽培种源获取技术——体细胞采苗法。这一成果荣获农业部科技进步二等奖和国家科技进步三等奖，

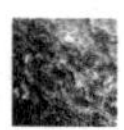

是上海海洋大学首次获得的国家科技进步奖。海藻超微结构研究，是国际公认的重要研究领域。从1981年开始，王素娟把我国主要海藻经济种类，如海带、裙带菜、巨藻、坛紫菜、条斑紫菜、4种江蓠以及石花菜作为主要研究对象，同时，选择在地理分布上有代表性且具有开发潜力的种类，如鹿角菜、羊栖菜、鹧鸪菜等，共计13属21种海藻作为研究材料。在历时8年的研究中，王素娟力求系统性，从细胞、组织结构，到利用细胞原生质体及组织培养材料进行观察研究，拍摄了数千张电镜照片。以此为基础出版的《中国经济海藻超微结构研究》至今仍是国内在该领域的唯一专著，并荣获华东地区优秀图书一等奖，1997年获农业部科技进步二等奖，受到藻类学界关注，成为中国科学院海洋研究所、中国海洋大学博士生参考书。随后，她又花大量时间系统整理红藻的超微结构研究成果，并于2004年出版了《中国常见红藻超微结构》，把自己的毕生精力贡献给了我国海藻事业。1962年、1964年，她两次获得上海市“三八红旗手”称号，1987年获得上海市“巾帼英雄”三等奖。

第九节　课后习题

（1）概念题

横沟；纵沟；甲板；甲藻液泡；刺丝胞；表质膜；间核生物或甲藻核生物。

（2）简答题

①比较甲藻门与硅藻门的细胞壁的不同。

②表质膜分为几种类型？

③比较甲藻的光合色素与硅藻、褐藻的光合色素有何不同？

④比较甲藻的光合产物与褐藻、绿藻、红藻有何不同？

⑤荧光潮形成的生态机制如何？

⑥举例说明舟山群岛赤潮藻类种类，并说明其危害。

⑦说明甲藻的生殖特点。

（3）填空题

①根据甲藻的沟的形式，甲藻从形态上分为两大类，即（　　）甲藻和（　　）甲藻。

②横裂甲藻纲的藻类的壳横分为上下两部分，横沟以上的部分称为（　　），横沟以下的部分称为（　　）。二者均由数片（　　）组成。

③甲藻的光合产物是（　　）和（　　）。

④甲藻的鞭毛分为：（　　）和（　　）两种。前者功能为（　　），后者功能为（　　）。

⑤甲藻的生活史类型属于（　　）。

⑥东海原甲藻属于（　　）纲，（　　）目，（　　）科，（　　）属。

⑦甲藻的减数分裂发生在（　　）时期。

⑧甲藻的生殖方式主要以（　　）为主。

第七章

金藻门 Chrysophyta

金藻门约有 200 个属，1 000 种左右。金藻门大多数物种对于环境的改变是非常敏感的，通常生于淡水，透明度大、温度低、有机质含量少的微酸性软水中，常常形成群体。中国的藻类学家对海洋金藻研究甚少，已有的报道仅有几种硅鞭藻 *Dictyocha* sp. 和其他个别物种。

第一节　金藻门藻体形态特征

属于金藻门的大多数种类，以鞭毛类为大家所熟悉，是作为原生动物而被列入动物界的。近 50 年来，这一纲的细胞型和丝状体型的体制才被发现。这些体制的形态学与绿藻类所表现相似。由于原生质的构造，具鞭毛及细胞型特殊，和丝状体型个体等特征都是一致的，所以把这些生物都归于金藻门中。根据它的黄色或褐色的色素体而称为金藻门。

海洋中的金藻主要为钙板金藻科的种类，其钙板片常发现于海洋沉积中，金藻大多数种类为裸露的运动细胞。在美国的新泽西州、纽约市和罗德岛发现的一种微小型的属，定鞭金藻门的微藻赤潮，该属种名为：抑食金球藻 *Aureococcus anophagefferens* Hargraves & Sieburth，可使海水呈黑褐色，故称之为褐潮。

金藻主要存在的形式是运动的单细胞和群体，其次为不具有鞭毛的球状和不定型群体。少数像变形虫状，可以改变体形或伸出伪足；极少数呈丝状体。

第二节　金藻门细胞学特征

（1）细胞壁。金藻的细胞壁无论是其所含成分，还是结构，都有不同程度的差别。这也是金藻分类的依据之一。能运动的种类大都没有纤维素细胞壁，只有能鉴定形态的周质膜；具有细胞壁的种类，细胞壁主要由果胶质、纤维素组成；相当数量的种还具有由二氧化硅、碳酸钙组成的鳞片，许多种的原生质体外具有一个开敞而坚固的有特定形态的甲鞘（lorica）。

（2）光合色素及质体。金藻的色素体呈金黄色、绿黄色或褐色，这些颜色是根据类胡萝卜素，特别是岩藻黄素（墨角藻黄素）与叶绿素比较哪一种的量占优势而定的。载色体数目都很少，两个或两片状，侧生。单核的细胞普遍包含 1 ~ 2 个色素体，在色素体中常常可以确定有简单的蛋白核，有时蛋白核构造像圆球体，色素体板凸出到细胞质内部。蛋白核裸出，即在其表面没有同化产物包被，见图 7-1。

叶绿体中含有叶绿素 a、叶绿素 c_1、叶绿素 c_2，主要的类胡萝卜素为岩藻黄素（墨角藻黄素）、β- 胡萝卜素，叶绿体被叶绿体内质网的双层膜所包裹，其中外膜通常与核膜的外膜相通。类囊体通常 3 个堆积成一条带。由于墨角藻黄素占优势，所以藻体呈金褐色至金棕色。

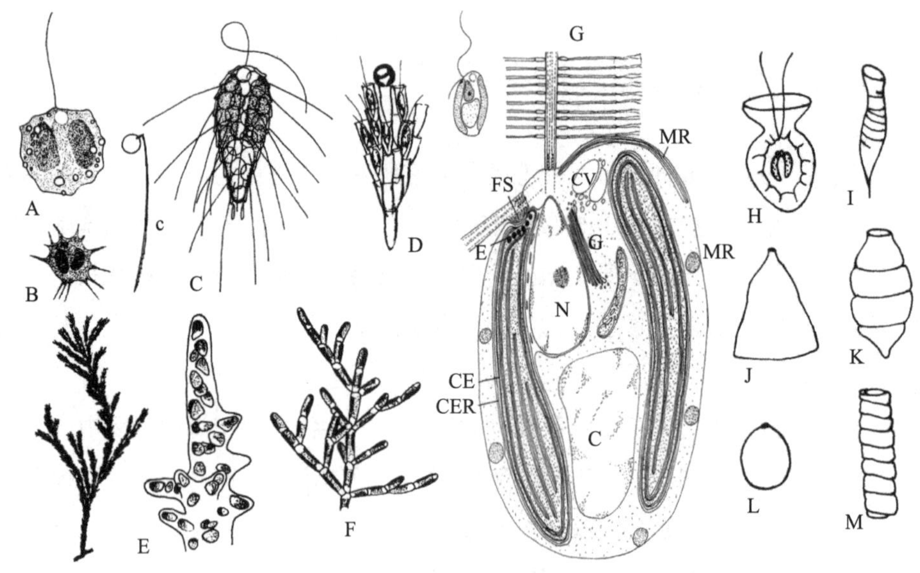

图 7-1 金藻的形态（A ~ F）及几种甲鞘的形态（H ~ M）

A. 球状金藻游动单细胞体；B. 辐射金变藻变形虫状藻体；C. 高鱼鳞藻细胞壁具有硅质鳞片（c）的藻体；D. 花环钟罩藻具有甲鞘的藻体；E. 水树藻胶群体外形及部分分枝放大；F. 褐枝藻丝状分枝体型；G. 金藻门细胞基本结构的光学与电显微镜截面示意图（C. 金藻昆布多糖液泡；CE. 叶绿体被膜；CER. 叶绿体内质网；CV. 伸缩泡；E. 眼点；FS. 鞭毛膨胀区；G. 高尔基体；H. 前端鞭毛的茸毛；MB. 产胶体；MR. 鞭毛的微管根；N. 细胞核）；H. 花瓶藻；I. 钟罩藻；J. 金瓶藻；K. 假金杯藻；L. 金颗藻；M. 金杯藻；A ~ F、H ~ M（引自：钱树本，2014）；G（引自：李，2012）

（3）光合产物。金藻门的储藏产物为金藻昆布多糖（chrysolaminarin），它是一种由 β-1，3 糖苷键连接的葡聚糖，据推测它存在于细胞后端的液泡中。金藻昆布多糖液泡可能也具有消化功能，降解由细胞摄入的物质用于生长和代谢。此外，还有油滴状的脂肪，特别是在休眠孢子和孢囊中含量较多。

（4）原生质体。金藻的原生质是折光性的，它具有特别明晰的玻璃状的外观，

金藻细胞内只有1核。细胞具有单个大的高尔基体，靠在处于细胞前端的核上，经常位于细胞核被膜的一个凹面上。金藻细胞通常具有伸缩泡，通常位于细胞前端，与高尔基体相邻。一般液泡位丁鞭毛基部，数目为一个、两个或多个。金藻门的液泡与伸缩泡经常形成一个复杂的系统。金藻门的原生质中也含有脂质体。在初期细胞中，脂质体通常较少；但是，随着细胞成长，脂质体逐渐增大增多，直至充满整个细胞质。

（5）鞭毛与眼点。许多金藻具有一条与细胞轴向平行、插入细胞前端的流苏状茸鞭型鞭毛，以及另一条近似于与流苏状鞭毛垂直、插入细胞内的尾鞭型鞭毛。尾鞭型鞭毛时常退化成一短根（stub）。流苏状鞭毛上的茸毛通常呈三节微管状。在棕鞭藻 *Ochromonas* 中报道有三节状和纤丝状茸毛。在金藻的少数几个种类中发现有鞭毛鳞片。后端的尾鞭型鞭毛通常较短且在朝向细胞一侧的基部有一膨大区。这个鞭毛膨大区（flagellar swelling）含有一个称之为光受体（photoreceptor）的电子稠密区。膨大区部位还包含视黄醛（retinal），即类视紫红质蛋白的发色团，表明在金藻门中类视紫红质蛋白即为其光受体。鞭毛膨大区与细胞在此处的内陷刚好吻合，其下端即为位于叶绿体内部的眼点。眼点由脂质小球组成，在叶绿体内部的前端，位于叶绿体被膜及类囊体的第一条带之间。在棕鞭藻中，长的流苏状鞭毛在一个水平面上做不断击打运动，牵引细胞向前运动，而位于前端眼点上的短的尾鞭型鞭毛变得弯曲，它对于细胞运动几乎没有作用，但是使金藻在向前运动的过程中不断旋转，见图 7-2c。

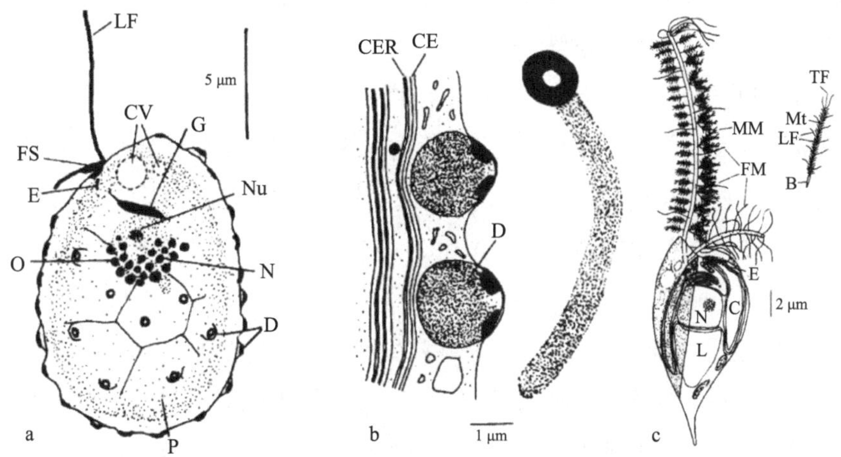

图 7-2 金藻门的鞭毛、眼点、产胶体和盘形刺胞（a）；结节棕鞭藻 *Ochromonas tuberculatus* Hibberd（b）盘形刺胞的填充与释放及丹参棕鞭藻 *Ochromonas danica* Pringsheim（c）

CE. 叶绿体被膜；CER. 叶绿体内质网；CV. 伸缩泡；D. 盘形刺胞；E. 眼点；FS. 鞭毛膨胀区；G. 高尔基体；LF. 长鞭毛；N. 细胞核；Nu. 核仁；O. 油滴；P. 质体；c. 丹参棕鞭藻 *Ochromonas danica* Pringsheim；B. 基部附着区；C. 叶绿体；E. 眼点；FM. 纤维状茸毛；L. 麦清蛋白（金藻昆布多糖）；LF. 侧端纤维丝；MM. 微管茸毛；Mt. 微管；N. 细胞核；TF. 末端纤维丝（引自：李，2012）

（6）产胶体和盘形刺胞（discobolocyst）。产胶体内含有颗粒状物质，被单层膜包被。内含物释放后，经常会在细胞外形成纤维质网络结构。盘形刺胞与产胶体类似，结节棕鞭藻 *Ochromonas tuberculatus* 中盘形刺胞位于细胞质的外层，由单层膜包被的小泡组成，其中小泡内面向外的部分含有一个空盘（hollow disc）。盘形刺胞的释放呈爆炸式，喷射体发射的喷射物呈细线，可达 6 ~ 11 μm，空盘位于胶状黏液的顶端。受喷射物的反作用力，细胞急剧向后弹射。这两种喷射体都产生于高尔基体内的区域，见图 7-2a、图 7-2b。

第三节　金藻的生殖特征

金藻主要进行无性生殖，有性生殖极少见，曾有人记载过某种金藻的同配接合。无性生殖有下列几种方式。

（1）细胞分裂。细胞分裂是金藻繁殖后代的主要方式。通常是纵分裂，分裂后的两个子细胞立即分离。群体也通过细胞分裂来增加细胞数量而使群体增大，细胞分裂形式是纵分裂。但丝状群体物种，其分枝顶端细胞的分裂是横分裂。

（2）游动孢子。绝大多数金藻，包括全部非运动型的物种，都能通过产生游动孢子来繁殖后代。游动孢子裸而无壁，一些种具有 1 根鞭毛，另一些种具有两根等长或不等长的鞭毛；含 1 ~ 2 个色素体。有些物种的细胞只产生 1 个游动孢子，而有些物种可通过细胞原生质体的分裂，产生几个游动孢子。

（3）内壁孢子。内壁孢子是金藻特有的一种生殖方式，内壁孢子萌发的时候，孢壁顶部的孔盖发生分解，或是盖与壁分离。多数属的原生质体从壁孔中逸出，做变形虫状运动，有些种在运动过程中产生鞭毛，另一些种则在运动后才产生鞭毛。在某些属中，原生质体在孢壁内经分裂，产生 2 ~ 4 个或多个游动孢子，然后再从孢壁孔中逸出，发育成新藻体。

（4）内生孢子。胞囊（cyst），又称内生孢子或休眠孢子（resting spore），它的形成是金藻门区别于黄藻门藻类的确切特征。内生孢子大多呈球形、椭圆形或卵形，外表光滑或被覆瘤、脊刺或臂状物。这种细胞壁“装饰物”（ornamentation）具有种属特异性。内生孢子具有一个含有领（cellar）的小孔，后者被一个栓塞（plug）封住。营养细胞在内部形成休眠孢子。在休眠孢子形成时，细胞失去能动性，释放全部喷射物，产生有活性的伸缩泡。在细胞质中产生一个被称为二氧化硅沉积囊泡的拟球形小泡，而二氧化硅沉积在囊泡中。二氧化硅囊泡可发育成完整的球形，此过程仅会被小孔或领的发育所干扰。细胞核、叶绿体、鞭毛基体、线粒体、高尔基体、金藻昆

布多糖液泡和核糖体被隔离到二氧化硅沉积囊泡的内侧，而外侧含有线粒体、核糖体、伸缩泡及小的液泡。脊刺、小孔和领在二氧化硅沉积囊泡中形成后，细胞质在小孔区产生一个栓塞。随着硅化栓塞的形成，休眠孢子内外侧原生质之间失去接触，二氧化硅囊泡的内膜成为新的原生质膜。当休眠孢子萌发时，栓塞溶解或从小孔壁上脱落，原生质体随后以变形虫样运动（阿米巴运动）移出内生孢子，并在移出时形成鞭毛。见图 7–3。

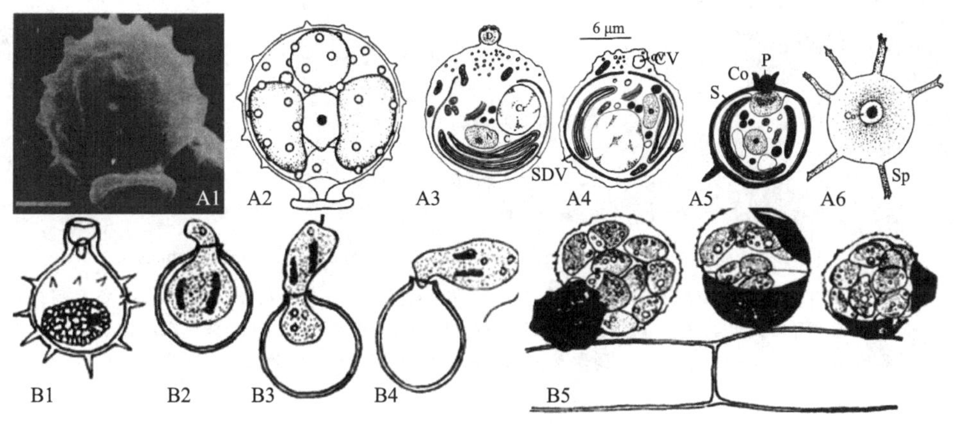

图 7–3　金藻门的内生孢子

A1 ~ A2. 棕鞭藻内生孢子；A3 ~ A6. 结节棕鞭藻 *Ochromonas tuberculatus* Hibberd 内生孢子发生过程；A3 ~ A5. 内壁孢子的发生；A6. 从领（collar）末端看的成熟内生孢子（C. 叶绿体；Co. 内生孢子的领；Cr. 金藻昆布多糖液泡；CV. 伸缩泡；D. 盘形刺胞；N. 细胞核；P. 内生孢子小孔上的栓塞；S. 内生孢子壁；SDV. 二氧化硅沉积囊泡；Sp. 脊）；B1. 凹槽赭胞藻成熟的内壁孢子；B2 ~ B4. 示其内壁孢子萌发；B5. 球瓶藻的内壁孢子，示在孢壁内已形成多数孢子；A1 ~ A6（引自：Lee，2018）；B1 ~ B5（引自：钱树本，2014）

第四节　金藻门的代表种类

（1）球等鞭金藻 *Isochrysis galbana* Parke emend. Green et Pienaar，属金胞藻目 Chrysomonadales，等鞭藻科 Isochrysidaceae，等鞭金藻属 *Isochrysis*。藻体单细胞，长为 5 ~ 6 μm，宽为 2 ~ 4 μm，厚为 2.5 ~ 3 μm，椭圆形、前端平截、后端圆、背腹扁平、整体形态可变。具有两根在形态学和功能上相同且等长的鞭毛。两根鞭毛之间有 1 根短的、不能卷曲的定鞭毛。周质膜上有鳞片，鳞片表面约有 40 个放射脊，分为两层。定鞭毛外也有小圆形鳞片，表面有 12 条放射脊。细胞内通常有 1 个色素体，侧生，黄棕色，包埋 1 个纺锤形的淀粉（蛋白）核，通常有 1 对类囊体穿过。没有眼点，但有 1 个类胡萝卜素体（假眼点）。运动和不运动的藻体都通过纵分裂进行无性繁殖。它们是水产养殖中的重要饵料之一，作为虾、贝等水产动物幼虫的饵料。见图 7–4。

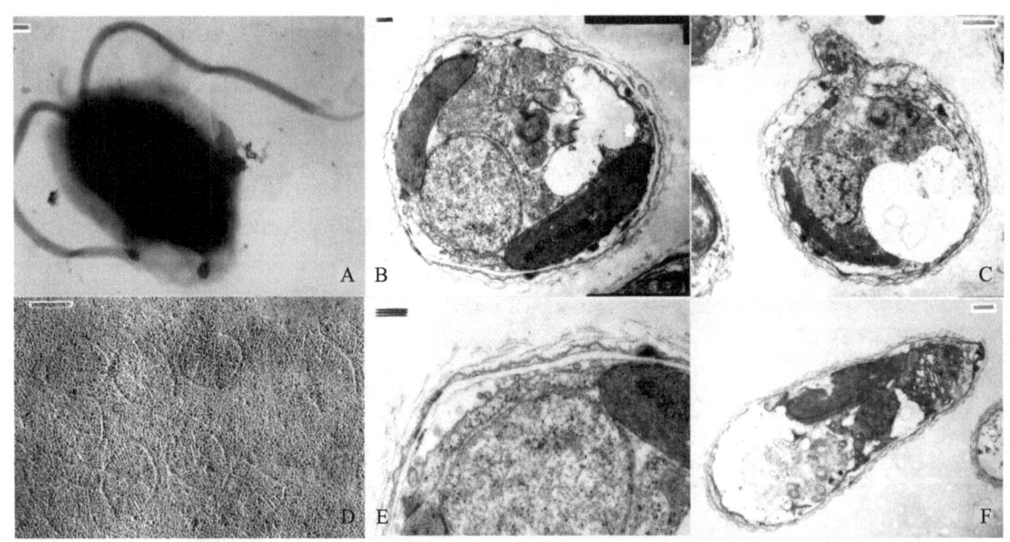

图 7-4　球等鞭金藻 *Isochrysis galbana* Parke emend. Green et Pienaar

A. 藻体；B. 球形不动细胞，有两个色素体，色素体内质网明显（箭头）；C. 细胞切面，前端有部分鞭毛，后部有大的液泡；D. 鳞片的投影，示意向心面放射脊纹饰；E. 细胞的切面，示意鳞片在细胞表面的排列；F. 长椭圆形不动细胞，可见一个色素体，高尔基体位于细胞的一端，另一端有液泡（引自：胡晓燕，2003）

（2）土栖藻（小定鞭藻）*Prymnesium parvum* Caretr，属金胞藻目 Chrysomonadales，土栖藻科 Prymnesiaceae，土栖藻属 *Prymnesium*。细胞长卵形、米粒状，背腹略扁。前端倾斜平截，不对称，后端圆或尖，细胞长径为 8 ~ 10 μm，短径为 4 ~ 4.5 μm，细胞外覆盖两层椭圆形鳞片，两层鳞片形状不同，仅在电镜下可见。细胞具两根鞭毛近等长，从顶端的小凹处伸出。定鞭短而不卷曲，长约 5 μm。细胞内有两个色素体，侧生，各具一淀粉（蛋白）核。无眼点。繁殖方式为细胞二分裂，有形成硅质孢囊的报道；有性生殖未知。分布于近海内湾。世界性赤潮种，可产生溶血性毒素。

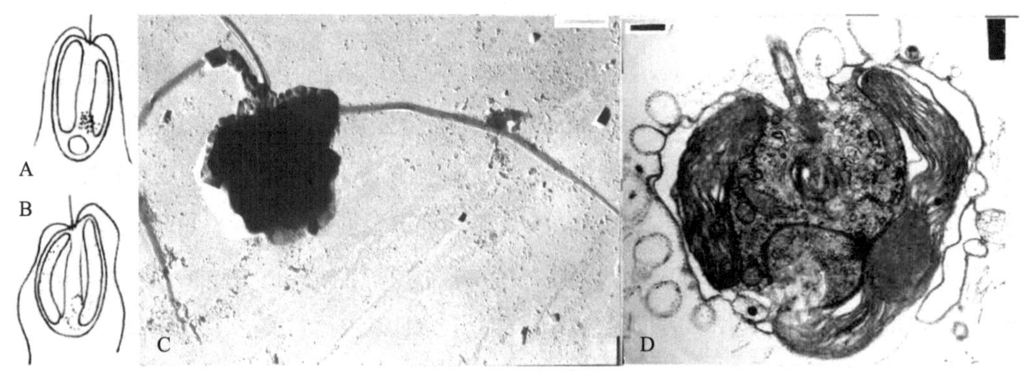

图 7-5　土栖藻 *Prymnesium parvum* Caretr

A，B. 土栖藻示意图；C. 细胞外观示 2 根鞭毛和定鞭毛；D. 细胞内部色素体等细胞器的构造；A，B（引自：钱树本，2014）；C，D（引自：胡晓燕，2003）

第五节　金藻门的生态特征

在淡水及海水中皆有分布，生活在海水中的物种广泛分布于大洋和近岸海域，营浮游或底栖附着生活。

（1）趋光性。金藻细胞在低潮时呈积极的趋光性，在高潮时则呈消极的趋光性。这种趋光性的周期性变化是遗传特征，即使在实验室条件下，也呈 6 ~ 7 天的周期变化。当潮水涌来时，它的鞭毛会向下移至泥浆中以防自身被潮水冲走。低潮时会向上运动至海滨泥滩的表面。

（2）营养生长规律。对于那些能有效摄取营养（能利用低水平营养）的藻类，它们具有的最大内禀增长率通常要低于那些不能有效摄取营养的藻类。锥囊藻几乎从未出现在高浓度磷的水域。在最适磷浓度下种群生长密度最大。

（3）金藻由于能够产生鱼腥味或腐臭味，是名副其实的“声名狼藉”，这缘于金藻细胞中含有高含量的多不饱和酸转化而来的不饱和醛。

（4）赤潮。一些能运动的海洋金藻，如硅鞭藻目 Dictyochales 和定鞭藻目 Prymnesiales 的一些物种，能在世界各海区引发赤潮。

第六节　金藻门的主要特征

金藻估计有 200 属，约 1 000 种。藻体大多呈金棕色，这是因为金藻的色素体内含有叶绿素 a、叶绿素 c_1、叶绿素 c_2，β- 胡萝卜素和某些叶黄素并占优势的缘故。主要的光合作用储藏物质为金藻淀粉和油。但在细胞结构，尤其是细胞壁的构成成分上有很大的差别，有的裸露，有的具有含纤维素的壁，还有的具有硅质鳞片。两根相互垂直的鞭毛插入细胞内。具有 1 根、2 根或 3 根鞭毛（3 根鞭毛中有 1 根为特殊的变异鞭毛），并具有不同的功能。主要通过无性生殖来繁衍后代，某些种类含有辐射状或两侧辐射对称的硅质鳞片。许多金藻门藻类产生内生孢子。

第七节　金藻门的系统演化地位

在 21 世纪前，人们将金藻门列入动物界原生动物门。21 世纪初，发现了具有典型植物性细胞壁构造的金球藻类和金枝藻类，其原生质体和生殖细胞的构造与具鞭毛的金藻类相同，从而将它们置于一个纲中，并将它们从动物界移到植物界。

金藻门的起源问题没有解决，由于发现了原绿藻，人们推论金藻可能由原核的、具叶绿素 a 和叶绿素 c 的藻类进化而来。藻类学家们还认为金藻门和黄藻门有密切的亲缘关系，因为两者在鞭毛、细胞壁及色素等方面相似。

第八节　课外阅读

胡鸿钧，男，1934 年出生于湖北省阳新县，中国螺旋藻产业之父。中国科学院武汉植物研究所所长、研究员。1957 年武汉大学生物系毕业。1965 年毕业于中国科学院水生生物研究所，研究生。1980—1982 年为美国加州大学伯克利分校访问学者。兼任中国海洋湖沼学会常务理事、湖北省海洋湖沼学会副理事长、湖北省出国留学回国人员联谊会副理事长、《海洋与湖沼》学报编委。主要从事淡水藻类学研究。30 余年来以他为主或与同事合作发现淡水绿藻 3 个新属，二十多个新种。1980 年与同事合作首次发现一种裸甲藻光合色素系统中含有藻蓝素（phycyanin），为研究甲藻的系统演化提供新的线索。20 世纪 80 年代中期以来，主要从事螺旋藻生物技术研究。1989 年完成国家科委重点项目“云南程海螺旋藻工厂化生产中试”。1992 年承担国家火炬计划，建成我国第一座利用地热控温，半封闭全循环式的螺旋藻工厂。发表专著 5 本，如《西藏高原藻类》等。其中《中国淡水藻类》为我国第一部淡水藻类分类学综合性参考书；《中国淡水藻类》和《蓝裸甲藻藻胆素的发现及其在系统演化上的意义》分别获中国科学院科技进步三等奖；《优良藻种的选育与培养条件研究》获中国科学院 1992 年科技进步二等奖；《中国淡水藻类：系统、分类及生态》《螺旋藻生物学及生物技术原理》是其经典著作。发表论文 80 余篇。在中国科学院研究生院建校 30 周年庆祝大会上，年逾七旬的胡鸿钧研究员被授予“中国科学院研究生院杰出贡献教师”荣誉称号。胡先生非常重视教学，他认为学生的科研选题非常重要，应注意以下三点：首先，选题在理论上应是前沿热点问题，或在应用上是关键问题；其次，需要把握选题的难易程度，学生在研究期内能够完成；第三，老师明晰国内外研究的概况。他说，老师就应该不断地充实自己，特别是一名科学家，更是学无止境。胡先生在早年的学习和工作中一直从事的是经典藻类形态学分类，随着现在研究方法的进步和科研的需要，他又学习了电子显微镜观察的一系列方法，接触了分子鉴定的工作，并开展了藻类生理生化等方面的研究。

第九节　课后习题

（1）概念题

产胶体；盘形刺胞；内壁孢子；胞囊。

（2）问答题

①简述金藻门的光合色素及载色体的特征。

②简述金藻门的细胞壁特征。

③简述金藻门的主要特征。

④简述金藻门的生态特征。

⑤列举出能形成赤潮的金藻种类。

（3）填空题

①金藻的光合产物为（　　）和（　　）。

②Pascher（1914）根据细胞壁含有硅质，认为（　　）、（　　）和（　　）间有密切联系，合并为金藻门，各个部分为其中一纲。

③金藻的鞭毛通常有两种类型即（　　）和（　　），前者的功能是（　　），后者的功能是（　　）。

④（　　）孢子的形成是金藻门区别于黄藻门的确切特征。

（4）选择题

①类囊体具有三层膜叠加的门有（　　）。

A. 蓝藻门；B. 绿藻门；C. 红藻门；D. 褐藻门；E. 金藻门；F. 甲藻门；G. 黄藻门

第八章

黄藻门 Xanthophyta

该门仅一个纲——黄藻纲 Xanthophyceae，包含 6 个目，75 个属，370 种。黄藻门物种绝大多数为陆生，生于淡水中的种类，常在纯净、贫营养、温度比较低的水中生长茂盛。黄藻门海生物种极少，主要分布在潮间带的石沼内和泥土表面，少数营浮游生活。目前，在中国海域仅报道 3 属 3 种。

第一节 黄藻门藻体形态特征

黄藻门大多数物种的个体微小，为单细胞或群体，少数物种为丝状体和个体相对较大的单细胞多核管状体。

（1）单细胞物种的外部形态。球形、卵形或不定型、单细胞管状体，管状体为单个藻体，呈球状或具有少数分枝的管状细胞。

（2）群体形态。群体物种是由不定数目的细胞，被胶质状包被体包埋而成的形态不规则或树状个体。

（3）丝状体形态。丝状藻体简单，分枝或不分枝，细胞通常为长圆柱形。

第二节 黄藻门细胞学特征

（1）细胞壁。细胞壁的主要成分是果胶化合物；有些含有少量的硅质和纤维素，如气球藻属 *Botrydium*；只有少数种类细胞壁含有大量纤维素，如黄丝藻属 *Tribonema* 等。黄藻门中相当多物种的细胞是没有纤维素壁的，可暂时或永久性呈变形虫状态。

许多种黄藻的细胞壁都是由两瓣合成的；两瓣紧密连接，只有以某些试剂，如浓的氢氧化钾或铬酸处理时，才能明显分开。丝状体黄藻细胞壁的一个半片呈“H”形，每一个细胞都是由两个“H”片的一半组成的。可以看到黄藻细胞壁的结构，细胞壁上随着细胞的伸长出现了沉积层纹。黄管藻的细胞壁由两部分组成，一个大小恒定的帽扣在一个位于基部的管状体上。随着细胞生长拉长，基部的管状体也跟着拉长，但帽的大小不变。帽和管状体的边缘逐渐变薄并重叠一段长度，使得活细胞中的二分特

征不是很明显。夹在中间的这层物质，大概起到黏合的作用，它将细胞壁的帽与管状体隔开。见图 8-1（A ～ D）。

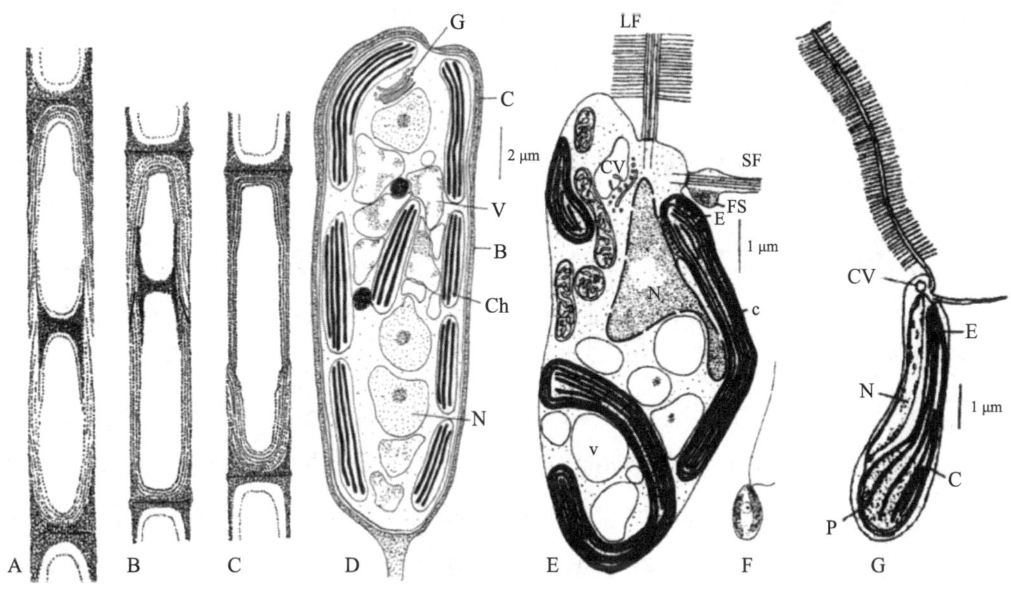

图 8-1　黄藻纲细胞

A ～ C. 在用氢氧化钾处理之后的丝状黄丝藻 *Tribonema bombycinum* Derbes et Soler 细胞壁构造（A，B. 新近分裂的细胞显示插入一个新的 H 形半片；C. 两个“H”形半片连接在一起包住原生质体）；D. 黄管藻营养细胞精细结构；E. 黄藻纲典型种 *Mischococcus sphaerocephalus* 游动孢子的光学与电镜显微照片；F. 藻体外形；G. 假拟柱杆藻 *Pseudobumilleriopsis pyrenoidosa* Deason 游动孢子（G. 高尔基体；N. 细胞核；Ch. 叶绿体；V. 液泡；B. 细胞壁的管状部分；C. 叶绿体；CV. 伸缩泡；E. 眼点；FS. 鞭毛隆起；If. 具茸毛的，P. 淀粉核；K. 鞭毛；SF. 短鞭毛）（引自：李，2012）

（2）光合色素、质体及光合产物。黄藻纲藻类的叶绿体含有叶绿素 a 和叶绿素 c 及 β- 胡萝卜素，主要的类胡萝卜素为硅甲藻黄素（diadinoxanthin）、黄藻黄素（heteroxanthin）和无隔藻黄素酯（vaucheriaxanthin ester）。但没有叶绿素 b。

黄藻纲藻类细胞通常含有多个边缘位的盘形色素体。叶绿体内质网的两层膜环绕着叶绿体，其中，外膜与细胞核被膜的外膜相连。类囊体 3 个一组形成片层，许多属中的叶绿体含有一个淀粉核，它是裸出的，在其中自然没有同化产物的沉积。也有些种类的色素体是轴位堆聚的。也有的无淀粉核，如黄丝藻属 *Tribonema* sp.。

眼点由一些小球体组成，它们位于叶绿体前端的叶绿体被膜之下。在短鞭毛经过眼点的位置，鞭毛鞘膨大形成鞭毛突起，它与眼点区内的质膜非常贴近。

质体在光合作用时可积累甘露醇和葡萄糖。尽管也有脂质并很重要，但主要的储藏物质可能是与裸藻淀粉类似的 β-1，3 键连接的葡聚糖（金藻昆布糖）。

（3）细胞核。黄藻的细胞核通常很小，多数种类只有一个核，但也有多核的。

（4）鞭毛。黄藻能运动的物种和生殖细胞都顶生有两根长、短相差悬殊 4 ~ 6 倍，且构造不同的鞭毛。长鞭毛为茸鞭型，其上着生两列鞭丝“鞭茸”（mastigonemes）；短鞭毛为尾鞭型，没有鞭丝构造，见图 8-1（E ~ G）。

第三节　黄藻的繁殖特征

（1）有性生殖。有性生殖仅在 3 个属中被证实：气球藻属 *Botrydium*、黄丝藻属 *Tribonema* 和无隔藻属 *Vaucheria*。前两个属产生的配子都有鞭毛，而无隔藻属的有性生殖方式为卵配生殖。

（2）无性生殖。细胞分裂，运动的细胞以细胞纵裂的形式进行繁殖。游动孢子，静止种类原生质体分裂后形成游动孢子，游动孢子梨形，内含一至数个叶绿体，一个或几个液泡，一般没有眼点，游动孢子游动一段时间后停止游动萌发成新个体。不动孢子，在某种特殊环境下，有些黄藻不产生游动孢子，而产生一种不动孢子。不动孢子萌发形成新个体。囊胞，原生质收缩，分泌出一个两瓣相等的壁，形成囊胞。囊胞再萌发成新游动孢子。休眠孢子，常见于丝状种类，细胞壁加厚，内含大量储藏物质。

第四节　黄藻门的代表种类

无隔藻 *Vaucheria sessilis*（Vouch.）DC.，属无隔藻目 Vaucherialis，无隔藻科 Vaucheriaceae，无隔藻属 *Vaucheria*。细胞壁相对较薄，在其内细胞质局限于多核细胞的外周，中央则为一个大的液泡。在细胞质的外侧，具有大量含有淀粉核的椭圆形叶绿体，而细胞核靠近原生质中央。丝状体的生长仅限于顶端，此处含大量液泡、线粒体，但没有叶绿体、细胞核和大的中央液泡。大的中央液泡含有脂质、退化的叶绿体和晶体，它伸展至整个丝状体长度（除了位于生长顶端区域细胞）。水生藻体的无性生殖大多通过产生多鞭毛多核的游动孢子来完成。游动孢子游动迟缓，静止时，鞭毛缩回，形成一个薄的细胞壁。当一个或两个管状副产物突起后，萌发马上开始。无隔藻属的有性生殖为卵配生殖，通常为同宗配合，减数分裂发生在配子产生之前。无隔藻的生活史是二倍体时期占主导的双相型。一些海生的种类是雌雄异株的。其典型的卵式生殖，是在许多的绿藻类中都有的，而这在黄藻中则还没有见到。许多藻类学家就根据这一见解，把它列在绿藻中。海生种类多生于潮间带有泥或泥沙混合的地方，少数种类生在盐滩上。

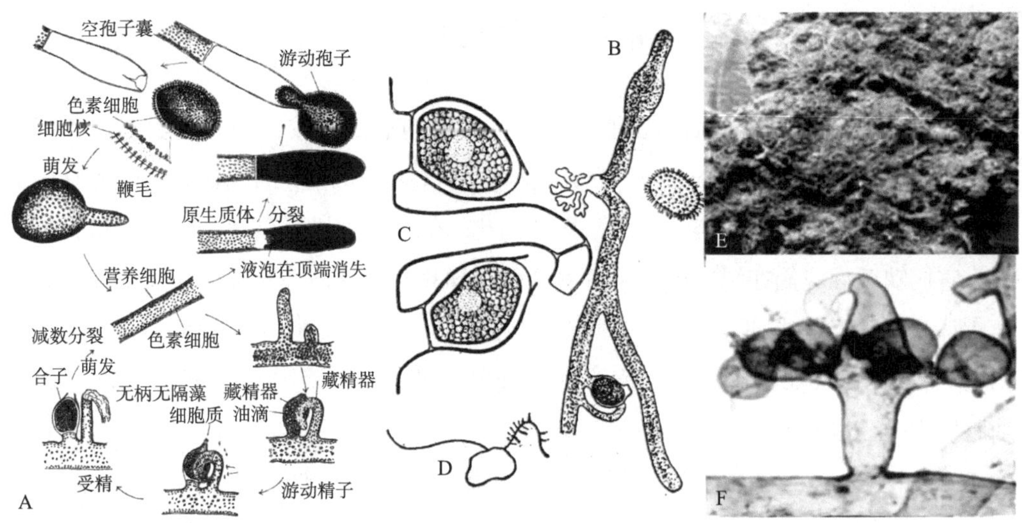

图 8-2　无隔藻 *Vaucheria sessilis*（Vouch.）DC. 生活史及其形态特征

A. 生活史图解；B. 有假根的植物体和繁殖器官，上面一个游动孢子（250×）；C. 有卵孢子的卵囊和一个排空了的精囊（400×）；D. 有明显的异鞭毛的雄配子（400×）；E. 生态环境；F. 精子囊与卵囊显微照片（引自：福迪，1980）

第五节　黄藻门的生态特征

黄藻最初被定属于绿藻门，但是卢瑟将其归于黄藻门。多数种类生活于淡水中，只有少数种类生活于海水中，如海球藻属 *Halosphaera*。多数黄藻是喜钙的，有一些种能在酸性水中生活，许多种生活在纯净的贫营养水体中，也有的种生活在污水内。水温对黄藻分布有一定的影响，有一些种喜爱在温暖的水域内活动。多数黄藻出现在水体的表面，它们在水中漂浮，或生活在其他藻丛中，或附着在沉水植物体上。

第六节　黄藻门的主要特征

黄藻门又称异鞭藻类或异鞭藻门，黄藻类的绿色的色素体含有叶绿素 a，β- 胡萝卜素和 3 种叶黄素，色素体内不含叶绿素 b，由于其色素体内含有较多的叶黄素而呈现出黄绿色（但并不呈现出黄的颜色）；光合作用的产物为油和金藻昆布糖，不产生淀粉；营养细胞的细胞壁通常由两部分复合而成；运动细胞和生殖细胞具有两根顶生、长度不等、结构不同的鞭毛。

第七节　黄藻门的系统发育关系

大多数属的黄藻是单细胞、能运动的，它们构成一个较小的藻类类群。帕斯切（Pascher）、福雷堤西（Fritsch）和其他学者将黄藻纲与绿藻纲相比较，认为它们共同起源于一个具鞭毛的类群，然后平行地演化。但黄藻在进化路线上并未走得太远，因为它们缺乏像我们在绿藻纲中所观察到的那样高度分化、非常复杂的原植体。一些学者认为这一类群尚在进化中（Fritsch，1935），而另外一些学者则坚信它是一个退化的类群（Steincke，1932）。黄藻纲与金藻纲的成员在其生活习性、储藏养料、细胞壁组分以及具鞭毛的阶段等方面具有相似性。因此，很多学者（Smith，1955；Round，1965；Bold，1967）同意帕斯切的提议，将这一类群与金藻纲、硅藻纲合在一起，共同组成金藻门 Chrysophyta。但由于黄藻的某些成员还含有叶绿素 e，且细胞壁主要由果胶质组成，故莫雷斯（Morris，1907）和理德尔（Leedale，1974）提议将黄藻纲在分类上独立出来作为一个门，称为黄藻门。

第八节　课外阅读

黎尚豪（1917 年 4 月 10 日—1993 年 1 月 24 日），广东梅县人，藻类学家。中国科学院水生生物研究所研究员、博士生导师。先后担任中国科学院《中国孢子植物志》副主编、淡水生态和生物技术国家重点实验室学术委员会主任、水生生物研究所副所长；曾先后在复旦大学、武汉大学、暨南大学兼课。黎尚豪还担任过《植物学报》《植物分类学报》《海洋与湖沼》《水生生物学报》《海洋湖沼学报》（外文版）、《武汉植物学研究》等学术刊物的副主编或编委会委员，中国海洋湖沼学会常务理事，中国藻类学会理事长、名誉理事长。

黎尚豪 1950 年加入九三学社。1956 年加入中国共产党，曾任中共十二大代表和湖北省人大代表。1939 年毕业于中山大学理学院生物系，获理学学士学位。1939—1943 年留该系任助教。1943—1944 年在中央研究院动植物研究所任助理员、助理研究员。1944—1949 年在该院植物研究所任助理研究员。1949 年 5 月—1950 年 1 月在华东军管会植物研究所任助理研究员。1950—1980 年先后在中国科学院水生生物研究所任助理研究员、副研究员、研究员、研究室主任。1980 年后任水生所副所长、所学术委员会主任、淡水生态与生物技术国家重点实验室学术委员会主任。1980 年 11 月当选为中国科学院学部委员（院士）。

黎尚豪对蓝藻特别是固氮蓝藻倾注了大半生的精力，他带领一批科研人员，对固氮蓝藻从理论到应用，从分类到生态、生理生化直至分子生物学，进行了系统的系列研究。为此，他曾经专程或派学生赴西北荒漠地区调查发菜（一种固氮蓝藻）在固水、固沙中的作用及其人工培养的可行性，他也经常进出鄂西山区调查当地群众习作食品的寒生蓝藻——葛仙米的生态习性。针对中国农田普遍氮肥不足的状况，黎尚豪提出在稻田放养固氮蓝藻为晚稻补充肥料的设想，通过从稻田选育优良藻种、切实可行的生理调控和大量培养技术的研究和反复实践，终于在晚稻田放养固氮蓝藻获得成功，达到使晚稻田增肥、提高产量的目的。一般利用固氮蓝藻作为肥源，提高稻产量可达15%。该方法迅速在大江南北得以推广，1977 年施用近 10 万亩，产生了明显的经济效益和生态效益。该项研究 1978 年获得全国科学大会奖，黎尚豪个人也获得全国科学大会先进工作者奖。1979 年在湖北省示范面积达 30 多万亩，由中国科学院主持进行了现场验收和鉴定，并于 1980 年获得中国科学院科技成果奖一等奖。该成果也很快得到国际上的认可和赞许。此外，在固氮蓝藻使用过程中，黎尚豪通过严格的实验发现，蓝藻促作物生长并非仅仅是因加肥的作用，看来它还含某种促长物质。后经分离纯化，黎尚豪小组从蓝藻中得到一种以多肽为主的被称为“蓝藻促长素”的物质，将之施用于旱作物也能起到增产作用，并与黑龙江农业现代化所协作，得以大面积推广。在蓝藻固氮的理论研究方面，黎尚豪指导的固氮机理研究组应邀参加了由卢嘉锡院士和唐敖庆院士领导的全国化学模拟生物固氮协作组，黎尚豪和他的同事们从固氮菌入手，分离提纯了固氮酶两个组分，重组有活性，并获得了钼铁蛋白结晶。之后，当即开展难度较大的蓝藻固氮酶工作，终于获得电泳纯的固氮酶两个组分，在国际上首次获得蓝藻和棕色固氮菌固氮酶组分交叉重组，且具有活性，说明它们在结构和功能上相似。固氮酶对氧十分敏感，而蓝藻尤甚，但蓝藻又是光合放氧的生物。如何保护固氮酶不失活，国外有几种学说，主要认为是在异形胞中固氮有机械防氧和强呼吸去氧。黎尚豪提出，空气中能固氮的蓝藻应有一个防氧的保护系统来清除氧。这个设想被他的同事通过诱变技术所获取的具有异形胞的氧敏感鱼腥藻突变种的试验部分证实。20 世纪 80 年代初期，黎尚豪参照国外有关动态，根据自己掌握的数据和资料，与曾呈奎院士等一道积极建议开发中国微藻产业，并被推为国家攻关的藻类饲料蛋白项目的起草人和负责人，从此，中国以螺旋藻（一种蓝藻）为代表的微藻产业才逐步形成规模，鱼腥藻作为饲料的研究也同样取得了多项成果。

第九节　课后习题

（1）简答题

①简述黄藻门的主要特征。

②简述无隔藻属的生活史。

③黄藻门的光合色素种类是什么？

④黄藻门细胞壁在结构上有何特征？

（2）填空题

①黄藻的叶绿体由（　　）层膜包被，类囊体有（　　）个片层叠加。

②鞭毛类型：长鞭毛为（　　），短鞭毛为（　　）。

③无隔藻分类地位属于（　　）门，以产生（　　）孢子的形式进行无性生殖。

（3）选择题

①无隔藻属的有性生殖为（　　）。

A. 同配生殖；B. 异配生殖；C. 卵式生殖。

②黄藻门的淀粉储藏在（　　）。

A. 淀粉核周围；B. 细胞质中；C. 少数种类无淀粉核

③能运动的黄藻其鞭毛数量为（　　）。

A. 2 根；B. 1 根；C. 3 根；D. 多根。

④无隔藻的生活史为（　　）。

A. 单相型；B. 二相型；C. 多相型

第九章

蓝藻门 Cyanophyta

蓝藻门的藻类是简单的具有叶绿素的自养植物，包含了非常古老、细胞结构又很特殊的物种种群，与其他门中的物种有明显的区别，更区别于高等植物。蓝藻细胞核没有核膜、核仁，仅有核质集结在细胞的中央区，没有完整的细胞核结构，被称为原核生物；蓝藻细胞没有色素体细胞器；蓝藻藻体结构简单、生活史中没有有性繁殖和具鞭毛的生殖细胞。蓝藻门包含大约有 150 个属，1 500 ~ 2 000 种，绝大多数物种是淡水种和陆生种，海生种较少。《中国海洋生物名录》（2008 年）记载为 42 属 99 种。

第一节　蓝藻门藻体形态特征

01 蓝藻形态特征

蓝藻的藻体多数为单细胞或群体，多数包裹在一个黏性胶被中。细胞的形态是简单的，有圆球形、椭圆形、柱形、桶形、卵形、棒形、镰刀形、藻体形。细胞很少单个生活，它们通常都构成群体或联结成丝体，丝体整体也被胶质鞘。群体往往都是有规则地以几何形式集合。较高级丝状体细胞向一个方向生长成丝状群体，最高级者为真正丝状体，是分枝丝状体，细胞间有联系，如真枝藻科 Stigonemataceae 的藻类。真正的分枝是在藻丝的一个细胞与藻丝轴并行的面上分出来的；这样所成的枝是与母藻丝体相垂直的。丝状蓝藻的构造有下列两种类型。①宽球形蓝藻，其藻体由短的丝体构成，但其中每一个细胞都有厚的膜，并表现为独立的生理单位。②具有段殖体构造的蓝藻，这些蓝藻的藻丝是由有薄的弹性壁的细胞集合而成。壁紧贴住原生质，像周质一样；如果壁的横壁发生次生增厚的话，那么在其中央就会空出纹孔状的变薄区域来。那些没有加厚的地方，主要出现于异形胞的壁上。藻殖段蓝藻的藻丝构成一个生理单位；因此，其中每一部分能脱离出来，并独立地以段殖体继续生活。段殖体蓝藻分泌出胶质鞘，此胶质鞘呈筒状，藻丝便集在里面；甚至有些种类的藻丝是能动的。

第二节　蓝藻门细胞学特征

（1）细胞壁。紧贴原生质体的细胞壁较薄，由纤维素、果胶质组成，外被较厚的胶质鞘（sheaths）。胶质鞘透明，主要为果胶，来源于细胞壁渗出。伪枝藻科 Scytonemataceae、胶须藻科 Rivulariaceae、颤藻科 Oscillatoriaceae 的胶质鞘尚有半纤维素。有的种类在胶鞘内的深埋部分尚出现同心纹层。胶质鞘可以阻止体内水分的蒸发，增加抗旱力，因此蓝藻的生活范围极广。蓝藻多具有黏性，因此也被称为“黏藻”。

细胞壁亚显微结构显示，细胞膜外为肽聚糖层（peptidoglycan layer）。肽聚糖是一个二糖类衍生物，是 N- 乙酰氨基葡萄糖、N- 乙酰胞壁酸和几个不同的氨基酸组成的庞大聚合物。肽聚糖外是周质空间（periplasmic space），它可能由松散网络结构的肽聚糖纤维填充，一个外膜（outer membrane）结构包围着周质空间。在滑动蓝藻的细胞壁外有两个额外的层状结构。一个锯齿状外层（serrated external layer）和一个发状纤维层（hair-like fibers），位于可滑动蓝藻细胞壁外膜之外。发状纤维层由一个被称为振荡蛋白（oscillin）的棒状糖蛋白组成。滑动蓝藻相邻细胞间的跨壁连接包含连接孔（junctional pore），连接孔的直径为 15 nm，并以相对于每个隔膜平面 30° ~ 40° 的角度从细胞质辐射出。滑动是借助位于隔膜一侧的圆周状连接孔分泌黏液而实现的。黏液沿着细胞壁外层振荡蛋白纤维的表面传递到邻近的基质上，驱使丝状体前行。外层振荡蛋白纤维的方向决定了丝状体在滑动中是否旋转。在鱼腥藻中，螺旋形的振荡蛋白纤维产生的是顺时针旋转，而在巨颤藻 *Oscillatoria princeps* G.W.Francis 和鞘丝藻 *Lyngbya aeruginosa* Ag. Syst. 中，振荡蛋白纤维的螺旋形呈反向，在滑动中产生了逆时针旋转。席藻 *Phormidium* 中的振荡蛋白纤维不呈螺旋形丝状体在滑动中不发生旋转。在滑动中，当黏液通过发状纤维的表面时，发状纤维的排列充当了一个被动的螺杆的角色。当隔膜一侧的连接孔停止分泌黏液，而另一侧的连接孔开始分泌黏液时，就发生逆向滑动。见图 9-1。

纤毛与胶鞘。纤毛（pili）是蓝藻细胞表面凸出的蛋白质附属物，这个纤毛分子与参与滑动的振荡蛋白分子相似。通过利用纤毛结构的改变来实现运动。纤毛沿着某一表面通过反复地伸展、黏附和收缩过程实现细胞的移动。胶鞘（sheath），由黏液和少量纤维素组成，可防止细胞变干，使蓝藻快速生长。胶鞘能阻止墨汁进入细胞，所以观察胶鞘最简单的方法是在水中放入少量的墨汁。胶鞘通常都有颜色，高度酸性土壤中藻类胶鞘呈红色，而普通土壤中藻类胶鞘呈蓝色。见图 9-2。

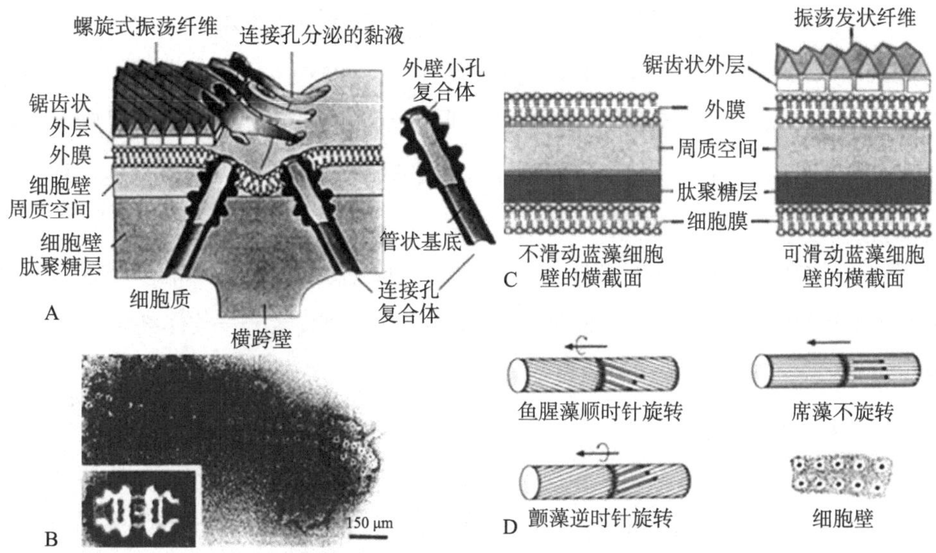

图 9-1　蓝藻细胞壁连接孔构造及其运动机理

A. 蓝藻细胞连接孔复合体的模型（黏液的分泌是通过跨壁一侧的圆周状排列的连接孔，与基质接触，由此导致丝状体向前运动。细胞壁外层的振荡蛋白纤维的排列决定了丝状体在表面滑动时是否旋转。图中的振荡蛋白纤维是螺旋状的。丝状体在滑动时可以旋转）；B. 不滑动蓝藻的细胞壁横截面；C. 可滑动蓝藻的细胞壁横截面（外部有另外两个壁层）；D. 钩状席藻 *Phormidium uncinatum*（Agardh）Gomont 连接孔复合体细胞器的结构（连接孔环状的孔口圆周状地分布在细胞的跨壁上，小图显示连接孔复合体一系列有层理的影像）；E. 蓝藻丝状体是否旋转取决于振荡蛋白的方向（黏液分泌于跨壁附近的微孔。如果振荡蛋白是螺旋状，沿着振荡蛋白纤维流动的黏液就会导致旋转；如果振荡蛋白不是螺旋状，则不会旋转）（引自：李，2012）

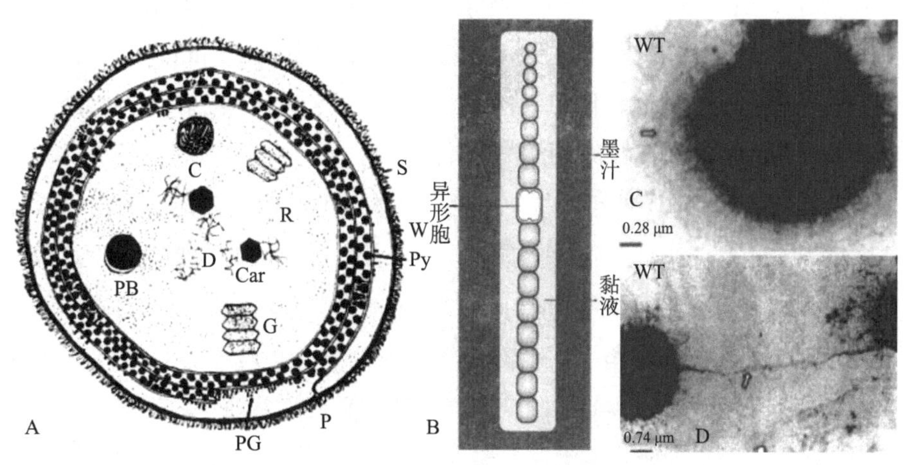

图 9-2　蓝藻细胞的结构示胶鞘与纤毛

A. 蓝藻细胞的精细结构；B. 墨汁中的蓝枝藻 *Hyella simplex* Chu et Hua 藻丝体示意图（这个方法清楚地显示了藻丝周围的胶鞘）；C，D. 集胞藻 *Synechocystis pevalekii* Ercegovic 完整细胞的透射电镜负染显微照片，显示纤毛；Py. 藻胆体；S. 胶鞘；W. 细胞壁；P. 原生质膜；PB. 多聚磷酸体；PG. 葡萄糖颗粒；G. 气泡；Car. 羧体；C. 藻青素体（引自：李，2012）

（2）光合色素及载色体。光合色素含有叶绿素 a 和藻胆蛋白，藻胆蛋白存在于类囊体表面，是水溶性的。*Acaryochloris marina* Guangyu E. Chen 是唯一一个含有叶绿素 d 的蓝藻，与其他蓝藻亲缘关系较远。叶绿素 d 的吸收光谱向远红外波长漂移，A.marina 生长在富含这些波长光的环境中（现在将原绿藻门的原绿藻归入蓝藻，所以这些原绿藻含有叶绿素 b）。

蓝藻含有类胡萝卜素——海胆烯酮（echineone）（4- 酮 -β- 胡萝卜素）和蓝藻叶黄素（myxoxanthophyll），蓝藻缺少叶绿体的主要叶黄素——黄体素（lutein），但含有比真核藻类更高比例的 β- 胡萝卜素。

蓝藻含有藻胆蛋白——C- 藻青蛋白（C-phycocyanin）、别藻蓝蛋白（allophycocyanin）、C- 藻红蛋白（C-phycoerythrin）和藻红蓝蛋白（phycoerythrocyanin）。所有蓝藻均包含前两种，而 C- 藻红蛋白和藻红蓝蛋内只存在于某些种类中。蓝藻的藻胆蛋白浓度对光质和生长条件具有明显的影响。在白光下产生藻红蛋白和藻青蛋白的蓝藻，在红光下抑制藻青蛋白的合成，在绿光下抑制藻红蛋白的合成。

载色素类囊体：蓝藻细胞内没有像真核藻类细胞的色素体，光合色素分散在原生质内。但在电子显微镜下，能观察到色素质内含有亚显微的片层，这些片层有规则地排列，群集成类似于真核藻细胞色素体的类囊体。类囊体可能起源于原生质膜的内陷。目前，一些蓝藻类囊体还是与质膜相连；没有类囊体的古老蓝藻，质膜可能参与光合作用。

（3）光合产物。为蓝藻淀粉（myxophycean starch），与糖原结构类似。这种储存物质以微粒形式存在，不同种间形状可变，从杆状微粒到 25 nm 微粒，再到延长的 31 ~ 67 nm 微粒体。有些光合作用产物是肝糖类物质，利用碘—碘化钾溶液可使该物质染成棕褐色，肝糖类物质可转化为肝糖蛋白。

（4）假液泡。在蓝藻细胞质中，液泡由气体囊泡或两端是锥形的空心圆柱管组成。气体囊泡没有真正的蛋白质—脂质膜，完全是由蛋白质的骨架组成，就像箍在一个桶上的螺旋排列的圆环。对细胞施加压力很可能会导致气泡破裂，而破裂的两半气泡会黏在一起。液泡膜非常坚硬，其内部气压为 1 个标准大气压（atm），该膜可以允许气体渗透，使内含的气体与周围溶液气体达到平衡。然而，内表面必须具有疏水性（hydrophobic），从而防止水滴在其表面浓缩，抑制水滴在表面张力的作用下通过毛孔。同时，这些分子的外表面（面向水的）必须是亲水性（hydrophilic），使表面张力减到最小，否则会导致伪空泡的破裂。

蓝藻依据其拥有的伪空泡不同，可分为两种生理生态类群：第一类是伪空泡只存

在于藻类生活史的某一阶段或某些类型细胞中——“藻殖段”阶段；第二类包含浮游蓝藻，这些藻类可以从它们的伪空泡得到正浮力，因此形成的“水华”能漂浮在水面。

（5）细胞核。蓝藻没有真核生物所特有的细胞核结构，仅在细胞中央体含有嗜碱性物质，即核质，能行使类似真核生物细胞核的功能。

（6）原生质。中央区无色部分称为中央体（中心质），四周为含有色素的有色区称为色素质（周质）。中央原生质是不与组蛋白结合的 DNA 环形纤维（circular fibrils），外周的原生质主要由类囊体（thylakoid）及其相连的结构——藻胆体（phycobilisome）和糖原颗粒（glycogen granule）组成。70 S 核糖体散布在整个蓝藻细胞中，但在中心区核质周围其密度最高。原生质黏度高，渗透压低。蓝藻细胞中部有核的物质存在，但无核膜包住，因此不是真核，一般称为“中心体”。生活的细胞可用 0.01% 美蓝色溶液染色，若细胞不健康则不着色。海生种类的中心体染色较困难，可能由于水中具有电解质的原因。原生质体内没有线粒体，也没有真正的植物液泡，有些物种具有假液泡。原生质体中还含有以下几种颗粒。

①藻青素颗粒（cyanophycin granule）。藻青素中包含等物质量的精氨酸和天冬氨酸，天冬氨酸排列成聚天冬氨酸骨架。藻青素在固氮蓝藻中可以作为一个临时的氮库，在指数期向稳定期转变时积累，在平衡生长期消失。是一种非核糖体合成的类似蛋白质的多聚物，其周围没有膜包围。

②羧体（carboxysomc）。含有二氧化碳固定酶核聚糖，1，5- 二磷酸羧化酶 / 加氧酶，即 α 羧体和 β 羧体，它们在蛋白质组成上不同，含有 α 羧体的蓝藻存在于溶解碳充足的环境中（海洋水体），而具有 β 羧体的蓝藻存在于溶解碳不足的环境中（湖泊）。

③多聚磷酸体（polyphosphate body）。包含储藏的磷酸盐，该颗粒在生长初期的幼年细胞或在磷缺乏环境中生长的细胞中缺失，但存在于成熟细胞中。

④葡聚糖颗粒（polyglucan granule）。普遍存在于光合作用活跃细胞的类囊体间。这些颗粒含有由 14 ～ 16 个葡萄糖分子组成的碳水化合物，这与支链淀粉相似。

第三节 蓝藻的繁殖特征

（1）细胞分裂。是蓝藻的主要繁殖方式，因此蓝藻也称为“裂殖植物”。分裂时，细胞中部向内生出新横壁，初生如环，逐渐向中心加阔，直至将原生质分为两部分，中心体分为两半。

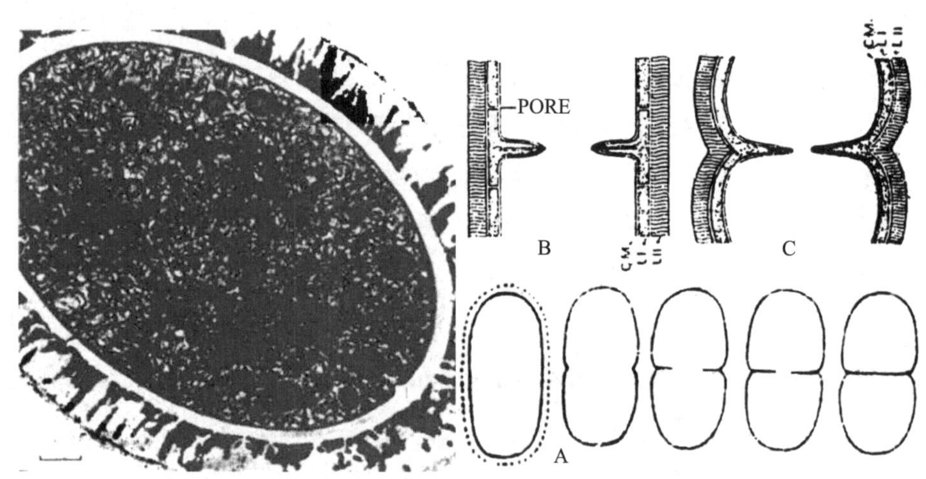

图 9-3 柱孢藻 *Cylindrospermum* sp. 成熟厚壁孢子的电子显微照片

A，B，C. 细胞分裂形式（引自：李，2012；傅华龙等，1993）

（2）孢子繁殖。当细胞遇到寒冷环境时，营养细胞变为厚壁孢子。厚壁孢子一般比营养细胞大，且因含较高浓度的糖原和藻青素而具有明显的表面颗粒，因此容易辨认，伪空泡逐渐消失，细胞质密度变大，核糖体和藻青素颗粒增多。但厚壁孢子既不是代谢休眠，也不能抵抗各种极端环境，它只存在于能形成异形胞的蓝藻中。因为原生质密度增加而浮力消失，这会使具有厚壁孢子的丝状体下沉到水体底部沉淀物中越冬。当厚壁孢子萌发时，以上所有的过程都会逆向发生。很多理化因素都会刺激厚壁孢子的分化。例如，磷的匮乏、低温、二氧化碳的不足等。见图 9-3。

异形胞。丝状体的蓝藻，除颤藻科外，在两藻殖段之间常产生一种比普通细胞稍大，且有明显厚壁及含透明内含物的细胞。异形胞有顶生、间生、孤生或串生。异形胞（heterocyst）比营养细胞大，在光镜下看起来是空的。异形胞光合作用不活跃，它既不固定二氧化碳，也不产生氧气。它的呼吸耗氧速率高，并由厚的层叠式细胞壁包裹，以限制空气（包括氧气）进入。因此，异形胞内部环境实际上是厌氧的，这对氧气极其敏感的固氮酶而言是一个理想的场所。异形胞自营养细胞发育而来，且与营养细胞间存在有规律的间隔，具体发育过程如下：营养细胞中储存颗粒降解，细胞壁外部的多层包被消失，光合类囊体损坏，新的膜结构形成，开始在细胞壁的内侧分泌出一层新的内壁层，这样细胞壁变为多层，除了类胡萝卜素以外，其他色素丢失，颗粒体也开始消失，同时，光合片层重新定方位，并形成一种复杂的网状。以小的脂类小滴形式存在于一个营养细胞中的光合片层之间的脂肪组分逐渐消失，并且它们被在营养细胞中未发现的两种脂类，即糖脂和酰脂（acyllipid）所替代。在新生壁的一

极或两极处形成小孔，异形胞的原生质丝可通过此小孔与相邻的营养细胞连接。此后，原生质逐渐变为无色透明状，有些异形胞，可以直接萌发成新藻体，有的可分裂形成孢子，孢子再萌发为新藻体。异形胞是不能分裂的。异形胞具有有限的生理活性时间和有限的生命。衰老异形胞会形成空泡，通常从丝状体脱离，并导致丝状体的断裂。异形胞通过细胞质连接从邻近的营养细胞得到养分供应。这些细胞质连接可能以谷氨酰胺的形式从异形胞传递化合氮到营养细胞。这是因为异形胞无法固碳，而营养细胞会转移光合作用的产物到异形胞。厚壁孢子可能是异形胞进化的先驱，厚壁孢子含有异形胞特有的糖脂，异形胞的细胞壁与厚壁孢子是相同的。见图 9-4。

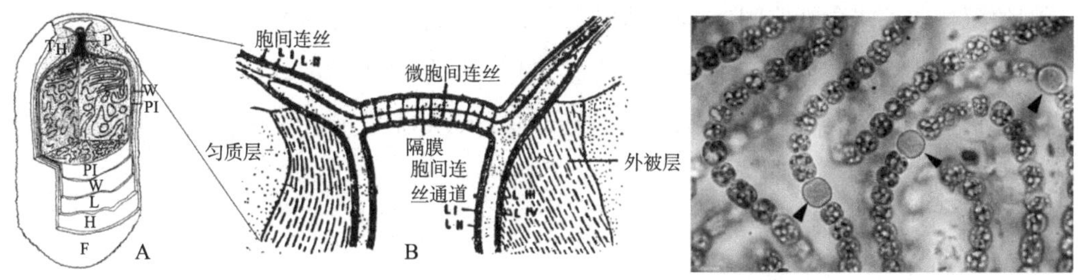

图 9-4　蓝藻的异形胞

A. 蓝藻的异形胞的三维结构图：被膜含有均一质（H）、纤维状（F）和叠片层（L）结构；M. 隔膜；P. 微孔通道；PI. 质膜；W. 细胞壁（引自：李，2012）；B. 异形胞顶端（引自：傅华龙等，1993）

异形胞和厚壁孢子是由营养细胞通过细胞壁的增大和加厚，以及光含片层的丢失而发展来的。总结起来，异形胞具有以下 12 个特征。①异形胞的体积通常比藻丝的营养细胞稍大，也有的无明显差异或较小。②异形胞的胞壁外有明显增厚而形成包被。③异形胞内不含藻胆素，但仍含叶绿素 a。④异形胞中原有的类囊体破碎，重又形成新的膜结构，在细胞中呈网状排列，彼此密贴或缠绕成螺旋状。⑤成熟的异形胞，其核物质不集中在细胞的中央区域，而是在细胞中呈漫散均一状态。⑥异形胞在生理功能上仅具光系统Ⅰ，而不具能放氧的光系统Ⅱ。⑦异形胞（离体）的呼吸速率较高。⑧ 异形胞不能固定碳，所需碳化合物需从邻近的营养细胞获得。⑨异形胞一经形成就不再分裂，衰老的异形胞常从藻丝上断离，不久即瓦解。⑩异形胞内含有固氮酶，可以将大气中的氮分子（N_2）固定为氮素化合物。⑪有些种类异形胞与厚壁孢子的形成可能有关。⑫异形胞常将藻丝分隔为藻殖段。

内生孢子（endospores）。蓝藻细胞的原生质体在细胞壁内不断分裂，形成小型的团块，并充满在细胞壁内，小型的团块就是内生孢子，原细胞壁就成为孢子囊壁。内生孢子的细胞壁是新生的，这与绿藻门有些物种产生不动孢子的过程是相类似的。

管孢藻目 Chamaesiphonales 所有物种都能产生这种孢子。见图 9-5。

外生孢子（exospores）。同样是由蓝藻细胞的原生质体在细胞壁内不断分裂，形成小型的团块，即外生孢子。与内生孢子产生方式不同之处是外生孢子是在原生质体远轴一端不断产生的，而不像内生孢子由整个原生质体在最后同时形成孢子。管孢藻属 *Chamaesiplum* 的外生孢子是在原生质体远轴端发生一连串的分裂所形成的。见图 9-5。

（3）营养繁殖。非丝状体类型当群体的胶质包被破裂时才出现营养繁殖，破裂子群体各自发育为一个新群体。丝状群体的营养繁殖：一是由于动物的摄食、丝体内细胞的死亡、丝体内细胞间较弱的黏附而引起丝体折断；二是由于丝体内产生异形胞，异形胞自身就可作为生殖细胞；三是许多盘形、圆柱形细胞的丝状体能在丝体内产生若干个短的丝体分段，即藻殖体（藻殖段）（图 9-6），而在藻殖体端细胞间往往形成双凹形的分离盘。

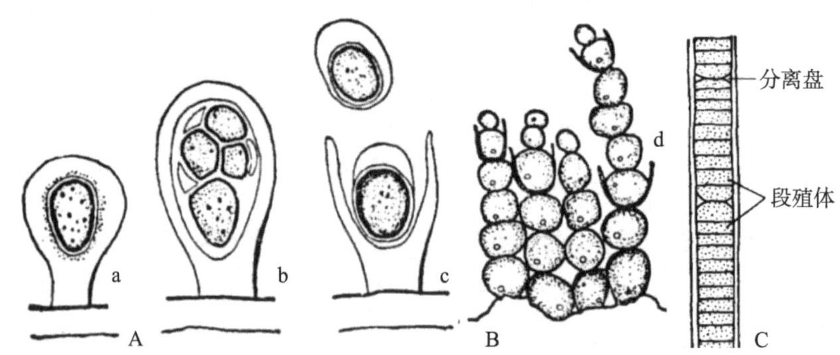

图 9-5　管胞藻目的内生孢子与外生孢子及藻殖段

A（a，b，c）. 管胞藻目的内生孢子；B. 外生孢子；C. 藻殖段（引自：钱树本，2014）

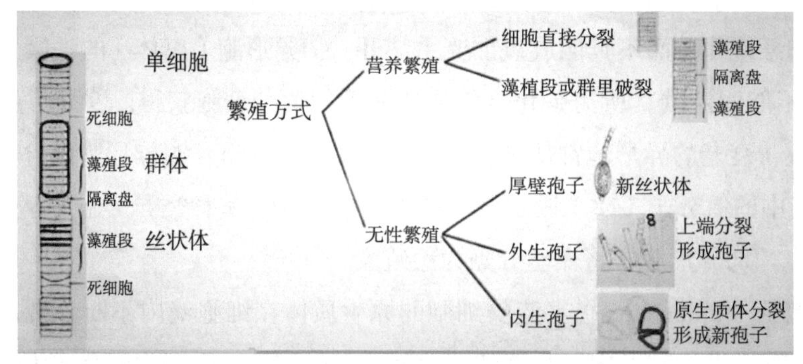

图 9-6　蓝藻的繁殖形式图解

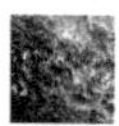

第四节　蓝藻的运动特征

伸缩运动。许多丝状蓝藻，如颤藻，都有自发运动的能力，能做滑溜运动，移动位置，有的做回转运动，有的前端能缓慢摆动，如在杯中培养的颤藻，由于运动而爬至杯的上端，甚至高出水面。猜测其运动的动力可能与胶质物质的分泌有关。

第五节　蓝藻门的代表种类

02 蓝藻代表种

（1）螺旋藻属 *Spirulina*，藻丝体常围绕其纵轴旋转，呈螺旋状卷曲。本属物种具有运动能力，藻丝体能做螺旋状或弯曲状运动。分布较广，淡水和海水中均有分布。营附着或浮游生活。大量密集时，能成为膜状藻层，呈蓝绿色或黄绿色。藻体蠕颤运动较为快速，是观察蓝藻运动的好材料。国内外大规模生产的是短丝螺旋藻 *S.labyrinthiformis* Gom.、极大螺旋藻 *S.maxima* Setch.et Gandn 和盐泽螺旋藻 *S.subsalsa* Oested.，区别主要在于，藻丝体宽度的大小和螺距的紧密与松弛。除藻丝的宽度不同外，巨形螺旋藻的螺距十分松弛，有点像拉松了的弹簧，而短丝螺旋藻和盐泽螺旋藻的螺旋状卷曲相对紧密，短丝螺旋藻的宽度只及盐泽螺旋藻的 1/2。见图 9-7。

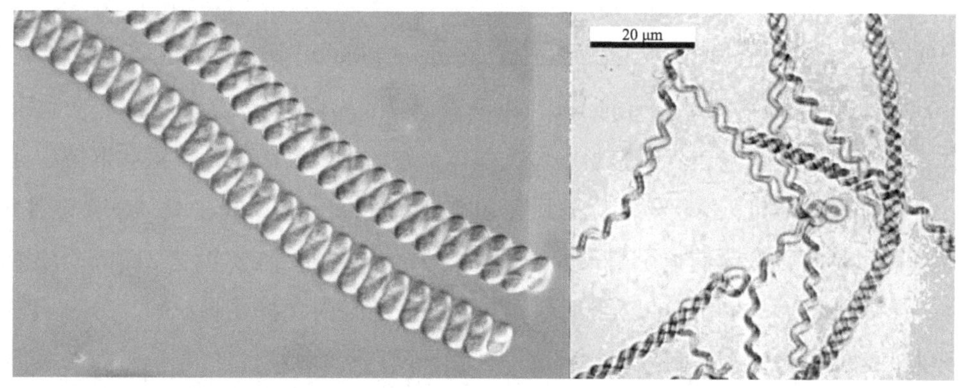

图 9-7　盐泽螺旋藻 *S.subsalsa* Oested.（左）与极大螺旋藻 *S.maxima* Setch.et Gandn（右）

（2）海雹菜 *Brachytrichia quoyi*（C. Ag.）Born.et Flah.，属颤藻目 Oscillatoriales，拟珠藻科 Nostochopsidaceae，海雹菜属 *Brachytrichia*。体为扁压的球形，膨胀呈囊状，幼期中实，渐长变为中空，蓝绿色或亮蓝色，直径一般约 0.5 cm，大者可达 5 cm 以上，体表面幼期较光滑，其后则变为凹凸不平。藻体的内部为许多被鞘丝体组成，丝体的尖端一般伸向体表面。体内的藻丝在下部略作交织状，上部则大都直立，互相平行或作放射状排列，藻丝末端尖细，分枝常作“V”形，其中的一枝发育不完全，藻丝细胞的形状很不规则。异形胞圆形，胞径 5 ~ 8 μm。大部分生于中潮带上部靠近高潮带的地区，泥沙底质上散有石块的地方是繁生适宜的场所。海雹菜多生在平坦较小的岩石或石块上，冲击度 4，向光。我国北方产的海雹菜多见于 4—6 月；台湾和南海产的则以春季最为繁盛。海雹菜在我国沿岸分布很广，北从辽东半岛、南至海南岛均有生长；台湾所产个体大，产量也多。本种是印度到西太平洋区的亚热带性海藻，除我国外，还分布于日本、越南南部、印度尼西亚、密克罗尼西亚、锡兰。海雹菜是我国台湾人民喜欢食用的藻类之一。食法为和肉或鱼共烧，或和糖制成甜食，也可制成干品储存。见图 9-8。

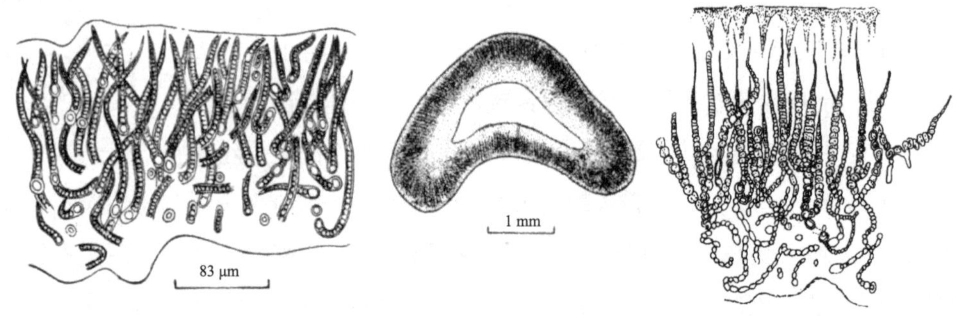

图 9-8　海雹菜 *Brachytrichia quoyi*（C. Ag.）Born.et Flah.（引自：曾呈奎，1962）

（3）红海束毛藻 *Trichodesmium erythraeum* Ehrenberg ex Gomont，属颤藻目 Oscillatoriales，颤藻科 Oscillatoriaceae，束毛藻属 *Trichodesmium*。丝状体通常呈束状群体，外部无胶质鞘包被。细胞圆柱形，丝体末端钝圆。断裂繁殖，束状群体内藻丝直，平行排列呈筏状，藻丝外围无胶质鞘包被。藻丝长可达 1 mm，丝体前端略变细，顶端细胞半球形，有时前端呈唇形。细胞宽为 7 ~ 12 μm，偶尔可达 21 μm，细胞高 3 ~ 11 μm。同一丝体相邻的两个细胞间有缢缩。细胞内含物呈颗粒状，分布均匀。本种为东海常见种，也是南海优势种之一。在福建东部、台湾、广东等近海海域都发生过红海束毛藻赤潮。形成赤潮的群体通常由 10 ~ 30 根丝体组成，群体呈灰色或淡黄色，藻丝长为 60 ~ 750 μm，通常为 250 ~ 500 μm，赤潮暴发后，群体内丝体间由紧密集聚变疏散，最后解体。藻丝体呈绿色，海水呈粉红色，能分泌毒素。

束毛藻可形成水华，是海洋主要的固氮生物，全球海洋中 1/4 的氮由它们固定。这些丝状蓝藻没有异形胞，在有氧有光的条件下不能固氮。丝状体中 10% ~ 15% 的细胞特化为固氮细胞，而其他细胞则没有固氮能力。固氮细胞彼此相邻，有一个含有较少气泡和藻青素颗粒的密集的类囊体网络结构。束毛藻生长的热带海洋有相对较低

的溶解氧，这可能有助于固氮细胞中含有固氮酶的原生质维持厌氧条件。束毛藻和卡塔藻代表了固氮蓝藻最古老的类型。比超微型浮游植物稍大的蓝藻也是海洋浮游植物的重要部分。固氮束毛藻的丝状体在热带水域中可以最大生长。每个束毛藻可能由大量分泌絮状黏液的丝状体组成，絮状黏液对细菌群体有利；而这些细菌群体又能被原生动物当作食物进行利用。这种由藻细胞丝状体发展来的大表面积区域形成了一个微型生态系统。束毛藻是加勒比海浮游生物的重要组成部分，是 50 m 上层水域中 60% 的叶绿素 a 和大约 20% 的初级生产力的贡献者。它也是重要的氮源，每天固氮量为 1.3 mg/m^2。在海面平静时，细胞产生伪空泡聚集在水面，导致所谓的“海洋锯屑（sea sawdust）现象或者长长的橘色、灰色藻堆，这种水华现象曾经出现在澳大利亚昆士兰，从海岸到大堡礁延伸 1 600 km，总面积达到 52 000 km^2。束毛藻也生长在红海，可能是因为该藻水华的颜色，才得到红海这个名字。束毛藻通过伪空泡在水体中上升，利用碳水化合物作为压舱材料在水体中下降。从早到晚，当细胞合成碳水化合物和多聚磷酸体后就逐渐变得更重。在加勒比地区，束毛藻在 200 m 深的水域中被发现。这个蓝藻的伪空泡比淡水蓝藻的伪空泡更加强壮，也更不容易破裂。这些气泡可以承受 20 个大气压，使得束毛藻可以从很深的水域上浮。

中国海域还有汉氏束毛藻 *Trichodesmium hildebrantii*（Gom.）J. De Toni，属颤藻目 Oscillatoriales，颤藻科 Oscillatoriaceae，束毛藻属 *Trichodesmium*。主要分布在东海及南海海域，向北分布的界限一般不超过 33°N，但有时可季节性地随黄海暖流北上。它也是能发生赤潮的物种。铁氏束毛藻 *Trichodesmium thiebautii* Gom. 也是产生赤潮的主要蓝藻，广布于太平洋，东海赤潮中有发现。藻体束状且扭转，干燥呈褐色。见图 9-9。

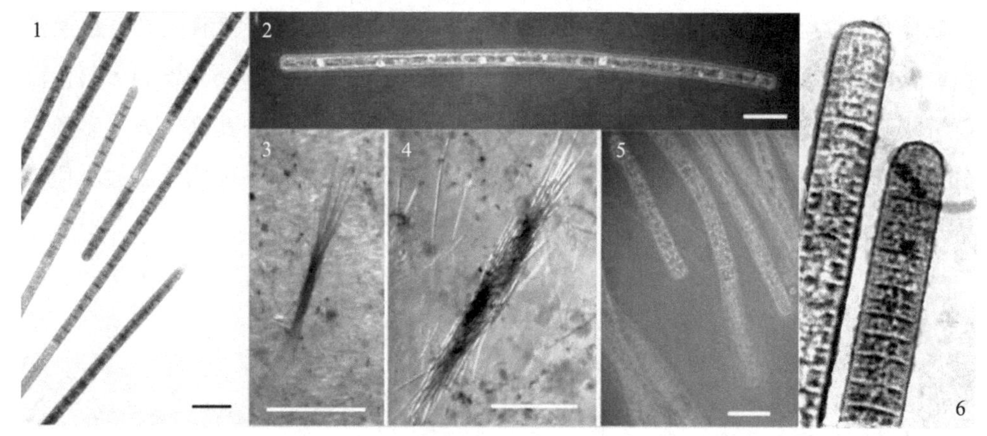

图 9-9　红海束毛藻 *Trichodesmium erythraeum* Ehrenberg ex Gomont 与汉氏束毛藻 *Trichodesmium hildebrantii*（Gom.）J. De Toni

1～5. 红海束毛藻 *Trichodesmium erythraeum*：1. 藻丝；2. 单个藻丝；3. 小的聚集体；4. 大的聚集体；5. 显示丝状体顶端（引自：José，2011）；6. 汉氏束毛藻 *T.hildebrantii*（引自：郭皓，2004）

第六节　蓝藻门的生态特征

蓝藻分类

蓝藻类约有150属，1 400种。分布的范围很广，从热带到两极、从高山到海洋都有蓝藻的痕迹。它们多数生于淡水，但是海生的种类也不少，红海即因一类红色的浮生蓝藻生长而呈红色，生活于海洋中的蓝藻大多生存于潮间带。蓝藻生活习性是多样的，它浮生水面，定生水中石上，或附生于其他水生植物体上，也有附生于软体动物体上。个别的蓝藻能生活在85℃左右的温泉中，奇怪的是由温泉中来的蓝藻能忍受液态空气的温度（−190℃一周之久）。也有不少种类生于陆地阴湿的石上、土上、树干上或土壤中。少数寄生于其他植物体内，有几种与菌类共生形成地衣。在浮游生物中有许多蓝藻，常常是由于有气泡而浮游生活，它们的细胞比水轻，因此，在风平浪静的天气下聚集在水表面形成水华，如束丝藻属、海中的红颤藻 *Trichodesmium erythraeum* Ehrenberg et Gomont 等。在滨海地区，它在岩石的溅水带形成一个黑色的水平带。蓝藻在沿岸带植物群落中占重要地位。

第七节　蓝藻门的主要特征

蓝藻门的藻类是简单的具有叶绿素的自养植物，蓝藻细胞核没有核膜、核仁，仅有核质集结在细胞的中央区，没有完整的细胞核结构，被称为原核生物；蓝藻细胞没有色素体细胞器；蓝藻藻体结构简单、生活史中没有有性繁殖和具鞭毛的生殖细胞。原生质体分为无色的中央质（centroplasm）和有色的周质。含有特有的光合色素藻胆蛋白，其中主要为蓝藻蓝素（c-phycocyanin）及蓝藻红素（c-phycooirthrin）。蓝藻大都能分泌胶质，包于细胞或群体及丝状体之外。没有游动细胞，其繁殖方式多数为直接分裂或产生外生或内生孢子。呈丝状的藻体常进行营养繁殖，藻体分成数小段，每段称为一个藻殖段。

第八节　蓝藻门的系统发育

1. 与红藻门之间的关系

（1）蓝藻和红藻两者都具有相似的胆素蛋白质，即藻蓝素和藻红素，虽然在它们的一些吸收带中有区别，但是Berns（1967）对胆素蛋白质的免疫化学的研究表明，

它们在抗原（antigen）上是有关系的。

（2）Meeuse（1962）证明了红藻门的红藻淀粉和蓝藻门的蓝藻淀粉具有相似的1，4糖苷连接的多糖。

（3）红藻门的一些简单成员在形态学上非常相似于蓝藻，如紫球藻属 *Porfihyridium*，但红藻是真核的细胞结构。

（4）蓝藻的滑移运动是与红藻门的精子和孢子所显示的运动相似的。

（5）蓝藻和红藻都缺乏鞭毛和游动阶段。

（6）红藻门具有膜束缚的载色体，但其类囊体是单个排布的。在蓝藻门中也有裸露的单个类囊体，但是这些类囊体是没有膜包被的。

（7）这两个类群中某些属相邻近的细胞之间，一些凹面连接的存在是一种普遍特征。

尽管蓝藻和红藻之间存在着上述相似性，但是它们之间的相异性看起来是更主要的。蓝藻的细胞是原核的，而红藻的细胞无疑是真核的。因此，红藻具有很明显的细胞核、载色体，营养期具有大型而高度复杂结构的原植体，具有复杂并进化的有性生殖——卵配生殖，伴随着后期受精作用的变化，叶绿素d和一些特有的染色体的存在是红藻的独特特性。可以肯定，与其他真核类群的藻类相比较，红藻与蓝藻有着一定的关系。由于藻蓝素和藻红素的存在，隐藻门也表现出与蓝藻有某些相似。

2. 与细菌之间的联系

（1）两者的细胞核都缺乏界限分明的双层膜。因此，DNA纤丝是分散在细胞的中央区域的。这种中央三维空间的网状结构是核质或基因带。两者中不论哪一种，其DNA纤丝都是不与蛋白质——组蛋白或RNA结合的。

（2）蓝藻和光合细菌具有类囊体，但类囊体不是膜束缚的（不同于真核生物的叶绿体或载色体）。

（3）它们缺乏涉及两个相对配子的融合和合子形成的真正有性生殖。它们都没有减数分裂。

（4）在这两个类群的细胞中，没有类似于流动的运动或布朗运动。细胞的细胞器，如内质网、线粒体、高尔基体以及膜束缚的液泡全部都缺乏。光合片层结构或类囊体执行不同的生理过程，如光合作用、呼吸作用、氧化磷酸化作用，以及固氮作用和相当于功能性的嵌合体。

（5）细胞壁具有一种特征的黏肽a-ε-二氨基庚二酸和胞壁酸组分，胞壁酸组分是任何其他类群有机体所没有的，但蓝藻和细菌，特别是革兰氏阴性细菌却具有。

（6）虽然蓝藻和细菌的细胞具有简单而固定的形态学特征，但它们却具有一种高度精细而复杂的生化特性以进行元素氮的固定作用和硫化氢的氧化作用，而这些在具有非常复杂的细胞和组织结构的真核生物中是不存在的。

（7）一些研究者还强调了硫化细菌 *Beggiatoa* 与颤藻属之间在形态学上的相似性，即在结构、运动方式以及细胞中硫化液滴的沉积等方面的相似性。此外，一些类似藻殖段的结构存在于另一硫化细菌 *Thiothrix* 中。已经知道衣鞘和假分枝也存在于另一细菌属 *Cladothrix* 的丝体中。

（8）一些研究者也发现，一些蓝藻对某些病毒（蓝绿藻噬菌体）的敏感性如同某些细菌对病毒（噬菌体）（溶菌酶处理）的敏感性一样。

（9）在对寒武纪的岩石进行研究的过程中，收集到的化石证据清楚地证明：这两个类群的一些单细胞形式，是大约 30 亿年前地球表面所演化出的最早的细胞生物。

3. 与细菌之间的区别

（1）绝大多数蓝藻具光合作用，而大多数细菌不是腐生的、寄生的，就是具化能合成作用的。

（2）许多细菌在它们的细胞壁上具鞭毛，而蓝藻缺乏这样的结构。

（3）细菌中存在着孢子形成的内生方式，这一特性在蓝藻门中大多数是没有的。

（4）蓝藻中主要的光合作用色素是叶绿素 a，而在细菌中，它是一种被称作细菌叶绿素的不同色素。

（5）当进行光合作用时，蓝藻利用羟基离子作为氢的供体并释放出氧，而在细菌中，它们不利用羟基离子，并且决不释放出氧。

（6）存在于蓝藻和真核生物中的某些饱和性脂肪酸在细菌中是不存在的。

（7）存在于蓝藻中的被称作异形胞的特征性结构，在细菌中是没有的（傅华龙等，1993）。

演化机制，水平基因转移：水平（侧面）基因转移［horizontal（lateral）genetransfer，H（L）GT］的发现与深入研究为蓝藻物种形成和生态位分化提供了理论依据并被实验证明。生境中不仅有形形色色的生物，而且还有由于细胞分解而释放到水体中的 DNA 片段，这些游离的 dsDNA 片段由于外源核酸酶的作用而崩解，其中一些与质粒或噬藻体（phycophage）黏合进入种或异种细菌细胞或蓝藻细胞，然后外源 DNA 片段整合到受体细胞的染色体上，实现基因重组。对细菌种群而言，外源 DNA 在受体细胞所有基因座上自由重组。水平转移引入的基因可以使有机体具有不同于其亲体的、

新的、有效的适应生态位，因此，通过水平转移受体获得额外的基因有利于适应新的生态位，同时，失去那些在新的生态位中不适合的基因，也就是说，点突变（point mutation）的出现有利于适应这种新环境，而不利于旧环境。通过 H（L）GT 整合宿主细胞的重组 DNA，其转录、翻译的过程完全不同于常规的中心法则，而是通过一种特殊的非核糖体肽合成酶过程合成各种产物。现在一般认为 H（L）GT 是原核生物演化的主要推动力。种内基因组比较表明，20% ~ 30% 的基因突变是由这个过程贡献的。而在蓝藻基因组中含有通过 HGT 获得的非典型的核苷酸为 9.5% ~ 16.6%。HGT 不仅使受体获得适应新环境的外源基因，而且在不断获得外源基因的过程中使其形成种群多样性及谱系多样化。种间系统发育分析还表明，HGT 通过非常规重组对功能基因还能够进行“种间置换”（orthologous replacement），从而形成新的物种。水平基因转移不仅在原核生物之间进行，实验证明，还可以在原核生物与真核生物之间转移。甘油醛 -3- 磷酸脱氢酶（GAPDH）在原核生物和真核生物细胞中都存在，有学者将大肠杆菌中 GAPDH 序列与其他原核生物和真核生物序列进行比较，发现前者与真核生物的序列更相似。因此得出结论：大肠杆菌的序列事实上与真核生物异乎寻常地紧密相关，是“一种古老的未知的真核宿主 GAPDH mRNA 反转录的后裔”。以苏氨酸 tRNA 合成酶序列作系统发育分析，表示蓝藻 HGT 在演化中的意义。见图 9-10。

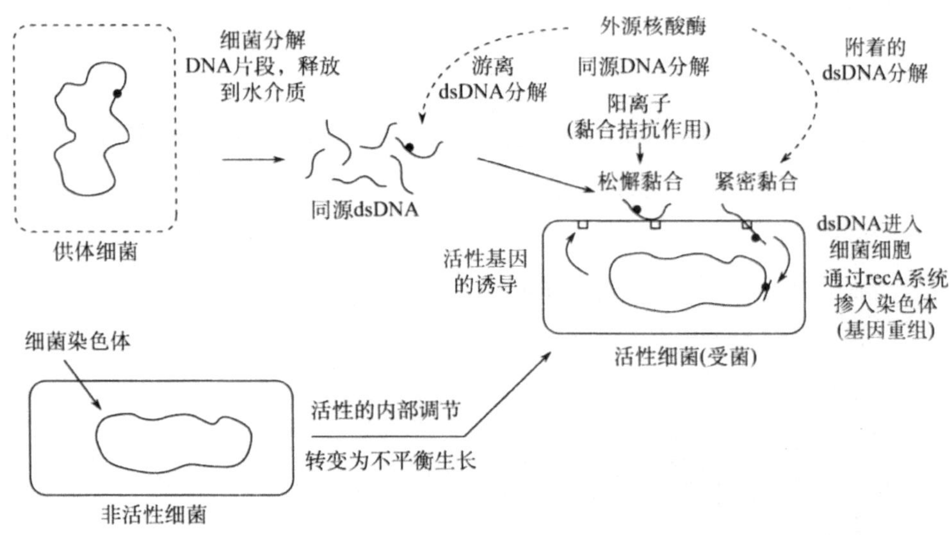

图 9-10　水平（侧面）基因转移（修改自：Sigee，2005）

第九节　课外阅读

海藻分类学于约 200 年前创始于欧洲，一部分藻由林奈（Linnaeus）命名，大部分种类是在 19 世纪初由滕纳（Turner）、亚加特（Agardh）和库兹（Kützing）等自然科学家命名。1809 年，英国藻类学家滕纳对中国 3 种海藻，特别是浙江和福建产的鹿角海萝进行记载。C. G. Agardh 于 1822 年发现了蜈蚣藻 *Grateloupia ornata*。海藻分类主要在 20 世纪 30 年代以后，伴随着电子显微镜的出现，分类学进入了亚微结构的新领域，同时，我们对藻类世界也有了进一步的认识。特别是近些年化学分类和支序分类更加丰富了我们的藻类分类学研究。现在我们可以通过电镜观察到藻类的细微结构，并对它们进行化学和支序分析，海藻分类学由此进入了一个全新的发展阶段。中国研究大型海藻已有 80 余年，先后有曾呈奎、朱浩然、周贞英、张峻甫、郑柏林、江水棉、樊恭炬、张德瑞、夏邦美、陆保仁、栾日孝、丁兰平和王宏伟等 30 余人专门从事我国大型海藻的分类学研究。 经过他们长期不懈的共同努力，取得了不俗的成绩，基本上摸清了我国潮间带大型海藻的种类组成、资源状况、地理分布等。我国藻类学家共发表 200 余篇分类研究论文和 10 余本专著，建立了 6 个新属，报道了 1 277 个物种，其中包括近 300 余个新种、新变种及新变型，丰富了我国大型海藻物种多样性。

第十节　课后习题

（1）概念题

藻殖段；异形胞；藻胆体；蓝藻蛋白；原核生物；内生孢子；外生孢子；胶质鞘；厚壁孢子；中心质；周质；假液泡。

（2）简答题

①蓝藻光合色素及类囊体有何特征？

②蓝藻的光合产物是什么？

③说明滑动蓝藻的滑动机制。

④试述蓝藻门的主要特征。

⑤试述蓝藻门的生态特征。

⑥蓝藻原生质中藻青素有何作用？

（3）填空题

①蓝藻细胞的原生质分为（　　）和（　　），其中光合色素在（　　）部分。

②蓝藻主要的繁殖方式为（　　），因此，蓝藻又称为（　　）。

③常见的蓝藻无性生殖孢子有（　　）、（　　）、（　　）和（　　）。

④颤藻的丝状体上有空的死细胞，丝状体断裂分成数段，每一段叫作（　　）。

（4）选择题

①蓝藻是地球上最原始、最古老的植物，细胞构造的原始性表现在（　　）。

A. 原核；B. 鞭毛类型为茸鞭型；C. 叶绿素中仅含叶绿素 a；D. 没有载色体和其他细胞器；E. 细胞分裂为直接分裂，没有有性生殖；F. 无细胞壁

②一般红藻与蓝藻的关系比较接近，主要是因为两者（　　）。

A. 都是原核藻类；B. 都含叶绿素 a，叶绿素 d；C. 都没有有性生殖；D. 都含藻胆素，不具鞭毛

③有些蓝藻能固定游离氮素是因为有（　　）。

A. 厚壁孢子；B. 无性孢子；C. 异形胞；D. 藻殖段

第十章
藻类植物的系统演化

蓝藻最早起源于32亿年前的前寒武纪。最初的光合生命——光合细菌诞生了。光合细菌可以自食其力，利用环境中有限的硫化氢作为反应物质，同时，利用自身合成的菌绿素对太阳能进行吸收和转化，从而为自身提供营养，但效率十分低下。直到6亿年前的寒武纪，藻类是地球上唯一的绿色植物，被称为地球史上的“藻类时期”，在随后的上亿年中，叶绿素a和藻胆蛋白替代了集光效率较低的菌绿素，出现了以蓝藻为代表的最早的植物，它们拥有更高级的光合机构——叶绿素和叫作“类囊体”的光合反应器。单细胞原核生物——蓝藻的出现，在植物进化史上是一个巨大的飞跃。此后，慢慢进化出拥有叶绿体的多细胞真核藻类。在这几十亿年的发展中，各门之间和各门之内的进化关系都是按照单细胞到多细胞、由简单到复杂、由低等到高等的规律在演化和发展。

第一节　藻类植物体的演化

藻类植物的体制类型分为以下6种。

（1）单细胞体制：①单动胞型；②根足型；③圆球型。

（2）群体型体制：①动群体；②圆球型群体。

（3）集聚型群体制：①胶群体型；②树状群体型；③根足型群体。

（4）丝状型体制：①简单的或不分枝的丝状体；②分枝的丝状体；③异丝体型（有匍匐枝和直立枝之分）；④假薄壁组织体型（轴型和多轴型）。

（5）管状型体制。

（6）薄壁组织型体制。

各种藻类体制的进化方式见图10-1。

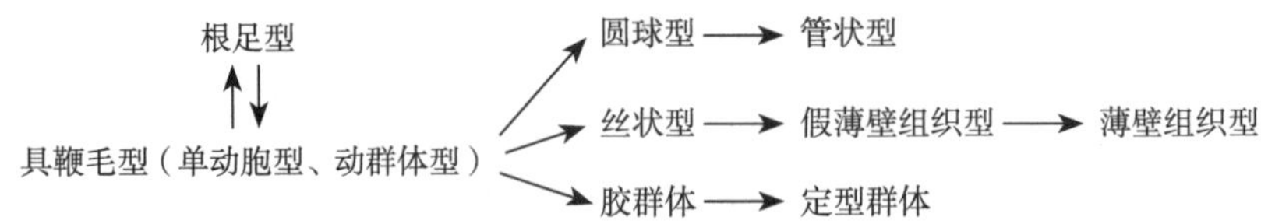

图10-1　藻类植物体的平行演化图解（引自：桑正林等，1996）

一般认为演化是从根足型到鞭毛型，单细胞到群体，到多细胞，即由简单到复杂，由自由游动到不游动，由漂浮到固着的进化路线。单细胞在营养时期具有鞭毛，能自由游动，是藻类中最简单的原始类型，如裸藻、绿藻、甲藻、金藻等都有出现。由此向几个方向发展，大细胞具有鞭毛到具有鞭毛能自由游动的群体、多细胞体，如团藻；单细胞具鞭毛能自由游动到失去鞭毛，不能自由游动；单细胞或非丝状群体在营养时期不分裂，如绿球藻目；有些种类营养时期细胞核能分裂形成多核，如绿球藻可能向多核体方向演化；有些种类失去鞭毛，不能游动，营养时期细胞不断分裂，形成不分枝的丝状体、分枝的丝状体和片状体，如丝藻、刚毛藻和石莼等多数营固着生活或幼时固着并由此分化形成具有匍匐枝和直立枝的异丝状体或具类似根、茎、叶的枝状体，或在藻体外部形态发展的过程中内部构造随之也发生变化，由没有分化到有初步的组织分化。

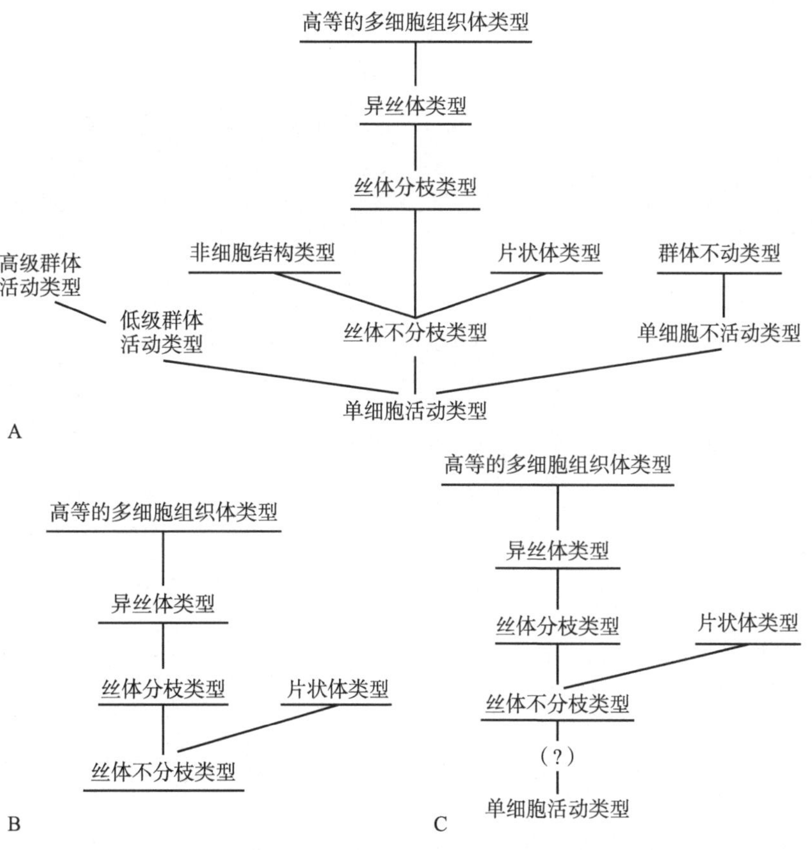

图 10-2　绿藻门、褐藻门、红藻门藻类体制演化图解

A. 绿藻门；B. 褐藻门；C. 红藻门

第二节　藻类植物的细胞演化

1. 光合色素及色素体的系统演化

藻类含有的色素种类极多，但只有叶绿素 a 和 β- 胡萝卜素是共有的，而且含量都比较高。其他色素不但在各种藻类间含量不一致，而且有无也不一致。这些色素，除蓝藻分布在细胞质内的色素体以外，其他各门藻类的色素都分布在色素体内。叶绿素 b 只存在于绿藻门、轮藻门和裸藻门。又如硅藻、甲藻、黄藻、金藻和褐藻的色素中都有叶绿素 c，表明这几类藻类有一些共同的亲缘关系。而墨角黄素在金藻门、硅藻门、褐藻门都存在，表明金藻门可能和硅藻门、褐藻门两种藻类有亲缘关系。不但如此，两种新褐黄素仅在硅藻和褐藻中发现。因此，有人在藻类的系统树图解上，把两者列在一个主枝内是有理由的。在其他色素中，藻胆素类仅在蓝藻和红藻中存在，可以设想两者中存在亲缘关系。

表 10-1　藻类植物各门类的色素体中含有的色素表

	蓝藻门	红藻门	金藻门	黄藻门	硅藻门	褐藻门	甲藻门	绿藻门	轮藻门	裸藻门
叶绿素类（chlarophylls）										
叶绿素 a（chlorophyll a）	+++	+++	+++	+++	+++	+++	+++	+++	+++	+++
叶绿素 b（chlorophyll b）	○	○	○	○	○	○	○	++	++	+
叶绿素 c（chlorophyll c）	○	○	…	○	+	+	+	○	○	○
叶绿素 d（chlorophyll d）	○	+	…	○	○	○	○	○	○	○
叶绿素 e（chlorophyll e）	○	○	…	+	○	○	○	○	○	○
胡萝卜素类（carotenes）										
α- 胡萝卜素（α-carotenes）	…	+	…	…	○	○	○	+	+	
β- 胡萝卜素（β-carotenes）	+++	+++	+++	+++	+++	+++	+++	+++	+++	+++
δ- 胡萝卜素（δ-carotenes）	…	…	…	…	+	○	…	○	+	
黄箣素（flavicin）	+	…	…	…	○	○	…	○	○	
叶黄素类（xanthophylls）										
黄体素（lutein）	?	++	+	○	○	○	○	+++		?
玉米黄素（zeaxanthin）	?	…	…	○	○	○	○	+		

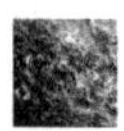

续表

	蓝藻门	红藻门	金藻门	黄藻门	硅藻门	褐藻门	甲藻门	绿藻门	轮藻门	裸藻门
堇黄素（violaxanthin）	···	···	···	···	○	+	○	+		
毛茛黄素（flavoxanthin）	···	···	···	···	○	+	···	?		
新叶黄素（neoxanthin）	···	···	···	○	○	+	○	+		
墨角黄素（fucoxanthin）	···	?	+	○	++	++	○	○	○	○
新褐黄素 A（neoFucoxanthin A）	···	···	···	○	+	+	○	○	○	○
新褐黄素 B（neoFucoxanthin B）	···	···	···	○	+	+	○	○	○	○
硅藻黄素（diatoxanthin）	···	···	···	○	+	?	○	○	○	○
硅甲藻黄素（diadinoxanthin）	···	···	···	○						
甲藻黄素（dinoxanthin）	···	···	···	○	+	?	+	○	○	○
新甲藻黄素（neodinoxanthin）	···	···	···	○	○	?	+	○	○	○
环沟藻素（peridinin）	···	···	···	○	○	○	+	○	○	○
黏黄素（myxoxanthin）	++	···	···	○	○	○	+	○	○	○
黏黄叶黄素（myxoxanhophyll）	++	···	···	○	○		○	○		○
藻胆素类（phycobilins）										
r- 藻红素（r-phgcoerythrin）	○	+++	?	○	○	○	○	○	○	○
r- 藻蓝素（r-phgcocyanin）	○	+	○	○	○	○	○	○	○	○
c- 藻红素（c-phgcoerythrin）	+	○	?	○	○	○	○	○	○	○
c- 藻蓝素（c-phgcocyanin）	+++	○	?	○	○	○	○	○	○	○

注：+++ 主要色素，在这个色素族中含量也高；++ 在整个色素中（指一类色素），含量不超过一半的色素；+ 在一类色素中，仅含少量的色素；？表示含量少，在同一类色素中含量少或核对未确定；···表示在这方面的情况不了解；空白无符号处，表示没有研究过。

1. 光合色素的进化路线

（1）第一进化支系。以藻胆素为光系统Ⅱ的主要集光色素，该支系包括蓝藻和红藻。蓝藻的类囊体单条分散在细胞周质中，红藻已分化成载色体较蓝藻进化，但类囊体仍然保留单条分散排列的原始特性。此外，蓝藻和红藻都没有鞭毛。因此，认为真核红藻是由原核蓝藻进化而来，两者的亲缘关系较近。

（2）第二进化支系。以叶绿素 c 为光系统Ⅱ的主要集光色素，原始类群细胞中还含有藻胆素，叶绿素 c 代替了藻胆蛋白，解决了更有效地利用光能的问题。这一支系包括隐藻门、甲藻门、黄藻门、金藻门、硅藻门和褐藻门。其中隐藻门和甲藻门是较原始类群，隐藻细胞的载色体中，类囊体带由 2 个类囊体组成，较红藻进化，光合色素除叶绿素 a 和叶绿素 c 外，还有藻胆素。在开始的时候，藻胆蛋白仍继续存在，如在隐藻类，但进一步的进化，效率较低的藻胆蛋白没有继续存在的必要而逐渐被淘汰，所以在比隐藻类较为高级的种类，如在甲藻类、硅藻类种类中，除叶绿素 a 以外，只有叶绿素 c，而藻胆蛋白消失了。甲藻、黄藻、金藻、硅藻和褐藻等的类囊体带均由 3 个类囊体所组成，叶黄素和胡萝卜素类的含量超过叶绿素，除甲藻、黄藻外都含有占优势的墨角藻黄素。除硅藻精子为单条鞭毛外，都具有 2 条侧生鞭毛（一茸鞭一尾鞭）的游动细胞。除甲藻储藏物质为淀粉外，其余各门藻类都含有金藻昆布糖，褐藻为褐藻淀粉，因此，它们的远祖在亲缘关系上可能比较亲近。这一支系中，金藻、黄藻、硅藻在演化地位上高于甲藻和隐藻，低于褐藻。该支系藻类也可能起源于尚未被发现的具叶绿素 a 和叶绿素 c 的原核藻类。

（3）第三进化支系。以叶绿素 b 为光系统Ⅱ的主要集光色素。该支系中包括裸藻门、原绿藻门、绿藻门和轮藻门。但裸藻细胞是中核，载色体的类囊体带由 3 个类囊体组成，储藏物质是裸藻淀粉，一条鞭毛为茸鞭型等，都与其他门藻类不同，裸藻是该进化线中较特殊的类群。原绿藻细胞是原核，类囊体带由 2 个类囊体组成，这较原核蓝藻进化。真核绿藻是由原核的原绿藻演化而来。绿藻和轮藻的类囊体带都由 2 ~ 6 个类囊体组成，储藏物质都是淀粉，并存在尾鞭型鞭毛等，这两门藻类的亲缘关系密切。虽然轮藻的细胞有丝分裂和陆生高等植物相似，营养体和生殖器官的构造较绿藻门复杂，但是由于轮藻是合子减数分裂型的生活史，只有单倍体的营养体，没有世代交替，高等植物不可能起源于轮藻，而被认为是绿藻进化主干上的侧支。绿藻门才是陆生高等植物进化的主干，普遍认为陆生高等植物可能由绿藻门中陆生异丝体藻类（如费氏藻）进化而来。

2. 蓝藻门所具有的叶绿素 a

蓝藻门所具有的叶绿素 a 很可能是由细菌绿素进化而来的。据科学家估计，叶绿素 a+b 系统比之叶绿素 a+ 藻胆蛋白系统光合作用效率高出了 3 倍，也高于叶绿素 a+c 系统。这是藻类植物进化的主流。

根据藻体中叶绿体的存在形式可将藻类分为 4 大类群。

（1）蓝藻门所属的原核藻类无叶绿体，只有光合色素颗粒分散于周质中。

（2）灰色藻门（含有内共生蓝藻的质体）、红藻门、绿藻门所属的叶绿体被双

层叶绿体被膜包裹的真核藻类。

（3）裸藻门、甲藻门、顶复门（质体退化为无色）所属的叶绿体被叶绿体内质网单层膜包裹的真核藻类，可以说这类藻类的叶绿体由三层膜覆盖，两层为叶绿体本身被膜，一层为内质网，叶绿体内质网与核膜相连。

（4）隐藻门、金藻门、普林藻门（含两尾鞭状鞭毛）所属的叶绿体被叶绿体内质网双层膜包裹的真核藻类，可以说这类藻类的叶绿体具有四层被膜，两层为叶绿体本身被膜，两层为内质网被膜，内质网与核膜相连。

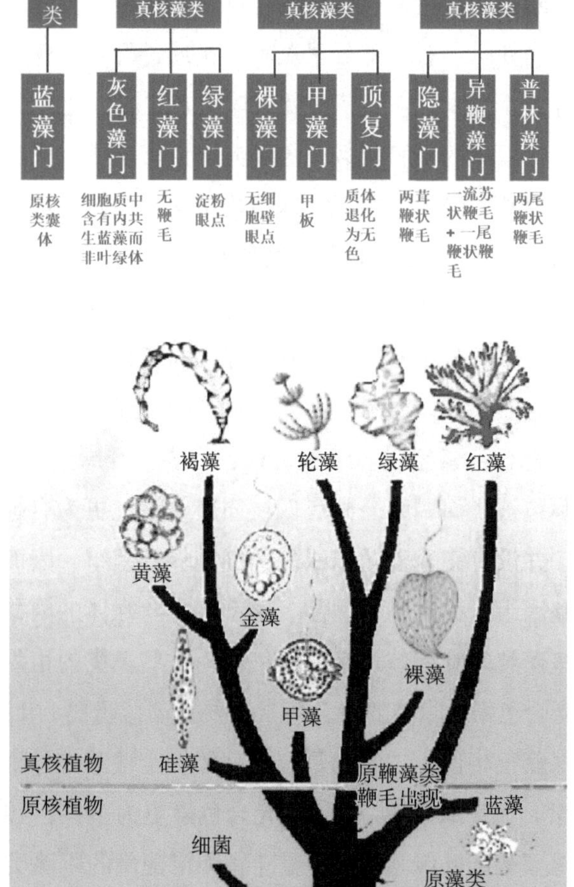

图 10-3　藻类色素体演化及藻类植物演化树

内共生学说：真核生物的内共生理论认为叶绿体起源于被单细胞“鞭毛虫”吞噬的蓝藻，而后者并没有被当成食物消化分解，而是寄生在宿主细胞内，并逐渐演化成与宿主共存。宿主为吞噬的蓝藻提供了稳定舒适的生存环境，而被吞噬的蓝藻利用光和宿主提供的二氧化碳转化为碳水化合物供给宿主生存。在漫长的演化过程中，蓝藻和宿主之间建立了“信任”，被吞噬的蓝藻丢掉了原核生物的细胞壁，而成了宿主体内的一种新的细胞器——叶绿体。内共生演化过程中，被吞噬的生物其基因组大量缩减，绝大多数基因被丢失或逐渐转移至宿主的核基因组中，残余的基因组则成了宿主的叶绿体基因组。因为蓝藻是最先能够进行光合作用的生物，所以通过吞噬蓝藻获得叶绿体的方式被我们称之为初级内共生。在多彩的藻类世界中，灰胞藻、红藻和绿藻三者都是通过初级内共生获得叶绿体的。

通过吞噬红藻和绿藻获得叶绿体的方式称之为次级内共生。通过次级内共生获得叶绿体的藻类主要有隐藻、定鞭藻、异鞭藻（硅藻、褐藻、黄藻和金藻）、裸藻、网绿藻和部分甲藻等。另外，还有一部分甲藻种类是通过吞噬隐藻、硅藻和定鞭藻等次级内共生藻类来获得的叶绿体，它们获得叶绿体的方式被称之为多级内共生。

在真核藻类中，叶绿体的质膜层数、主要光合色素组成是区分不同门类真核藻类的关键特征。在初级内共生的类群中，叶绿体均由两层质膜包被。其中，灰胞藻的光合色素为藻蓝蛋白和叶绿素 a，红藻的光合色素主要是藻蓝蛋白和叶绿素 a、叶绿素 d，绿藻的光合色素主要是叶绿素 a 和叶绿素 b。通过次级内共生获得叶绿体的藻类复杂多样。裸藻、网绿藻和少部分甲藻是通过吞噬绿藻而获得的叶绿体。裸藻和网绿藻没有细胞壁，它们的细胞能够蠕动收缩，因而在显微镜下形状多样。因为二者都是吞噬了绿藻，所以它们的光合色素组成与绿藻一致，主要为叶绿素 a 和叶绿素 b。裸藻的叶绿体具有三层质膜包被，而网绿藻则有四层质膜包被。更为有趣的是，网绿藻的祖先在吞噬了绿藻后，并没有完全消化掉绿藻的细胞核基因组，因而在网绿藻的细胞中还存在一个残余的基因组，称之为核型体。核型体是叶绿体的内共生演化理论最为直接的证据。其余真核藻类的叶绿体均起源于红藻。这些藻类的祖先在吞噬红藻后还进化出了更为多样的光合色素。隐藻的光合色素主要为藻蓝蛋白、叶绿素 a 和叶绿素 c，有趣的是隐藻同网绿藻很相似，二者均具有核型体。定鞭藻和异鞭藻的光合色素主要为盐藻黄素、叶绿素 a 和叶绿素 c。甲藻的光合色素更为多样：吞噬绿藻的甲藻类群光合色素主要是叶绿素 a 和叶绿素 b，吞噬硅藻和定鞭藻的甲藻类群光合色素主要是盐藻黄素、叶绿素 a 和叶绿素 c，吞噬隐藻的甲藻类群光合色素主要为藻蓝蛋白、叶绿素 a 和叶绿素 c。顶复类则十分另类，它们的祖先在吞噬红藻后拥有了叶绿体，但

后来又丢掉了大部分光合作用基因，所以这两个类群的藻类并不合成光合色素，因此，它们的叶绿体是没有颜色的。

2. 细胞核的演化

按进化的时间顺序，蓝藻出现在 35 亿 ~ 33 亿年前，是最早出现的藻类。最早出现的真核藻类是红藻，出现在 15 亿 ~ 14 亿年前。其次出现的是含有叶绿素 a、叶绿素 c 的藻类。最后出现的是含有叶绿素 a、叶绿素 b 的藻类。

藻类的细胞核按着由原核到中核再到真核的方向演化。原核生物主要是蓝藻门 Cyanophyta，细胞核无核膜包裹，无核仁，是只存在称作核区的裸露 DNA 的原始单细胞生物。原绿藻也属于原核生物，无细胞核，只有核质、核仁，位于中央区。无叶绿体，光合颗粒位于周质。细胞被一层很薄的黏肽细胞壁所包围。

中核藻类包括甲藻、裸藻等藻类。细胞是有丝分裂，在分裂过程中，核膜不消失，有纺锤体，但没有染色体纺锤丝，纺锤丝在染色体之间穿过至两极。中期核仁开始拉长，至后期断开分为两个子核仁。后期整个核开始拉长，子染色体分开至两极，末期拉长的核断开分为两个子核，这些表明了有丝分裂的原始性，称此种核为中核。

除了蓝藻、甲藻、裸藻、原绿藻等藻类外，大多数藻类均属于真核藻类，具有明显的核膜、核仁。细胞分裂，核膜、核仁消失，出现纺锤体。

第三节　藻类植物的生殖方式演化

藻类延续后代是沿着营养繁殖、无性生殖到有性生殖的路线演化的。在藻类生活史中，一些蓝藻和部分单细胞藻仅有营养繁殖，没有无性生殖和有性生殖；还有些蓝藻以内生孢子和外生孢子进行生殖。这两种生活史中没有有性生殖，也就无减数分裂的发生和核相的变化，植物体没有单倍体（n）和双倍体（2n）之分。大多数真核藻类都具有有性生殖。有性生殖是沿着同配生殖、异配生殖和卵式生殖的方向演化。同配生殖是比较原始的，卵式生殖是有性生殖在植物界中最进化的一种类型。

有性生殖有同配、异配和卵式 3 种方式。

（1）同配生殖。在形状、大小、结构和运动能力等方面完全相同的两个配子结合，这种类型根据相结合的配子来自同一母体或不同母体而分为同宗配合或异宗配合，如衣藻既有同宗配合，也有异宗配合，盘藻为异宗配合。异宗配合比同宗配合在细胞分化上要进化。

（2）异配生殖。在形状和结构上相同，但大小和运动能力不同，大而运动迟缓的为雌配子，小而运动能力强的为雄配子，雌雄配子结合为异配生殖，如空球藻。

（3）卵式生殖。在形状、大小和结构上都不相同的配子，大而无鞭毛不能运动的为卵，小而有鞭毛能运动的为精子，精卵结合称为卵式生殖，如海带。

从有性生殖进化的过程来看，同配生殖是最为原始的，异配生殖其次，卵式生殖最进化。

第四节 藻类植物生活史的演化

在有性生殖过程中，由于减数分裂所发生的时间不同，以及形成的植物体差异，由此构成藻类 3 种主要生活史类型。

（1）合子减数分裂型的生活史。减数分裂在合子萌发时发生，合子是生活史中唯一的双倍体阶段，只存在一种单倍体植物体，如衣藻、团藻、鞘藻、丝藻、水绵、轮藻等，该类型藻类植物体既可产生配子，也可产生孢子（水绵不产生孢子），孢子直接萌发成新个体，配子配合形成合子。

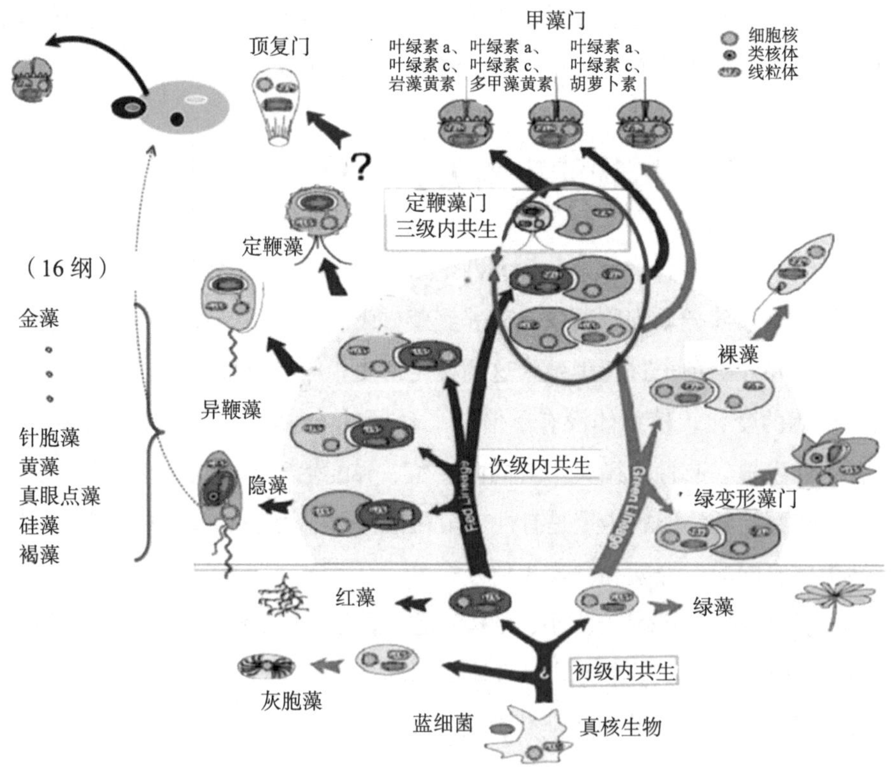

图 10-4 藻类细胞内共生演化过程（引自：Delwiche，1999）

（2）配子减数分裂型的生活史。减数分裂在配子囊形成配子时发生，配子是生活史中唯一的单倍体阶段，只有一种双倍植物体，如松藻、硅藻、鹿角菜等，都不产生孢子。

（3）孢子减数分裂型的生活史。生活史中存在两种或三种植物体，或单倍体和双倍体的植物体交替出现，合子萌发时不发生减数分裂，而形成一个双倍体植物，双倍体植物进行无性生殖，在孢子囊内形成孢子时进行减数分裂，产生孢子，再萌发形成单倍体植物，单倍体植物进行有性生殖。

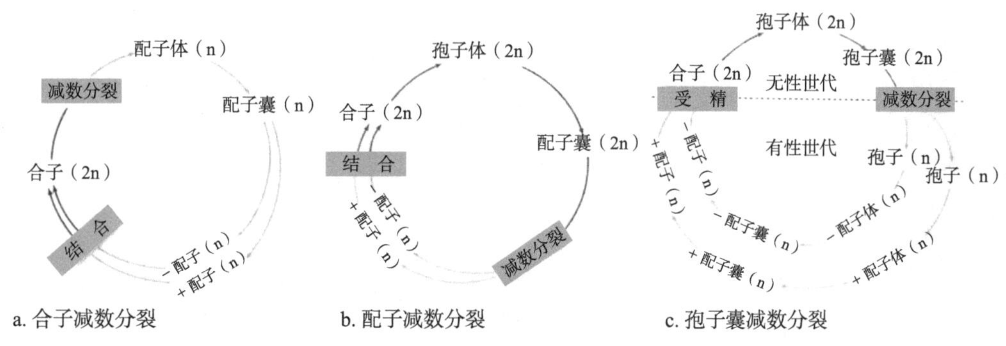

图 10-5　藻类生活史图解（引自：马炜梁，2009）

在孢子减数分裂型的生活史中，存在无性世代与有性世代。无性世代是指从合子开始，发育成孢子体，到减数分裂发生前这段二倍体时期；有性世代是指从孢子开始，发育成配子体，直到配子形成这段单倍体时期。有性世代和无性世代的相互交替称为世代交替现象。若孢子体和配子体植物在形态、构造上相同，即称为同型世代交替，如石莼；若孢子体和配子体植物在形态、构造上不同，即称为异型世代交替，如海带，为孢子体占优势，如礁膜、萱藻，为配子体占优势。孢子体占优势的种类较进化，是演化发展的主干。

第五节　藻类各个门的特征总结

藻类各个门特征总结如表 10-2 所示。

表 10-2　藻类各个门主要特征

	细胞壁结构	细胞核	色素成分	色素体	同化产物	鞭毛	体制	繁殖方式
蓝藻门	由外层果胶质和内层的纤维质组成，细胞外有具胶被或胶鞘	没有典型的细胞核，中央区含有相当于细胞核的物质即核质	叶绿素 a、胡萝卜素、叶黄素及大量的藻胆素	无色素体，色素均匀地散在原生质内	蓝藻淀粉、蓝藻颗粒物	无鞭毛	通过形成群体或丝状体，以单细胞生活的较少	一般为细胞分裂，丝状体种类常常产生段殖体，有时形成各种孢子，没有有性生殖
硅藻门	外层为硅质，内层为果胶质，具突出物	一个细胞核	叶绿素 a、叶绿素 c_1、叶绿素 c_2 和 β- 胡萝卜素，还具有叶黄素（岩藻黄素和硅藻黄素）	呈黄绿色或黄褐色，形态有粒状、片状、叶状、分枝状或星状等	主要为脂肪（油滴）	营养细胞无鞭毛，但很多各类因具壳缝而会运动	单细胞或形成群体	主要为细胞分裂，并具有特殊的复大孢子繁殖法
甲藻门	纵裂甲藻类：由左右两片组成，无纵沟横沟。 横裂甲藻类：细胞裸露或具纤维素细胞壁，细胞壁由许多小板片组成，具横沟纵沟	介于原核生物和真核生物的间核生物	叶绿素 a、叶绿素 c、β- 胡萝卜素、四种叶黄素（环甲藻素、新甲藻素、甲藻黄素、硅甲藻素）、甲藻素、多甲藻素	常呈黄褐色或红褐色。纵裂甲藻的色素体少，常呈片状；横裂甲藻的色素体小而多，呈盘状	淀粉或油滴（海）、淀粉（淡）	具 2 条腰生鞭毛	单细胞，少数由单细胞连成各种形体	以细胞分裂为主。同配生殖、异配生殖

续表

	细胞壁结构	细胞核	色素成分	色素体	同化产物	鞭毛	体制	繁殖方式
绿藻门	绝大多数有细胞壁。内层为纤维素，外层为果胶质，或具颗粒、孔粒瘤、刺毛等结构	一个，少数种类多个	叶绿素a、叶绿素b、叶绿素α、β－胡萝卜、叶黄素	周生或轴生，有盘状、杯状、星状、带状和板状等	淀粉	常具2条顶生、等长鞭毛，少数为4条	单细胞、群体、胶群体、丝状体、膜状体、异丝体、管状体	细胞分裂、无性繁殖：孢子似亲孢子。有性繁殖：同配、异配、卵式，接合生殖
金藻门	多数为裸露的运动个体，有些在表质上具有硅质小片	一个细胞核	叶绿素a、叶绿素c、β–胡萝卜素、金藻素	1～2个，片状、侧生，藻体呈金黄色或棕色	白糖素和油滴	大多具2条鞭毛，个别具1条或3条鞭毛	单细胞或形成群体	运动的单细胞：细胞纵分裂。群体种类：群体断裂或以细胞从群体中脱离。不能运动的种类：不动孢子或内生孢子
裸藻门	细胞裸露，无细胞壁	一个	叶绿素a、叶绿素b、β–胡萝卜素、叶黄素，少数种类具裸藻红素	大多呈绿色，少数种类具特殊的裸藻红素而呈血红色	副淀粉（裸藻淀粉）、有的种类有脂肪	大多具1条鞭毛，也有无鞭毛的	大多为单细胞	主要以细胞纵分裂进行繁殖
隐藻门	大部分种类不具纤维素细胞壁，细胞外有一层周质体，柔软或坚硬	一个	叶绿素a、叶绿素c、β–胡萝卜素、藻胆素	多为黄绿色、绿色	淀粉，无色种类含有淀粉粒	具2条鞭毛，顶生或侧生	单细胞	多为细胞纵分裂，不具鞭毛的种类产生游动孢子，有的产生休眠孢子

续表

	细胞壁结构	细胞核	色素成分	色素体	同化产物	鞭毛	体制	繁殖方式
黄藻门	多数由U形的两节片套合而成，丝状体或管状的细胞壁，主要成分是果胶化合物，有的含少量硅质和纤维质，少数有大量纤维素	常很小，多数种类只有一个核，但也有多核的	叶绿素a、叶绿素c、β-胡萝卜素、叶黄素	一个至多个，盘状、片状，少数带状或杯状，呈黄绿色或黄褐色	油滴和白糖素	运动的营养细胞和生殖细胞具2条不等长鞭毛，长鞭毛上有发达的侧生细毛	单细胞、群体、多细胞丝状体、多核管状体	丝状藻类常断裂进行繁殖，游动种类以细胞纵分裂繁殖，多数无性繁殖产生游动孢子、似亲孢子、不动孢子，少数种类具有性生殖，为同配生殖或卵式生殖
红藻门	二层：外层藻胶，内层纤维素。孔状联系在真红藻纲中普遍存在。少数含钙质	有些种类在幼小时只一个核，成熟后则变为多核	叶绿素a、叶黄素、β-胡萝卜素及α-胡萝卜素、藻胆蛋白	原始的红藻细胞具轴生的星形色素体，真红藻亚纲有大的单侧生色素体。类囊体单条	红藻淀粉	无鞭毛	单细胞、群体（丝状体）、多细胞群体，包括：单轴型和多轴型。	营养繁殖；无性繁殖为储藏于四分孢子囊的孢子发育成配子体；有性生殖为卵式生殖，生活史经历果孢子体、果孢子、四分孢子体几个阶段
褐藻门	内层主要是由纤维质组成，外层是由藻胶质组成。藻胶是无定性成分，其中含有褐藻酸和岩藻多糖	一般都是单核。但海带属的极少数种类中也发现有多核现象。一般比其他藻类的细胞核大得多	叶绿素a和叶绿素c，墨角藻黄素(岩藻黄素)含有其他的叶黄素、β-胡萝卜素	类囊体是三条类囊体组成一束；叶绿体被膜为双层膜。轴生色素体、带状色素体、粒状色素体、星状色素体、纵切板色素体	主要储存物质是褐藻淀粉，其次是甘露醇	通常具有一根位于前端的流苏状鞭毛和一根短的反方向的尾鞭状鞭毛	大型藻体，一是分枝的丝状体；二是形成假薄壁组织，假膜体和膜状体；三是有组织分化的植物体	营养繁殖、无性生殖（游动孢子或不动孢子）孢子囊有单室孢子囊，多室孢子囊，有性生殖，同型世代交替生活史，异型世代交替生活史，只有核相交替无世代交替

第六节　关于藻类与高等植物的关系

绿藻和高等植物之间有很多相似之处，它们有相同的光合作用色素，光合作用产物都是淀粉，鞭毛类型都是尾鞭型，因此，多数植物学者认为高等植物的祖先是绿藻。绿藻门在植物界的系统发育中居于主干地位，然而高等植物究竟是从哪一类绿藻发展来的，还没有明确答案。有些学者主张高等植物起源于绿藻中的轮藻，因为轮藻的色素、储藏食物的方式和鞭毛结构与高等植物相同。藻体结构和生殖器官的构造，与高等植物比较相近；合子萌发时产生的原丝体和苔藓植物近似。但是他们忽略了一个重要事实，轮藻合子萌发时为减数分裂，不形成二倍体的营养体，没有孢子为无性生殖，所以高等植物不能起源于轮藻。因此，高等植物到底起源于哪种绿藻，现在还没有可靠的证据。在印度、非洲和日本发现的费氏藻 *Fritshiella tuberosa* Iyengar 有直立枝和匍匐枝的分化，匍匐枝生于地下，直立枝穿过薄土层，在土表分成丛状枝，外表有角质层，有世代交替现象，能适应陆地生活。费氏藻具有两栖特性，它具有多室的配子囊，配子囊在一定部位产生，加上其形体特化，显然具有高等植物最初级形式。鲍尔（Bower，1935）认为，高等陆生植物可能是从古代这种类型的绿藻发展来的。

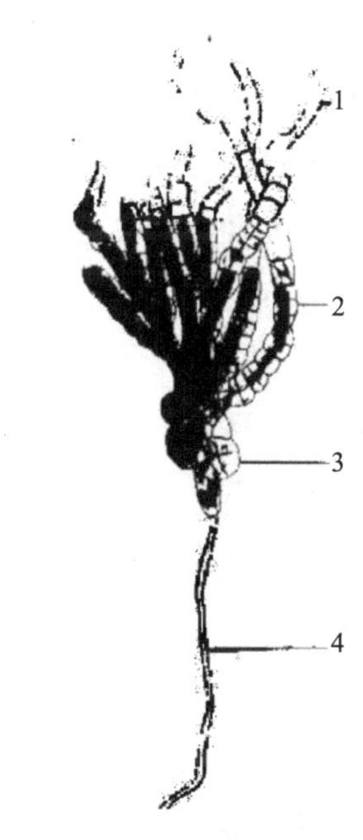

图 10-6　费氏藻 *Fritshiella tuberosa* Iyengar

1. 次生直立系统；2. 直立系统；3. 匍生系统；4. 假根（引自：李扬汉，1987）

第七节　课外阅读

叶绿素家族功能

叶绿素 a 和叶绿素 b

叶绿素 a 的化学式为 $C_{55}H_{72}O_5N_4Mg$，分子量为 893.489，蓝绿色，无气味，熔点为 152.3℃，不溶于水，易溶于乙醇、石油醚、丙酮、三氯甲烷、二甲基亚砜等有机溶剂。主要吸收红光和蓝紫光，在 90% 丙酮中吸收峰分别为 430 nm 和 664 nm。叶绿素 a 是大多数光合生物所必需的，光合生物通过叶绿素 a 吸收红光和蓝紫光获取能量。叶绿素 a 还是光系统反应中心上能够将光能转化成电能的唯一色素，并参与光合作用电子传递。叶绿素 b 的化学式为 $C_{55}H_{70}O_6N_4Mg$，分子量为 907.472，黄绿色，无气味，熔点为 125℃，易溶于各类有机溶剂，也主要吸收红光和蓝紫光，但其在蓝光区的吸收波峰比叶绿素 a 长，而在红光区的吸收波峰比叶绿素 a 短。在 90% 丙酮中吸收峰分别为 460 nm 和 647 nm。叶绿素 b 主要存在于高等植物、绿藻、眼虫藻和管藻中，是植物进行光合作用的重要色素之一。在植物中，光系统Ⅱ周围的聚光天线中含有丰富的叶绿素 b，在阴生植物的叶绿体中，光系统Ⅱ与光系统Ⅰ的比例增大，使叶绿素 b 与叶绿素 a 的比值升高，从而使阴生植物吸收的光谱范围增大。

叶绿素 c

叶绿素 c 为蓝绿色，主要吸收红光和蓝紫光，与叶绿素 a 和叶绿素 b 相比，其在红光区的光吸收峰波长更短，在蓝区的光吸收峰则在两者之间。叶绿素 c 是在某些海洋藻类中发现的一种叶绿素类型，主要存在于硅藻、甲藻、褐藻和鹿角藻中。与叶绿素 a 和叶绿素 b 一样，叶绿素 c 有助于有机体聚集光能，通过聚光天线将激发能传递到光合反应中心。叶绿素 c_1 的化学式为 $C_{35}H_{30}O_5N_4Mg$，分子量为 610.94，在 90% 丙酮中吸收峰分别为 442 nm 和 630 nm，但在乙醚和丙酮中会出现 3 个吸收峰，分别为 444 nm、577 nm、626 nm 和 447 nm、579 nm、629 nm。叶绿素 c_2 的化学式为 $C_{35}H_{28}O_5N_4Mg$，分子量为 608.926，在 90% 丙酮中吸收峰分别为 444 nm 和 630 nm，在乙醚和丙酮中的 3 个吸收峰分别为 447 nm、580 nm、627 nm 和 450 nm、581 nm、629 nm。叶绿素 c_3 的化学式为 $C_{36}H_{28}O_7N_4Mg$，分子量为 652.935，在乙醚和丙酮中的 3 个吸收峰分别为 452 nm、585 nm、625nm 和 452 nm、585 nm、627nm。

叶绿素 d 和叶绿素 f

叶绿素 d 为黄绿色，化学式为 $C_{54}H_{70}O_6N_4Mg$，分子量为 895.5。叶绿素 d 主要存在于海洋红藻和蓝细菌中，与叶绿素 a、叶绿素 b、叶绿素 c 相比，叶绿素 d 能吸收更长波长的远红光和更短波长的蓝光，由于远红光在水中的透射性强，所以含有叶绿素 d 的生物体适应在中等深水的环境中生活，那里尽管没有大量的可见光，但它们可以利用远红光进行光合作用。叶绿素 d 在 90% 丙酮中吸收峰分别为 401 nm、455 nm 和 696 nm。叶绿素 f 也呈黄绿色，化学式为 $C_{55}H_{70}O_6N_4Mg$，分子量为 907.46。叶绿素 f 是最近新发现的一种叶绿素，存在于澳大利亚鲨鱼湾的一种蓝细菌中，它的吸收光谱可以延伸到近红外光的范围内，可利用的光能范围更宽，使层叠石内几乎不可能接受可见光的蓝细菌也能进行光合作用（王修顺等，2017）。

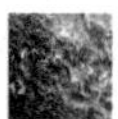

第八节　课后习题

（1）填空题

①大多数真核藻类都具有有性生殖，有性生殖是沿着（　　）生殖、（　　）生殖和（　　）生殖方向演化。

②在仅有一个双倍体植物的生活史中，减数分裂发生在（　　）时期，如褐藻门的（　　）；在具有两个植物体的生活史中，减数分裂发生在（　　）时期，如红藻门的（　　），其生活史中有（　　）、（　　）和（　　）三个阶段，减数分裂发生在（　　）时期。

③所有藻类都含有的色素为（　　）和（　　）。

④藻胆素是（　　）和（　　）的总称，含有藻胆素的藻类是（　　）门和（　　）门。

⑤分类学家林奈在《自然系统》中将藻类的拉丁名定为（　　）。

⑥海洋环境的物理因子中（　　）决定海藻的水平分布，（　　）决定海藻的垂直分布。

⑦海带的叶片叶柄均由三部分组成，其中主要起运输作用的是（　　），主要进行光合作用的是（　　），储存营养物质的是（　　）。

（2）选择题

①在藻类植物的生活史中，核相交替与世代交替关系正确的是（　　）。

A. 有核相交替就一定有世代交替；B. 有世代交替就一定有核相交替；C. 有核相交替不一定有世代交替；D. 没有核相交替就一定没有世代交替

②蓝藻门和红藻门相似的特征是（　　）。

A. 光合色素具有藻胆素等；B. 生活史中无带鞭毛的细胞；C. 具有载色体和蛋白核；D. 光合作用产物为裸藻淀粉

③下列植物中生殖器不能产生具有鞭毛的生殖细胞的是（　　）。

A. 蓝藻门；B. 裸藻门；C. 甲藻门；D. 金藻门；E. 黄藻门；F. 硅藻门；G. 绿藻门；H. 红藻门；I. 褐藻门

④多数植物学工作者认为高等植物的祖先是下列藻类中的（　　）。

A. 蓝藻门；B. 裸藻门；C. 绿藻门；D. 硅藻门

（3）简答题

①试从藻体形态结构、细胞结构、鞭毛数量及位置、储藏光合产物、繁殖和习性、

色素成分等方面，比较蓝藻门、红藻门、褐藻门和绿藻门的主要特征。

②列表比较藻类植物各个门植物光合色素、光合产物的差异。

③写出藻类植物有性生殖方式、生活史类型的进化路线图。

④简述植物的进化规律。藻类植物的藻体形态是按什么方向进化的？根据光合色素类型，藻类按照什么方向演化？根据细胞核类型，藻类向着什么方向演化？

第十一章 海藻植物的利用与经济价值

第一节 固氮作用

现有资料已经证明大量的蓝藻有固定大气中氮的能力。人们已记录到大约有50种蓝绿藻具有这一重要的特征。这对于水稻种植具有重要意义。蓝绿藻在稻田中生长，它们重要的贡献是增加土壤中氮的含量。据估计，每季每公顷有15 ~ 48 kg氮通过这些藻类的活动而固定下来。在稻田中，人工施用固氮蓝绿藻，稻谷的产量平均可以提高10% ~ 15%。有趣的是，许多固定的氮能被庄稼利用。土壤中的氨基酸、维生素和植物生长素类化合物也逐渐丰富起来，这些成分也有利于改善作物的生长。固氮藻种能分泌细胞外产物，包括多肽氨基酸、有机酸和其他包括磷和硫等的物质。Stewart及其协作者们对海水中的固氮蓝绿藻进行试验，记录到这些藻类可能增加海水中的氮量。干的藻块可以用作绿肥。这些海藻中有丰富的氮、磷、钾及微量元素和生长促进物质，能改善土壤的团粒结构，以适应作物生长。

第二节 盐碱土改良

在盐碱地，引进茂盛生长的蓝绿藻、地木耳，可导致土壤颗粒的pH值、化学结构及物理性质发生显著改变；生长的藻类成为土壤的黏合剂，并具有抗侵蚀作用；土壤蓄水的能力增强，而渗透水减少；氢离子浓度发生变化，逐渐到中性；还有氮、磷和有机物质含量增加。改良的土壤适合栽培作物，特别是水稻。

第三节 藻类是牲畜的主要饲料

在世界许多沿海地区，人们收集大型褐藻来喂养家畜。由于海藻中富含抗坏血酸和其他维生素及矿物质，为牛、羊、鸡和其他家畜提供了大量的营养物质。据记载，给奶牛供以海藻，其牛奶中奶油和脂肪含量丰富，给鸡喂以海藻，则鸡蛋中含丰富的碘。

第四节 人类的食物

人们普遍食用甘紫菜、海带属、裙带菜属和念珠藻属藻类。在日本，大约有20种绿藻、褐藻、红藻和蓝绿藻可作为食物，一年中仅甘紫菜的总销售额就达8.8亿美元。甘紫菜具有很高的食用价值。化学分析表明，其中含30% ~ 35%的蛋白质、40% ~ 45%的糖类和百分含量较高的维生素A、维生素B、维生素C及维生素E。2018年，中国紫菜海水养殖产量20.18万t，比上一年增长16.43%；2019年，中国紫菜海水养殖产量21.23万t，比上一年增长5.22%。紫菜在中国主要分布在黄渤海到东南沿海的潮间带。坛紫菜是我国独有的暖温带紫菜栽培品种，栽培区主要分布在福建、浙江、广东沿海。

另一类普遍培植的藻类是海带，海带的幼叶及其生殖侧枝，不需要怎么加工就可作为食物。2018年，中国海带产量超过150万t。中国的海带产量已多年稳居世界第一，并仍然以每年4%的速度增长。每100 g海带干品含有胡萝卜素0.57 mg、V_{b1} 10.69 mg、V_{b2} 20.36 mg、尼克酸（烟酸）1.6 mg、粗蛋白质8.2 g、脂肪0.1 g、糖57 g、粗纤维9.8 g、钙2.25 g、铁0.15 g。人们收集石莼属进行加工，以作食品。应当指出的是：褐藻中的马尾藻属、裙带菜属被人们广泛用作食物。许多藻类用于煮汤，而其他一些用作调料，增添食物味道。

浙江沿海大规模栽培羊栖菜。羊栖菜可作蔬菜，也供药用，在医学上有食疗的功效。目前，洞头羊栖菜养殖面积已达到1万多亩，年产干品菜7 500 t，洞头羊栖菜重点加工企业13家，90%的产品出口日、韩、欧美等国家或地区，占国内同类产品出口份额的90%以上，成为全国唯一的羊栖菜养殖、加工和出口基地，在日本市场拥有极高的美誉度。

大规模培养小球藻，其作为单细胞藻类被人类食用。小球藻具较高的食用价值，其营养价值可以和大豆、菠菜叶相比，它富含蛋白质、脂类和糖，小球藻蛋白含有人和动物所需的全部氨基酸，因此，可以作为谷类食物的添加剂。许多国家通过大规模培养单细胞藻类的方法寻找一种传统食物的代用品或添加剂，以弥补世界许多国家由于人口增长而引起的食物短缺。单位面积上小球藻的平均产量为每年每公顷40 ~ 75 t，相当于每年每公顷生产20 ~ 40 t蛋白质。

藻类在航空产业中具有重要应用。在长期遨游中，粮食必不可少，而且需求量也大。我们可以在巨大的飞船中种五谷，但是它们的生活周期极长，而生长出来的根、茎、叶量大大超过粮食本身。这些杂物该如何处理？我们也可以种蔬菜，但它们需要很大

的面积。解决这些问题较好的办法是在飞船内培养含有高蛋白和淀粉的螺旋藻、小球藻、栅列藻等。这些藻类繁殖快，生活周期短，可以在短时期内完成，供应我们所需的营养物质。因此，未来太空将不需要从地球运输食物。科学家们正在开发一个种植系统，以便在太空生产食物。目前，已在失重状态下的生物实验环境中培育出食用藻类。在太空飞行中，小球藻或栅藻属通过光合作用，能有效地被利用作为提供氧的来源。这些藻类能利用在宇宙飞行和核潜艇作业中，操作人员作为废物排出的二氧化碳作为碳源。因此，在藻类作用下，氧、二氧化碳、其他生物废物和水形成了有规律的循环。

第五节　藻类的工业用途

硅藻土的利用。硅藻土是由不易分解的已知硅藻细胞壁组成。地球上有非常大的储藏量，主要是在古近纪、新近纪和第四纪时期形成的。这种物质质地软、轻、抗火，化学性质不活泼。硅藻土产品非常广泛地应用于石油过滤。据报道，约 70% 的硅藻土用于工业过滤、油漆和凡立水的生产中。它作为一种比较理想的不溶性物质，用于制造水箱、隔声室、金属抛光、牙粉和橡胶。它能承受住非常高或非常低的温度，因此，被广泛地用于制造高温熔炉，也被用作工业催化剂，制作轻型砖，先前还用来制作甘油炸药。

琼胶及工业胶的原料。琼胶是一种无氮干燥物或凝胶状物质，工业上主要是从江蓠属、石花菜属、鸡毛藻属、伊谷草属、杉藻属、角叉藻属、叉红藻属、育叶藻属、仙菜属和其他的一些属提取琼胶。琼胶被用作培养基的基本物质，培养细菌、藻类、真菌、生物组织和高等植物的花粉粒。在食品医药工业也广泛应用。

角叉藻胶是从一些红藻细胞壁中提取出来的。角叉藻胶广泛地用于制作面包、糖果，生产果冻、乳酪、牛乳布丁、汤、调味剂、干酪果子汁，还能使啤酒澄清。

藻酸是一种碳水化合物多聚体，这种酸形成水溶性藻酸的胺盐、钾盐和钠盐。藻酸盐可以从大量的褐藻中获得，藻酸盐广泛地应用于医药工业，可以作乳化剂、安定剂、镇静剂、药片的填充剂。有些藻酸盐也用于制作面包、糖果和其他食品。

海带提碘。海带含有高达 0.5% 的碘，当前较为普遍的是间接地以海藻为原料制碘。目前，国内海带制碘企业已经有 31 家，年产海带碘的生产能力一度达到 300 多 t，能初步满足用碘需要。

第六节 医药应用

螺旋藻是重要的保健药品，螺旋藻片具有极好的保健功能，可以增强免疫力。能抗衰老、抗缺氧、抗疲劳、抗辐射。可维持血液中酸碱值的平衡，降低胆固醇，减轻高血压和心脏病症状或减少其发病概率；有效改善胃病症状，对各种腹泻和便秘等有疗效。我国螺旋藻产业兴起于20世纪80年代。目前，我国是全球主要的螺旋藻产销国之一，并形成了内蒙古、江西、江苏、云南等几大主产区。2020年，我国螺旋藻产量在6 020 t左右，国内市场需求总量约为4 120 t。

传统中药“大藻”是海蒿子、羊栖菜等大型海藻，可以治疗甲状腺疾病。海藻提取物有抗血液凝固作用，与肝素、水蛭素相似。藻胶酸本身可防止血凝障碍。藻胶酸钙做成外科敷料，有止血作用，具有降血脂、降血压作用。褐藻胶在医学上用作代血浆、抗凝血剂、乳化剂。甘露醇糖作为糖尿病人的食糖代用品或细菌培养基。

海藻酸钠是从褐藻类的海带或马尾藻中提取碘和甘露醇之后的副产物，其分子由β-D-甘露糖醛酸（β-D-mannuronic，M）和α-L-古洛糖醛酸（α-L-guluronic，G）按（1—4）键连接而成，是一种天然多糖物质，具有药物制剂辅料所需的稳定性、溶解性、黏性和安全性。海藻酸钠已经在食品工业和医药领域得到了广泛应用。

近年来，海藻中还提取出抗肿瘤、抗病毒、降血压、抗菌类药物成分，如鼠尾藻中的水提物，对S-180实验菌有抑瘤作用。

第七节 同渔业的关系及食物链上的地位

在各种水域中的藻类植物，尤其是小型的种类，可供小动物（包括鱼类）食用，包括单细胞绿藻，能动的或不能动的种类；群体型的绿藻，丝状藻类的幼体、孢子、合子等；各种硅藻；少数薄壁而无胶鞘的蓝藻；其他藻类如裸藻、金藻、甲藻等。一般说来，浮游藻类被小鱼或虾所需要。但藻类繁殖过多或对鱼虾等生活不利的藻类生产太多时，都会产生不良影响，如赤潮藻等，这是一种群体型的藻类，含有毒素，浮生于水中。鱼类食用后不易消化，阻碍鱼的呼吸，甚至影响动物繁殖。藻类集群死亡后，蛋白质易于分解，产生有毒物质，这种物质达到一定量时可使鱼类中毒死亡。在海水中常因一种酸藻（一种褐藻）能分泌酸性物质，使鲍鱼死亡。又如海松、马尾藻等生产旺盛，使珍珠贝被盘住，不能活动，窒息而死。

就生态地位来看，浮游藻类位于生态系统食物链的底端，其数量直接影响食物链

各级的产量和质量，在渔业养殖中，为了增加渔业产量，可以给微藻施肥，只要有足够的微藻，食物链各级生物量增加，渔业产量就会增加（图 11−1）。

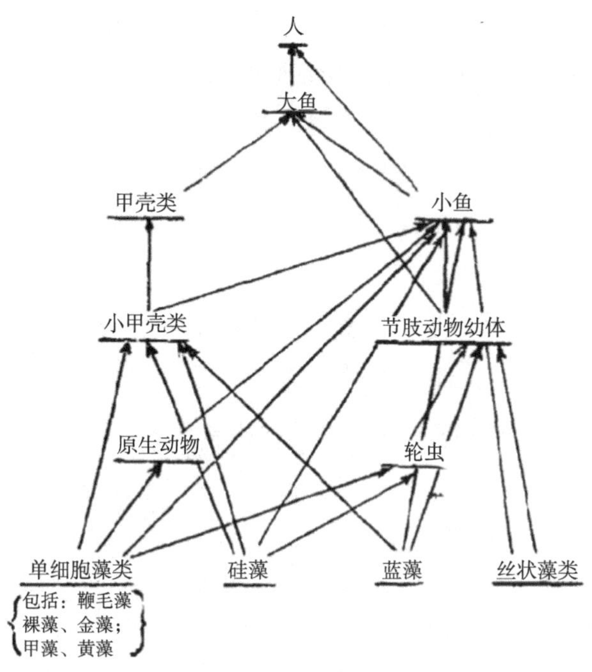

图 11−1　藻类在生态系统食物链的地位

第八节　课外阅读

美国著名藻类学家罗伯特·爱德华·李（Robert Edward Lee）曾就读于康奈尔大学（本科，1960—1964 年）和马萨诸塞州阿默斯特（博士，1966—1971 年），曾担任美国陆军排长（第一步兵师，1964—1979 年）。他任金山大学的讲师，约翰内斯堡大学讲师（1971—1977 年），设拉子大学（原巴列维大学）副教授（1977—1979 年），谢彭斯眼科研究所和哈佛医学院研究员（波士顿，1979—1981 年），他目前在科罗拉多州立大学生物医学科学系任教学主管，他自 1981 年以来一直担任该职位。罗伯特教授拥有丰富的职业生涯，在多个国家包括南非、伊朗以及美国从事教学工作。

50 年来，《藻类学》（Phycology）先后印刷五版，自 1981 年第一版出版以来，这本教科书已将自己确立为该主题的经典资源。这本经典著作是针对高年级本科生和藻类学、湖泊学和生物海洋学的研究生，最新修订版保持以前版本的内容，同时纳入该领域的最新发展，例如：生产藻类的潜力和挑战生物燃料；藻类毒素的扩散；以及开发新的分子工具和藻类的祖先、系统发育和分类学技术。罗伯特教授一直对藻类的系统学、进化和生态学以及生物的重要经济方面的研究作出贡献。

专家推荐：

“……对藻类的不同类群进行了精彩绝妙的介绍和概述，包括它们的形态差异、生理学特征、生活史、生态及系统发育等。同时，这也是一本关于藻类学研究现代观念的重要参考书。因此，不仅对于学生，而且对于有志于了解和研究藻类的科学家而言，这都是一本不可错过的好书。”——《植物生理学杂志》（Journal of Plant Physiology）

“……我强烈向广大海洋生物学家和海洋生态学家推荐这本价值非凡的书。”——J. A. Raven，英国邓迪大学植物科学系教授《实验海洋生物学与生态学杂志》（Journal of Experimental Marine Biology and Ecology）。

第九节　课后习题

（1）试述海藻与人类生活的关系。

（2）举例说明藻类在医药方面的应用。

（3）说明海带在自然界中的作用和经济意义。

（4）解释概念：赤潮；海藻学。

（5）海带与裙带菜有何区别?

第十二章

海藻实验技术

第一节　海藻腊叶标本制作

一、用具

（1）托板：长 44 cm，宽 31 cm，涂上白色油漆薄铁板或塑料板也可以代用。

（2）吸水纸：一般用吸水能力较强的草纸即可，长 42 cm，宽 31 cm 较为合适，标本之间夹纸厚薄可斟酌而定。

（3）纱布：一般医用纱布，裁成与吸水纸大小一致。

（4）标本纸：一般用 100 ~ 130 磅道林纸最适宜。由于采到的标本大小不同，所用的标本纸大小规格应有所不同，常用 64 K、32 K、16 K 和 8 K 等规格。

（4）台纸：用长 42 cm、宽 30 cm 的重磅道林纸，贴腊叶标本。

（5）覆盖纸：最好用硫酸纸覆盖在腊叶标本上，其他较薄的纸也可代替，大小同台纸。

（6）镊子：钝头镊子一把，用于整理标本。

（7）标本夹：普通标本夹，大型标本可以自制大型标本夹，材质以木质为好。

二、制作过程

将采集来的标本选出完整的，用海水洗净，去掉附在藻体上的泥沙和杂物，然后按种类分类，放在盛有海水的白瓷缸或水盆里，对易烂标本尽量首先制作。事先进行编号，把大小合适的标本纸用铅笔写上号码（要和野外记录簿号码相同），放于盘内托板上。盘内的水一般用一半海水加一半淡水，但对某些耐淡水较强的种类可全部用淡水，如浒苔、紫菜等。而对一些接触淡水容易死亡的种类，如软骨藻等，则要全部用海水，以免由于藻体死亡导致色素游离出来影响标本的质量。藻体放在标本纸上，用镊子伸展分枝，使其尽可能接近在自然生长情况下的形态。整理就绪后，慢慢地将托板抬起至离开水面，然后将标本纸及标本自托板上取下，流去多余的水分后，再放到吸水纸上，在标本上面盖上一层纱布和几张吸水纸。制作的标本和所用吸水纸达到一定厚度时，则用标本夹将其夹起，开始不要压力太大，防止压碎藻体，以后逐渐加大压力。前 2 ~ 3 天内，每天换干燥的吸水纸两次，以后每天换一次即可，一般情况下，6 ~ 7 天就可以完全干燥。换下来的吸水纸放在阳光下晒干或炭炉烘干以备再用。对采集量大、有经济价值或教学研究上较重要的标本，如不能全部在 1 ~ 2 天内做完，又不能全部做液浸标本，可以放在通风的地方阴干；多数种类不宜直接放在阳光下晒干，以免藻体褪色。阴干的标本也要编号注明日期和地点，以便有时间时再制作。见图 12-1。

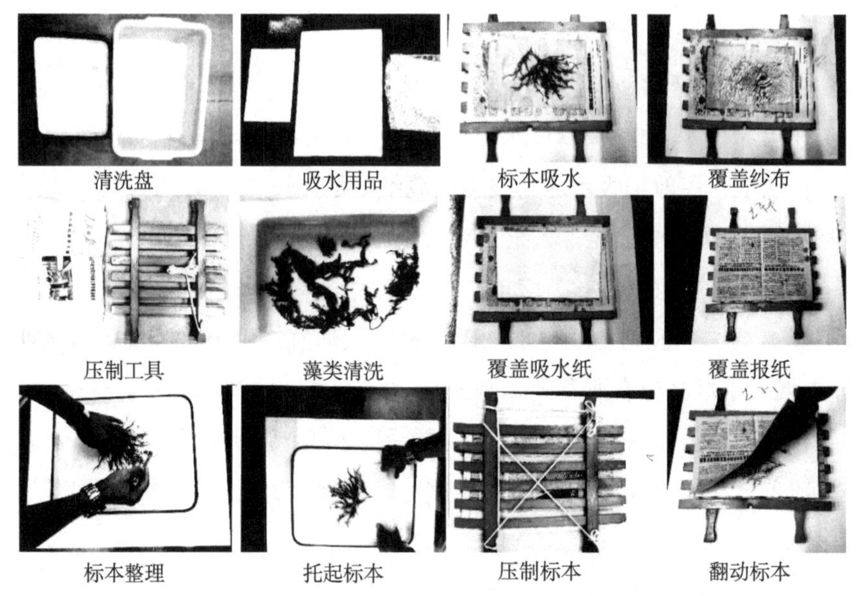

图 12-1　藻类腊叶标本的制作过程（引自：崔大练等，2019）

标本干燥后，有的腊叶标本可以粘在标本纸上，有的不能粘在纸上，对于不能粘在纸上的标本，可用胶纸条粘在主要部分，固定于标本纸上。对于粗大藻类标本，可用针线订在标本纸上，以免标本脱落。鉴定好的标本，应从每号挑选一张具有完整的生殖器官和固着器的标本，完整地贴在台纸上。标签贴于台纸的右下方。记好登记号数，然后按系统分类顺序排列，放入腊叶标本柜内。见图 12-2。

大型海藻的标本制作需要用大型托盘，一般以白塑料板代替标本纸。因为标本纸较软，很难托起大型海藻。由于海藻表面存在藻胶，当标本干燥时，自然固定于白塑料板上。由于大型藻类较大，普通的吸水纸很难全部覆盖，所以需要特制的大型标本夹，长度可在 1 m 左右，宽度根据藻体大小而定。吸水纸最好用大型黄板纸（马粪纸）。由于含水量较大，一般开始几天要多翻几次，每天换三次吸水纸。标本干燥后可以再于标本表面覆盖塑料薄膜加以保护。

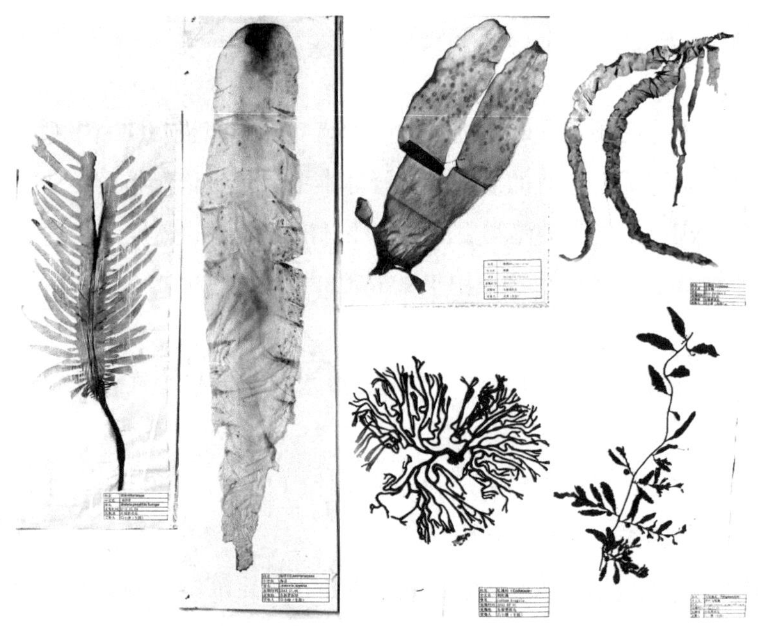

图 12-2　藻类腊叶标本范例

a. 裙带菜；b. 海带；c. 海膜；d. 长石莼；e. 刺松藻；f. 草叶马尾藻

大型的海藻也可用风干法。在通风处，将藻体放在竹竿（横平悬挂）上或麻绳上，待风干后收藏。不宜在阳光中直接晒干，因其易于干裂或褪色；有些因过分皱缩以致破碎，到观察前放在清水中使其膨大。

三、标本记录签

野外采集标本要记录原始采集记录签，做好标号。上台纸后要填写标本签，见图 12-3。

标本号数………………日期………………时间………………
地点（要记明海拔）………………………………………………
生境……………………………………………………………
气温、土温或水温…………光度…………湿度……………………
pH（土壤、水………）………………水透明度……………………
伴生种类及情况…………………………………………………
藻类生活情况……………………………………………………
藻类数量…………………………颜色……………………………
藻类形态…………………………………………………………
…………………………………………………………………
藻类土名（如不止一个，有几个记几个）……………………………
用途………………………………………………………………
保存方法…………………………………………………………
学名 1. 中文…………………………2. 西文…………………………
采集人……………………………………………………………
鉴定人……………………………………………………………

科名	
中文名	
学名	
采集时间	
采集地	
采集人	

图 12-3　标本记录签及标本签

第二节　海藻浸制标本制作

液浸标本的编号必须与同时同地采的同种腊叶标本完全相同，否则会失去液浸标本的意义，甚至会造成不应有的混乱。液浸标本主要是供作藻体解剖研究用，因为腊叶标本不能完全满足。微观的藻类更应特别注意液浸必要的标本。

液浸标本的固定液都以海水或用 1 000 mL 的淡水加 30 g 食盐代替海水配制，常用两种：

配方（1）：5 mL 甲醛（40%）+ 95 mL 海水 + 小苏打少许，适用一般藻类，特别是褐藻。

配方（2）：4 mL 甲醛（40%）+ 36 mL 酒精（95%）+ 60 mL 海水，适用绿藻、石灰质藻类和黏质藻类，特别是某些红藻。

少数重要标本还可以加入 1% 的甘油，以防止固定液蒸发而引起组织破坏。标本容量一般不应超过固定液容量的 1/2 ～ 1/3。这些固定液同时也是良好的保存液。

保色标本、液浸标本配方见表 12-1。

表 12-1　藻类保色固定液配制方法（保绿）

固定液种类	方法	适用藻类
20% ~ 50% 硫酸铜固定液	将采回的绿藻用清水（海水或淡水均可）洗净，浸入该种固定液中固定 4 ~ 6 天，取出藻体、洗净，转入 3% 氯化镁 +2% 甲醛 + 少量甘油的混合液里处理一个月，再取出转入 2% 亚硫酸 +3% 甲醛 + 少量甘油的保色液中保色	条浒苔
醋酸铜、樟脑水等混合固定液	在 500 mL 量筒内，加醋酸铜 1 g、樟脑水 130 mL，醋酸铜溶解后加甘油 100 mL、冰醋酸 1 mL，加蒸馏水至 500 mL 为止。藻体可在这种固定液中固定 4 ~ 5 个月，然后转入含 2% 亚硫酸 + 3% 甲醛和少量甘油的保色液中保色	扁浒苔、管浒苔、条浒苔、石莼、齿形蕨藻、伞藻
5% 硫酸铜固定液	一般绿藻用 5% 硫酸铜液固定效果好。固定时间为 4 ~ 6 天，固定后的藻体取出洗净，换上含 2% 亚硫酸 + 3% 甲醛和少量甘油的保色液，可长期保存	除适于石莼和浒苔属绿藻外，其他种类均可应用
3% 硫酸铜固定液	藻体洗净后放入 3% 硫酸铜液中固定 4 ~ 7 个月，然后转入中转液里处理，处理时间可长些。中转液配制：先把 3% 氯化镁和 2% 甲醛混合液，用氢氧化钠液调节 pH 值，使其达“6”时为止，加少量甘油即成。最后，从中转液中取出标本放入 2% 亚硫酸 + 3% 甲醛 + 少量甘油的保色液中长期保存	刺松藻、布氏轮藻、总状蕨藻、硬毛藻
5% 醋酸铜固定液	将洗净的藻体固定于 5% 醋酸铜液中 5 ~ 10 天，取出洗净转入 5% 亚硫酸 + 2% 甲醛 + 少量甘油的保色液中长期保存	管枝藻、簇生拟刚毛藻

（引自：丁镇芬，1987）

每号液浸标本瓶内，应放入一个标签，注明学名、号数、采集地点、日期、采集者等。然后按号码顺序排列放入液浸标本柜内。

第三节　永久封片标本的制作

一、小型丝藻封片法

（1）材料的固定。

①弱铬乙酸固定液：10% 铬酸 2.5 mL + 10% 乙酸 2.5 mL+ 蒸馏水 95 mL。

②中等铬乙酸固定液：10% 铬酸 7 mL + 10% 乙酸 10 mL + 蒸馏水 83 mL。

绿藻用弱或中等铬乙酸固定液比用甲醛溶液而进行固定效果好。而丝状海藻固定在 1% 的铬乙酸液或 10% 的甲醛溶液中效果好，配方如下：铬酸 1 mg + 冰醋酸 1 mL + 蒸馏水 100 mL。

（2）清洗。用海水进行全部冲洗，并用梯度海水和自来水进行洗涤，最后用蒸馏水洗涤。固定于甲醛—乙醇中的材料更要用蒸馏水冲洗。

（3）染色。用海氏（Harris）或铁苏木精着色。用酸水分解染料，并把分解物冲洗掉。

（4）脱水。逐级脱水，材料依次放入 3%、5%、8%、12%、30%、50% 及 70% 的乙醇液中，在每一级度乙醇中至少停留 20 min。然后，把材料放进 85% 的乙醇中至少 18 h，接着放进 90%、95% 和纯乙醇中（在纯乙醇中交换两次）。

（5）复染。赤藓红 B 溶于 95% 的醇溶液中和甲基纤维素（methyl cellosolve）中，可以作复染剂，对细胞质染色（用于红藻）。橘色素（orange）G 对褐藻很有效，对绿藻有染色作用。

（6）封片。在一张载玻片口滴一滴中性树胶或加拿大树胶，放入材料，并用盖玻片盖上。

二、海藻透明装片法

（1）材料。从海边采来的新鲜紫菜、刚毛藻、水云等剪成 4 mm 长的小段。

（2）固定。用 10% 福尔马林海水溶液固定 24 h 后用海水冲洗 5 min。

（3）脱水。将固定好的材料，逐级经过表 12-2 各级度溶液。每级处理 1 h，六号处理完后，将材料置于 50% 酒精溶液中 1 h。

（4）染色。先用明矾胭脂红染色 24 h，再用酸化酒精（100 mL 70% 酒精中加 2 滴盐酸）分色 10 ~ 20 min，直到其颜色转红为止。用水冲洗 20 min 后放入 70%、85% 酒精中各级脱水 1 h。

（5）透明。采用五级蓖麻油透明法，每级透明 12 h，在 35 ~ 40℃恒温箱中进行。

（6）封片。在 100% 蓖麻油中取出材料，置于 1/2 蓖麻油 +1/2 加拿大树胶中，最后用加拿大树胶封片。

表 12-2　酒精、海水各级度配制表　　单位：mL

级别	一	二	三	四	五	六
海水	90	80	65	50	35	20
蒸馏水	5	10	20	30	35	40
90% 酒精	5	10	15	20	30	40

表 12-3　蓖麻油五等级配比表

溶液浓度 / %	蓖麻油 / mL	95% 酒精 / mL
20	20	80
40	40	60
60	60	40
80	80	20
100	100	0

三、甘油冻胶封固法

（1）固定、脱水与前法相同。将材料由 50%、30%、10% 酒精逐级下行至水，每级 1 h。为使材料透明度更好，置于 5% 氢氧化钠水溶液内浸泡 24 h。流水冲洗 1 h。

（2）染色。将材料按下列顺序染色。4% 铁矾媒染 30 min——水洗 5 min——5% 苏木精水溶液 2 h——水冲洗 30 min——饱和苦味酸或 2% 铁矾分色 10 ~ 20 min——水洗 5 min。

（3）脱水和透明。将材料用吸水纸吸干，置于小培养皿中，加 10% 甘油，液面上盖一滤纸，在培养皿侧面的玻璃上用笔对准溶液面画一横线，放于通风干燥处使其蒸发至 50% 甘油（3 ~ 5 天后可见原液面下降至一半多即可）。

（4）封片。用甘油冻胶封固。具体做法是，先把甘油冻胶放在热水浴锅加热或

60℃温箱中使其溶化。把透明好的材料放于载片上，先吸去多余的甘油，加 1 ~ 2 滴化好的甘油冻胶，加盖片，待干燥后用加拿大树胶封片。

第四节　大型海藻组织切片技术

大型海藻的外观形态差别较大，主要包括丝状体、管状体 、叶状体 、枝叶状体和圆柱状多分枝体等。在进行大型藻类的分类鉴定时，除了对其外观形态进行观察和描述外，还需要借助于制片技术进行组织结构和繁殖器官构造等观察。 根据形态的差异以及研究目的，通常可分为直接压片、徒手切片和石蜡切片 3 种组织制片方法。直接压片和徒手切片法较为简便，适用于组织结构简单的海藻观察，而石蜡切片操作较为复杂，适合于海带孢子体、麒麟菜、马尾藻等具有复杂组织构造的海藻观察。

（1）材料处理。带有孢子囊的海带叶片、具有较粗的长角果形状生殖托的鹿角菜、具有小瘤状突起囊果的江蓠等各切成 3 ~ 4 mm 长的小段。

（2）固定、脱水。与海藻透明制片法相同，由 50%、70%、85%、95%、100% 的酒精逐级脱水，每级 1 h。

（3）透明。置于二甲苯与纯酒精（1 ∶ 1）混合溶液、纯二甲苯中，每级 1 h。

（4）浸蜡。1/3 二甲苯 + 2/3 石蜡——1/2 二甲苯 + 1/2 石蜡——纯蜡，60℃温箱中进行，每级 2 h。

（5）包埋。把材料包埋在石蜡内。切片厚度为 9 ~ 10 μm。贴片、脱蜡（二甲苯脱蜡后移至水中）。

（6）染色。海带、鹿角菜用铁矾苏木精—酸性品红二重染色。其方法与甘油冻胶封固法染色相同。水洗后移至 10%、30%、50%、70% 酒精中脱水，每级 5 min，再移到酸性品红酒精溶液（1 g 酸性品红溶于 100 mL 70% 酒精中）染色 20 min，后移置 85%、95%、100% 酒精、二甲苯酒精（1 ∶ 1）溶液、纯二甲苯中，每级 5 min。

（7）封片。加拿大树胶封片。切片的显微观察结果，海带叶片上的孢子囊染成橘红色，皮层及髓部、细胞壁、细胞质染成蓝紫色。鹿角菜生殖托横切后可见生殖巢内的卵囊、精子囊、隔丝染成蓝紫色，生殖巢周围的细胞染成橘红色。

第五节　大型海藻超薄切片技术

将新鲜样品，用 0.1 mol/L pH7.4 二甲胂酸钠缓冲溶液洗去附着物，裙带菜取叶状体长度的1/2，羽状裂片与中肋的中间部位，切成5 mm；紫菜取整个叶状体的中间部位，切成5 mm；刚毛藻取丝状体的中上部，切成3 mm，数根捆成一束。接着用2.5%戊二醛（用上述缓冲液配制）固定2 h，再用1% O_sO_4（锇酸）固定2 h（或用2% O_sO_4 固定7 h或22 h），每次固定后都用上述缓冲液清洗半小时。考虑到渗透压的变化对细胞的影响，首先用10%、20%、30%、40%的二甲胂酸钠缓冲溶液配制的乙醇脱水，然后用50%、60%、70%、80%、90%、95%、100%的乙醇上行系列脱水，每级5 min，用环氧丙烷分别和6种包埋剂（3 ∶ 1，1 ∶ 1和1 ∶ 3）浸透各30 min。纯包埋剂浸透过夜定向包埋。聚合好的包埋块用超薄切片机切片，用常规醋酸双氧铀和柠檬酸铅双染色，用电镜观察。

第六节　潮间带底栖藻类调查方法

潮间带底栖藻类是海洋生态系统的重要组成部分，尤其是近岸海洋生物群落和养殖生态系统的核心生物类群。潮间带底栖藻类分布调查以底栖大型海藻为主。底栖大型海藻是指具有固着器，能够附着在岩礁、沙砾、海堤、网具等固着基上生长的所有大型海藻种类的集合，不包含与固着基分离、营漂浮生活的种类。大型海藻分布调查包括了定性调查和定量调查两部分内容。定性调查以了解调查区域内物种组成为主要目的，定量调查则是以了解调查区域内物种生物量及其多样性为主要目的。采用定性和定量相结合的调查方式，能够较为全面地反映调查区域内大型海藻的资源分布状况。

（1）站位及样方设置方法。调查前应布设好调查剖面与站位，布设原则如下。

①通常应选择在滩面底质类型相对均匀、潮间带类型较完整、无人为破坏或人为扰动较小且相对较稳定的地点布设调查剖面；如果调查内容里包含潮间带底质调查，尽量与潮间带底质调查剖面一致。

②剖面的高潮区、中潮区和低潮区均需采集样品，每个剖面布设的调查站位不少于5个；通常在高潮区布设2个站位，中潮区布设3个站位，低潮区布设1个或2个站位；如果潮间带滩面较窄，在高潮区和低潮区各布设1个站位，中潮区布设3个站位。

③平行定量样方数量，岩滩每站不少于2个，潮滩与礁滩每站不少于4个，海滩每站不少于8个。

④定量样方面积大小，岩滩一般为25 cm × 25 cm，在生物密集区为10 cm × 10 cm；潮滩、海滩和礁滩为25 cm × 25 cm × 30 cm。

⑤定量采样同时，进行定性采样与观察；在剖面高潮区、中潮区和低潮区，分别采集至少 1 个样品。

（2）现场调查。

①潮间带底栖生物现场调查，需在大潮低潮期间进行，或者大潮低潮期间进行低潮区采样，中、小潮期间进行高、中潮区采样。

②对于基础（背景）调查，通常按春季、夏季、秋季和冬季进行一年四个季度调查，对于专项调查，根据要求可选择春季、秋季两个季度来调查。

③采样过程、样品的现场处理与保存、现场记录等。

④现场填写底栖生物采样记录表，样品须贴上样品标签。

（3）室内资料整理：对数据资料与样品进行整理，内容如下。

①现场定位测量数据、拍摄的影像数据、记录表格。

②样品标签、影像数据以及现场记录表格的一致性。

③工作日志。

④整编记录表。样品标本处理。对标本的整理、鉴定、保存。调查要素分析：对底栖生物种类、数量与分布特征分析。

第七节　微藻的采集技术

不同类别藻类的生长环境不一样，因此，采集的地点、方法、季节会有所不同。比如，金藻、硅藻常在低温的季节出现，并且硅藻常附着在水体的岩石上，采集时需要用工具刮取藻体后放在采样瓶中。又比如，蓝藻通常喜欢在高温的条件下生长，因此适合于夏季采集。有些藻类的分布还与水体的环境质量相关，眼虫藻、衣藻、卡德藻等常在含有较多有机污染物的静止水中出现。团藻、绿藻、蓝藻、裸藻主要存在于中度污染的水体中，硅藻、金藻和甲藻主要分布在清洁的水体中。此外，还可以利用藻类的趋光性进行采集藻种样品的初步分离，例如，可以利用颤藻的趋光能动性将其与采集附着的泥沙分离。

定性样品用孔径约 0.064 mm 的 25 号浮游生物网在水面下约 0.5 m 处，以适当的速度作“∞”字形来回拖动 1 ~ 3 min，获得的浓缩样分为两份：一份立即用适量的鲁哥氏液固定；另一份活体样品于 24 h 内镜检。定量样品用 5 L 有机玻璃采水器采集，取上层（离水面 0.5 m），中层（0.5 H，H 为采样时实测水深），下层（离湖床 0.5 m）三层水样等体积混合，取 1 L 混合水样装入广口塑料瓶，加入 1.5% 的鲁哥氏液固定，水华藻样需酌情加量，以使固定后水样呈棕黄色为准。海洋水体水深大于 10 m 时，在表层、5 m、10 m 水深层采样，10 m 以下除特殊需要外一般不采样。大型浮游植物定性样品用 25 号浮游生物网在表层缓慢拖曳采集，注意网口与水面垂直，网口上端不要露出水面。浮游植物样品立即用鲁哥氏液固定，用量为水样体积的 1% ~ 1.5%。如样品需较长时间保存，则需加入浓度为 37% ~ 40% 的甲醛溶液，用量为水样体积的 4%。现行的一些规律性的方法为：取水样 500 mL，加入 5 mL 鲁哥氏液，虹吸到 30 ~ 50 mL，加入 1 mL 甲醛。

将固定后的浮游植物水样摇匀后倒入固定在架子上的 1 L 沉淀器中，2 h 后将沉淀器轻轻旋转，使沉淀器壁上尽量少附着浮游植物，再静置 24 h。充分沉淀后，用虹吸管慢慢吸去上清液。虹吸时管口要始终低于水面，流速、流量不能太大，沉淀和虹吸过程不可摇动，如搅动了底部应重新沉淀。吸至澄清液的 1/3 时，应逐渐减缓流速，至留下含沉淀物的水样 20 ~ 25 mL 或 30 ~ 40 mL，放入 30 mL 或 50 mL 的定量样品瓶中。用吸出的少量上清液冲洗沉淀器 2 ~ 3 次，一并放入样品瓶中，定容到 30 mL 或 50 mL。如样品的水量超过 30 mL 或 50 mL，可静置 24 h 后，或到计数前再吸去超过定容刻度的余水量。浓缩后的水量多少要视浮游植物浓度大小而定，正常情况下可用透明度作参考，依透明度确定水样浓缩体积，浓缩标准以每个视野里有十几个藻类为宜。

鲁哥氏液：将 6 g 碘化钾溶于 20 mL 水中，待其完全溶解后，加入 4 g 碘，充分摇动，待其完全溶解后，定容至 100 mL，储存于棕色试剂瓶中即配成鲁哥氏液。

甲藻采集方法如下。

在以往海洋甲藻样品的采集过程中，对于浮游甲藻，国内学者多采用网目 76 μm 浮游生物网拖网的方法，但这种方法常会漏掉一些个体较小的甲藻细胞，尤其是一些稀有种。因此，在采集样品时，除用上述方法外，还结合了采水和网目 20 μm 浮游生物网拖网的方法，其中采水主要是在中国近岸甲藻细胞丰度较高的海域进行的，在大洋甲藻细胞丰度较低的海域，则主要采用 20 μm 浮游生物网拖网的方法。海洋甲藻样品采集之后用 2% ~ 5% 中性福尔马林溶液固定保存，在实验室内进行分离。分离方法有两种。一种是取网采样品或水样沉降浓缩后的样品置于凹形载玻片上，在普通光学显微镜下用毛细吸管将甲藻细胞吸出，装入塑料指管中备用。这种方法的优点是备用样品中杂质较少，在观察摄像过程中获得无杂质干扰的优质甲藻图片的概率较高；缺点是在光学显微镜下观察和用毛细吸管吸出的甲藻的物种数量和细胞数量相对较少，即信息量小，有些稀有物种未必能被收入备用样品中。另一种方法是采集的甲

藻样品先用 1 mm 分样筛过滤一次，初步除去样品中个体较大的动物和杂质，再用 200 μm 孔径的筛绢过滤两次，滤液装入塑料指管中备用。这种方法的优点是备用液信息量大，能获得许多稀有物种的珍贵图像资料；缺点是备用液中杂质较多，甲藻细胞受其干扰的概率大（杨世民等，2014）。

第八节　海岸带划分

海岸带是海洋和陆地相互交接和相互作用的地带，通常可划分为潮上带、潮间带、潮下带三个部分。

（1）潮上带与潮下带。

潮上带（supralittoral zone）指潮间带以上，海浪的水滴可以达到的海岸，基本上不受潮汐的影响，称为潮上带。包括 2 ~ 3 个亚带，如冲激带（直接受到波浪冲洗的地带），飞溅带（不受波浪直接冲击和浪花直接波及）。这里一般没有底栖大型生物种群，是一个碎浪所形成的水雾严重影响的地带，其上部有地衣，中下部有蓝藻及硅藻。

潮下带（sublittoral zone）指潮间浅滩外面广阔的水下岸坡，浪蚀基面以上的浅水区域，指位于平均低潮面以下，浪底以上的浅水带，水深一般 3 ~ 5 m。这里波浪和水流动力作用较强，沉积物分选较好，磨圆度高，生物丰富，沉积物自低潮线向海逐渐变细。

（2）潮间带（intertidal zone）。

潮间带是指平均最高潮位和最低潮位间的海岸，也就是海水涨至最高时所淹没的地方开始至海水退到最低时露出水面的范围（图 12−4）。

高潮带（high intertidal zone），位于潮间带的最上部，上界为大潮高潮线，下界是小潮高潮线，由于此带露出水面的时间较长，因而出现在此带的藻类多为耐干型，如海萝、小石花菜等。

中潮带（middle intertidal zone），位于潮间带中，上界为小潮高潮线，下界是小潮低潮线的区域，此带干湿条件适宜，生活于这里的藻类每天都有露出和淹没海水的机会。

低潮带（low intertidal zone），位于潮间带中，上界为小潮低潮线，下界是大潮低潮线的区域。

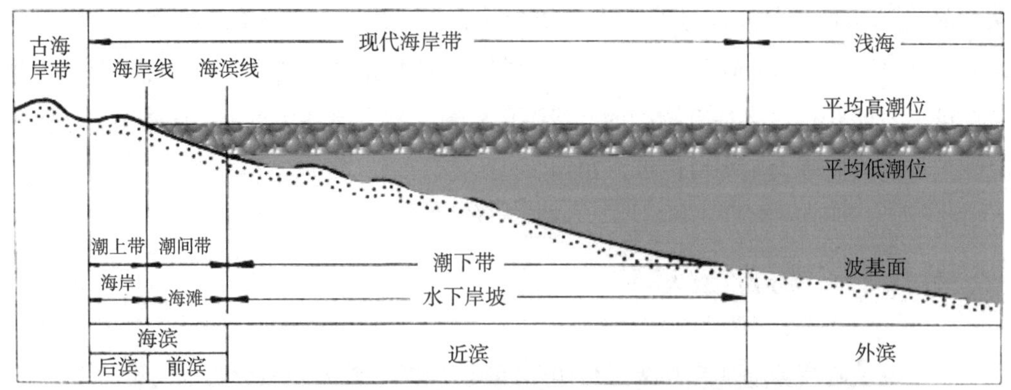

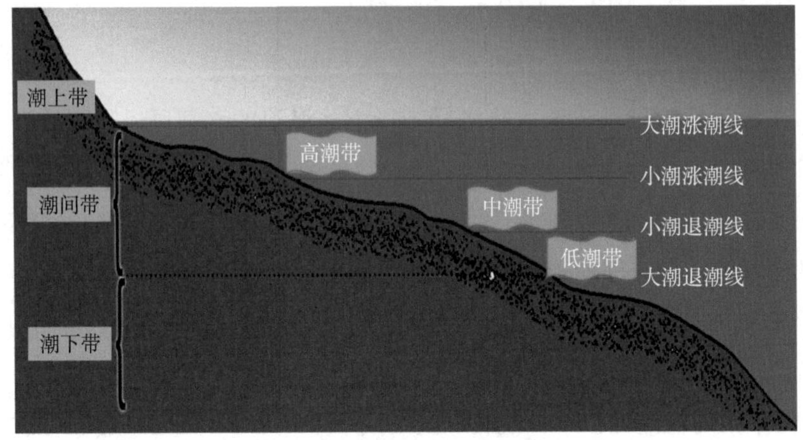

图 12-4　海岸带划分示意图

第九节　海藻区系划分

海藻分布于近岸的潮间带和潮下带区域，是海洋生态系统的重要组成部分，在不到 1 % 的海洋面积上提供了约 10% 的海洋初级生产力。在潮间带区域，海藻多样性较高，不同种类的海藻按照光合能力和对各种胁迫因子的耐受性差异而在垂直方向呈分层分布。在潮下带区域，尤其是冷温带海域的潮下带，以巨藻、海带等大型褐藻为主体构成的海藻场具有较高的生物量，为众多海洋生物提供了栖息生境、产卵场、育幼场和索饵场，在海洋环境中具有重要的生态意义。海藻场生产力旺盛，最高年生长速率可达 1 800 $g \cdot m^{-2} \cdot a^{-1}$（以 C 计），甚至高于陆地环境中的热带雨林生境。

一、海藻区系的概念

海藻区系是指一定时间和空间范围内所有海藻的统称，是海藻与自然环境长期适

应的结果，具有相对稳定的结构组成和温度性质。海藻区系研究的主要内容包括海藻的种类组成与分布范围、区系的温度性质、区系的起源和演变等。一个海区的礁石、滩涂、海底生长着各种颜色的底栖海藻，这些海藻在一定环境中，彼此有所联系地生活在一起，便组成一个海藻区系。

二、海藻区系的种类组成类型

（1）组成一个区系的海藻种类，根据其数量及在海区内分布的差别，分为以下 5 种类型，其中优势种和习见种是一个海区海藻组成的代表，局限种次之。

①优势种。数量多、分布普遍、最常见的种类。

②习见种。数量较优势种少，但分布广、常见的种类。

③局限种。数量很大，但在一个海区内分布不广，只限于生长在部分海区的种类。

④少见种。数量很少，但分布很广的种类。

⑤稀有种。数量极少，分布很窄、不易见到的种类。

（2）根据温度属性分为冷水性种、温水性种和暖水性种。

①冷水性种。发生于极地寒带海洋及其邻近高纬度海区，生长生殖适温小于 4℃，在北半球其分布主要依靠寒流从北方向南方发展。此类型可以再分为寒带种及亚寒带种，前者生长生殖适温为 0℃左右，而后者为 0 ~ 4℃。

②温水性种。发生于中纬度及寒、暖流交汇的，或者寒流南端、暖流北端的温水海区，生长生殖适温为 4 ~ 20℃，其分布方式依靠寒、暖流向南北方发展。此类型可以再分为冷温带种及暖温带种，前者生长生殖适温为 4 ~ 12℃，而后者为 12 ~ 20℃。

③暖水性种。发生于赤道上下的热带海洋及其附近海区，生长生殖适温大于 20℃，其分布方式依靠暖流向中纬度海区发展。此类型可以再分为亚热带种及热带种，前者生长生殖适温为 2 ~ 25℃，而后者则大于 25℃。

三、我国的海藻区系

我国沿海包括 4 个区系小区单元，分别为黄海西部、东海西部（浙江沿岸）、南海北部（台湾沿岸、广东沿岸、福建沿岸）和南海南部（南海诸群岛、海南沿岸）（表 12-4）。随着我国海藻普查工作的大力开展，我国的海藻学者对中国海域的海藻区系，已有深入系统的研究及科学的划分，主要分为以下 4 个区系。

表 12-4　中国海藻区系分区及各海区海藻种类的温度性质

温度性质 / % 海区	冷水性		温水性		暖水性	
	寒带	亚寒带	冷温带	暖温带	亚热带	热带
黄海西岸	—	8.0	26.5	55.5	10.0	—
浙江沿岸	—	—	5.8	64.7	28.0	1.4
福建沿岸	—	—	2.2	50.0	42.4	5.4
广东沿岸	—	—	1.2	33.3	49.6	15.9
台湾沿岸	—	—	0.4	21.3	40.3	38.0
海南沿岸	—	—	—	13.9	37.8	48.3
南海诸群岛	—	—	—	2.2	24.1	73.7

（1）黄海沿岸海藻区系。

本海区由黄海与渤海组成，为鸭绿江口至长江口间的我国大陆沿岸的部分海区。其中辽东半岛及山东半岛以岩礁海岸为主，渤海湾内及黄海南部一般为淤泥积滩。西部有中国沿岸流，自渤海湾经山东半岛南下，东部沿朝鲜半岛北上的西朝鲜海流，可达辽东半岛。水温属温带，但是由于大陆气候的影响，全年水温相差较大，整个地区的平均水温，冬季 2 月小于 6℃，夏季 8 月为 24 ~ 27℃。本区系已定名的海藻有 204 种，区系的组成以孔石莼、刺松藻、海蒿子、海黍子、蜈蚣藻、海膜、鸭毛藻等温水性种类为主，也有团扇藻、海索面等亚热带种类及少量单条胶黏藻等亚寒带种类的分布。海藻区系属暖温带。

（2）东海沿岸海藻区系。

即我国大陆沿岸长江口至福建平潭之间的海区。因长江三角洲的沉积，本海区北部为泥沙积滩，中南部为岩礁海岸与泥沙滩涂相嵌。西部有南下的中国沿岸流经本海区的西岸流入南海，东部有沿台湾西岸流向东北的一支台湾暖流的支流，其末梢对本海区有一定的影响。水温属温带，整个地区的平均水温，冬季 2 月为 7 ~ 14℃，夏季 8 月为 27 ~ 28℃，已定名的海藻有 100 多种，区系的组成以蛎菜、条浒苔、裂叶马尾藻、昆布、鸡毛菜、小杉藻及粗茎软骨藻等暖温带性种类为主，未见亚寒带种类，不见黄海盛产的某些冷温带性种类，如褐毛藻、松节藻等，东海盛产的如鹧鸪菜、沙菜等亚热带性海藻不产于黄海，因此，其暖温带性比黄海强，在南部有一定的亚热带成分。

（3）南海沿岸海藻区系。

即我国大陆沿岸福建平潭以南至北部湾的广西一带海区。西面有大陆沿岸流经东海流入本海区，东面有台湾暖流经台湾西岸的东北流的一支支流影响本海区。水温属亚热带，整个地区的平均水温，冬季2月为15 ~ 19℃，夏季8月为28 ~ 29℃，已定名的海藻有200多种，海藻区系以长松藻、管浒苔、绒毛蕨菜、铁钉菜、亨氏马尾藻、褐舌藻、沙菜、鹧鸪菜、细基江蓠等亚热带种类为主，蛎菜、舌状蜈蚣藻等暖温带种类也有一定的数量，而南部有伞藻、网胰藻、芋根江蓠等热带性成分，总的海藻区系属亚热带。

（4）我国南海的台湾、海南、东沙、西沙与南沙群岛的海藻区系。

本区除岩礁沙滩外，更有许多珊瑚礁。南部有北赤道——台湾暖流流经台湾两岸，其中有一支支流流入南海的巴士海峡。水温属热带，年温差较小，整个地区的平均水温，冬季2月为20 ~ 29℃，夏季8月为29℃以上。已定名的海藻，台湾省有277种，海南省和东沙、西沙群岛有132种。海藻区系以网石莼、指枝藻、大叶仙掌藻、蕨藻属、热带性马尾藻类，喇叭藻属、乳节藻属、麒麟菜属等热带性种类为主，也有绒毛蕨藻、铁钉菜、沙菜、脆江蓠等亚热带的成分，在台湾的北、西部及海南岛，更有礁膜、条浒苔、圆紫菜、蜈蚣藻等少量温带性种类的生长，总的海藻区系属热带，见表12-5、表12-6。

表12-5　中国各海区海藻特有属

海区	特有属
黄海西岸（包括渤海）	*Bonnemaisonia, Dumontia, Rhodophysema, Callithamnion, Platythamnion, Janczewskia, Rhodomela, Sinosiphonia, Acinetospora, Giffordia, Plytretus, Botrytella, Streblonema, Elachista, Halothrix, Myrionema, Eudesme, Sphaerotricha, Tinocladia, Acrothrix, Nemacystus, Myelophycus, Dictyosiphon, D esmarestia, Chorda, Pelvetia, Mygropsis, Urospora, Spongomorpha*
浙江沿岸	*Aglaothamnion, Tiffaniella, Erythroglossum*
福建沿岸	*Porhyropsis, Rhodiscus, Wurdemannia, Crouania, Sporochnus, Prasinocladus, Protomonostroma, Pedobesia, Derbesia*
广东沿岸	*Asterocytis, Catenella, Sebdenia, Taenioma*
台湾沿岸	*Carpopeltis, Meristotheca, Rhodopeltis*
海南沿岸	*Sarconema, Pseudobryopsis*
南海诸群岛	*Trichogloeopsis, Ramicrusia, Trematocarpus, Botryocladia, Coelarthrum, Cryptarachne, Coelothrix,Gastroclonium, Endosiphonia, Geppella, Tydemania*

（引自：张水浸，1996）

表 12-6　中国各海区海藻的属、种数

海区	红藻门		褐藻门		绿藻门		合计	
	属	种	属	种	属	种	属	种
黄海西岸（包括渤海）	56	97	35	67	12	36	103	200
浙江沿岸	57	132	23	40	11	35	91	207
福建沿岸	58	140	21	41	20	43	99	224
广东沿岸	60	132	19	60	22	54	101	246
台湾沿岸	58	106	19	47	22	68	99	221
海南沿岸	56	103	12	25	27	73	95	201
南海诸群岛	53	104	14	39	19	81	86	224
全海域	140	463	54	165	45	207	239	835

（引自：张水浸，1996）

第十节　课后习题

（1）根据潮线和潮带，对海洋潮间带区域进行划分，并画图表示。

（2）光照是如何影响海藻的垂直分布的？

（3）海藻的生态分布区有哪些？

附录　海洋藻类学实验目录

（1）海洋大型绿藻分类实验。观察标本，写出名录及分类检索表。

（2）海洋大型红藻分类实验。观察标本，写出名录及分类检索表。

（3）海洋大型褐藻分类实验。观察标本，写出名录及分类检索表。

（4）海洋硅藻的采集（浮游硅藻）、采样分析、硅藻形态观察。

（5）海洋甲藻的采集、采样分析、甲藻形态观察。

（6）大型藻类代表种类形态学观察，海带孢子体、配子体；紫菜配子体、孢子体；石莼植物体横切面，观察显微切片。

（7）潮间带大型藻类样地设置，拉样方的方法练习，生物量测定，找出优势种。并作出垂直分布分析及各个季节调查的动态分析。

（8）海藻的野外观察与采集，海藻腊叶标本的制作。

（9）显微镜下观察海洋浮游蓝藻与绿藻形态特征。

（10）藻类细胞的观察与记录。

（11）海洋微藻的培养。

参考文献

常宗瑜，张扬，郑中强，等，2018. 筏式养殖海带收获装置的发展现状 [J]. 渔业现代化，45(1): 40–48.

程兆第，2012. 中国海藻志・第五卷第二册 [M]. 北京：科学出版社 .

崔大练，马玉心，2019. 海岛生物认识与标本制作 [M]. 北京：海洋出版社 .

达维斯 C J, 1989. 海洋植物学 [M]. 厦门大学植物生态学研究室译 . 厦门 : 厦门大学出版社 .

丁兰平，2013. 中国海藻志・第四卷第一册 [M]. 北京：科学出版社 .

丁镇芬，1987. 常见绿藻的保色方法 [J]. 植物杂志 (3):22–23.

福迪 B, 1980. 藻类学 [M]. 上海：上海科学技术出版社 .

傅华龙，陈昭麟，1993. 藻类学教程 [M]. 成都：四川大学出版社 .

冈村金太郎，1936. 日本海藻志 [M]. 东京：内田老鹤圃 .

郭皓，2004. 中国近海赤潮生物图谱 [M]. 北京：海洋出版社 .

郭玉洁，2003. 中国海藻志・第五卷第一册 [M]. 北京：科学出版社 .

韩笑天，邹景忠，张永山，2004. 胶州湾赤潮生物种类及其生态分布特征 [J]. 海洋科学，28(2): 49–54

胡晓燕，2004. 山东沿海普林藻纲的分类研究 [D]. 中国科学院研究生院（海洋研究所）.

黄超华，2017. 中国黄、东海马尾藻属（*Sargassum*）的分类学修订 [D]. 中国科学院大学 .

蒋本禹，唐志洁，1979. 从海带雄配子体培养出大孢子体 [J]. 科学通报 (15):713–714.

李 R E, 2012. 藻类学 [M]. 段德麟，胡自民，胡征宇译 . 北京：科学出版社 .

李伟新，丁镇芬，1983. 海索面的生殖系统发育及其生活史 . 海洋科学 (1):47–49.

李扬汉，1987. 植物学 [M]. 北京：高等教育出版社 .

李益健，涂传馨，1982. 藻类植物的生活史 [J]. 生物学通报 (6):1–4.

林立东，尚天歌，张甜甜，等，2020. 褐藻羊栖菜繁殖生物学特征和生活史流程的补充研究 [J]. 水产学报，44(4):581–595.

林永水，2009. 中国海藻志・第六卷第一册 [M]. 北京：科学出版社 .

刘涛，2017. 南海常见大型海藻图鉴 [M]. 北京：海洋出版社 .

栾日孝，1989. 大连沿海藻类实习指导 [M]. 大连：大连海事大学出版社 .

栾日孝，2013. 中国海藻志・第三卷第一册 [M]. 北京：科学出版社 .

马炜梁，2009. 植物学 [M]. 北京：高等教育出版社 .

毛欣欣，蒋霞敏，林清菁，2011. 浙江大型海藻彩色图集 [M]. 北京：科学出版社 .

缪国荣，陈家鑫，1981. 海带生活史的新概念 [J]. 海洋湖沼报 (2):66–70.

倪达书，1939. 角鞭毛属骨板之形态及腹区骨板讨论 [J]. 科学，23: 584–600.

潘忠正, 1979. 藻类叶绿体的超微结构 [J]. 海洋科学, 3(3):35−41.
钱树本, 2014. 海藻学 [M]. 青岛：中国海洋大学出版社.
桑正林, 贾小玲, 1996. 藻类植物在体制上的平行演化 [J]. 昭通师专学报, 18(3):68−70.
孙建璋, 2006. 孙建璋贝藻类文选 [M]. 北京：海洋出版社.
汪文俊, 2008. 红毛菜发育过程及其生理基础 [D]. 中国科学院研究生院（海洋研究所）.
王素娟, 1991. 中国经济海藻超微结构研究 [M]. 杭州：浙江科学技术出版社.
王素娟, 2004. 中国常见红藻超微结构 [M]. 宁波：宁波出版社.
王修顺, 李杰, 邱念伟, 2017. 叶绿素家族概述 [J]. 生物学教学, 42(9):70−71.
王增福, 刘建国, 2007. 鼠尾藻（*Sargassum thunbergii*）有性生殖过程与育苗 [J]. 海洋与湖沼, 38(5): 453−457.
王志勇, 王素娟, 1990. 对鹧鸪菜藻体细胞多核现象的观察 [J]. 海洋湖沼通报 (1):52−56.
吴勋建, 贺丽虹, 宋毅, 等, 2007. 粗枝软骨藻 *Chondria crassicaulis* 组织培养初探 [J]. 生态科学 (4):337−342.
夏邦美, 1999. 中国海藻志 · 第二卷第五册 [M]. 北京：科学出版社.
夏邦美, 2004. 中国海藻志 · 第二卷第三册 [M]. 北京：科学出版社.
夏邦美, 2011. 中国海藻志 · 第二卷第七册 [M]. 北京：科学出版社.
夏邦美, 2013. 中国海藻志 · 第二卷第四册 [M]. 北京：科学出版社.
夏邦美, 2017. 中国海藻志 · 第一卷 [M]. 北京：科学出版社.
许璞, 张学成, 王素娟等, 2013. 中国主要经济海藻的繁殖与发育 [M]. 中国农业出版社.
杨世民, 李瑞香, 董树刚, 2014. 中国海域甲藻 I（原甲藻目、鳍藻目）[M]. 北京：海洋出版社.
杨世民, 李瑞香, 董树刚, 2019. 中国海域甲藻 Ⅲ（多甲藻目）[M]. 北京：海洋出版社.
杨世民, 董树刚, 2006. 中国海域常见浮游硅藻图谱 [M]. 青岛：中国海洋大学出版社.
曾呈奎, 2000. 中国海藻志 · 第三卷第二册 [M]. 北京：科学出版社.
曾呈奎, 2005. 中国海藻志 · 第二卷第二册 [M]. 北京：科学出版社.
曾呈奎, 2009. 中国黄渤海海藻 [M]. 北京：科学出版社.
詹冬梅, 吴海一, 刘梦侠, 等, 2013. 光照强度对海黍子生长及部分生化指标的影响 [J]. 渔业科学进展 (1):140−144.
张婧, 2012. 瓦氏马尾藻与铜藻的室内人工培育 [D]. 上海：上海海洋大学.
张水浸, 1996. 中国沿海海藻的种类与分布 [J]. 生物多样性 (3):139−144.
张英格, 伍冠一, 陈曦, 2021. 石花菜化学成分与药理作用研究进展 [J]. 海洋科学, 45(1): 129−138.
赵自国, 2008. 三种大型海藻的早期发育的研究 [D]. 吉林：东北师范大学.
浙江省水产厅, 上海自然博物馆, 1983. 浙江海藻原色图谱 [M]. 杭州：浙江科学技术出版社.
郑柏林, 王筱庆, 1961. 海藻学 [M]. 北京：农业出版社.

郑柏林 , 2001. 中国海藻志 · 第二卷第六册 [M]. 北京：科学出版社 .

郑宝福 , 2009. 中国海藻志 · 第二卷第一册 [M]. 北京：科学出版社 .

中国科学院海洋研究所 , 1962. 中国经济海藻志 [M]. 北京：科学出版社 .

AGARDH C A, 1817. Synopsis algarum Scandinaviae, adjecta dispositione universali algarum[M]. Ex officina Berlingiana, Lundae: 1−135.

AGARDH C A, 1824. Systema algarum[M]. Litteris Berlingianis, Lundae: 1−366.

CHAPMAN V J, CHAPMAN D J, 1973. The Algae[M]. Lodon: The Macmillan Press ltd.

DANGEARD P A, 1933. Traité d'algologie[M]. Paris, France: Paul Lechevalier & Fils.

DE TONI, 1905. Sylloge algarum omnium hucusque cognitarum[M]. Patavii: Sumptibus auctoris.

DELWICHE C F, 1999. Tracing the thread of plastid diversity through the tapestry of life[J]. American Naturalist, 154:164−177.

ESPER E J, 1802. Icones Fucorum cum Characteribus Systematicis Synonymis Auctorum and Descriptionibus Novarum Specierum[M]. New York, America: Nabu Press.

FELDMANN, 1952. Les cycles de reproduction des Algues et leurs rapports avec la phylogenie[J]. Revue de Cytologie et de la Biologie Végétale, 13(1/2): 4−44.

FRITSCH F E, 1935. the Structure and Reproduction of the Algae[M]. London: Cambridge University Press.

FUNK G, 1955. Beitrage zur Kenntnis der Meeresalgen von Neapel: Zugleich mikrophotographischer Atlas[J]. Pubbl. Staz. zool. Napoli 25 (Suppl.) (i−x): 1−178.

HARVEY W H, 1847. Phycologia Britannica[M]. London: Reeve & Benham.

HASSALL, HILL A, 1852. History of the British Freshwater Algae, including descriptions of the Desmideae and Diatomaciae[M]. London: Taylor.

JOSÉ A, AKÉ-CASTILLO, 2011. Temporal dynamics of Trichodesmium erythraeum (Cyanophyta) in the National Park "Sistema Arrecifal Veracruzano" in the Gulf of Mexico[J]. Journal of Environmental Biology: 1−10.

KNIEP H, 1928. Die Sexualität der niederen Pflanzen[M]. Riga, Latvia: Omniscriptum.

KUHLENKAMP, JLLERD G M, 1985. Culture Studies on the Life History of Haplospora globosa and Tilopteris mertensii (Tilopteridales, Phaeophyceae) [J]. Br. phycol.J., 20:301−312.

KÜTZING, 1849. Friedrich Traugott. Species algarum[M]. Lipsiae, Germany: F. A. Brockhaus.

KÜTZING, TRAUGOTT F, 1843. Phycologia generalis: oder, Anatomie, physiologie und systemkunde der tange[M]. Lipsiae, Germany: F. A. Brockhaus.

LEE R E, 2018. Phycology (Ed. 5)[M]. London: Cambridge University Press.

LYNGBYE H C, 1819. Tentamen Hydrophytologiae Danicae[M]. Whitefish, America:Hafniae.

MENEGHINI G, 1843. Monographia Nostochinearum italicarum addito specimine de Rivulariis. Memorie della Reale Accademia delle Scienze di Torino, ser[M]. Torino, Italy: Dalla stamperia reale.

NÄGELI C, 1849. Gattungen einzelliger Algen physiologisch und systematisch bearbeitet[M]. Zürich, Switzerland: Friedrich Schulthess.

NEWTON L A, 1931. Handbook of the British Seaweeds[M]. London: British Museum.

OLTMANNS F, 1922. Morphologie und Biologie der Algen (in German)[M]. Jena: Gustav Fischer, 1−459.

PARFREY L W, LAHR D J G, KNOLL A H, et al., 2011. Estimating the timing of early eukaryotic diversification with multigene molecular clocks[J]. Proc. Natl. Acad. Sci., 108: 13624−13629.

PASCHER, ADOLF, 1914. Die Süsswasser-Flora, Deutschlands, Österreichs und der Schweiz[M]. Jena, Germany: Fischer.

POSTELS A, RUPRECHT F J, 1840. Illustrationes algarum[M]. Petropoli, Brazil: Typis Eduardi Pratz.

PRESCOTT G W, 1951. Algae of the Western Great Lakes Area[M]. Dubuque, America: WM. C. Brown Company: 1−317.

RABENHORST G L, 1860. Kryptogamen Flora von Sachsen[M]. Leipzig, Germany: E. Kummer.

RAÚL A, LUIS E, GUILLERMO Á, 2006. Nuevos Registros de Stylonema Alsidii (Zanardini) Drew Y S. Cornu-Cervi Reinsch (Porphyridiales, Rhodophyta) Para la Costa del Pacífico Mexicano[J]. Polib Tanica, Núm, 22:51−62.

SACCARDO, ANDREA P, 1911. Sylloge fungorum omnium hucusque cognitorum[M]. Alessandro, America: Sumptibus P. A.

SCHUSSNIG B, 1938. Vergleichende Morphologie der niederen Pflanzen[M]. Stuttgart, Germany: Gebrüder Borntraeger.

SCHUSSNIG B, 1953. Handbuch Der Protophytenkunde Band I[M]. Stuttgart, Germany: Der Gustav Fischer Verlag.

SILVA, PAUL C, TIFFANY L H, 1953. The Algae of Illinois[J]. The Yale Journal of Biology and Medicine, 26: 177−178.

SKUJA H, 1948. Taxonomie des Phytoplanktons einiger Seen in Uppland, Schweden[J]. Symbolae Botanicae Upsalienses, 9(3): 1−399.

SMITH G M, 1944. Marine Algae of the Monterey Peninsula, California[M]. California, America: Stanford University Press.

SMITH G M, 1955. Cryptogamio Botany [M]. New York, America: Mcgraw-Hill.

TAYLOR W R, 1937. Marine Algae of the Northeastern Coast of North America[M]. Michigan, America: University of Michigan Press.

TEWD R, DCASON, GARY L, 1983. A New Coccoid Rhodophytan Alga(Porphyridiales)[J]. Br. Phycol.J. (19), 104−111.

TILDEN J E, 1935. The Algae and their life relations[M]. Birmingham, America: Hafner Publishing Company.

TRANSEAU E N, 1951. The Zygnematophyceae[M]. Ohio, American: The Ohio State University Press.

TURNER D, 1802. A Synopsis of The British Fuci[M]. London: F. bush, Yarmouth.

《海藻学》种名名录

拉丁文学名	中文种名	门
Acaryochloris marina Guangyu E. Chen	蓝藻	蓝藻门
Acetabularia caliculus Lamx.	伞藻	绿藻门
Acrochaetium arcuatum (Drew) Tseng	弓形顶丝藻	红藻门
Ahnfeltia fastigiata (Post et Ruprecht) Makienko	帚状伊谷藻	红藻门
Alexandrium excavatum (Braarud) Balech et Tangen	具毒冈比甲藻	甲藻门
Amphora coffeaeformis (Agardh) Kütz.	咖啡形双眉藻	硅藻门
Aureococcus anophagefferens Hargraves & Sieburth	抑食金球藻	金藻门
Bangia fuscopurpurea (Dillwyn) Lyngbye	红毛菜	红藻门
Blidingia minima (Nag. ex Kütz.) Kylin	盘苔	红藻门
Bonnemaisonia hamifera Hariot	柏桉藻	红藻门
Brachytrichia quoyi (C. Ag.) Born. et Flah.	海雹菜	蓝藻门
Bryopsis corticulans Setch.	假根羽藻	绿藻门
Bryopsis plumosa (Hudson) C. Agardh	羽藻	绿藻门
Calciodinellum operosum Deflandre	卡氏藻	甲藻门
Caloglossa leprieurii (Montagne) J. Agardh	鹧鸪菜	红藻门
Caulacanthus usutulatus (Turner) Kütz.	茎刺藻	红藻门
Caulerpa taxifolia (Vahl.) C.Ag.	杉叶蕨藻	绿藻门
Ceramium kondoi Yendo	三叉仙菜	红藻门
Ceratium tripos (O. F. M.) Nitzsch	三角角藻	甲藻门
Chaetoceros diadema (Ehr.) Gran	皇冠角毛藻	硅藻门
Champia parvula (C. Ag.) Harvey	环节藻	红藻门
Chlamydomonas reinhardtii Dangeard	莱茵衣藻	红藻门
Chondria crassicaulis Harvey	粗枝软骨藻	红藻门
Chondrus ocellatus Holmes.	角叉菜	红藻门
Chrysymenia wrightii (Harvey) Yamada	金膜藻	红藻门

续表

拉丁文学名	中文种名	门
Cladophora fascicularis (Mertens ex C. Agardh) Kütz.	束生刚毛藻	绿藻门
Cladophora fracta (Dillw.) Kütz.	脆弱刚毛藻	绿藻门
Cladophoropsis herpestica (Montagne) Howe	拟刚毛藻	绿藻门
Codium fragile (Suringar) Hariot	刺松藻	绿藻门
Collinsiella cava (Yendo) Printz.	凹陷科氏藻	绿藻门
Collinsiella tuberculata Setchell et Gardner	科氏藻	绿藻门
Corallina officinalis Linnaeus	珊瑚藻	红藻门
Crypthecodinium cohnii (Seligo) Javornicky	寇氏隐甲藻	甲藻门
Cutleria multifida L.	马鞭藻	褐藻门
Cymbella casspitosa Kütz.	桥弯藻	硅藻门
Desmarestia viridis (O. F. Muller) J. V. Lamouroux	酸藻	褐藻门
Diatoma vulgare Bory.	等片藻	硅藻门
Dictyopteris divaricata (Okamura) Okamura	叉开网翼藻	褐藻门
Dictyota dichotoma (Hudson) Lamouroux	网地藻	褐藻门
Dinophysis ovum Schütt	卵形翅甲藻	甲藻门
Ditylum brightwellii Ditylum	布氏双尾藻	硅藻门
Dunaliella salina (Dunal) Teodoresco	盐生杜氏藻	绿藻门
Ectocarpus confervoides (Roth) Le Jolis	水云	褐藻门
Ectocarpus siliculosus (Dillwyn) Lyngbye	长囊水云	褐藻门
Enteromorpha prolifera (Muller) J.Ag.	浒苔	绿藻门
Entocladia viridis Reinke	内枝藻	绿藻门
Exuviella marina Cienk.	海生卵甲藻	甲藻门
Gelidium amansii (Lamouroux) Lamouroux	石花菜	红藻门
Gelidium crinale (Turn.) Lamx.	细毛石花菜	红藻门
Gelidium pusillum (Stackh.) Le Jolis	匍匐石花菜	红藻门
Gelidium divaricatum Okamura	大石花菜	红藻门

续表

拉丁文学名	中文种名	门
Gelidium divaricatum Martens	小石花菜	红藻门
Gloiopeltis furcata (Fostels et Ruprecht) J.Agardh	海萝	红藻门
Gomontia polyrhiza (Lagorh.) Born. et Flah.	孢根藻	绿藻门
Gomphonema parvulum (Kütz.) Grun. Ow.	微小异极藻	硅藻门
Gonyaulax grindleyi Reinecke	沟腰鞭虫（膝沟藻）	甲藻门
Gracilaria vermiculophylla (Ohmi) Papenfuss	真江蓠	红藻门
Grateloupia filicina (Wulf.) C.Ag.	蜈蚣藻	红藻门
Gymnodinium catenatum Graham	链状裸甲藻	甲藻门
Heterosiphonia japonica Yendo	日本异管藻	红藻门
Hildenbrandia rubra (Sommerfelt) Meneghini	胭脂藻	红藻门
Hizikia fusiforme (Harvey) Okamura	羊栖菜	褐藻门
Hodella purpureum (Bory) Drew et Rose	小红球藻	红藻门
Hyalosiphonia caespitosa Okamura	亮管藻	红藻门
Hyella simplex Chu et Hua	蓝枝藻	蓝藻门
Ishige okamurae Yendo	铁钉菜	褐藻门
Ishige sinicola (Setchlln et Gardner) Chihara	叶状铁钉菜	褐藻门
Isochrysis galbana Parke	球等鞭金藻	金藻门
Karenia mikimotoi Hansen	米氏凯伦藻	甲藻门
Laminaria japonica Aresch.	海带	褐藻门
Leathesia difformes (L.) Aresch.	黏膜藻	褐藻门
Licmophora flabellata (Cram.) Ag.	扇形扇杆藻	硅藻门
Lingulodinium polyedrum (F. Stein) J. D. Dodge	多边舌甲藻	甲藻门
Lomentaria hakodatensis Yendo	节荚藻	红藻门
Lyngbya aeruginosa Ag. Syst.	鞘丝藻	蓝藻门
Macrocystis pyrifera (Kelp) Protein	巨藻	褐藻门
Manostfoma angicava Kjellman	囊礁膜	绿藻门

续表

拉丁文学名	中文种名	门
Melosira barreri Greville	波氏直链藻	硅藻门
Mischococcus sphaerocephalus Vischer	柄球藻	黄藻门
Monostroma zostericola Tilden	小礁膜	绿藻门
Navicula ulvacea Berk.	缘辐节藻	硅藻门
Nemalion helminthoides (Valley) Batt. var. *vermicular* (sur.)Tseng	海索面	红藻门
Nitzschia palea (Kütz.) W. Smith	谷皮菱形藻	硅藻门
Ochromonas danica Pringsheim	丹参棕鞭藻	金藻门
Ochromonas tuberculatus Hibberd	结节棕鞭藻	金藻门
Oscillatoria princeps G.W.Francis	巨颤藻	蓝藻门
Padina crassa Yamada	大团扇藻	褐藻门
Padina pavonia Lamour	粉团扇藻	褐藻门
Peridinium cinctum Ehrenb	腰带多甲藻	甲藻门
Peridinium divergens Ehrenb	歧分多甲藻	甲藻门
Phaeodactylum tricornutum Bohlin	三角褐指藻	硅藻门
Phaeophila dendroides (P.L.Crouan et H.M.Crouan) Batters	树状褐友藻	绿藻门
Phormidium uncinatum (Agardh) Gomont	钩状席藻	蓝藻门
Pilayella littoralis (Linnaeus) Kjellman	间囊藻	褐藻门
Pinnularia viridis (Nitzsch) Her	羽纹硅藻	硅藻门
Pinnularia viridis (Nitzch.) Ehr.	微绿羽纹藻	硅藻门
Platymonas helgolandica Kylin	大扁藻	红藻门
Platymonas helgolandica var.*tsingtaoensis*	青岛大扁藻	红藻门
Polykrikos schwartzii Bütschli	斯氏多沟藻	甲藻门
Polysiphonia senticulosa Harvey	多管藻	红藻门
Porphyra tenera Kjellm.	甘紫菜	红藻门
Porphyra yezoensis Ueda	条斑紫菜	红藻门
Porphyra crispata Kjellm.	皱紫菜	红藻门

续表

拉丁文学名	中文种名	门
Porphyra dentata Kjellm.	长紫菜	红藻门
Porphyra haitanensis Chang et Zheng	坛紫菜	红藻门
Porphyra marginata Tseng et T. J. Chang	边紫菜	红藻门
Porphyra suborbiculata Kjellm.	圆紫菜	红藻门
Porphyropsis coccinea (J.Ag. et Areschoug) Rosenvinge	拟紫菜	红藻门
Prorocentrum donghaiense Lu	东海原甲藻	甲藻门
Prymnesium parvum Carter	土栖藻（小定鞭藻）	金藻门
Pseudobumilleriopsis pyrenoidosa Deason	假拟柱杆藻	黄藻门
Pseudonitzschia multiseries Hasle	多纹伪菱形藻	硅藻门
Punctaria latifolia Greville	点叶藻	褐藻门
Rhizoclonium riparium (Roth) Harvey	岸生根枝藻	绿藻门
Rhodella reticulata Deason	蔷薇藻	红藻门
Rhodochorton investiens (Lenorm.) Sirodot	红线藻	红藻门
Rhodochorton subimmersum Setchell et Gardner	隐丝红线藻	红藻门
Rhopalodia gibberula (Ehrenb.) O.Muller	隆起棒杆藻	硅藻门
Sahlingia subintegra (Rosenvinge) Kornmann	全缘沙哈林藻	红藻门
Sargassum confusum C. Agardh	海蒿子	褐藻门
Sargassum horneri (Turn.) C. Agardh	铜藻	褐藻门
Sargassum muticum (Yendo) Fensholt	海黍子	褐藻门
Sargassum thunbergii (Mertens) O'Kuntze	鼠尾藻	褐藻门
Scenedesmus quadricauda Berb	四尾栅藻	绿藻门
Scrippsiella trochoidea (Stein) Loeblich	锥状斯氏藻	甲藻门
Silvetia siliquosa (Tseng et Chang) Serrao	鹿角菜	褐藻门
Skeletonema costatum (Grev.) Cleve	中肋骨条藻	硅藻门
Sphacelaria fusca (Hudson) C. Ag.	三叉黑顶藻	褐藻门
Spirulina labyrinthiformis Gom.	短丝螺旋藻	蓝藻门

续表

拉丁文学名	中文种名	门
Spirulina maxima Setch.et Gandn	极大螺旋藻	蓝藻门
Spirulina subsalsa Oested.	盐泽螺旋藻	蓝藻门
Sporochnus radiciformis (R. Brown ex Turner) C. Agardh	毛头藻	褐藻门
Stylonema alsidii (Zanardini) Drewn	茎丝藻	红藻门
Surirella capronii Breb.	端毛双菱藻	硅藻门
Symphyocladia latiuscula (Harvey) Yamada	鸭毛藻	红藻门
Synechocystis pevalekii Ercegovic	集胞藻	蓝藻门
Synedra ulna (Nitzsch.) Ehr.	肘状针杆藻	硅藻门
Thalassiosira gessneri Hustedt	吉思纳海链藻	硅藻门
Thalassiosira nordenskioldi Cleve	诺氏海链藻	硅藻门
Thalassiosira lacustris (Grunow) Hasle	海链藻	硅藻门
Tribonema bombycinum Derbes et Soler	丝状黄丝藻	黄藻门
Trichodesmium erythraeum Ehrenberg ex Gomont	红海束毛藻	蓝藻门
Trichodesmium hildebrantii (Gom.) J.De Toni	汉氏束毛藻	蓝藻门
Trichodesmium thiebautii Gom.	铁氏束毛藻	蓝藻门
Ulothrix flacca (Dillwyn) Thuret	软丝藻	绿藻门
Ulva conglobata Kjellm.	蛎菜	绿藻门
Ulva lactuca L.	石莼	绿藻门
Ulva pertusa Kjellm.	孔石莼	绿藻门
Vaucheria sessilis (Vouch.) DC.	无隔藻	黄藻门